工程质量管理教程

（第 2 版）

施 骞 胡文发 主 编

同济大学 出版社
TONGJI UNIVERSITY PRESS
·上海·

内 容 提 要

本书根据目前国际质量管理的研究和实践进展,结合我国建筑业发展的现状,围绕工程项目建设周期,探讨工程项目质量管理问题。全书包括质量管理概述、工程项目管理的概念和原理、工程前期策划的质量控制、工程项目勘察设计的质量控制、工程项目施工阶段的质量控制、工程验收的质量控制、工程质量事故的分析与处理、工程质量统计分析方法与应用、工程质量管理相关的法律法规、质量认证、工程职业健康与安全管理以及工程环境管理12章内容。

本书的撰写力求内容全面、深入浅出。既在理论上有一定深度,又能符合我国工程建设实践的需要;既要满足工程建设质量宏观管理人员的要求,又能满足施工生产一线质量控制工程技术人员的需要。本书可作为高等院校工程管理专业及土木工程相关专业学生的教材,也可供从事工程建设的专业人员参考。

图书在版编目(CIP)数据

工程质量管理教程/施骞,胡文发主编. —2 版.
—上海:同济大学出版社,2016.9(2023.1重印)
ISBN 978 - 7 - 5608 - 6514 - 0

Ⅰ. ①工… Ⅱ. ①施…②胡… Ⅲ. ①建筑工程—工程
质量—质量管理—高等学校—教材 Ⅳ. ①TU712

中国版本图书馆 CIP 数据核字(2016)第 208767 号

工程质量管理教程(第 2 版)

施 骞 胡文发 主 编
责任编辑 李小敏   责任校对 徐春莲   封面设计 潘向蓁

出版发行 同济大学出版社   www.tongjipress.com.cn
         (地址:上海市四平路 1239 号 邮编:200092 电话:021—65985622)
经 销 全国各地新华书店
印 刷 江苏句容排印厂
开 本 787mm×1092mm 1/16
印 张 22
印 数 14 501—17 600
字 数 549 000
版 次 2016 年 9 月第 2 版
印 次 2023 年 1 月第 6 次印刷
书 号 ISBN 978 - 7 - 5608 - 6514 - 0

定 价 58.00 元

第 2 版前言

我国体制改革的逐步深化和科技实力的日益增强,为工程质量管理领域的发展创造了良好的条件。为了适应新时期工程项目建设管理的需求,工程质量管理的理论、方法、手段和工具需要不断推陈出新,有关工程质量管理的各项制度也需要不断创新和完善。

本教材自 2010 年 2 月出版至今,国内外质量管理的标准、规范都发生了一定的变化和更新,本次修订在保留第 1 版基本结构的基础上,结合这些变化以及工程质量管理基础理论的发展和工程实践的需要对原版进行了补充、更新和完善。本次改版除了对涉及工程质量管理标准规范体系的基本内容进行了大量修订之外,同时根据工程管理专业领域关于节能、环保、健康、绿色与可持续发展的要求,对相关内容进行了补充,力求使工程质量管理从业人员以及工程管理专业的本科生、研究生通过阅读本书不仅能掌握工程质量管理的基础理论和方法,同时对工程质量管理的新内涵具有更加深入的认识和了解。

感谢沈嘉璐、应宇新在本书修订过程中所给予的帮助和支持;感谢李小敏所做的大量编辑工作。

尽管在这次再版修订中,做了较大的努力,但是由于我们水平有限,加之时间仓促,书中难免存在缺点和错误,敬请读者批评指正。

编者
2016 年 8 月于同济大学

前　言

　　质量是社会进步的基石,是企业生存和发展的必要条件。随着世界经济的飞速发展和全球化进程的加快,市场竞争日益加剧,质量已经成为企业生存和发展的前提和保证,质量管理也成为企业管理最重要的任务之一。在过去的几十年中,质量管理学科通过不断地完善和发展,形成了一系列的重要理论、工具和方法,用于指导企业的质量策划、质量控制、质量保证和质量改进等工作。实践证明,只有认真贯彻和执行质量管理的基本理论和方法,才能使企业在激烈的市场竞争中立于不败之地。

　　工程项目的建设质量是工程项目管理的重要目标之一。工程建设质量关系到国家的发展、企业的生存、人们的健康和安全。工程项目一次性建设的特点要求工程项目的质量管理必须十分严谨,不允许存在任何侥幸心理。"百年大计、质量第一"是我国多年来工程建设所贯彻的基本方针。对于工程建设领域的从业人员来说,确保工程质量是每个人必须铭刻在心的工作准则。

　　不同于一般的工业产品,建设工程项目的建设周期长,工程质量的影响因素多,任何环节出问题都可能造成无法挽回的损失。近年来,随着我国建筑业的迅速发展,工程项目变得日趋复杂,对建设工程质量管理提出了越来越高的要求。质量管理的概念不仅是简单意义上的施工现场的质量检查,它包括在工程项目的建设前期通过科学的质量策划和决策,以及在实施过程中通过严格的质量控制和质量验收来确保工程的质量。同时,工程建设的质量也不仅仅局限于技术能力和技术措施,如何在整个建筑行业建立确保工程项目建设质量的体制、机制和法制,也是工程质量管理所涉及的问题。

　　工程质量管理是涉及建设工程领域和质量管理领域的一门交叉学科。从事建筑工程质量管理的工作人员既要懂技术,又要具备经济和管理知识,同时还要了解相关的法律法规。本书根据国际质量管理的研究和实践进展,结合我国建筑业发展的现状,围绕工程项目建设生命周期,探讨工程项目质量管理问题。本书的撰写力求内容全面、深入浅出,既在理论上有一定深度,又能符合我国工程建设实践的需要;既要满足从事工程建设质量宏观管理方面工作人员的需求,又能满足施工生产一线质量控制工作人员的需要。本书在第一版的基础上进行了更新和完善。考虑到实际工程施工质量验收的需要,增加了钢结构工程质量验收的内容。同时,根据2008版质量管理体系标准,相应更新了质量认证部分的内容。全书保留了原来的结构,分为12章,其中第1,3,9,10,11,12章由施骞撰写,第2,4,5,7,8章由胡文发撰写,第6章由胡文发、施骞共同撰写,最后由施骞统纂定稿。

　　感谢林知炎教授、陈建国教授、曹吉鸣教授等在本书编写过程中所给予的支持和帮助;感谢凌岚所做的大量编辑工作。本书可以作为高等院校工程管理及土木工程等相关专业的教材,也可以作为工程建设从业人员的参考用书。由于编者水平有限,书中难免存在不少缺点和错误,不当之处敬请广大读者批评指正。

编　者

2010 年 1 月于同济园

目　　录

第1章 质量管理概述

1.1 质量的概念

在我们的日常生活中,处处离不开质量这个词。按照国际标准化组织的定义,质量是指产品、体系或过程的一组固有特性,即满足顾客和其他相关方需求的能力。

质量的内涵由一组固有的特性组成,这些固有特性通过满足顾客及其他相关方需求的能力来表征。这些需求既包括明确的需求,也包括隐含的需求。明确的需求是指法律法规、技术标准或者合同等已经作出明确规定的要求,而隐含的需求则是指虽然还无法表达出来,但是客观上却已经存在的需求。

质量内涵所指固有特性的含义是十分广泛的,既包括产品的安全性、适用性,又包括经济性、环境性,还包括产品的美观、耐久等多种特性。对于建设项目而言,这些固有特性与建筑产品生产的各个环节息息相关。工程项目从前期策划、设计到施工、验收、运营的每个阶段都会直接影响到建筑产品的这些特性,也就是建筑产品的质量。因此建设项目的质量管理必须重视每个环节的工作质量,才能最终保证建筑产品的质量。

随着世界经济的飞速发展,市场竞争日益加剧,质量已经成为企业生存和发展的前提和保证。质量管理也成为企业管理最重要的任务之一。质量管理学科通过在激烈的市场竞争中不断完善和发展,形成了一系列重要思想,以指导企业的质量策划、质量控制、质量保证和质量改进等工作。

1.2 质量管理的思想

1.2.1 预防为主的思想

预防为主是质量管理最重要的思想之一。预防为主是指在产品生产之前通过分析影响产品质量的各种因素,对主要因素加以重点控制,防患于未然。在质量管理的过程中,要时刻以预防为主作为指导思想,从项目实施之前就做好质量策划,制订有效的质量控制的措施,并设置质量控制点,对容易发生质量事故的工程中的难点问题加强重点控制,从而确保工程的质量。预防为主的思想应该贯穿于工程项目实施的所有阶段。例如在设计阶段,需要对关键的技术问题组织专家进行专门的论证,然后再进行进一步的设计。而在施工阶段,则要从施工主体、对象、方法、手段和环境等各方面着手采取预防措施,防止质量事故的发生。预防为主通常是建立在以往工程经验和教训的基础上,因此,每个企业在每一个项目完成时都应该认真总结项目质量管理的经验和教训,将上一个项目的质量问题作为下一个项目应采取预防措施的依据。在贯彻执行预防为主思想的过程中,掌握大量的质量信息是十分重要的。在确定质量控制的关键问题的时候,应该注意集思广益,多方听取意见,才能取得比较好的效果。否则盲目地预防为主,无的放矢,不仅会增加项目的质量成本,而且会忽略真正的重要质量问题,造成很大的损失。

1.2.2 以顾客为关注焦点的思想

以顾客为关注焦点,也是质量管理的重要思想之一。企业的生存和发展依赖于顾客的信任和认同。因此,时刻关注顾客的反应,最大限度地满足顾客明确和隐含的需求,是质量管理的基本原则。以顾客为关注焦点绝对不是一句口号,必须通过切实可行的、可操作性的行动方案使这一思想得以贯彻实施。企业在树立以顾客为关注焦点的思想时,不仅仅是指从思想观念上重视顾客的需求,还要努力理解顾客的要求,尤其是顾客表达不出来却隐含存在的需求。在工程项目质量管理的过程中,无论是确定项目的质量方针和目标,还是制订项目的质量计划,都应该重视顾客的意见,将顾客的意见作为形成产品特性的重要依据。顾客意见的传递顺序往往是和产品的设计研发、生产、加工、验收、销售、售后服务的过程相反的,最先获得顾客对产品意见的可能是售后服务人员,而最需要及时获取顾客意见的是设计和研发部门,因此,企业必须建立起有效的顾客意见反馈通道,使顾客对产品的意见能在第一时间内反馈到设计和研发部门,从而以最快的速度完成设计修改和更新。

1.2.3 持续改进的思想

在企业的质量管理过程中,必须具有持续改进的思想。持续改进是提高企业质量管理水平,增强企业产品竞争力的重要内容。企业只有建立持续改进的管理制度,通过策划、实施、检查、改进等循环活动,才能真正使企业的质量管理纳入良性发展的轨道,才能逐步增强企业满足质量要求的能力,才能保证企业产品的质量特性得到不断改进和完善。持续改进的概念有两层含义:首先是对企业硬件水平的改进和完善,也就是说对生产过程中人员、设备等进行持续改进,确保其满足生产优质产品的能力;另一方面就是对质量管理制度的逐步完善。瞬息万变的市场,使得顾客对产品的要求也在不断地变化,为了在激烈的市场竞争中立于不败之地,企业必须树立持续改进的思想,才能做好质量管理工作。在工程项目的质量管理工作中,持续改进的概念不仅局限于某一个项目的生产过程,同时还包括企业在管理不同项目的过程中,能够不断地将前面的项目的质量管理体系进行持续改进后用于后续的项目中。这样才能真正实现持续改进的思想。

1.2.4 其他质量管理相关思想

除了上述几种管理思想之外,在质量管理领域,还形成了很多其他的质量管理思想。包括一切以数据为依据的思想、技术与管理并重的思想、系统控制的思想、标准化管理的思想等,这些思想都有力地推动了质量管理水平的发展,对质量管理人员从事质量管理工作具有很好的指导意义。

1.3 质量管理的发展

1.3.1 质量管理的发展阶段

质量管理学科的发展,大致可以分为如图1-1所示的几个阶段。

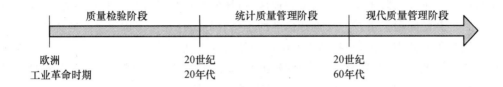

图 1-1 质量管理发展的几个阶段

1) 质量检验阶段

质量检验阶段开始于欧洲工业革命时期,当时质量管理工作仅限于对产品质量的检验,其特点是对产出品进行严格的把关,这种检验一开始是由操作者对产品进行自我检验,后来随着机械化大生产的出现,这种产品质量检验的责任就由最初的操作者、生产者逐步转化到由专门的质量检验人员负责。

质量检验阶段是质量管理的初级阶段,其特点是百分之百的全检验,所提供的质量信度是很高的。但是,由于这种质量检验是在产品生产完成之后进行的,是一种事后行为,其实质是在产出品中挑出不合格品,保证出厂产品的质量,没有起到事前预防和控制的作用。另外,百分之百全检验的检验费用是很高的,在经济上也不合理。

2) 统计质量管理阶段

在 20 世纪 20 年代前后,一些著名的统计学家开始尝试用数理统计学的方法来解决质量检验所存在的问题。美国质量管理专家休哈特(W. A. Shewhart)提出了控制和预防缺陷的概念,并发明了控制图。控制图的出现,被认为是质量管理从单纯的事后检验转向检验加预防的标志。

统计质量管理开始于第二次世界大战期间,其最初是用在军事产品的生产和加工中,战后在很多领域中也得到了广泛的应用。它是用数理统计工具克服了质量检验阶段检验方法的局限性,其基本原理是通过从母体当中进行抽样检验,来预测母体的质量分布情况。在第二次世界大战开始以后,美国军工生产快速发展,美国军方迫切要求应用一种便捷有效的方法对军工产品进行质量控制。而统计分析方法既可以降低检验的成本,又能满足规模化生产的需要,因此,在战后很多国家纷纷开始效仿采用,统计质量管理得到了非常广泛的认同。

但是,统计质量管理也存在着缺陷,它是用一种纯数理的方法去解决质量问题,使得人们一度将质量管理人员和统计分析人员等同起来。实际上,质量管理的发展不仅局限于数理统计方法的应用,随着各个学科的发展,质量管理逐步过渡到了现代质量管理阶段。

3) 现代质量管理阶段

随着质量管理研究和实践的发展,从 20 世纪 60 年代开始,各种质量管理的基本原理和方法开始不断更新,迎来了现代质量管理阶段。

现代质量管理阶段的一个标志就是全面质量管理思想的提出。随着工业生产的日趋复杂和服务业的蓬勃发展,人们开始认识到质量管理不仅仅是应用某一方法或者某一工具的问题。质量管理需要用系统科学的观点去审视问题,其涉及的内容非常丰富。1961 年,美国通用电气公司质量经理菲根宝姆(A. W. Feigenbaum)出版了《全面质量控制》一书,从此,全面质量管理开始被越来越多的企业接受。

现代质量管理阶段的第二个标志是质量管理的标准化。随着国际贸易的发展,产品的生产和销售已经不仅仅局限于某一个国家和地区,市场的全球化已经成为必然趋势,这给质量管理工作带来了新的问题。由于产品设计标准的不同,因此,往往一个国家生产的优质的产品在另一个国家却不能使用。例如,我们用的电器产品的插头可能在另外一个国家根本就插不进相应的插座。因此,实现产品设计、生产的标准化,成为质量管理发展的一个重要领域。国际标准化组织(ISO)即是在世界范围内致力于实现质量标准化的国际组织。

1.3.2 质量管理的相关知识

质量管理学科是一门涉及技术、经济、管理、法律等多个学科的交叉学科,作为一名优秀的质量管理人员,不仅应该懂技术,而且还要懂经济、管理和法规知识。既要掌握产品的生产技术,又要熟悉相关的经济与管理知识,还要了解相关的法律法规,这样才能更好地从事质量管理工作。

（1）生产管理的相关知识

产品的质量管理与产品的生产过程是密不可分的,因此,对于一名质量管理从业人员而言,必须了解生产管理的相关知识。这些知识包括准时化生产(Just-in-time, JIT)、物料需求计划(Material requirement planning, MRP)、制造资源计划(Manufacturing resources planning, MRP Ⅱ)、企业资源计划(Enterprise resources planning, ERP)、供应链管理(Supply-chain management)、企业流程再造(Business process reengineering)等。

（2）项目管理的相关知识

项目管理是 20 世纪 60 年代逐步发展起来的一门新兴学科,越来越多的企业开始用项目管理的理念去解决管理中的问题,在美国项目管理学会(PMI)所提出的项目管理九大知识体系中,项目质量管理是其中的内容之一,为了做好项目的质量管理,必须综合考虑项目的其他目标,如项目的成本管理、项目的进度管理等,同时还要恰当运用其他项目管理的相关知识,包括项目的综合管理、项目的人力资源管理、项目的采购管理、项目的沟通管理、项目的风险管理、项目的范围管理等。

（3）概率论和数理统计的相关知识

质量管理离不开统计知识的应用。在具体产品的质量控制中,要用到概率论和数理统计的知识。质量管理的许多基础性的工具,如直方图、控制图等,其基本原理都是根据数理统计的方法来判定质量问题的。因此,作为一名质量管理人员,必须具备概率论和数理统计方面的知识。

1.4 质量管理的基本术语

在我们的日常生活或工作中,或多或少地会接触到很多质量管理的相关词语,这些术语在我们的印象中会存在着一定的混淆。例如,我们通常会认为质量控制和质量管理是同一个概念,质量方针和质量目标都差不多。为了统一质量的术语,国际标准化组织进行了大量的工作,对各个质量用语在世界范围内进行了标准化、规范化的解释。

1.4.1 质量管理术语的分类

在 2015 版的 ISO9000 系列标准中,将基本的质量管理术语分成了 13 类。

第一类为有关人员的术语,包括最高管理者、质量管理体系咨询师、参与、积极参与、管理机构、争议解决者等;

第二类为有关组织的术语,包括组织、组织的环境、利益相关方、顾客、供方、外部供方、争议解决方、协会、计量职能等;

第三类为有关活动的术语,包括改进、持续改进、管理、质量管理、质量策划、质量保证、质量控制、质量改进、技术状态管理、更改控制、活动、项目管理、技术状态项等;

第四类为有关过程的术语,包括过程、项目、质量管理体系实现、能力获得、程序、外包、合同、设计和开发等;

第五类为有关体系的术语,包括体系、基础设施、管理体系、质量管理体系、工作环境、计量确认、测量管理体系、方针、质量方针、愿景、使命、战略等;

第六类为有关要求的术语,包括实体、质量、等级、要求、质量要求、法定要求、规章要求、产品技术状态信息、不合格、缺陷、合格、能力、可追溯性、可靠性、创新等;

第七类为有关结果的术语,包括目标、质量目标、成功、持续成功、输出、产品、服务、性能、风险、效率等;

第八类为有关数据、信息和文件的术语,包括数据、信息、客观证据、信息系统、文件、形成文件的信息、规范、质量手册、质量计划、记录、项目管理计划、验证、确认、技术状态记实、特定情况等;

第九类为有关顾客的术语,包括反馈、顾客满意、投诉、顾客服务、顾客满意行为规范、争议等;

第十类为有关特性的术语,包括特性、质量特性、人为因素、能力、计量特性、技术状态、技术状态基线等;

第十一类为有关确定的术语,包括测定、评审、监视、测量、测量过程、测评设备、检验、试验、进展评价等;

第十二类为有关措施的术语,包括预防措施、纠正措施、纠正、降级、让步、偏离许可、放行、返工、返修、报废等;

第十三类为有关审核的术语,包括审核、多体系审核、联合审核、审核方案、审核范围、审核计划、审核准则、审核证据、审核发现、审核结论、审核委托方、受审核方、向导、审核组、审核员、技术专家、观察员等。

1.4.2 质量管理术语的内涵

(1)质量方针与质量目标

在质量管理的基本术语中,质量方针和质量目标是容易混淆的两个概念。质量方针是指由企业的最高管理者正式发布的与质量有关的组织总的宗旨和方向。最高管理者是指组织的最高领导层中具有指导和控制组织的权限的一个人或一组人。质量方针必须与组织的总方针相一致。通常,质量方针是中长期方针,应该具有一定的稳定性。作为组织质量活动的纲领,质量方针应形成文件。

质量目标是指与质量有关的、所追求的或作为目的的事物。质量目标是建立在质量方针的基础上的,通常是指落实质量方针的一些具体要求。在制定质量目标时,应注意质量目标必须是可测量的,以便跟踪、检查和评价。在组织内的不同层次上都应规定相应的质量目标。为了有效地实现组织的质量方针和质量目标,对质量目标进行分解,在组织内部相关的职能部门和各个层次上建立质量目标是组织最高管理者的职责。

（2）质量管理与质量控制

质量管理是指导和控制组织的与质量有关的相互协调的活动。这些活动包括明确质量方针和目标、质量策划、质量控制、质量保证和质量改进等。具体地说,质量管理就是以质量体系为载体,通过建立质量方针和目标,并为实施既定的质量目标进行质量策划、实施质量控制和质量保证、开展质量改进等活动予以实现的。

质量控制是质量管理的一部分,是致力于满足质量要求的一系列相关活动。质量控制是在明确的质量目标的条件下通过行动方案和资源配置的计划、实施、检查和监督来实现预期目标的过程。其目的是实现预定的质量目标,使产品满足质量要求,有效预防不合格品的出现。质量控制应贯穿于产品形成的全过程。

（3）质量管理体系

质量管理体系是指建立并实现质量方针和目标的体系。体系是指相互关联或相互作用的一组要素,质量管理体系也可以定义为建立并实现质量方针和目标的一组相互关联或相互作用的要素。每个要素是体系的基本单元。质量管理体系包括四部分内容,分别为管理职责、资源管理、产品实现以及测量、分析和改进。组织在建立质量管理体系时不仅要满足顾客的要求,而且还应该站在更高的层次上不断地改进和完善质量管理体系。

（4）质量策划

质量策划是质量管理的一部分,致力于设定质量目标并规定必要的作业过程和相关资源以实现其目标。它是组织建立在质量方针的基础上,确定质量目标,并为实现该目标采取措施,包括识别和确定必要的作业过程,配置所需的资源,从而确保达到预期的质量目标所进行的一系列的统筹安排的过程。质量策划是组织各级管理者的重要职责。质量策划不能看作为一次性的过程,随着顾客及其他相关方的需要和期望的变化,当组织需要对质量管理体系的过程或产品实现过程进行改进时,都应该开展质量策划,并确保质量策划在受控状态下进行。质量策划的结果应形成文件,其表现形式,可以是质量计划,也可以是组织运作需要的其他管理文件。

（5）质量保证

质量保证是质量管理的一部分,致力于为达到质量要求提供信任,即对产品、体系或过程的固有特性达到规定要求提供信任。质量保证可以分为外部质量保证和内部质量保证。外部质量保证是向顾客和第三方等方面提供信任,使他们确信产品、体系或过程的质量已经能够满足规定要求,并具备持续提供满足顾客要求产品的能力;内部质量保证是通过开展质量管理体系审核和评审以及自我评定,提供证实已经达到质量要求的见证材料,向组织的管理者提供信任,使管理者对本组织的产品、体系或过程的质量满足规定要求充满信心。

质量控制和质量保证都是质量管理的一部分,这两个概念既有区别又相互联系,质量控制是为达到规定的质量要求而开展的一系列活动,而质量保证则是证实已经达到质量要求的各项活动,质量控制是保证产品质量的前提,而质量保证是质量管理中不可缺少的重要内容。

（6）质量改进

质量改进是质量管理的一部分,致力于提高有效性和效率。有效性是指完成策划活动并达到策划结果的程度,效率是指得到的结果与所消耗资源的关系。为了使产品质量满足要求,并且能够在激烈的竞争中具有优势,组织必须积极开展质量改进,通过持续的产品质量改进和质量管理体系的完善来确保质量水平的不断提高。

质量改进与产品实现和质量管理体系运行的各个环节都密切相关,并且涉及组织的各个层面。组织必须发动全体员工参与质量改进活动,并建立激励机制,克服员工满足现状的惰性思想,增强改进和创新意识,才能达到持续质量改进的目的。组织的管理者必须认识到质量改进是组织的长期任务。质量改进工作应该有条不紊地按步骤进行,必要时应该对质量改进的过程进行系统规划,识别、分析、确立并统筹安排需要改进的项目。

复习思考题

1. 什么是质量？什么是质量管理？
2. 质量管理的基本思想中,以顾客为关注焦点的含义是什么？
3. 质量管理的发展经历了哪些阶段？
4. 质量管理人员必须具备哪些知识？
5. 质量方针和质量目标有什么不同？
6. 什么是质量保证？什么是质量改进？

第 2 章　工程质量管理的概念和原理

2.1　工程质量的概念

2.1.1　工程质量的定义

工程质量是指工程满足业主需要的,符合国家法律、法规、技术规范标准、设计文件及合同规定的特性综合。工程质量包括工程实体(即产品)质量,也包括工程项目(即过程)质量及工作质量。一般情况下,工程也可称为工程项目,工程质量也可称为工程项目质量。

从工程的使用价值和功能来看,工程项目质量表现出适用性、耐久性、安全性、可靠性、经济性、协调性等特性。

(1)适用性。即指工程满足使用目的的各种性能,包括理化性能,如尺寸、规格、保温、隔热、隔音等物理性能,耐酸、耐碱、耐腐蚀、防火、防风化、防尘等化学性能;结构性能,如地基基础牢固程度,结构的足够强度、刚度和稳定性;使用性能,如住宅工程能满足生活起居的需要,工业厂房能满足生产活动的需要,道路、桥梁、铁路、航道能通达便捷等。建设工程的组成部件、配件、水、暖、电、卫器具、设备也要能满足其使用功能;外观性能,指建筑物的造型、布置、室内装饰效果、色彩等美观大方、协调等。

(2)耐久性。即指工程在正常条件下,满足规定功能要求使用的年限,也就是工程竣工后的合理使用寿命周期。目前,国家对建设工程的合理使用寿命周期还缺乏统一的规定,仅在少数技术标准中,提出了明确要求。如民用建筑主体结构耐用年限分为四级(15～30 年,30～50 年,50～100 年,100 年以上),公路工程设计年限一般按等级控制在 10～20 年,城市道路工程设计年限,视不同道路构成和所用的材料,设计的使用年限也有所不同。对工程组成部件(如塑料管道、屋面防水、卫生洁具、电梯等)也视生产厂家设计的产品性质及工程的合理使用寿命周期而规定不同的耐用年限。

(3)安全性。即指工程建成后在使用过程中保证结构安全、保证人身和环境免受危害的程度。建设工程产品的结构安全度、抗震、耐火及防火能力,抗辐射、抗核污染、抗爆炸波等能力,都是安全性的重要标志。工程交付使用之后,必须保证人身财产、工程整体都要能免遭工程结构破坏及外来危害的伤害。工程组成部件,如阳台栏杆、楼梯扶手、电器产品漏电保护、电梯及各类设备等,也要保证使用者的安全。

(4)可靠性。即指工程在规定的时间和规定的条件下完成规定功能的能力。工程不仅要求在交工验收时要达到规定的指标,而且在一定的使用时期内要保持应有的正常功能。如工程上的防洪与抗震能力、防水隔热、恒温恒湿措施。

(5)经济性。即指工程从规划、勘察、设计、施工到整个产品使用寿命周期内的建设成本和运行维护成本等的费用。包括从征地、拆迁、勘察、设计、采购(材料、设备)、施工、配套设施等建设全过程的投资和工程使用阶段的能耗、水耗、维护、保养乃至改建更新的使用维修费用。

(6)协调性。即指工程与其周围生态环境协调,与所在地区经济环境协调以及与周围已建工程相协调,以适应可持续发展的要求。

2.1.2 工程质量的形成过程

任何工程都由分项工程、分部工程、单位工程等组成。工程的建设过程可以分解为一系列的工序活动,工程质量在工序活动中形成。因此,工程质量由工序质量、分项工程质量、分部工程质量、单位工程质量等组成。

从项目阶段性看,工程建设可以分解为不同阶段,相应地,工程质量包括各阶段的质量及其工作质量。

（1）可行性研究阶段的质量

可行性研究是在项目建议书和项目策划的基础上,对拟建工程的有关技术、经济、社会、环境及所有方面进行调查研究,对各种可能的拟建方案和建成投产后的经济效益、社会效益和环境效益等进行技术经济分析、预测和论证,确定工程建设的可行性,并在可行的情况下,通过多方案比较从中选择出最佳建设方案,作为工程项目决策和设计的依据。因此,可行性研究直接影响工程项目的决策质量和设计质量。

（2）决策阶段的质量

决策阶段是通过项目可行性研究和项目评估,对拟建工程的建设方案作出决策,使工程项目的建设充分反映业主的意愿,并与地区环境相适应,做到投资、质量、进度三者协调统一。所以,决策阶段对工程质量的影响主要是确定工程项目应达到的质量目标和水平。

（3）工程勘察、设计质量

工程的勘察是为建设场地的选择和工程的设计与施工提供地质资料依据。而工程设计是根据建设项目总体需求（包括已确定的质量目标和水平）和勘察报告,对工程的外形和内在的实体进行筹划、研究、构思、设计和描绘,形成设计说明书和图纸等相关文件,使得质量目标和水平具体化,为施工提供直接依据。

工程设计质量是决定工程质量的关键环节,工程设计确定了工程项目的平面布置和空间形式、结构类型、材料、构配件及设备等,直接关系到工程主体结构的安全可靠和综合功能等。设计质量决定了工程建设的成败,是建设工程的安全、适用、经济与环境保护等措施得以实现的保证。

（4）工程施工质量

工程施工是指按照设计图纸和相关文件的要求,在建设场地上将设计意图付诸实现,形成工程实体建成最终产品的活动。因此,工程施工活动决定了设计意图能否体现,它直接关系到工程的安全可靠、使用功能的保证。工程施工是形成实体质量的决定性环节。

（5）工程竣工验收质量

工程竣工验收就是对项目施工阶段的质量通过检查评定、试车运转,考核项目质量是否达到设计要求;是否符合决策阶段确定的质量目标和水平,并通过验收确保工程项目的质量。所以工程竣工验收对质量的影响是保证最终产品的质量。

2.1.3 工程质量的影响因素

影响工程的因素很多,但归纳起来主要有 5 个方面,即人（Man）、材料（Material）、机械（Machine）、方法（Method）和环境（Environment）,简称为 4M1E 因素。

2.1.4　工程质量的特点

工程质量的特点是由工程项目的特点决定的。工程项目的特点为单件性,产品的独特性和固定性,生产的流动性,生产周期长,投资大,风险大,具有重要的社会价值和影响等。因此,工程质量的特点可以归纳为:

(1) 影响因素多

建设工程质量受到多种因素的影响,如决策、设计、材料、机具设备、施工方法、施工工艺、技术措施、人员素质、工期、工程造价等,这些因素直接或间接地影响工程项目质量。

(2) 质量波动大

由于建筑项目的单件性、生产的流动性,不像一般工业产品的生产那样,有固定的生产流水线、有规范化的生产工艺和完善的检测技术、有成套的生产设备和稳定的生产环境,所以工程质量容易产生波动且波动大。

(3) 质量隐蔽性

建设工程在施工过程中,分项工程交接多、中间产品多、隐蔽工程多,因此质量存在隐蔽性。若在施工中不及时进行质量检查,事后只能从表面上检查,就很难发现内在的质量问题,这样就容易产生判断错误。

(4) 终检的局限性

工程项目建成后不可能像一般工业产品那样依靠终检来判断产品质量,或将产品拆卸、解体来检查其内在的质量,或对不合格零部件进行更换。而工程项目的终检(竣工验收)无法进行工程内在质量的检验,发现隐蔽的质量缺陷。因此,工程项目的终检存在一定的局限性。这就要求工程质量控制应以预防为主,防患于未然。

2.2　工程质量管理的基本原理

2.2.1　工程质量管理的概念

工程质量管理就是确立工程质量方针及实施工程质量方针的全部职能及工作内容,并对其工作效果进行评价和改进的一系列工作,也就是为了保证工程质量满足工程合同、设计文件、规范标准所采取的一系列措施、方法和手段。

工程质量的特点决定了项目不同参与者都必须坚持统一的工程质量管理方针和目标。政府部门代表公共利益和社会利益对工程质量进行全面监控,项目业主确定工程的具体质量总目标,监理工程师受业主委托对工程实施全过程的质量控制,勘察设计单位则主要提供合适的勘察设计文件,施工单位按图施工,提交符合质量目标的工程实体和相应的服务。

工程质量管理主体可分为自控主体和监控主体。自控主体是指直接从事质量职能的活动者;监控主体是指对他人质量能力和效果的监控者。

施工承包方和供应方在施工阶段是质量自控主体,设计单位在设计阶段是质量自控主体,他们不能因为监控主体的存在和监控责任的实施而减轻或免除其质量责任。

业主、监理、设计单位及政府的工程质量监督部门,在施工阶段是依据法律和合同对自控主体的质量行为和效果实施监督控制。

自控主体和监控主体在施工全过程相互依存、各司其职,共同推动着施工质量控制过程的发展和最终工程质量目标的实现。

（1）政府的工程质量控制。政府属于监控主体,它对工程质量的控制,主要是以法律法规为依据,通过抓工程报建、施工图设计文件审查、施工许可、材料和设备准用、工程质量监督、重大工程竣工验收备案等主要环节进行的。

（2）工程监理单位的质量控制。工程监理单位属于监控主体,它主要是受建设单位的委托,代表建设单位对工程实施的全过程进行质量监督和控制,包括勘察设计阶段质量控制、施工阶段质量控制,以满足建设单位对工程质量的要求。

（3）勘察设计单位的质量控制。勘察设计单位属于自控主体,它是以法律、法规及合同为依据,对勘察设计的整个过程进行质量控制,包括工作程序、工作进度、费用及成果文件所包含的功能和使用价值,以满足建设单位对勘察设计质量的要求。

（4）施工单位的质量控制。施工单位属于自控主体,它是以工程合同、设计图纸和技术规范为依据,对施工准备阶段、施工阶段、竣工验收交付阶段等施工全过程的工作质量和工程质量进行控制,以达到合同文件规定的质量要求。

2.2.2 工程质量管理的原则

我国工程质量管理的原则为:

（1）质量第一

建设工程质量不仅关系到工程的适用性和建设项目投资效果,而且关系到人民群众生命财产的安全。所以,应坚持"百年大计,质量第一",在工程建设中自始至终把"质量第一"作为对工程质量管理的基本原则。

（2）以人为核心

人是工程建设的决策者、组织者、管理者和操作者。工程建设中各单位、各部门、各岗位人员的工作质量水平和完善程度,都直接和间接地影响工程质量。在工程质量管理中,要以人为核心,重点控制人的素质和人的行为,充分发挥人的积极性和创造性,以人的工作质量保证工程质量。

（3）预防为主

工程质量管理应事先对影响质量的各种因素加以控制,如果出现质量问题后再进行处理,则已造成不必要的损失。所以,质量管理要重点做好质量的事先控制和事中控制,以预防为主,加强过程和中间产品的质量检查和控制。

（4）坚持质量标准

质量标准是评价产品质量的尺度,工程质量是否符合合同规定的质量标准要求,应通过质量检验并和质量标准对照,符合质量标准要求的才是合格的,不符合质量标准要求的就是不合格的,必须返工处理。

2.2.3 工程项目质量管理的基本原理

1）PDCA 循环原理

PDCA 循环是质量管理的基本理论,也是工程项目质量管理的基本理论,如图 2-1 所示。PDCA 循环为计划→实施→检查→处置,以计划和目标控制为基础,通过不断循环,使质量得到持续改进,质量水平得到不断提高。在 PDCA 循环的任一阶段内又可套用 PDCA 小循环,即循环套循环。

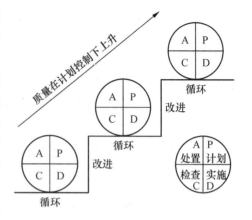

图 2-1　PDCA 循环示意图

(1) 计划(P,Plan)。为质量计划阶段,明确目标并制订实现目标的行动方案。在建设工程项目的实施中,"计划"是指各相关主体根据其任务目标和责任范围,确定质量控制的组织制度、工作程序、技术方法、业务流程、资源配置、检验试验要求、质量记录方式、不合格处理、管理措施等具体内容和做法的文件,"计划"还须对其实现预期目标的可行性、有效性、经济合理性进行分析论证,按照规定的程序与权限审批执行。

(2) 实施(D,Do)。包含两个环节,即计划行动方案的交底和按计划规定的方法与要求展开工程作业技术活动。计划交底目的在于使具体的作业者和管理者,明确计划的意图和要求,掌握标准,从而规范行为,全面地执行计划的行动方案,步调一致地去努力实现预期的目标。

(3) 检查(C,Check)。指对计划实施过程进行各种检查,包括作业者的自检、互检和专职管理者专检。各类检查都包含两大方面:一是检查是否严格执行了计划的行动方案;实际条件是否发生了变化;不执行计划的原因。二是检查计划执行的结果,即产出的质量是否达到标准的要求,对此进行确认和评价。

(4) 处置(A,Action)。对于质量检查所发现的质量问题或质量不合格,及时进行原因分析,采取必要的措施,予以纠正,保持质量形成的受控状态。处置分为纠偏和预防两个步骤。前者是采取应急措施,解决当前的质量问题;后者是将信息反馈至管理部门,反思问题症结或计划时的不周,为今后类似问题的质量预防提供借鉴。

2) 三阶段控制原理

(1) 事前控制。要求预先进行周密的质量计划。尤其是工程项目施工阶段,制订质量计划或编制施工组织设计或施工项目管理实施规划(目前这三种计划方式基本上并用),都必须建立在切实可行,有效实现预期质量目标的基础上,作为一种行动方案进行施工部署。目前,有些施工企业,尤其是一些资质较低的企业在承建中小型的一般工程项目时,往往把施工项目经理责任制曲解成"以包代管"的模式,忽略了技术质量管理的系统控制,失去企业整体技术和管理经验对项目施工计划的指导和支撑作用,这将造成质量预控的先天性缺陷。

事前控制,其内涵包括两层意思,一是强调质量目标的计划预控,二是按质量计划进行质量活动前的准备工作状态的控制。

(2) 事中控制。首先是对质量活动的行为约束,即对质量产生过程中各项技术作业活动操作者在相关制度的管理下进行自我行为约束的同时,充分发挥其技术能力,去完成预定质量目标的作业任务;其次是对质量活动过程和结果,通过第三方进行监督控制,这里包括来自企业内部管理者的检查检验、来自企业外部的工程监理和政府质量监督部门等的监控。

事中控制虽然包含自控和监控两大环节,但其关键还是增强质量意识,发挥操作者自我约束自我控制,即坚持质量标准是根本,监控或他人控制是必要的补充,没有前者或用后者取代前者都是不正确的。因此,在企业组织的质量活动中,通过监督机制和激励机制相结合的管理方法,来发挥操作者更好的自我控制能力,以达到质量控制的效果,是非常必要的。这也只有通过建立和实施质量体系来达到。

(3)事后控制。包括对质量活动结果的评价认定和对质量偏差的纠正。从理论上分析,如果计划预控过程所制订的行动方案考虑得越周密,事中约束监控的能力越强越严格,实现质量预期目标的可能性就越大,理想的状况就是希望做到各项作业活动"一次成功"、"一次交验合格率100%"。但客观上相当部分的工程不可能达到,因为在过程中不可避免地会存在一些计划时难以预料的影响因素,包括系统因素和偶然因素。因此,当出现质量实际值与目标值之间超出允许偏差时,必须分析原因,及时采取措施纠正偏差,保持质量受控状态。

以上三大环节,不是孤立和截然分开的,它们之间构成有机的系统过程,实质上也就是PDCA循环具体化,并在每一次滚动循环中不断提高,达到质量管理或质量控制的持续改进。

3)全面质量管理(TQM)原理

全面质量管理(TQM),是指全面、全过程和全员参与的质量管理。

(1)全面质量控制。即指工程(产品)质量和工作质量的全面控制,工作质量是产品质量的保证,工作质量直接影响产品质量的形成。对于建设工程项目而言,全面质量控制还应该包括建设工程各参与主体的工程质量与工作质量的全面控制。如业主、监理、勘察、设计、施工总包、施工分包、材料设备供应商等,任何一方、任何环节的怠慢疏忽或质量责任不到位都会造成对建设工程质量的影响。

(2)全过程质量控制。即指根据工程质量的形成规律,从源头抓起,全过程推进。GB/T19000强调质量管理的"过程方法"管理原则。按照建设程序,建设工程从项目建议书或建设构想提出,历经项目鉴别、选择、策划、可研、决策、立项、勘察、设计、发包、施工、验收、使用等各个有机联系的环节,构成了建设项目的总过程。其中每个环节又由诸多相互关联的活动构成相应的具体过程,因此,必须掌握识别过程和应用"过程方法"进行全过程质量控制。主要的过程有:项目策划与决策过程;勘察设计过程;施工采购过程;施工组织与准备过程;检测设备控制与计量过程;施工生产的检验试验过程;工程质量的评定过程;工程竣工验收与交付过程;工程回访维修服务过程。

(3)全员参与控制。从全面质量管理的观点看,无论组织内部的管理者还是作业者,每个岗位都承担着相应的质量职能,一旦确定了质量方针目标,就应组织和动员全体员工参与到实施质量方针的系统活动中去,发挥自己的角色作用。全员参与质量控制作为全面质量控制所不可或缺的重要手段就是目标管理。

2.3 工程质量管理系统

2.3.1 工程质量管理系统的概念

工程质量管理系统是针对工程项目而建立的质量管理系统。工程项目的一次性和参与者众多等特点,决定了工程项目质量管理系统的临时性和项目质量责任主体及实施主体的多样性。根据ISO9000标准建立的质量管理体系一般用于企业的管理,质量管理体系的责任者、实施者、受益者均为企业。企业的质量管理体系延伸至特定项目管理时,不同的项目参与者虽已建立了相应的质量管理体系,但在适应临时性的工程项目质量管理系统时,彼此会面临较大的挑战。

1）工程质量管理系统与企业质量管理体系的不同点

（1）目的不同。工程质量控制系统只用于特定的工程项目质量控制,而不是用于建筑企业的质量管理。

（2）范围不同。工程质量控制系统涉及工程实施中所有的质量责任主体,而不只是某一个建筑企业。

（3）目标不同。工程质量控制系统的控制目标是工程项目的质量标准,并非某一建筑企业的质量管理目标。

（4）时效不同。工程质量控制系统与工程项目管理组织相融,是一次性的,并非永久性的。

（5）质量系统的评价方式不同。工程质量控制系统的有效性一般只做自我评价与诊断,不进行第三方认证。

同时,工程质量管理系统与工程项目外部的企业质量管理体系有着密切的联系,如政府实施的建设工程质量监督管理体系、工程勘察设计企业及施工承包企业的质量管理体系、材料设备供应商的质量管理体系、工程监理咨询服务企业的质量管理体系、建设行业实施的工程质量监督与评价体系等。

2）工程质量管理系统的分类

（1）按管理对象分

① 工程勘察设计质量控制子系统;

② 工程材料设备质量控制子系统;

③ 工程施工安装质量控制子系统;

④ 工程竣工验收质量控制子系统。

（2）按实施主体分

① 建设单位的建设项目质量控制子系统;

② 工程项目总承包企业的项目质量控制子系统;

③ 勘察设计单位的勘察设计质量控制子系统;

④ 施工企业（分包商）的施工安装质量控制子系统;

⑤ 工程监理企业的工程项目质量控制子系统;

⑥ 材料设备供应企业的项目质量控制子系统。

（3）按管理职能分

① 质量控制计划系统,确定建设项目的建设标准、质量方针、总目标及其分解;

② 质量控制网络系统,明确工程项目质量责任主体构成、合同关系和管理关系,控制的层次和界面;

③ 质量控制措施系统,描述主要技术措施、组织措施、经济措施和管理措施的安排;

④ 质量控制信息系统,进行质量信息的收集、整理、加工和文档资料的管理。

2.3.2 工程质量管理系统的建立

工程质量管理系统的建立应遵循以下原则:

（1）分层次规划的原则。第一层次是建设单位和工程总承包企业,分别对整个建设项目和总承包工程项目,进行相关范围的质量控制系统设计;第二层次是设计单位、施工企业(分包)、监理企业,在建设单位和总承包工程项目质量控制系统的框架内,进行责任范围内的质量控制系统设计,使总体框架更清晰、具体,落到实处。

(2)目标分解的原则。按照建设标准和工程质量总体目标,分解到各个责任主体,明示于合同条款,由各责任主体制订质量计划,确定控制措施和方法。

(3)质量责任制的原则。即按照国家有关法律法规以及合同文件的要求,建立相应的质量责任体系。

(4)系统有效性的原则。即做到整体系统和局部系统的组织、人员、资源和措施落实到位。

工程质量管理系统建立的程序为:

(1)确定控制系统各层面组织的工程质量负责人及其管理职责,形成控制系统网络架构。

(2)确定控制系统组织的领导关系、报告审批及信息流转程序。

(3)制订质量控制工作制度,包括质量控制例会制度、协调制度、验收制度和质量责任制度等。

(4)部署各质量主体编制相关质量计划,并按规定程序完成质量计划的审批,形成质量控制依据。

(5)研究并确定控制系统内部质量职能交叉衔接的界面划分和管理方式。

2.3.3 工程质量管理系统的运行

(1)管理系统运行的动力机制。工程质量管理系统的运行核心是动力机制,动力机制来源于利益机制。工程项目的实施过程由多主体参与,只有保持合理的供方及分供方关系,才能形成质量控制系统的动力机制,这一点对业主和总承包方都是同样重要的。

(2)管理系统运行的约束机制。没有约束机制的管理系统是无法使工程质量处于受控状态的,约束机制取决于自我约束能力和外部监控效力。前者指质量责任主体和质量活动主体,即组织及个人的经营理念、质量意识、职业道德及技术能力的发挥;后者指来自于实施主体外部的推动和检查监督。因此,加强项目管理文化建设对于增强、完善工程项目质量管理系统的运行机制非常重要。

(3)管理系统运行的反馈机制。运行的状态和结果的信息反馈,是进行系统控制能力评价,并为及时做出处置提供决策依据。因此,必须保持质量信息的及时和准确,同时提倡质量管理者深入生产一线,掌握第一手资料。

(4)管理系统运行的基本方式。在工程项目实施的各个阶段、不同的层面、不同的范围和不同的主体间,应用 PDCA 循环原理,即计划、实施、检查和处置的方式展开控制,同时必须注重抓好控制点的设置,加强重点控制和例外控制。

复习思考题

1. 什么是工程质量?
2. 工程质量的特征有哪些?
3. 论述工程建设各阶段对质量形成的影响。

4. 简要说明影响工程质量的因素。

5. 论述工程质量管理的原则。

6. 什么是 PDCA 循环？

7. 什么是三阶段控制原理？

8. 简要说明工程质量管理系统的组成。

9. 工程质量管理系统的动力机制是什么？

第 3 章　工程项目前期策划的质量控制

3.1　工程项目前期策划的概念

3.1.1　工程项目前期策划的定义

建设工程项目的前期策划是指在工程建设前期通过认真周密的调查工作明确项目的建设目标,构建项目的系统框架,完成项目建设的战略决策,并为项目的有效实施提供指导,为项目的成功运营奠定基础。需要注意的是建设工程项目的前期策划不是指对工程项目建设前期这一阶段进行策划,而是指在工程项目建设前期这一阶段对工程整个生命周期的各个阶段和过程进行策划。工程项目的前期策划是决定项目质量的最关键阶段,但是往往这个阶段并没有被充分重视,实际上,项目前期策划质量的好坏直接影响到项目在后期实施及运营阶段的工作质量和工程质量。

3.1.2　工程项目前期策划的分类

如图 3-1 所示,项目的前期策划既包括针对项目建设前期阶段的工程项目开发策划,还包括针对工程项目实施阶段的实施策划,以及针对项目运营维护阶段的运营策划。

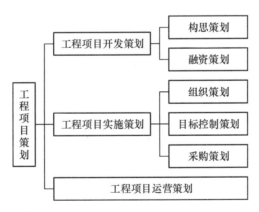

图 3-1　建设工程项目策划

工程项目的开发策划包括项目的构思策划和项目的融资策划。项目的实施策划主要包括项目实施阶段的组织策划、目标控制策划和项目的采购策划。项目运营策划的目的是通过制定良好的项目运营管理模式的策划为投资方带来丰厚的回报,并且使项目的物业获得保值和增值。

3.2　工程项目策划的实施

3.2.1　项目开发策划

项目的开发策划是在项目建设前期制定项目开发总体策略的过程,包括项目的构思策划和项目的融资策划。

1）项目构思策划

项目构思策划过程是从项目最初构思方案的产生到最终构思方案形成的过程。即项目构思的产生、项目定位、项目目标系统设计、项目定义并提出项目建议书的全过程。

在项目构思策划过程中，首先是项目构思的产生。项目构思的产生可以是企业发展的需要，例如，发现了新的投资机会，也可以是城市发展的需要。例如，某城市轨道交通线的建设是为了满足城市交通发展的需要等。经过选择的项目构思需要进行项目的定位，项目的定位是根据国家、地区或企业发展的总体规划，在环境分析的基础上，明确项目建设的地位、影响力和档次、规格、标准。项目定位将决定项目的建设目标。项目目标系统设计主要包括情况分析、问题定义、目标因素的提出和目标系统的建立四个主要步骤。在目标系统形成的基础上，可以进行项目定义。工程项目定义是以工程项目的目标体系为依据，在项目的界定范围内以书面的形式对项目的性质、用途和建设内容进行的描述，并可以据此提出工程的项目建议书。项目构思策划的过程如图 3-2 所示。

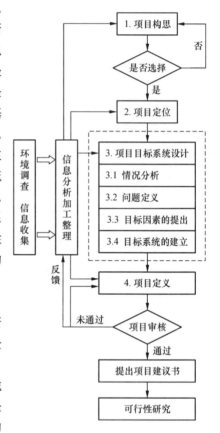

图 3-2　项目构思策划过程

2）项目融资策划

按照 FASG《美国财会标准手册》的定义，项目融资是指需要大规模资金的项目而采取的金融活动。无论企业的发展，还是城市、区域和国家的发展，都离不开项目的建设，而工程项目建设最需要的是资金。如果完全凭借自有资金来完成项目的建设，则能得以建设的项目是十分有限的。这肯定会制约企业、城市、区域乃至国家的发展。设想一个地区有丰富的矿产资源，相对低廉的劳动力成本，如果建设某个工业项目肯定会获得较好的投资收益，并且可以解决当地的就业问题，但是如果该地区没有资金来完成项目的建设，则劳动力和矿产资源的优势就得不到发挥。项目融资将直接解决项目建设过程中资金紧缺的问题。而项目融资策划可以使项目获得最佳的项目融资方案。项目融资策划是项目前期策划的重要环节，项目融资策划即是通过有效的项目融资为项目的实施创造良好的条件，并最大限度地减少项目的成本，提高项目的盈利能力。

工程项目建设具有投资大、回收期长的特点。项目资金的筹措是项目得以顺利实施的基本保证。因此，在项目的开发阶段就必须进行项目的融资策划。项目融资策划是在项目的开发阶段通过项目融资渠道的选择、项目融资风险分析等来确定项目融资方案的过程和活动。项目的融资渠道有很多种，在选择项目融资渠道时要根据项目的特点和项目的运作方式加以选用。在制定项目的融资方案时，还要注意进行项目融资的风险分析，尽量使项目的融资风险降到最低，并据此确定项目的还款方式。

项目融资策划首先应根据自身的情况和项目的环境，对项目资金可能的筹措渠道加以分析。通常情况下项目资金的筹措渠道有几种,包括权益成本、国内银行贷款、国外贷款、发行债券,以及其他例如用租赁方式筹集资金、项目承建单位参与融资等。不同的项目环境下应该采取不同的项目融资渠道。在制定项目融资方案时,可根据项目的具体情况有针对性地选用其中的一种融资渠道或者选用几种融资渠道的组合,以获得最有利于项目建设和运营的融资方案。

在确定项目的偿款方式时,主要可考虑两种情况。一是以项目产品的销售收入产生的净现金流来偿还贷款。这是大多数工业性项目所采取的偿还融资款的方法。即以工业品的销售收入所得来偿还债务。也是大部分情况下所采取的偿债方式;二是直接以项目的产品来偿还贷款,即通过产品支付或远期购买的方式将项目产出品的部分所有权转让给贷款人。除了上述两种还款方式外,还可以根据融资渠道的不同采取相应的还款方式。

项目融资过程中会面临各种各样的风险。因此,项目的融资策划必须正确认识项目所面临的风险,并对各种风险进行量化分析,然后根据项目所面临风险的性质和大小来制定具体的项目融资方案。项目的融资风险分析是项目融资策划的关键环节,也是制定项目融资方案的依据。项目融资的风险有系统风险和非系统风险两类。项目的系统风险包括政治风险、政策和法律风险、经济风险等。非系统风险则包括项目的实施风险、经营和维护风险、环境风险等。

3.2.2 项目实施策划

针对项目实施阶段的策划包括项目的组织策划、项目的目标控制策划和项目的采购策划。项目策划的目的是将项目构思策划所形成的建设意图变成可操作性的行动方案、达到预定的建设目标。

1) 项目的组织策划

大型工程项目的建设离不开科学的项目组织。项目组织策划包括项目管理机构的组织策划和工程项目实施方式的策划。其目的是根据现代企业组织模式建立项目管理的组织机构,组织强有力的项目领导班子,然后通过合理的项目实施方式确定项目的设计方、施工方和材料供货方,并通过项目参与各方的有机组织与相互协调来实现项目的建设目标。

项目的组织策划包括两层含义。一层意思是指为了使项目达到既定的目标,使全体参加者经分工与协作以及设置不同层次的权利和责任制度而构成的一种人员的最佳组合体;另一层意思则是指针对项目的实施方式以及实施过程建立系统化、科学化的工作流程组织模式。

在项目的组织策划过程中,要做好两项工作,一要做好项目管理机构的组织策划,二要做好工程项目实施方式的策划。项目管理机构组织形式策划的目的是确定项目管理机构的组织形式,而工程项目实施方式策划的目的则是确定工程项目实施的组织管理模式。项目管理机构的组织形式是指工程项目的业主根据工程项目的特点,为了完成既定的工程项目建设目标而采用的管理组织机构。工程项目实施的组织管理模式是指工程项目在实施过程中工程项目参与各方间的组织关系。常用的工程项目管理组织形式主要有直线式、职能制、直线职能制和矩阵制等;项目的组织实施方式包括设计—施工连贯式、设计—施工分离式、CM 模式等。工程项目管理组织形式和组织实施方式应根据业主的情况和项目的特点来确定。

2) 项目的目标控制策划

工程项目的目标控制过程是将工程项目前期策划形成的工程项目目标在实施阶段加以实现的过程。工程项目的目标包括投资、工期和质量三大目标以及安全、环境等目标。工程项目的目标控制就是通过对工程项目实施过程中影响工程目标的各种因素的分析,采取科学的方法和手段对工程目标进行有效控制,使工程目标达到预期的要求,保证项目在预定的投资下按时按质完成,并顺利运营。

从某种意义上讲,工程项目的建设过程就是通过目标控制使工程项目的建设目标得以实现的过程。项目的目标控制策划是通过制定科学的目标控制计划和实施有效的目标控制策略使项目构思阶段形成的项目预定目标得以实现的过程和活动。项目目标控制策划包括与目标系统控制相关的目标控制过程的分析、目标控制环境的调查、目标控制方案的确立和目标控制措施的制定等。工程项目的目标控制策划过程包括项目投入过程的控制策划、转换过程的控制策划、实施结果的测试策划以及偏差分析和纠偏方案的策划等。目标控制的策划应该从目标控制的环境分析、确定目标控制的行动方案以及拟定目标控制的有效措施等方面着手进行。坚持主动与被动控制相结合,在条件允许的情况下尽量扩大主动控制的比例。通过全方位、全过程的系统规划,达到多目标优化的效果。

　　3)项目的采购策划

工程项目的采购是指从工程项目系统外部获得货物、土建工程和服务的整个采办过程。工程项目采购策划的目的是根据项目的特点,通过详细的调查分析来制定合理的采购策略。工程项目的采购策划包括项目管理咨询服务的采购、项目设计咨询的采购、项目施工承包企业的采购、项目供货单位的采购以及直接的项目所需材料和设备的采购等。工程项目采购策划直接关系到项目的成功与否,是工程项目实施策划的重要环节。因此必须在采购前进行采购方案策划,并在采购策划的基础上制定详细而周密的采购计划,从而确保工程项目的顺利建设和实施。在项目的采购过程中,应该坚持最大限度地降低采购成本,提高采购效率的原则,通过公开、公平、公正的采购程序,达到最佳的采购效果。

在工程项目的采购过程中,首先要做好招标方式的策划,常见的招标方式有国际竞争性招标、有限国际招标、国内竞争性招标等方式。然后要对项目的招标程序和内容进行周密的策划。最后是进行项目谈判过程的策划和合同策划。工程项目的合同策划必须与项目的组织策划、目标策划和融资策划相结合,才能达到预期的效果。

3.2.3　项目运营策划

项目的运营阶段是项目生命周期内时间经历最长的阶段,也是直接产生投资效益的阶段。项目的运营策划是指项目建设完成后运营期内项目运营方式、运营管理组织和项目经营机制的策划。项目运营质量决定了项目投资方的根本利益,也是实现投资收益的直接保证。良好的项目运营管理不仅可以给投资方带来丰厚的回报,而且能够使项目的物业获得保值和增值。因此,项目的运营策划是项目策划的重要环节,必须予以重视。

项目运营策划可以分成不同的种类,按照时间的不同,可以分为运营前的准备策划和运营过程的策划;按照内容的不同,又可以分为运营管理的组织策划和项目的经营机制策划等。按照项目性质的不同,还可以分为民用建设项目的运营策划和工业建设项目的运营策划。而民用建设项目的运营策划又可以进一步划分为办公楼项目的运营策划、商业项目的运营策划和酒店项目的运营策划等。

针对不同项目的特点,项目的运营策划也有所不同。项目的运营策划不是在项目的运营阶段才进行。项目运营策划的时间越早,对项目的运营越有利。项目的运营策划应该与项目的开发策划、项目的实施策划相结合,才能达到最好的效果。工程项目的运营策划包括确立项目运营管理组织方案、初步拟定人员需求计划等方面的工作。

3.3　工程项目前期策划的质量工作要点

根据工程项目前期策划的不同种类,其工作要点如表 3-1 所示。

表 3-1　　　　　　　　　　　工程项目建设前期策划的工作要点

项目的开发策划	项目的构思策划	(1) 明确项目的定位 (2) 做好细致周密的调查工作 (3) 做好项目的情况分析和问题定义 (4) 做好项目的目标系统设计 (5) 做好项目的定义
	项目的融资策划	(1) 选择合适的融资渠道 (2) 正确分析投融资风险 (3) 选择适用的融资方式 (4) 拟定周密的还款计划
项目的实施策划	项目的组织策划	(1) 选择合理的项目管理机构组织形式 (2) 选择合理的项目建设组织管理模式 (3) 制定工作流程组织设计纲要
	项目的目标控制策划	(1) 详细分析目标控制的过程和环节 (2) 调查目标控制的环境 (3) 确定目标控制的原则 (4) 制定总投资规划纲要 (5) 制定总进度规划纲要 (6) 制定质量策划纲要
	项目的采购策划	(1) 做好项目采购模式的总体策划 (2) 做好项目管理咨询单位的采购策划 (3) 做好项目总承包单位的采购策划 (4) 做好项目设计单位的采购策划 (5) 做好项目施工单位的采购策划 (6) 做好项目供货单位的采购策划
项目的运营策划		拟定适用的项目运营策划初步方案

3.4　工程项目建设前期质量策划的环节

3.4.1　工程项目质量策划的含义

按照国际标准化 ISO 的定义,质量策划是指致力于设定质量目标并规定必要的作业过程和相关资源以实现其目标。它是组织建立在质量方针的基础上,确定质量目标,并为实现该目标采取措施,包括识别和确定必要的作业过程,配置所需的资源,从而确保达到预期的质量目标所进行的一系列的统筹安排的过程。根据此定义,工程项目的质量策划是工程项目管理机构制定质量目标,规范质量管理过程,建立质量管理组织,识别质量管理资源等一系列的质量管理相关活动。工程项目的质量策划是工程项目质量管理的重要组成部分。工程项目的质量策划必须具有针对性,不同的工程项目应该针对项目所处的不同情况作出相应的质量策划。工程项目质量策划的结果应形成文件,其表现形式,可以是质量计划,也可以是组织运作需要的其他管理文件。

3.4.2　工程项目质量策划的环节

工程项目质量策划应该在工程项目建设前期阶段完成。在工程项目的建设前期阶段,质量策划应该包括以下四个关键环节。第一,明确工程项目建设的质量目标;第二,做好工程项目质量管理的全局规划;第三,建立工程项目质量控制的系统网络;第四,制定工程项目质量控制的总体措施。

下面以浦东国际机场建设项目为例,说明工程项目建设前期进行工程质量策划的关键环节。

1) 质量目标的确定

浦东国际机场是国家和上海市“九五”期间重要的交通基础设施建设项目,也是我国跨世纪重大交通枢纽工程之一。该机场的建成,对于进一步开发浦东,促进长江三角洲发展,进而带动长江中下游地区乃至全国的经济具有深远的战略意义。上海市委、市政府领导曾以“一流设计,一流建设,一流管理,一流服务”指出了浦东机场的建设方针,同时也明确了浦东国际机场的质量目标,即工程质量达到优良标准,争创上海市“白玉兰奖”,并争取荣获国家级建设工程最高荣誉——“鲁班奖”。

2) 质量管理的全局规划

机场项目质量的内涵是广泛的,它不仅指传统意义上机场本身的工程施工质量,而且体现机场前期策划、招投标与合同管理、勘察与设计、材料设备的采购等过程的工作质量及相关产品的质量。例如,机场上空的噪声控制、机场周围生态环境的维护都是机场质量的一部分。机场建设指挥部在充分认识到质量内涵的基础上,根据机场项目质量形成的全过程对工程质量进行总体规划。同时,工程项目的三大目标:投资、进度、质量是互相制约互相影响的,抛开进度、投资而片面地谈质量是不切实际的。

3) 质量控制的系统网络

浦东国际机场占地面积近 $40 km^2$,一期工程包括一条 $4000 m$ 长、$60 m$ 宽的主跑道,两条滑行道,一座年接纳旅客 2000 万人次,面积 28 万 m^2 、年吞吐货物 75 万 t 的航站楼,同时包括宾馆、外办大楼、货运大楼、办公楼、航空食品配餐、机场油库、能源中心等相关设施。工作标段多达 150 余个。参加建设的设计单位 10 余家,监理单位约 15 家,企业 77 家,并且来自不同地方和不同行业。如何管理好如此众多的建设单位以及如此繁多的工程项目,在工期十分紧迫的情况下完成预定的质量目标,是摆在工程指挥部面前的一个严峻问题。指挥部经过反复研究,决定利用地方政府有关部门和行业管理部门的优势,由上海市建设管理委员会向机场派驻专门机构,与机场建设指挥部组织强有力的质量管理领导班子。同时,发挥监理单位、施工单位、勘察设计单位的作用,形成严密的机场工程建设的质量控制网络,对机场项目的质量进行多层控制。

机场建设指挥部、建委驻场办、商检部门组成了质量控制决策层(图 3-3)。建委驻场办、商检部门负责监督质量法规的贯彻执行,机场建设指挥部则负责确立质量目标,制定质量控制程序和方法,建立质量保证体系,进行质量规划与决策;施工监理是质量控制的辅助层,机场建设指挥部主要通过监理单位来监督和控制施工的质量;参与机场建设的各设计单位、施工单位、勘察单位、材料/设备供货单位组成了质量控制的基础层,他们的工作质量直接影响到工程的建设质量。

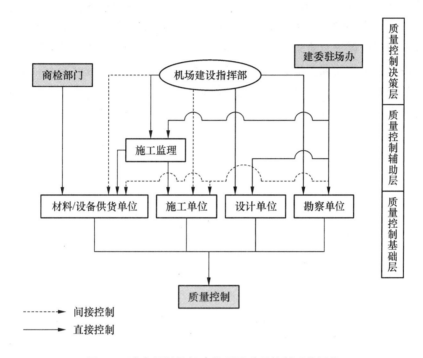

图 3-3 浦东国际机场建设项目质量控制系统网络

4)质量控制的总体措施

(1)控制设计质量,抓好决定环节

工程设计的质量控制是工程质量控制的决定性环节。工程设计的质量水平将直接影响到施工的质量与效率。机场的规划设计本着"统一规划、合理布局、因地制宜、综合开发、配套建设"的方针,尽量使设计满足使用、经济、美观、安全及节约用地的要求,并且与周围的环境相协调,走可持续发展的道路。

机场指挥部为了贯彻高起点地满足可持续发展的规划设计意图,及时制定了机场规划设计的几大原则,机场中所有项目的设计均以这些原则为指导,使设计的质量得到保障。

第一,坚持"一次规划、分期实施、滚动发展"的原则。

这是上海市政府为浦东国际机场项目所制定的最基本的指导思想。根据航空业务量的发展预测,上海民航旅客到2005年将达到3300万人次/年,货运量将达到120万t/年,并且以每年近10%的速率递增,远期将达到9000万～11000万人次/年的客运量和600万～650万t/年的货运量。根据预测的航空需求量,浦东国际机场进行了一次性的总体规划,并分期进行建设与实施。一期工程以2005年为规划目标,占地12km²,包括一条长4000m、宽60m的跑道和一座28万m²的航站楼;一期工程建成后将继续建设四条跑道和四座航站楼,达到年旅客吞吐量8000万人次,年货运吞吐量500万t,年起降32万架次的规模,进而发展成为世界上最为重要的航空枢纽之一。按照既定的指导思想,一期工程的规划设计不仅考虑满足自身的功能要求,而且充分考虑了远期发展需要。既不能一次投资过大,运营能力过剩,造成经济损失,又不能投资过小,满足不了未来航空客运的要求。

第二,坚持与周围环境相协调,满足可持续发展需要的原则。

高起点的规划设计,不仅体现在传统的满足自身需要的安全、适用、美观、经济上,更重要的是应与周围的生态环境相协调,走可持续发展的道路。从最初机场的选址,到可行性研究,以及重要规划设计方案的筛选,机场指挥部进行了大量的调研和论证工作。并成立了专门的课题组,对机场的环境评价与对策研究、鸟类生态环境调查和种青引鸟工程、围海造地工程、供冷供热工程、污水及污物处理工程、一级和二级排水系统工程、环境绿化美化工程等都进行了广泛而深入细致的研究,用于指导机场的规划设计。使机场的规划设计既能满足需要,又能节约投资、提高效率;既能减轻污染、保护环境,又能变废为宝;既能绿化环境、美化自然,又能平衡生态。

第三,坚持功能分区为主,行政分区为辅的原则。

在机场建设过程中为了避免各行政单位各自为政,影响工程的顺利进行,机场建设用地规划以模块的功能为依据,对机场项目进行了功能分区,具体划分出飞行区、工作区、航空公司基地、仓储区、生活区和开发用地等分区。各功能分区根据自身的特点进行相应的设计。这不仅为各功能分区市政配套设施的建设提供了依据,而且随着航空运输量的增长,当某一功能分区的设计容量不能满足需要时,可以在该功能分区中独立地进行扩建而不会给其他分区带来影响。这与机场"一次规划、分期实施、滚动发展"的指导思想是一致的。

第四,坚持采用分散式发展模式的原则。

航站楼代表了浦东国际机场的形象。因此,航站楼的设计是机场规划设计中最重要的环节之一。通过国际方案征集,共得到了六个航站区的规划设计方案。机场指挥部将这些方案分成两类:一类为集中式方案,一类为分散式方案。经过广泛调查分析及多次组织专家论证,结合机场自身建设的特点,最终选择了法国巴黎机场公司的分散式方案。分散式方案可以降低设备及设施的运行风险,增强机场对突发事件的应变能力,同时有利于缩短建设工期,并且一期工程投资规模小,投入产出比高,符合机场滚动发展的要求。

第五,坚持采用成熟技术、保守设计的原则。

浦东国际机场是上海市最重要的交通基础设施项目之一,绝对不能作为任何新兴技术的试验品。机场建设中所运用的技术基本都为成熟的技术,同时设计过程中采用保守设计的原则。使机场出现质量问题的风险降到最低程度。

第六,保证空间使用灵活性的原则。

现代航站楼的设计应该具有空间开敞、功能多样、使用灵活的特点。随着全球经济的飞速发展及人们消费需求的变化,对机场服务功能必将提出更多新的要求。因此,机场的规划设计充分考虑未来可能发生的变化,将机场设计得更具灵活性,使机场建设的远期目标更易实现。

第七,坚持内外有别、标准与功能相适应的原则。

根据机场不同部位的功能要求,机场设计采用了不同的设施布置与装饰标准。旅客购物、候机的部位进行一流的装饰设计并采用先进的服务设施;旅客不需达到的部位,则采用相对较低的设施服务和装饰标准。这样不仅可以降低机场建设的投资,而且会减少不必要的设备维修工作。

第八,坚持多种经营、综合开发的原则。

现代社会对机场的质量要求,不仅要具备一个交通设施的所有功能,同时还应成为一个集旅游、商业、文化教育为一体的综合性的服务设施。机场建设指挥部分别对机场基础设施、机场交流功能设施、机场商务功能设施、机场信息功能设施、机场物流功能设施、机场学术研究功能设施、机场文化艺术功能设施、机场疗养娱乐功能设施、机场产业技术功能设施等进行了功能分析,并用于指导规划设计。使浦东国际机场不仅具备多种服务功能,而且可以通过多种经营,为后期的建设筹集资金。

(2)优选参建单位,保证技术能力

为了按照预定的质量目标完成浦东国际机场的建设任务,参加建设的各勘察、设计、施工、监理单位的技术能力必须有充分的保障。浦东国际机场一期工程参建单位众多,任何一家单位出现质量问题,不仅会影响其本身负责的项目,而且会给整个项目的总体质量带来影响。浦东国际机场制定了一整套措施,用以防止工作效率低、技术素质差的单位加入机场建设。

浦东国际机场的各个项目不论大小,基本上是遵循公开、公平、公正的原则通过公开招标决定参建队伍的。无论是设计招标、还是施工招标或者监理招标,对投标单位的预审都规定了硬性指标。例如,规定参加投标的施工单位必须是国营大中型施工企业,具有一级资质,并承揽过类似的工程项目;参加监理投标的监理单位必须具有国家统一颁发的甲级监理资质,并有相关工程的施工监理经验等。机场建设指挥部同时规定中标后的单位不容许将工程转包给其他单位。这样,使参加投标的各单位均为技术能力比较好的企业。

另外,采用了无底标的招标方式,为了防止某些企业投标时期望中标而大幅度压低报价,在中标后为降低成本而影响工程质量,机场建设指挥部规定当投标单位报价中最低标比次低标价格相差超过 15% 时,最低标即为废标。从而有效防止具有不合理报价的投标单位中标。

(3)独立平行检测,提高监理水平

为了提高监理单位的监理工作水平,机场建设指挥部在监理合同中明确规定:"监理单位必须独立平行对原材料、半成品及施工质量进行测试工作,不得借用施工单位的测试设备和测试数据。"目前,我国大部分工程在实行施工监理时,监理单位都未进行单独的试验,而是局限在检查施工单位的试验数据上。试验与测试是检验工程质量最关键的步骤,也是最有效的手段。监理单位在施工期间进行独立平行的试验,可以得到工程中最真实的一手资料,有利于及时发现施工过程中潜在的质量隐患,尽早地解决施工过程中的质量问题。独立平行的检测监理是浦东国际机场根据自身工程的特点对于现行建设监理制度的一种创新。事实证明这种制度是十分有效的。

独立平行检测使机场建设指挥部获得两套工程检测数据,通过对比可以及时发现施工中的问题并予以处理。不仅保证了工程质量,而且赢得了时间。

独立平行检测可以使两套数据互相检查,有利于发现检测工作存在的问题。在检测过程中,由于检测仪器、检测方法、检测人员的技术素质以及检测环境等原因,都会给检测结果带来影响,错误的检测数据将会掩盖质量隐患,对工程质量造成的危害是难以估计的。独立平行检测相当于为工程上了"双保险"。监理和施工单位任何一方的检测结果有问题,都会被发现并得到及时更正。

(4)依靠建委职能,加强质量监督

建委为建设项目设立专门的驻场办公室,在上海市工程建设史上还是第一次。上海市建设委员会驻浦东国际机场办公室的成立,充分显示了市委市政府对机场建设项目的重视程度,也表明了上海市建设一流机场的决心。建委驻场办是代表市建委在浦东国际机场行使管理职能的办事机构。其主要职责之一即抓好工程的质量。驻场办主要通过两种方式对机场的工程质量进行控制：一是对建筑材料及设备的质量严格把关；二是对施工队伍的施工质量严格控制。在对原材料的质量控制中，主要做好材料的试验工作。无论对试件的抽样方法还是试验方式都作出了详细的规定。举例而言，在混凝土原材料的试验中，除严格控制不同骨料的试验方法外，对骨料的试验要求也作了明确的规定，例如，相同骨料来自不同矿沁要分别进行试验。如果供货单位提供了质量不合格的建筑材料，则会被逐出施工现场。这样就保证了只有高质量原材料才能进入机场施工现场。对于施工队伍施工质量的控制，首先是检查施工队伍的资质等级，非甲级资质等级，有过不良业绩的施工企业会被坚决剔除出施工现场。其次，对工程项目层层转包的现象严加防范，发现后严肃处理。另外，由于驻工地现场后，常规质量检查的"三部到位"变成了"随时到位"。只要工程需要，驻场办可以随时对工程质量进行抽查，并且检查项目齐全、检查频率高，发现问题可以得到及时处理。

（5）开展立功竞赛，增强质量意识

人是影响工程质量的最根本因素。增强机场建设中每个成员的质量意识，是抓好机场工程质量的有效手段。浦东国际机场建设工期十分紧迫，1998 年又遇到了上海市近年来少有的多雨天气以及建国后罕见的最高气温。为了在保证机场按时竣工交付使用的前提下创优质工程，机场建设指挥部想出了很多好的方法，其中之一就是开展了轰轰烈烈的立功竞赛活动。为了使立功竞赛活动不成为表面形式，真正能够起到增强施工队伍质量意识的作用，指挥部制定了一系列的竞赛规则和方法：

第一，明确目标，落实责任。

立功竞赛的目标是非常明确的，即以"抓降低成本、保工期质量、比文明施工、赛安全生产、树企业形象"为主要内容，坚持以"工程创精品"为主题。各项工程合格率达到 100%，优良率达到 60% 以上，主体工程争创"鲁班奖"。指挥部要求在立功竞赛活动中施工单位必须做到"五个到位"：一是领导重视，认识统一，思想工作到位；二是发动面广，思想工作到位；三是竞赛机构健全，竞赛形式多样，组织工作到位；四是目标明确，重点突出，管理工作到位；五是加强检查，认真考评，指导工作到位。通过明确目标和责任，才能使立功竞赛活动真正落到实处。

第二，合理分区，有序开展。

机场建设立功竞赛领导小组将整个机场分为航站、飞行、市政、水利、货运等九个分赛区。各分赛区分别召开立功竞赛动员大会，广泛宣传立功竞赛的活动，营造竞赛气氛。由于各分赛区所涉及工程项目的性质不同，立功竞赛领导小组要求各分赛区在保证立功竞赛总体思路不变的情况下，结合本赛区的工程特点，将赛区进行细化，建立起从分赛区到各参加单位，从总包单位到各级分包单位，直到各施工班组的多级竞赛网络。每级竞赛网络都根据各自特点制定出相应的竞赛范围、竞赛形式、评比方法和奖励标准，使竞赛单位真正具有可比性。

第三，定期考核，加强监督。

为了保证竞赛的质量，必须加强对竞赛活动的监督。立功竞赛领导小组要求各分赛区不定期对参赛单位进行抽查，并定期进行考评。例如，工作分赛区采取了每旬一小评，每季度一总评的形式。飞行、市政、水利等分赛区对施工队伍的施工质量随时进行抽查，并将抽查结果作为竞赛评比的依据。

第四，加强协作，不断创新。

在竞赛活动中，竞赛工作领导小组以上海市立功竞赛办公室有关文件的精神为指导，注意调查研究工作,并广泛搜集信息,作为制定竞赛办法的依据。竞赛工作领导小组本着不断提高竞赛水平的原则,定期召开各分赛区竞赛办主任例会,互相交流竞赛活动中的经验和教训,并在此基础上改进下一步的竞赛方法。

复习思考题

1. 工程项目前期策划有哪些种类?
2. 工程项目策划的实施包括哪些内容?
3. 简述工程项目前期策划的质量工作要点。
4. 什么是工程项目质量策划?
5. 简述工程项目前期策划的关键环节。

第 4 章　工程勘察设计的质量控制

4.1　设计质量控制概述

工程项目勘察是指根据建设工程的要求,查明、分析、评价建设场地的地质、地理环境特征和岩土工程条件,编制建设工程勘察文件的活动。工程项目设计是指根据建设工程的要求,对建设工程所需的技术、经济、资源、环境等条件进行综合分析、论证,编制建设工程设计文件的活动。建设工程勘察、设计在我国国民经济建设和社会发展中占有重要的地位和作用,它是工程建设前期的关键环节。建设工程勘察、设计的质量对于建设项目的质量起着决定性的作用,因此,勘察设计阶段是工程项目建设过程中的一个重要阶段。

勘察设计阶段一般是指从项目可行性研究报告经审批并由投资人作出决策后,直到施工图设计完成,期间一般包括勘察设计招投标、初步设计、技术设计和施工图设计等。

工程项目的设计对项目的经济性起着重要的影响,根据统计,项目的前期工作对项目经济性的影响达 90%～95%,初步设计阶段的影响为 75%～90%,技术设计阶段的影响为 35%～75%,施工图设计阶段的影响为 10%～35%,而施工阶段的影响约为 10%。由此可见,设计质量对工程项目质量和经济性的影响重要。

项目的设计阶段决定了工程项目的质量目标和水平,同时也是工程项目质量目标和水平的具体体现。工程设计在技术上是否先进,经济上是否合理,是否符合有关的法规等,都对项目今后的适用性、安全性、可靠性、经济性和环境的影响起着决定性作用。勘察资料不准确而导致采用不适当的地基处理或基础设计,使得工程的成本增加或结构基础存在隐患。设计的事故使工程无法满足质量要求和使用功能。勘察设计的进度不能按计划完成,设计不便于施工等,都直接影响到整个工程的投资、进度和质量目标的实现。因此,勘察、设计的质量控制,是实现建设工程项目管理目标的有力保障。

4.1.1　勘察设计质量的内涵及质量控制的依据

1) 勘察设计质量的内涵

工程项目设计是施工的依据,勘察是设计的重要依据之一,也对施工有重要的指导作用。

工程项目勘察设计的质量就是在遵守技术标准和法律法规的基础上,对工程地质条件作出及时、准确的评价,符合经济、资源、技术、环境等约束条件,使工程项目满足业主所需要的功能和使用价值,充分发挥项目投资的经济效益。

设计的质量有两层意思,首先设计应满足业主所需的功能和使用价值,符合业主投资的意图,而业主所需的功能和使用价值,又必然要受到经济、资源、技术、环境等因素的制约,从而使项目的质量目标与水平受到限制;其次设计都必须遵守有关城市规划、环保、防灾、安全等一系列的技术标准、规范、规程,这是保证设计质量的基础。

2) 勘察设计质量控制的依据

建设工程勘察、设计的质量控制工作决不单纯是对其报告及成果的质量进行控制,而是要从整个社会发展和环境建设的需要出发,对勘察、设计的整个过程进行控制,包括它的工作程序、工作进度、费用及成果文件所包含的功能和使用价值,其中也涉及法律、法规、合同等必须遵守的规定。建设工程勘察、设计的质量控制的依据是:

(1) 有关工程建设及质量管理方面的法律、法规,城市规划,国家规定的建设工程勘察、设计深度要求。铁路、交通、水利等专业建设工程,还应当依据专业规划的要求。

国务院以《中华人民共和国建筑法》为依据,于 2000 年 9 月 25 日制定颁布了《建设工程勘察设计管理条例》,该条例是从事建设工程勘察和建设工程设计的工作准则和法律依据。

(2) 有关工程建设的技术标准,如勘察和设计的工程建设强制性标准规范及规程、设计参数、定额、指标等。

(3) 项目批准文件,如项目可行性研究报告、项目评估报告及选址报告。

(4) 体现建设单位建设意图的勘察、设计规划大纲、纲要和合同文件。

(5) 反映项目建设过程中和建成后所需要的有关技术、资源、经济、社会协作等方面的协议、数据和资料。

4.1.2 勘察设计单位的资质管理

国家对从事建设工程勘察、设计活动的单位,实行资质管理,对从事建设工程勘察、设计活动的专业技术人员,实行执业资格注册管理制度,建设工程勘察、设计单位应当在其资质等级许可的范围内承揽业务。

单位资质制度是指建设行政主管部门对从事建筑活动单位的人员素质、管理水平、资金数量、业务能力等进行审查,以确定其承担任务的范围,并发给相应的资质证书。个人资格制度指建设行政主管部门及有关部门对从事建筑活动的专业技术人员,依法进行考试和注册,颁发执业资格证书,并使其获得相应签字权。

由于勘察设计企业资质是代表企业进行建设工程勘察、设计能力水平的一个重要标志,为此,勘察设计单位资质控制是确保工程质量的一项关键措施,也是勘察设计质量事前控制的重点工作。

1. 工程勘察、设计单位资质分类和等级

基于《中华人民共和国建筑法》,国务院《建设工程勘察设计管理条例》和《建设工程质量管理条例》,建设行政主管部门颁发了《建设工程勘察设计市场管理规定》(建设部第 65 号令)、《建设工程勘察设计企业资质管理规定》(建设部第 93 号令)和《工程勘察资质分级标准》、《工程设计资质分级标准》(建设部设计司发 22 号文件)。我国建设工程勘察设计单位的资质可分为工程勘察资质和工程设计资质两类。

工程勘察资质和工程设计资质分级标准按单位资历和信誉、技术力量、技术水平、技术装备及应用水平、管理水平、业务成果等六方面考核确定,其中业务成果指标供资质考核备用,其余五项为硬性要求。

1) 工程勘察资质等级

工程勘察资质范围包括建设工程项目的岩土工程、水文地质勘察和工程测量等专业,其中岩土工程是指岩土工程的勘察、设计、测试、监测、检测、咨询、监理、治理等项。

(1) 资质等级设立。工程勘察资质分综合类、专业类、劳务类三类。

综合类包括工程勘察所有专业,其资质只设甲级;专业类是指岩土工程、水文地质勘察、工程测量等专业中某一项,其中岩土工程专业类可以是五项中的一项或全部,其资质原则上设甲、乙两个级别,确有必要设置丙级的地区经建设部批准后方可设置;劳务类指岩土工程治理、工程钻探、凿井等,劳务类资质不分级别。

(2)承担任务范围和地区。①综合类承担业务范围和地区不受限制。②专业类甲级承担本专业业务范围和地区不受限制。③专业类乙级可承担本专业中、小型工程项目,其业务地区不受限制。④专业类丙级可承担本专业小型工程项目,其业务限定在省、自治区、直辖市所辖行政区范围内。⑤劳务类只能承担业务范围内劳务工作,其工作地区不受限制。

2)工程设计资质等级

工程设计资质分工程设计综合资质、工程设计行业资质和工程设计专项资质三类。

(1)资质等级的设立。①工程设计综合类资质不设级别。②工程设计行业资质根据其工程性质划分为煤炭、化工石化医药、石油天燃气、电力、冶金、军工、机械、商物粮、核工业、电子通讯广电、轻纺、建材、铁道、公路、水运、民航、市政公用、海洋、水利、农林、建筑等21个行业。工程设计行业资质设甲、乙、丙三个级别,除建筑工程、市政公用、水利和公路等行业设工程设计丙级外,其他行业工程设计丙级设置对象仅为企业内部所属的非独立法人单位。工程设计行业资质范围包括本行业建设工程项目的主体工程和必要的配套工程(含厂区内自备电站、道路、铁路专用线、各种管网和配套的建筑物等全部配套工程)以及与主体工程、配套工程相关的工艺、土木、建筑、环境保护、消防、安全、卫生、节能等。③工程设计专项资质划分为建筑装饰、环境工程、建筑智能化、消防工程、建筑幕墙、轻型房屋钢结构等六个专项。工程设计专项资质根据专业发展需要设置级别。工程设计专项资质的设立,需由相关行业部门或授权的行业协会提出,并经建设部批准,其分级可根据专业发展的需要设置甲、乙、丙或丙级以下级别。

(2)承担任务的范围和地区。①甲级工程设计行业资质单位承担相应行业业务范围和地区不受限制。②乙级工程设计行业资质单位承担相应行业中、小型建设项目的工程设计任务,地区不受限制。③丙级工程设计行业资质单位承担相应行业小型建设项目的工程设计任务,限定在省、自治区、直辖市所辖行政区范围内。④具有甲、乙级行业资质的单位,可承担相应的咨询业务,除特殊规定外,还可承担相应的工程设计专项资质业务。⑤取得工程设计专项甲级资质证书的单位可承担大、中、小型专项工程设计项目,不受地区限制;取得乙级资质的单位可承担中、小型专项工程设计项目,不受地区限制。⑥持工程设计专项甲、乙级资质的单位可承担相应咨询业务。⑦工程勘察设计单位取得市政公用、公路、铁道等行业任一行业中桥梁、隧道工程设计类型的甲级勘察设计资质,即可承担其他两个行业桥梁、隧道工程甲级设计范围的勘察设计业务。

2.工程勘察、设计单位资质的动态管理

工程勘察甲级、建筑工程设计甲级及其他工程设计甲、乙级资质由国务院建设行政主管部门审批,委托企业工商注册所在地省、自治区、直辖市建设行政主管部门负责年检,年检合格的报国家建设行政主管部门备案,基本合格或不合格的亦应上报确认其年检结论。

工程勘察乙级资质、勘察劳务资质、建筑工程设计乙级资质和其他建设工程勘察、设计丙级及以下资质,由企业工商注册所在地省、自治区、直辖市建设行政主管部门审批并负责年检。年检结论为:合格、基本合格、不合格三种。

在工程设计领域为了尽快适应加入WTO后的国际市场竞争,在入世后过渡期内允许设立中外合营工程设计机构,但要求中方具有甲、乙级资质,外方在所在国或地区社会信誉良好,在国际市场有较强竞争力的注册机构,并有较强的注册建筑师和注册工程师队伍,且应按《中华人民共和国中外合资企业法》《中华人民共和国中外合作企业法》及《成立中外合营工程设计机构审批管理规定》(建设字 180 号文)和《关于国外独资工程设计咨询企业或机构申报专项工程设计资质有关问题的通知》(建设字 67 号文)的规定,由国家外经贸部负责审批,建设部负责统一审定和管理其资质和资格。凡未取得建设部许可的境外设计机构及设计人员按有关规定在中国境内中标承担设计业务,必须与中国的甲级设计单位合作,由中方注册建筑师等签字方为合法文件。目前,国家仅在建筑智能化系统集成专项设计、建筑装饰和环境专项工程设计方面,允许国外独资咨询企业或机构独立进入国内市场。

4.2　工程勘察的质量控制

4.2.1　工程勘察阶段的划分

工程勘察的主要任务是按勘察阶段的要求,正确反映工程地质条件,提出岩土工程评价,为设计、施工提供依据。工程勘察工作一般分三个阶段,即可行性研究勘察、初步勘察、详细勘察。当工程地质条件复杂或有特殊施工要求的重要工程,应进行施工勘察,各勘察阶段的工作要求如下:

(1)可行性研究勘察,又称选址勘察。其目的是要通过搜集、分析已有资料,进行现场踏勘。必要时,进行工程地质测绘和少量勘探工作,对拟选场址的稳定性和适宜性作出岩土工程评价,进行技术经济论证和方案比较,满足确定场地方案的要求。

(2)初步勘察是指在可行性研究勘察的基础上,对场地内建筑地段的稳定性做出岩土工程评价,并为确定建筑总平面布置、主要建筑物地基基础方案及对不良地质现象的防治工作方案进行论证,满足初步设计或扩大初步设计的要求。

(3)详细勘察应对地基基础处理与加固、不良地质现象的防治工程进行岩土工程计算与评价,满足施工图设计的要求。

对于施工勘察,不仅是在施工阶段对与施工有关的工程地质问题进行勘察,提出相应的工程地质资料以制定施工方案,对工程竣工后一些必要的勘察工作(如检验地基加固效果等)也属于施工勘察的内容。

工程勘察的工作程序一般是:承接勘察任务,搜集已有资料,现场踏勘,编制勘察纲要,出工前准备,野外调查,测绘,勘探,试验,分析资料,编制图件和报告等。对于大型工程或地质条件复杂的工程,工程勘察单位要做好施工阶段的勘察配合、地质编录和勘察资料验收等工作,如发现有影响设计的地形、地质问题,应进行补充勘察和过程监测。

4.2.2　工程勘察质量控制的工作内容

(1)编写勘察任务书、竞选文件或招标文件前,要广泛收集各种有关文件和资料,如计划任务书、规划许可证、设计单位的要求、相邻建筑地质资料等。在进行分析整理的基础上提出与工程相适应的技术要求和质量标准。

(2)审核勘察单位的勘察实施方案,重点审核其可行性、精确性。

(3)在勘察实施过程中,应设置报验点,必要时,应进行旁站监理。

（4）对勘察单位提出的勘察成果，包括地形地物测量图、勘测标志、地质勘察报告等进行核查，重点检查其是否符合委托合同及有关技术规范标准的要求，验证其真实性、准确性。

（5）必要时，应组织专家对勘察成果进行评审。

4.2.3　工程勘察质量控制的要点

工程勘察是一项技术性、专业性较强的工作，工程勘察质量控制的基本方法是按照质量控制的基本原理对工程勘察的五大质量影响因素进行检查和过程控制。工程勘察质量控制的要点为：

1. 选择工程勘察单位

按照国家计委和建设部的有关规定，凡是在国家建设工程设计资质分级标准规定范围内的建设工程项目，建设单位均应委托具有相应资质等级的工程勘察单位承担勘察业务工作，委托可采用竞选委托、直接委托或招标三种方式，其中竞选委托可以采取公开竞选或邀请竞选的形式，招标亦可采用公开招标和邀请招标形式。但规定了强制招标或竞选的范围。建设单位原则上应将整个建设工程项目的勘察业务委托给一个勘察单位，也可以根据勘察业务的专业特点和技术要求分别委托几个勘察单位。在选择勘察单位时，除重点对其资质进行控制外，还要检查勘察单位的技术管理制度和质量管理程序，考察勘察单位的专职技术骨干素质、业绩及服务意识。

2. 工程勘察方案质量控制

工程勘察单位在实施勘察前，应结合工程勘察的工作内容和深度要求，遵守工程勘察规范、规程的规定，结合工程的特点编制工程勘察方案。工程勘察方案要体现规划、设计意图，反映工程现场地质概况和地形特点，满足任务书和合同工期的要求。工程勘察方案要求合理，人员、机具配备齐全，项目技术管理制度健全，工作质量责任体系健全。工程勘察方案应由项目负责人主持编写，由勘察单位技术负责人审批。

工程勘察方案应突出不同勘察阶段及具体勘察工作的质量控制重点。初步勘察阶段应按工程勘察等级确认勘探点、线、网布置的合理性，控制性勘探孔的位置、数量、孔深、取样数量等。

3. 勘察现场作业的质量控制

在工程勘察现场，主要质量控制要点为：

（1）现场作业人员要持证上岗。

（2）严格执行"勘察工作方案"及有关"操作规程"。

（3）原始记录表格应按要求认真填写，并经有关人员检查签字。

（4）勘察仪器、设备、机具应通过计量认证，严格执行管理程序。

（5）项目负责人应对作业现场进行指导、监督和检查。

4. 勘察文件的质量控制

勘察文件资料的审核与评定是勘察阶段质量控制的重要工作。质量控制的一般要求是：

（1）工程勘察资料、图表、报告等文件要依据工程类别按有关规定执行各级审核、审批程序，并由负责人签字。

（2）工程勘察成果应齐全、可靠，满足国家有关法规及技术标准和合同规定的要求。

（3）工程勘察成果必须严格按照质量管理有关程序进行检查和验收，质量合格方能提供使用。对工程勘察成果的检查验收和质量评定应当执行国家、行业和地方有关工程勘察成果检查验收评定的规定。

5. 后期服务质量保证

勘察文件交付后,根据工程建设的进展情况,勘察单位做好施工阶段的勘察配合及验收工作,对施工过程中出现的地质问题要进行跟踪服务,做好监测、回访。特别是及时参加验槽、基础工程验收和工程竣工验收及与地基基础有关的工程事故处理工作,保证整个工程建设的总体目标得以实现。

6. 勘察技术档案管理

工程项目完成后,勘察单位应将全部资料,特别是质量审查、监督主要依据的原始资料,分类编目,归档保存。

4.3　工程设计的质量控制

4.3.1　设计阶段的划分

在一般情况下,设计工作可按两阶段进行,即:初步设计和概算;施工图和预算。对一些技术复杂、工艺新颖的重大项目,则应按三阶段进行设计,即:初步设计和概算;技术设计和修正概算;施工图和预算。对特殊的大型项目,事先还要进行总体设计;但总体设计不作为一个阶段,仅作为初步设计的依据。

编制初步设计的目的在于:确定指定地点和规定的建设期限内,拟建工程项目在技术上的可能性和经济上的合理性;保证正确选择建设场地和主要资源;正确拟定项目主要技术决定;合理地确定总投资和主要技术经济指标。为此,初步设计应包括以下主要内容:设计依据;建设规模;产品方案;原料、动力用量和来源;工艺流程;主要设备选型及配置;总图及运输;主要构筑物及建筑物;主要材料用量;新技术采用情况;外部协作条件;占地面积和土地利用情况;公用辅助设施;综合利用及"三废"治理;生活区建设;抗震人防措施;生产组织、劳动定员;技术经济指标;建设顺序和期限;总概算等。对于单个的工业与民用建筑,初步设计的内容则为:建设场地和总平面图;不重复的多层平面图;立面图;主要剖面图;标准构件平面图;主要结构、装饰工程、卫生技术工程和其他设备的特点;概算和技术经济指标等。

按三阶段设计时,初步设计批准后,即编制技术设计。技术设计中包括的内容与初步设计大致相同,但比初步设计更为具体确切。

按两阶段设计时,初步设计批准后,即编制施工图。按三阶段设计时,施工图则以技术设计为编制依据。施工图具有施工总图和施工详图两种形式。在施工总图(平、剖面图)上应标明设备、房屋或构筑物、结构、管道线路各部分的布置,以及它们相互配合、标高和外形尺寸;并应附工厂预制的建筑配件明细表。在施工详图上,应标明房屋或构筑物的一切配件和构件尺寸;以及它们之间的连接,结构构件断面图,材料明细表。在施工图阶段,还需编制预算,作为投资拨款和竣工结算的依据。

4.3.2　设计准备阶段的质量控制

设计准备阶段的主要工作内容及其质量控制要求为:

1. 收集工程项目原始资料

工程项目原始资料包括已批准的"项目建议书"、"可行性研究报告"、选址报告、城市规划部门的批文、土地使用要求、环境要求;工程地质和水文地质勘察报告、区域图、1/500～1/1000 地形图;动力、资源、设备、气象、人防、消防、地震烈度、交通运输、生产工艺、基础设施等资料;有关设计规范、标准和技术经济指标等,并分析研究整理出满足设计要求的基本条件。

2. 论证工程项目总目标,初步确定项目的总规模、总投资、总进度、总体质量

在确定的总投资数限定下,分析论证项目的规模、设备标准、装饰标准能否达到预期水平,进度目标能否实现;在进度目标限定下,要满足建设单位提出的项目规模、设备标准、装饰标准,估算总投资需多少。论证时应依据历史上类似工程各种指标和条件与本项目进行差异分析比较,并分析项目建设中可能遇到的风险。以初步确定的总建筑规模和质量要求为基础,将论证后所得总投资和总进度切块分解,确定投资和进度规划。

3. 组织设计招标或设计方案竞赛

设计方案的征集方法主要有两种:①组织工程设计招标;②组织方案设计竞选,即设计方案竞赛。前者可分为公开招标和邀请招标两种方法,后者可分为公开竞选和邀请竞选两种方式。根据《建筑工程设计招标投标管理办法》(建设部 2008 年 63 号令),凡符合《工程建设项目招标范围和规模标准规定》(国家计委 2000 年 3 号令)的各类房屋建筑工程,除采用特定专利技术、专有技术,或者建筑艺术造型有特殊要求且经有关部门批准的外,均须按规定采用设计招标确定设计方案和设计单位。对其余工程有条件的鼓励采用招标方式。

设计方案竞选的适用范围广,即可用于区域规划、城市建设规划,也可用于工程项目总体规划设计方案、单体建筑物的设计方案。公开竞选由组织竞选活动的单位通过报刊、广播、电视或其他方式发布竞选公告;邀请竞选由竞选组织活动的单位直接向有承担该项工程设计能力的三个以上(含三个)设计单位发出方案竞选邀请书。

(1) 实行设计方案竞选的城市建筑项目范围

① 按建设部建设项目分类标准规定的特、一级的建筑项目。

② 按国家或地方政府规定的重要地区或重要风景区的主体建筑项目。

③ 建筑面积 10 万 m² 以上(含 10 万 m²)的住宅小区。

④ 当地建设主管部门划定范围的建设项目。

⑤ 建设单位要求进行竞选的建设项目。

有保密或特殊要求的项目,由业主提出申请,按项目隶属关系,经行业或地方主管部门批准,可以不进行方案设计竞选,但应经多方案比较来确定方案。

(2) 设计方案招标与竞选的主要区别

① 参赛者不一定提出报价,只需提出设计方案。

② 入选的参赛者可以获得奖金,非入选者也可以得到一定的经济补偿。如果业主利用了参赛者的设计方案,而又委托其他人进行设计,则要给予另外的补偿。

③ 设计方案竞赛评比的第一名往往是设计任务的承担者,但也可以将所有的优秀方案,包括各个子系统的优秀方案综合起来,作为项目设计方案的基础,再以一定的方式委托设计者。

(3) 设计招标或设计方案竞赛过程中的质量控制重点

① 确定合适的设计方案征集方法。

② 招标书或竞选文件的编制与审核,特别是其中的设计任务书或功能描述书的编写。

③ 初选设计单位,把好入围关。

④ 应对评标委员会所做评标报告或竞选评价报告写出分析报告,提交建设单位。

⑤ 对中选或中标的方案修改与整合提出建议,并组织落实。

4. 编制设计大纲或设计纲要或设计任务书,确定设计质量要求和标准

《设计纲要》主要内容如下:

(1) 编制的依据

① 批准的可行性研究报告。

② 批准的设计任务书。

③ 批准的选址报告。

④ 建筑场地的工程地质勘察报告。

(2) 技术经济指标

① 建筑物的面积指标(总面积及组成部分的面积分配)。

② 总投资控制及投资分配。

③ 单位面积的造价控制。

(3) 城市规划的要求

① 建筑红线范围(四角坐标)及后退红线的要求。

② 建筑高度、层数及道路中心的仰角要求。

③ 建筑体型、景观及环境的要求。

④ 占地系数、绿化系数、容积率的要求。

⑤ 防火间距及消防通道。

⑥ 主要及次要出入口与城市道路的关系。

⑦ 日照、通风、朝向。

⑧ 对污染、噪声、粉尘等环境保护的要求。

⑨ 停车场及车库面积。

⑩ 对市政、煤气、热力、给排水、电力、电信等管线的布置要求。

(4) 建筑的风格及造型

① 建筑的特色、共性与个性。

② 建筑群体与个性的体型组合。

③ 建筑的立面构图、比例与尺度。

④ 建筑物视线焦点部位的重点处理要求。

⑤ 外装饰的材料质感与色彩。

(5) 使用空间设计方面的要求

① 使用空间的平、剖面形状及组成。

② 使用空间的尺度、空间感。

③ 使用空间序列、导向、功能。

④ 使用空间的合理利用的要求。

(6) 平面布局的要求

① 各组成部分的面积比例及使用功能的要求。

② 各使用部分的联系与分隔要求。

③ 水平与垂直交通的布置与选型要求。

④ 出入口布置要求。

⑤ 防火、防烟、安全疏散及消防指导中心。

⑥ 人防设施。

⑦ 辅助用房的设置,如煤气、热力、给排水、电力、电信等专业机房及管井的要求。

(7) 建筑剖面的要求

① 建筑标准层的高度。

② 对有特殊使用层要求的高度。

③ 建筑地上、地下高度满足规划及防火要求。

(8) 室内装饰要求

① 一般用房的装饰要求。

② 重点公共用房的装饰要求。

③ 对有特殊使用要求的装饰。

(9) 结构设计要求

① 主体结构体系的选择。

② 对地基基础的设计要求。

③ 抗震结构的设计要求。

④ 人防和特种结构的设计要求。

⑤ 结构设计主要参数的确定。

(10) 设备设计要求

① 对煤气设置、调压站及管网的要求。

② 给水系统(生活、生产、消防用水)管网、水量及设备。

③ 排水系统管网、污水处理及化粪池等。

④ 空调、采暖、通风的要求。

⑤ 电气系统的电源、负荷、变配电房、高低压设备、防雷等的要求。

⑥ 电信系统的电话、电传、有线广播、闭路电视、声像系统、对讲系统、自控系统等。

(11) 消防设计要求

① 消防等级。

② 消防指挥中心。

③ 自动报警系统。

④ 防火及防烟分区。

⑤ 安全疏散口的数量、位置、距离和疏散时间。

⑥ 防火材料、设备及器材的要求。

5. 优选设计单位,签订设计合同

(略)

4.3.3　总体设计方案的质量控制

1. 工程总体设计的内容

工程总体设计一般包括文字说明、设计图纸和工程投资估算等内容。

1) 总体设计的文字说明内容

(1) 设计依据说明,包括写明所依据的批准文号、可行性研究报告、土地使用证、规划设计要点、设计任务书等。

(2) 工艺设计说明,包括写明建设规模、产品方案、原料来源、工艺流程概况、主要设备、生产组织概况和劳动定员估计等。

(3) 总图设计说明,包括总体布局、功能分区、主要建筑物、构筑物、内外交通组织及运输方式、生活区规划设想、总占地面积、总建筑面积、道路绿化面积等。

(4) 建筑设计构思、造型及立面处理,建筑消防安全措施,建筑物技术经济指标及建筑设计特点等说明。

(5) 电力、热力、给排水、动力资源需求,"三废"治理和环境保护方案。

(6) 结构设计的依据条件、风荷、地震基本烈度、工程地质报告、结构类型及体系的简要说明。

(7) 建设总进度及各项工程进度配合要求等。

(8) 基地布置和地方材料来源。

2) 总体设计图纸包括的内容

(1) 总平面图。厂区红线位置、建筑物位置、道路、绿化、厂区出入口、停车场布置、总平面设计技术经济指标。

(2) 主要生产用房的建筑平面图、立面图、剖面图,其中标注轴线尺寸、总尺寸、门窗、楼电梯、室内外标高、楼层标高等。

2. 总体设计编制的深度要求

总体设计的深度要求是:满足初步设计的展开,主要大型设备、材料的预安排及土地征用的需要。

3. 总体设计的质量控制要点

总体设计是依据可行性研究报告和审查意见进行的,因此审核应侧重于生产工艺的安排是否先进、合理,生产技术是否先进,能否达到预计的生产规模,"三废"治理和环境保护方案是否满足当地政府的有关要求,各种能源的需求是否合理,工程估算是否在预计投资限额以内,工程建设周期是否满足投资回报要求,等等,并着重审核其多方案比较,相类似项目比较情况,分析判断其论证是否充分。

4.3.4 初步设计质量控制

1. 初步设计的内容

初步设计文件根据设计任务书进行编制,由设计说明书(包括设计总说明和各专业的设计说明书)、设计图纸、主要设备及材料表和工程概算书等四部分组成,其编排顺序为:封面;扉页;初步设计文件目录;设计说明书;图纸;主要设备及材料表;工程概算书。

在初步设计阶段,各专业应对本专业内容的设计方案或重大技术问题的解决方案进行综合技术经济分析,论证技术上的适用性、可靠性和经济上的合理性,并将其主要内容写进本专业初步设计说明书中;设计总负责人对工程项目的总体设计在设计总说明中予以论述。

为编制初步设计文件,应进行必要的内部作业,有关的计算书、计算机辅助设计的计算资料、方案比较资料、内部作业草图、编制概算所依据的补充资料等,均须妥善保存。

在初步设计阶段,结构、暖通等专业均可以设计说明书作为交付成果。若用概略图表示,则可由建筑师在建筑图中表示。

2. 初步设计的深度要求

初步设计文件的深度应满足审批的要求:

(1) 应符合已审定的设计方案。

(2) 能据以确定土地征用范围。

(3) 能据以准备主要设备及材料。

(4) 应提供工程设计概算,作为审批确定项目投资的依据。

(5) 能据以进行施工图设计。

(6) 能据以进行施工准备。

3. 初步设计质量控制的目标

初步设计质量控制目标是在指定的地点和规定的建设期限内,根据选定的总体设计方案进行更具体、更深入的设计,论证拟建工程项目在技术上的可行性和经济上的合理性,并在此基础上正确拟定项目的设计标准以及基础形式,结构、水、暖、电等各专业的设计方案,并合理地确定总投资和主要技术经济指标。

4. 初步设计质量控制的要点

初步设计阶段设计图纸的审核侧重于工程项目所采用的技术方案是否符合总体方案的要求,以及是否达到项目决策阶段确定的质量标准。该阶段的设计图纸应满足设计方案的比选和确定、主要设备和材料的订货、土地征用、项目建设总投资的控制、施工准备与生产准备等项要求。初步设计阶段要重视方案选择,初步设计应该是多方案比较选择的结果,其具体主要审核内容如下:

(1) 有关部门的审批意见和设计要求。

(2) 工艺流程、设备选型先进性、适用性、经济合理性。

(3) 建设法规、技术规范和功能要求的满足程度。

(4) 技术参数先进合理性与环境协调程度,对环境保护要求的满足情况。

(5) 设计深度是否满足施工图设计阶段的要求。

(6) 采用的新技术、新工艺、新设备、新材料是否安全可靠、经济合理。

4.3.5　技术设计或扩大初步(扩初)设计的质量控制

1. 技术设计或扩初设计的内容

技术设计或扩初设计是针对技术上复杂或有特殊要求而又缺乏设计经验的建设项目而增设的一个设计阶段,其目的是用以进一步解决初步设计阶段一时无法解决的一些重大问题,如初步设计中采用的特殊工艺流程须经试验研究、设备经试制后确定,大型建筑物、构筑物的关键部位或特殊结构须经试验研究落实,建设规模及重要的技术经济指标须经进一步论证,等等。

技术设计或扩初设计应根据批准的初步设计进行,其具体内容视工程项目的具体情况、特点和要求确定,有关部门可自行制定其相应内容要求。

技术设计阶段在初步设计总概算的基础上编制出修正总概算,技术设计文件要报主管部门批准。

城市大型公共建筑的扩大初步设计内容不仅有较详细的设计总说明书、建筑图、主要设备和材料表及相应的工程概算,而且还有基础结构图,主要承重构件的布置、尺寸、标号示意图。住宅小区的扩大初步设计内容不仅有详细规划"六图二书",包括现状图、规划总平面图、道路规划图、竖向规划图、市政设施管网综合规划图、绿地规划图和规划说明书、环境影响评价报告书,还要有建筑物个体内部使用功能解决方案、外部立面造型及其与周围环境的关系,特别是住宅的单元户型、房间朝向、开间、进深、层高、交通路线等方面的说明或图纸。

2. 技术设计或扩初设计的深度要求

技术设计或扩初设计的深度应满足设计方案中重大技术问题和有关试验设备制造等方面的要求,满足编制施工招标文件、主要设备材料订货和指导施工图设计的要求,并且能达到政府有关部门审批要求的深度。

3. 技术设计或扩初设计的质量控制要点

技术设计或扩大初步设计的质量控制要侧重于技术方案的研究、选择上,因为扩大初步设计是施工图设计的依据,各专业的技术方案一经确定就不易更改。具体的质量控制要点为:

(1)是否符合设计任务书和批准方案所确定的使用性质、规模、设计原则和审批意见,设计文件的深度是否达到要求。

(2)有无违反人防、消防、节能、抗震及其他有关设计规范和设计标准。

(3)总体设计中所列项目有无漏项,总建筑面积有无超出设计任务书批准的面积,各项技术经济指标是否符合有关规定,总体工程与城市规划红线、坐标、标高、市政管网等是否协调一致。

(4)建筑物单体设计中各部分用房分配、平面布置和相互关系、房间的朝向、开间、进深、层高、交通路线等是否合理。通风采光、安全卫生、消防、疏散、装修标准等是否恰当。

(5)审查结构选型、结构布置是否合理,给排水、热力、燃气、消防、空调、电力、电讯、电视等系统设计标准是否恰当。

(6)审查扩初设计概算,有无超出计划投资,原因何在。

对单体建筑设计的审查,应参照以下各方面分项审查其设计质量:

平面、空间布置;平面空间布置综合效果;满足各类使用功能的房间数量和面积;最佳地满足使用功能的房间数量和面积;家具布置;储藏设施;楼(电)梯走道;阳台设置;公用设施;厨房、卫生间;保温、隔热;节水、节电、节燃气;采光;通风;隔声;结构安全;建筑艺术;技术指标;特殊要求用房设计;使用面积系数;设计容量。

在技术设计或扩大初步设计阶段,在审核图纸时,还要审核相应的修正概算文件是否符合投资限额的要求。

技术设计或扩初设计完成后经建设单位上级主管部门认可后报地方政府建设行政主管部门审批。

4.3.6 施工图设计的质量控制

1. 施工图设计内容

施工图设计是在初步设计、技术设计或方案设计的基础上进行详细、具体的设计,把工程和设备各构成部分尺寸、布置和主要施工做法等,绘制出正确、完整和详细的建筑和安装详图,并配以必要的详细文字说明。其主要内容如下:

1）全项目性文件

设计总说明,总平面布置及说明,各专业全项目的说明及室外管线图,工程总概算。

2）各建筑物、构筑物的设计文件

建筑、结构、水暖、电气、卫生、热机等专业图纸及说明,以及公用设施、工艺设计和设备安装,非标准设备制造详图、单项工程预算等。

3）各专业工程计算书、计算机辅助设计软件及资料等

各专业的工程计算书,计算机辅助设计软件及资料等应经校审、签字后,整理归档,一般不向建设单位提供。

2. 施工图设计的深度

施工图设计文件的深度应满足下列要求:

(1) 能据以编制施工图预算。

(2) 能据以安排材料、设备订货和非标准设备的制作。

(3) 能据以进行施工和安装。

(4) 能据以进行工程验收。

建设部《建筑工程设计文件编制深度的规定》(2003 年)详细规定了建筑工程施工图的深度。例如针对总平面施工图和结构施工图,其深度要求具体为:

1）总平面施工图具体深度要求

(1) 图纸目录。

(2) 一般工程的设计说明可分别写在有关的图纸上,如重复利用某项工程的施工图纸及其说明时,应详细注明其编制单位、资料名称、设计编号和编制日期。

(3) 总平面图。

(4) 竖向布置图。

(5) 土方图。

(6) 管道综合图。①绘出总平面图;②场地四界的施工坐标(或标注尺寸);③各管线的平面布置,注明各管线与建筑物、构筑物的距离和管线间距;④场外管线接入点的位置及坐标;⑤指北针;⑥当管线布置涉及范围少于三个设备专业时,可在总平面蓝图上绘制草图,不出正式图纸。如涉及范围在三个或三个以上设备专业时,须正式出图。管线密集的地段宜适当增加断面图,表明管线与建筑物、构筑物、绿化之间及管线之间的距离,并注出各交叉点上下管线的标高;⑦说明栏内:尺寸单位、比例、补充图例。

(7) 绿化布置图。

(8) 详图。

(9) 计算书(供内部使用)。

设计依据、简图、计算公式、计算过程及成果资料均作为技术文件归档。

2）结构施工图具体深度要求

(1) 结构计算。①结构计算时,应绘出平面布置简图和计算简图,结构计算书应完整、清楚、整洁,计算步骤要有条理,引用数据要有依据,采用计算图表及不常用的计算公式应注明其来源或出处,构件编号、计算结构(确定的截面、配筋等)应与图纸一致,以便核对。②当采用计算机计算时,应在计算书中注明所采用的计算机软件名称及代号,计算机软件必须经过审定(或鉴定)才能在工程设计中推广应用,电算结构应经分析认可,荷载简图、原始数据和电算结

果应整理成册,与其他计算书一并归档。③采用标准图时,应根据图集的说明,进行必要的选用计算,作为结构计算书的内容之一;采用重复利用图时,应进行必要的核算和因地制宜的修改,以切合工程的具体情况。④计算书应经校审,并由设计、校对、审核分别签字,作为技术文件归档(供内部使用)。

(2)设计图纸。①图纸目录;②首页(设计说明);③基础平面图;④基础详图;⑤结构平面布置图;⑥钢筋混凝土构件详图;⑦节点构造详图;⑧其他图纸,如楼梯:应绘出楼梯结构平面布置剖面图,楼梯与梯梁详图,栏杆预埋件或预留孔位置、大小等;特种结构和构筑物(如水池、水箱、烟囱、挡土墙、设备基础、操作平台等)详图宜分别单独绘制,以方便施工;预埋件详图:大型工程的预埋件详图可集中绘制,应绘出平面、剖面、注明钢材种类、焊缝要求等;钢结构构件详图(指主要承重结构为钢筋混凝土、部分为钢结构的钢屋架、钢支撑等的构件详图)应单独绘制,其深度要求应视工程所在地区金属结构厂或承担制作任务的加工厂的条件而定。

3. 施工图设计质量控制的要点

施工图设计阶段质量控制要点为:

(1)督促并控制设计单位按照委托设计合同约定的日期,保质、保量、准时交付施工图及概(预)算文件。

(2)对设计过程进行跟踪监督,必要时,进行对单位工程施工图的中间检查验收。其主要检查内容为:

① 设计标准及主要技术参数是否合理;

② 是否满足使用功能要求;

③ 地基处理与基础形式的选择;

④ 结构选型及抗震设防体系;

⑤ 建筑防火、安全疏散、环境保护及卫生的要求;

⑥ 特殊的要求,如工艺流程、人防、暖通、防腐蚀、防尘、防噪声、防微振、防辐射、恒温、恒湿、防磁、防电波等;

⑦ 其他需要专门审查的内容。

(3)审核设计单位交付的施工图及概(预)算文件,并提出评审验收报告。

(4)根据国家有关法规的规定,将施工图报送当地政府建设行政主管部门指定的审查机构进行审查,并根据审查意见对施工图进行修正。

(5)编写工作总结报告,整理归档。

4.3.7 设计交底和图纸会审

1. 设计交底的概念

设计交底是指在施工图完成并经审查合格后,设计单位在设计文件交付施工时,按法律规定的义务就施工图设计文件向施工单位和监理单位作出详细的说明。其目的是对施工单位和监理单位正确贯彻设计意图,使其加深对设计文件特点、难点、疑点的理解,掌握关键工程部位的质量要求,确保工程质量。

设计交底的主要内容一般包括:

施工图设计文件总体介绍,设计的意图说明,特殊的工艺要求,建筑、结构、工艺、设备等各专业在施工中的难点、疑点和容易发生的问题说明,对施工单位、监理单位、建设单位等对设计图纸疑问的解释等。

2. 图纸会审的概念

图纸会审是指承担施工阶段监理的监理单位组织施工单位以及建设单位、材料和设备供货等相关单位,在收到审查合格的施工图设计文件后,在设计交底前进行的全面细致的熟悉和审查施工图纸的活动。

其目的有两方面,一是使施工单位和各参建单位熟悉设计图纸,了解工程特点和设计意图,找出需要解决的技术难题,并制定解决方案;二是为了解决图纸中存在的问题,减少图纸的差错,将图纸中的质量隐患消灭在萌芽之中。图纸会审的内容一般包括:

(1) 是否无证设计或越级设计;图纸是否经设计单位正式签署。

(2) 地质勘探资料是否齐全。

(3) 设计图纸与说明是否齐全,有无分期供图的时间表。

(4) 设计地震烈度是否符合当地要求。

(5) 几个设计单位共同设计的图纸相互间有无矛盾;专业图纸之间、平立剖面图之间有无矛盾;标注有无遗漏。

(6) 总平面与施工图的几何尺寸、平面位置、标高等是否一致。

(7) 防火、消防是否满足要求。

(8) 建筑结构与各专业图纸本身是否有差错及矛盾;结构图与建筑图的平面尺寸及标高是否一致;建筑图与结构图的表示方法是否清楚;是否符合制图标准;预埋件是否表示清楚;有无钢筋明细表;钢筋的构造要求在图中是否表示清楚。

(9) 施工图中所列各种标准图册,施工单位是否具备。

(10) 材料来源有无保证,能否代换;图中所要求的条件能否满足;新材料、新技术的应用有无问题。

(11) 地基处理方法是否合理,建筑与结构构造是否存在不能施工、不便于施工的技术问题,或容易导致质量、安全、工程费用增加等方面的问题。

(12) 工艺管道、电气线路、设备装置、运输道路与建筑物之间或相互间有无矛盾,布置是否合理。

(13) 施工安全、环境卫生有无保证。

(14) 图纸是否符合监理大纲所提出的要求。

3. 图纸会审和设计交底的组织

设计交底由建设单位负责组织,设计单位向施工单位和承担施工阶段监理任务的监理单位等相关参建单位进行交底。图纸会审由承担施工阶段监理任务的监理单位负责组织,施工单位、建设单位、设计单位等相关参建单位参加。

设计交底与图纸会审通常做法是,设计文件完成后,设计单位将设计图纸移交建设单位,报经有关部门批准后建设单位将设计图纸发给承担施工监理的监理单位和施工单位。由施工阶段监理单位组织参建各方进行图纸会审,并整理成会审问题清单,在设计交底前一周交设计单位。承担设计阶段监理的监理单位组织设计单位做交底准备,并对会审问题清单拟定解答。设计交底一般以会议形式进行,先进行设计交底,后转入图纸会审问题解释,通过设计、监理、施工三方或参建多方研究协商,确定存在的图纸和各种技术问题的解决方案。设计交底应在施工开始前完成。

设计交底应由设计单位整理会议纪要,图纸会审应由施工单位整理会议纪要,与会各方会签。设计交底与图纸会审中涉及设计变更的尚应按监理程序办理设计变更手续。设计交底会议纪要、图纸会审会议纪要一经各方签认,即成为施工和监理的依据。

4.4 勘察设计的政府监督和审查

建设行政主管部门或其委托机构依法对工程设计的各阶段进行监督和设计审查,维护社会公众利益,是一种行政执法行为。

4.4.1 规划设计的要求

在工程项目可行性研究报告批准后,规划行政主管部门按照城市总体规划的要求、项目建设地点的周边环境状况,对项目的设计提出规划要求,作为初步设计的法定依据。目前基本上可分为建筑工程和市政工程两大类,分别要求按相应的程序申请取得规划设计要求。

规划设计要求的基本内容为:

(1) 建筑容量控制指标。

(2) 建筑间距。

(3) 建筑物退让。

(4) 建筑物的高度和景观控制。

(5) 建筑基地的绿地和停车。

4.4.2 设计方案的送审

建设单位或个人必须按城市规划、城市规划管理技术规定和规划行政管理部门的规划设计要求,委托设计单位进行建设工程设计,并向规划行政管理部门申报建设工程规划设计方案。重要地区、主要景观道路沿线建筑,以及其他地区的大型公共建筑的建筑风貌和建设工程规划设计方案应组织专家论证。

主要审查内容为(以上海市为例):

(1) 规划部门审理建筑设计方案是否符合规划设计要求。

(2) 相关政府管理部门,即消防、环保、卫生防疫、交通、绿化、民防等部门对各自管理范围内的建设方案提出审查书面意见。

(3) 居住区的建筑方案必须附有项目所在地政府部门的对公建配套的审查意见,公建配套的主要内容有:

① 住宅生活用水纳入城乡自来水管网;使用地下水的,经过市水务管理部门审核批准;

② 住宅用电根据电力部门的供电方案,纳入城市供电网络,不得使用临时施工用电和其他不符合要求的用电;

③ 住宅的雨、污水排放纳入永久性城乡雨、污水排放系统。确因客观条件所限,一时无法纳入的,要具有市主管部门审批同意的实施计划,并经环保、水利部门同意后,可以在规定的期限内,采取临时性排放措施;

④ 住宅与外界交通干道之间有直达的道路相联;

⑤ 居住区及居住小区按照规划要求配建公交站点,开通公交线路。暂未建成的居住小区与公交、地铁站点距离超过 2km 的,建设单位应有自行配备的短途交通车辆通达公交、地铁站点;

⑥ 住宅所在区域必须按照规划要求配建教育、医疗保健、环卫、邮电、商业服务、社区服务、行政管理等公共建筑设施;由于住宅项目建设周期影响暂未配建的,附近区域必须有可供过渡使用的公共建筑设施;

⑦ 住宅周边做到场地清洁、道路平整,与施工工地有明显、有效的隔离设施。

4.4.3　初步设计的审批

工程建设项目的初步设计审批,实行分级管理。

初步设计审查的主要内容(以上海市为例)如下:

1. 总体审查

(1) 设计是否符合国家及本市有关技术标准、规范、规程、规定及综合管理部门的管理法规。

(2) 设计主要指标是否符合被批准的可行性研究报告或土地批租合同的内容要求。

(3) 总体布局是否合理及符合各项要求。

(4) 工艺设计是否成熟、可靠,选用设备是否先进、合理。

(5) 采用的新技术是否适用、可靠、先进。

(6) 建筑设计是否适用、安全、美观,是否符合城市规划和功能使用要求。

(7) 结构设计是否符合抗震要求,选型是否合理,基础处理是否安全、可靠、经济、合理。

(8) 市政、公用设施配套是否落实。

(9) 设计概算是否完整准确。

(10) 各专业审查部门意见(住宅建设管理、规划、消防、交通、环保、节能、环卫、劳动保护、排水、卫生防疫、抗震、民防)。

2. 专业部门具体审查

(1) 规划

对建筑物性质、用地范围、各类规划指标予以核定,如容积率、覆盖率、绿地率、道路率、建筑总高度、日照等,并对各方建筑退界要求予以认可。对特殊环境,如重要地段、邻近保护建筑、航空港等,提出环境设计、群体城市设计、立面要求、高度控制等是否符合规划部门的要求。

(2) 消防

对防火间距、耐火等级、配套工程(变电、锅炉、调压站)的防火措施予以核定。对消防道路是否环通,转弯半径、登高扑救面及场地能否满足要求,消防水源落实方式(设消防水池还是两路市政管网供水)、建筑单体中防火分区、消防前室、消防中心位置、楼梯设置、防排烟措施、走廊环通、地下车库的单双通道、出口、消防设备、系统的选用,以及对特种场所的消防要求进行审查。

(3) 交通

核定停车数量,对出入口位置、基地交通组织、地面地下停车安排或对特殊停车形式进行审查。

(4) 环保

根据所在地区的环境和总体环境功能、环境目标,核实项目的三废排放标准,对相应的三废治理的措施、排污能力及处理方案等进行审查。

（5）垃圾处理

对环卫垃圾清运方式、垃圾间大小、位置、高度及道路是否满足环卫车辆进出等进行审查。

（6）劳动保护

对锅炉压力容器的设置、特种设备及非标设备的安全性能、操作岗位的劳动职业保护、高层建筑的外墙清洗设施等进行审查。

（7）卫生防疫

对建筑物的日照、通风采光、餐饮工艺路线设计、污水消毒处理及职业卫生防治措施等进行审查。

（8）民防

按地区要求确定本工程是否要建民防工程以及对民防工程等级、平战结合的用途、连通口位置、民防工程设计技术是否符合要求等进行审查。

（9）供电

对供电电压等级及设计位置、性质、进线方式（架空、电缆）、总表设置、供电量等进行审查。

（10）煤气

对煤气用气方式及性质、用气量、管网的走向、煤气调压站设置与否及调压气形式的确定、供气表房位置、煤气使用点安全措施等进行审查。

（11）上水

对供水来源、供水能力、水压、管径、可否形成环网、单体供水系统是否可行及用水量等方面进行审查。

（12）排水

对污水排放接管标准及出路进行审查。

（13）电话、电信

对电话总量、通讯要求、机房大小、电信进线方式及位置、附近的地区站能否满足项目要求、电信体系是否符合规范和要求等方面进行审查。

（14）安保

对涉外项目安保监视、防范、报警设计是否符合要求等进行审查。

（15）抗震

对抗震烈度、结构体系及构造措施、自震周期、结构顶点位移及层间位移计算是否满足抗震规程要求等进行审查。

4.4.4　施工图设计文件的审查

施工图审查是指建设行政管理部门认定的施工图审查机构，按照有关法律、法规，对施工图涉及公共利益、公众安全和工程建设强制性标准的内容进行审查。施工图未经审查合格的，不得使用。

《建设工程质量管理条例》（国务院第 279 号令）设立了施工图设计文件审查制度，把施工图审查作为工程建设管理的一个必需的环节。建设部《房屋建筑和市政基础设施施工图设计文件审查管理办法》规定了实施施工图设计文件（含勘察文件）审查制度。审查机构出具的审查合格书作为政府颁发施工许可证的条件之一。

施工图审查的主要内容有以下几个方面：

（1）是否符合工程建设强制性标准。

（2）地基基础和主体结构的安全性。

（3）勘察设计企业和注册执业人员以及相关人员是否按规定在施工图上加盖相应的图章和签字。

（4）其他法律、法规、规章、规定必须审查的内容。

任何单位或个人不得擅自修改审查合格的施工图。确需修改的，凡涉及应当审查的内容，建设单位应当将修改后的施工图送原审查机构审查。

4.4.5　工程设计阶段的其他专项审查

根据相关法律法规，工程设计阶段的专项审查还包括：建设项目环境保护审查、建设项目卫生防疫审查、建设项目消防审核、建设项目民防审查、建设项目绿化审查、建设项目劳动安全监察、建设项目道路交通审查、建设项目市容环境卫生审查、建设项目抗震设防审查、河道管理范围内建设项目审核、建设项目建筑节能审查等。有些地区，根据当地政府的要求和建设需要，还将进行绿色建筑专篇审查。

复习思考题

1. 什么是勘察设计质量？
2. 我国如何对工程勘察单位资质分类？
3. 我国如何对工程设计单位资质分类？
4. 如何有效地对工程勘察设计单位资质进行动态管理？
5. 论述勘察现场的质量控制要点。
6. 如何划分设计阶段？
7. 工程项目总体设计的质量控制要点是什么？
8. 初步设计一般要达到什么深度？
9. 施工图设计质量控制的要点是什么？
10. 什么是设计交底和图纸会审？
11. 政府部门如何对设计方案质量进行监督控制？
12. 什么是施工图设计文件审查？施工图审查的重点是什么？

第 5 章　工程施工阶段的质量控制

5.1　施工质量概述

工程施工阶段是工程实体最终形成的阶段,也是最终形成工程产品质量和工程使用价值的重要阶段。因此,施工阶段的质量控制是工程项目质量控制的重点。

5.1.1　施工阶段的质量控制过程

工程项目的施工是由投入资源(人力、材料、设备、机械)开始,通过施工生产,最终形成产品的过程。所以工程施工阶段的质量控制就是从投入资源的质量控制开始,经过施工生产过程的质量控制,直到产品(成品)的质量控制,从而形成一个施工质量控制的系统(图 5-1)。

投入资源的质量控制 → 施工过程的质量控制 → 施工产品(成品)的质量控制

图 5-1　工程施工质量控制系统

1. 按施工质量的影响因素划分

影响施工阶段工程质量的因素归纳起来有五个方面,即人的因素、材料因素、机械因素、方法因素和环境因素。其中人的因素主要是施工操作人员的质量意识、技术能力和工艺水平,施工管理人员的经验和管理能力;材料因素包括原材料、半成品和构配件的品质和质量,工程设备的性能和效率;方法因素包括施工方案、施工工艺技术和施工组织设计的合理性、可行性和先进性;环境因素主要是指工程技术环境、工程管理环境(如管理制度的健全与否、质量管理体系的完善与否、质量保证活动开展的情况等)和劳动环境。上述五方面因素都在不同程度上影响工程的质量,所以施工阶段的质量控制,实质上就是对这五个方面的因素实施监督和控制的过程。

2. 按工程施工过程的阶段划分

工程项目是从施工准备开始,经过施工和安装到竣工检验这样一个过程,逐步建成的,所以施工阶段的质量控制,就是由前期(事前)质量控制或称施工准备质量控制,经过施工过程(事中)质量控制,到后期(事后)质量控制或竣工阶段质量控制,如图 5-2 所示。

(1) 施工准备控制(事前控制)

指在各工程对象正式施工活动开始前,对各项准备工作及影响质量的各因素进行控制,这是确保施工质量的先决条件。

(2) 施工过程控制(事中控制)

指在施工过程中对实际投入的生产要素质量及作业技术活动的实施状态和结果所进行的控制,包括作业者发挥技术能力过程的自控行为和来自有关管理者的监控行为。

(3) 竣工验收控制(事后控制)

它是指对于通过施工过程所完成的具有独立的功能和使用价值的最终产品(单位工程或

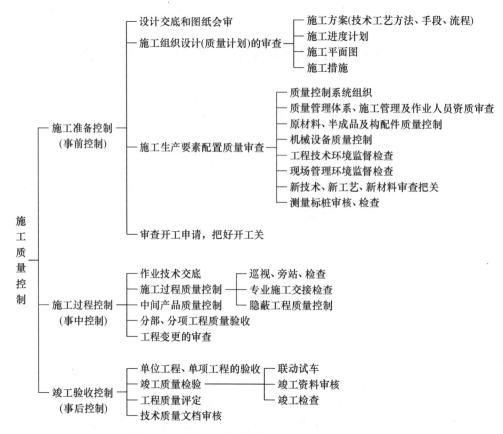

图 5-2　工程施工质量控制过程（按施工阶段分）

整个工程项目）及有关方面（例如，质量文档）的质量进行控制。

3. 按工程项目的施工层次划分

工程项目一般可以划分为若干施工层次。根据有关标准，工程项目施工可以划分为单项工程、单位工程、分部工程、分项工程、检验批等不同层次，各组成部分之间具有一定的施工先后顺序的逻辑关系。施工作业（工序）过程的质量控制是工程施工最基本的质量控制，施工作业（工序）质量由检验批质量描述。检验批质量形成分项工程质量，分项工程质量形成分部工程质量，分部工程质量形成单位工程质量，单个工程质量最终决定单位工程质量，如图 5-3 所示。

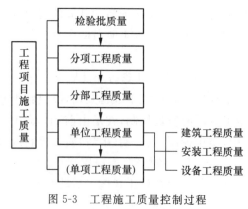

图 5-3　工程施工质量控制过程
（按施工层次划分）

5.1.2　施工阶段质量控制的依据

施工阶段工程项目质量控制的直接依据主要包括下列文件：

1. 工程施工承包合同和相关合同

工程施工承包合同及其相关合同文件详细规定了工程项目参与各方,特别是施工承包商及分包商、监理工程师等,在工程质量控制中的权利和义务,项目各参与方在工程施工活动中的责任等。例如,我国《建设工程施工合同示范文本》(GF—2013—0201),FIDIC《施工合同条件》等标准施工承包合同文件均详细约定了发包人、承包人和工程师三者的权利和义务及关系,制定了相应的质量控制条款,包括:①工程质量标准;②检查和返工;③隐蔽工程和中间验收;④重新检验;⑤工程试车;⑥竣工验收;⑦质量保修;⑧材料设备供应等内容。

2. 设计图纸和文件

承包商履行施工承包合同就必须坚持"按图施工"的原则,必须严格按照设计图纸和设计文件进行施工,因此设计图纸和设计文件是施工阶段质量控制的重要依据。在施工前,建设单位应组织设计单位与承包单位及监理工程师参加设计交底和图纸会审工作,充分了解设计意图和质量要求,发现图纸潜在的差错和遗漏,减少质量隐患。在施工过程中,对比设计图纸和设计文件,认真检验和监督施工活动及施工效果。施工结束后,根据设计图纸和设计文件,评价工程施工结果是否满足设计标准和要求。

3. 工程施工承包合同中指定的技术规范、规程和标准

技术规范、规程和标准属于工程施工承包合同文件的组成内容之一,发包人一般在工程承包合同文件中明确工程施工所适用的技术规范、规程和标准等。我国工程项目施工一般选用我国相应的技术规范、规程和标准,例如,我国一般工业和民用建筑工程施工适用的技术规范、规程和标准为:

(1)《建筑工程施工质量验收统一标准》(GB 50300—2013);
(2)《建筑装饰装修工程质量验收规范》(GB 50210—2001);
(3)《工业金属管道工程施工规范》(GB 50235—2010);
(4)《给水排水管道工程施工及验收规范》(GB 50268—2008);
(5)《建筑桩基技术规范》(JGJ 94—2008);
(6)《输送设备安装工程施工及验收规范》(GB 50270—2010);
(7)《塑料门窗工程技术规程》(JGJ 103—2008);
(8)《玻璃幕墙工程技术规范》(JGJ 102—2003);
(9)《钢结构焊接规范》(GB 50661—2011);
(10)《外墙饰面砖工程施工及验收规程》(JGJ 126—2015);
(11)《砌体工程现场检测技术标准》(GB/T 50315—2011);
(12)《高层建筑筏形与箱形基础技术规范》(JGJ 6—2011);
(13)《空间网格结构技术规程》(JGJ 7—2010);
(14)《锅炉安装工程施工及验收规范》(GB 50273—2009);
(15)《钢筋焊接及验收规程》(JGJ 18—2012);
(16)《冷轧带肋钢筋混凝土结构技术规程》(JGJ 95—2011);
(17)《钢筋焊接网混凝土结构技术规程》(JGJ 114—2014);
(18)《地下工程防水技术规范》(GB 50108—2008);
(19)《钢结构工程施工质量验收规范》(GB 50205—2001);

(20)《砌体结构工程施工质量验收规范》(GB 50203—2011);

(21)《通风与空调工程施工质量验收规范》(GB 50243—2002);

(22)《建筑给水排水及采暖工程施工质量验收规范》(GB 50242—2002);

(23)《混凝土结构工程施工质量验收规范》(GB 50204—2015);

(24)《屋面工程质量验收规范》(GB 50207—2012);

(25)《建筑地面工程施工质量验收规范》(GB 50209—2010);

(26)《建筑地基基础工程施工质量验收规范》(GB 50202—2002);

(27)《电梯工程施工质量验收规范》(GB 50310—2002);

(28)《建筑电气工程施工质量验收规范》(GB 50303—2002);

(29)《建筑结构加固工程施工质量验收规范》(GB 50550—2010);

(30)《建筑节能工程施工质量验收规范》(GB 50411—2007);

(31)《智能建筑工程质量验收规范》(GB 50339—2013);

(32)《民用建筑设计通则》(GB 50352—2005)。

4.有关材料和产品的技术标准

工程施工需要使用大量各种类型的建筑材料、产品和半成品,相关材料和产品的质量必须符合相应的技术标准,例如:

(1)有关材料和产品的技术标准

水泥及水泥制品、木材及木材制品、钢材、砖、石材、石灰、砂、砾石、土料、沥青、粉煤灰、外加剂及其他材料和产品的技术标准等。

(2)有关材料验收、包装、标志的技术标准

型钢验收、包装、标志及质量证明书的一般规定(GB 2101—80);

钢筋验收、包装、标志及质量证明书的一般规定(GB 2102—80);

钢铁产品牌号表示方法(GB 221—79);

钢管验收、包装、标志及质量证明书的一般规定(GB 2103—80)等。

(3)有关试验取样的技术标准和试验操作规程

钢的机械及工艺试样取样方法(YB 15—64);

木材物理力学试样锯解及试样切取方法(GB 1929—80);

木材物理力学试验方法总则(GB 1928—80);

水泥安定性试验方法(压蒸法)(GB 750—65);

水泥胶砂强度检验方法(GB 177—77)等。

5.国家及政府有关部门颁布的有关质量管理方面的法律、法规性文件

(1)1997 年 11 月 1 日中华人民共和国主席令第 91 号发布的《中华人民共和国建筑法》。

(2)2000 年 1 月 30 日中华人民共和国国务院令第 279 号发布的《建设工程质量管理案例》。

(3)2001 年 4 月建设部发布的《建筑业企业资质管理规定》。

(4)2000 年建设部发布的《房屋建筑工程和市政基础设施竣工验收暂行规定》,等等。

这些文件都是建设行业质量管理方面所应遵循的基本法规文件。此外,其他各行业如交通、能源、水利、冶金、化工等的政府主管部门和省、市、自治区的有关主管部门,也均根据本行

业及地方的特点,制定和颁发了有关的法规性文件。

5.1.3　施工承包企业的资质分类与审核

承包单位必须在规定的范围内进行经营活动,且不得超范围经营。建设行政主管部门对承包单位的资质实行动态管理,建立相应的考核、资质升降及审查规定。

施工承包企业按照其承包工程能力,划分为施工总承包、专业承包和劳务分包三个序列。这三个序列按照工程性质和技术特点分别划分为若干资质类别,各资质类别按照规定的条件划分为若干等级。

1. 施工总承包企业

获得施工总承包资质的企业,可以对工程实行施工总承包或者对主体工程实行施工承包,施工总承包企业可以将承包的工程全部自行施工,也可以将非主体工程或者劳务作业分包给具有相应专业承包资质或者劳务分包资质的其他建筑业企业。施工总承包企业的资质按专业类别共分为 12 个资质类别,每一个资质类别又分成特级、一、二、三级。

2. 专业承包企业

获得专业承包资质的企业,可以承接施工总承包企业分包的专业工程或者建设单位按照规定发包的专业工程。专业承包企业可以对所承接的工程全部自行施工,也可以将劳务作业分包给具有相应劳务分包资质的劳务分包企业。专业承包企业资质按专业类别共分为 60 个资质类别,每一个资质类别又分为一、二、三级。

3. 劳务分包企业

获得劳务分包资质的企业,可以承接施工总承包企业或者专业承包企业分包的劳务作业。劳务承包企业有 13 个资质类别,如木工作业、砌筑作业、钢筋作业、架线作业等。有的资质类别分成若干级,有的则不分级,如木工、砌筑、钢筋作业劳务分包企业资质分为一级、二级。油漆、架线等作业劳务分包企业则不分级。

5.2　施工质量的影响因素分析

工程施工是一种物质生产活动,因此施工阶段质量的五大因素可以归纳为 4M1E:人(Man)、材料(Material)、机械(Machine)、方法(Method)和环境(Environment)(图5-4)。

5.2.1　人的控制

人,是指直接参与工程施工的组织者、指挥者和操作者。人,作为控制的对象,是避免产生失误;作为控制动力,是充分调动人的积极性,发挥人的主导作用。

为了避免人的失误,调动人的主观能动性,达到以工作质量保工序质量、促工程质量的目的,除了加强政治思想教育、劳动纪律教育、职业道德教育、专业技术知识培训、健全岗位责任制、改善劳动条件、公平合理的激励等外,还需根据工程特点,合理选择人才资源。

在工程施工质量控制中,应考虑人的以下素质:

1. 人的技术水平

人的技术水平直接影响工程质量的水平,尤其是对技术复杂、难度大、精度高的工序或操作,诸如金属结构的仰焊、钢屋架的放样、特种结构的模板、高级装饰与饰面、重型构件的吊装、

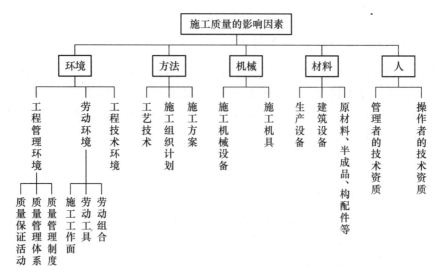

图 5-4　施工质量的影响因素

油漆粉刷的配料调色、高压容器罐的焊接等,都应由技术熟练、经验丰富的工人来完成。必要时,还应对他们的技术水平予以考核。

2. 人的生理缺陷

根据工程施工的特点和环境,应严格控制人的生理缺陷,如有高血压、心脏病的人,不能从事高空作业和水下作业;反应迟钝、应变能力差的人,不能操作快速运行、动作复杂的机械设备;视力、听力差的人,不宜参与校正、测量或用信号、旗语指挥的作业等。否则,将影响工程质量,引起安全事故,产生质量事故。

3. 人的心理行为

人由于要受社会、经济、环境条件和人际关系的影响,要受组织纪律和管理制度的制约,因此,人的劳动态度、注意力、情绪、责任心等在不同地点、不同时期也会有所变化。所以,对某些需确保质量,万无一失的关键工序和操作,一定要控制人的思想活动,稳定人的情绪。

4. 人的错误行为

人的错误行为,是指人在工作场地或工作中吸烟、打赌、错视、错听、误判断、误动作等,都会影响质量或造成质量事故。所以,对具有危险源的现场作业,应严禁吸烟、嬉戏;当进入强光或暗环境对工程质量进行检验测试时,应经过一定时间,使视力逐渐适应光照度的改变,然后才能正常工作,以免发生错视;在不同的作业环境,应采用不同的色彩、标志,以免产生误判断或误动;对指挥信号,应有统一明确的规定,并保证畅通,避免噪声的干扰,这些措施,均有利于预防发生质量和安全事故。

提高管理者和操作者的质量管理水平,必须从政治素质、思想素质、业务素质和身体素质等方面进行综合培训,坚持持证上岗制度,推行各类专业人员的执业资格制度,全面提高工程施工参与者的技术和管理素质。

5.2.2　材料、构配件的质量控制

材料包括原材料、成品、半成品、构配件、仪器仪表、生产设备等,是工程项目的物质基础,

也是工程项目实体的组成部分。

1. 材料控制的重点

（1）收集和掌握材料的信息,通过分析论证优选供货厂家,以保证购买优质、廉价、能如期供货的厂家。

（2）合理组织材料的供应,确保工程的正常施工。施工单位应合理地组织材料的采购订货、加工生产、运输、保管和调度,既能保证施工的需要,又不造成材料的积压。

（3）严格材料的检查验收,确保材料的质量。

（4）实行材料的使用认证,严防材料的错用误用。

（5）严格按规范、标准的要求组织材料的检验,材料的取样、试验操作均应符合规范要求。

（6）对于工程项目中所用的主要设备,应审查是否符合设计文件或标书中所规定的规格、品种、型号和技术性能。

2. 材料质量控制的内容

1）材料质量标准

材料质量标准是用以衡量材料质量的尺度。不同材料有不同的质量标准。

例如,水泥的质量标准有：①细度；②标准稠度用水量；③凝结时间；④体积安定性；⑤强度；⑥标号等。

2）材料质量的检（试）验

材料质量检验的目的,是通过一系列的检测手段,将所取得的材料质量数据与材料的质量标准相对照,借以判断材料质量的可靠性,能否使用于工程中；同时,还有利于掌握材料质量信息。

材料质量检验方法有：①书面检验；②外观检验；③理化检验；④无损检验等。

根据材料质量信息和保证资料的具体情况,其质量检验程度分为免检、抽检和全部检查等三种。

根据材料质量检验的标准,对材料的相应项目进行检验,判断材料是否合格。

3）材料的选用

材料的选择和使用不当,均会严重影响工程质量或造成质量事故。为此,必须针对工程特点,根据材料的性能、质量标准、适用范围和对施工要求等方面进行综合考虑,慎重地选择和使用材料。

例如,贮存期超过三个月的过期水泥或受潮、结块的水泥,需重新检定其标号,并且不允许用于重要工程中；不同品种、标号的水泥由于水化热不同,故不能混合使用；硅酸盐水泥、普通水泥因水化热大,适宜用于冬期施工,而不适宜用于大体积混凝土工程；矿渣水泥适用于配制大体积混凝土和耐热混凝土,但具有泌水性大的特点,易降低混凝土的匀质性和抗渗性。

5.2.3 机械设备的控制

机械设备的控制一般包括施工机械设备和生产机械设备。

1. 施工机械设备的控制

施工机械是实施工程项目施工的物质基础,是现代化施工必不可少的设备。施工机械设备的选择是否适用、先进和合理,将直接影响工程项目的施工质量和进度。所以应结合工程项目的布置、结构型式、施工现场条件、施工程序、施工方法和施工工艺,控制施工机械型式和主要性能参数的选择,以及施工机械的使用操作,制定相应的使用操作制度,并严格执行。

2. 生产机械设备的控制

对生产机械设备的控制,主要是控制设备的检查验收、设备的安装质量和设备的试车运转。要求按设计选型购置设备;设备进场时,要按设备的名称、型号、规格、数量的清单逐一检查验收;设备安装要符合有关设备的技术要求和质量标准;试车运转正常,要能配套投产。

生产设备的检验要求如下:

(1) 对整机装运的新购机械设备,应进行运输质量及供货情况的检查。对有包装的设备,应检查包装是否受损;对无包装的设备,则可直接进行外观检查及附件、备品的清点。对进口设备,则要进行开箱全面检查。若发现设备有较大损伤,应做好详细记录或照相,并尽快与运输部门或供货厂家交涉处理。

(2) 对解体装运的自组装设备,在对总成、部件及随机附件、备品进行外观检查后,应尽快组织工地组装并进行必要的检测试验。因为该类设备在出厂时抽样检查的比例很小,一般不超过 3% 左右,其余的只做部件及组件的分项检验,而不做总装试验。

关于保修期及索赔期的规定为:一般国产设备从发货日起 12～18 个月;进口设备 6～12 个月。有合同规定者按合同执行。对进口设备,应力争在索赔期的上半年或至迟在 9 个月内安装调试完毕,以争取 3～6 个月的时间内进行生产考验,以便发现问题及时提出索赔。

(3) 工地交货的机械设备,一般都由制造厂在工地进行组装、调试和生产性试验,自检合格后才提请订货单位复验,待试验合格后,才能签署验收。

(4) 调拨的旧设备的测试验收,应基本达到"完好机械"的标准。全部验收工作,应在调出单位所在地进行,若测试不合格就不装车发运。

(5) 对于永久性或长期性的设备改造项目,应按原批准方案的性能要求,经一定的生产实践考验并经鉴定合格后才予验收。

(6) 对于自制设备,在经过 6 个月生产考验后,按试验大纲的性能指标测试验收,决不允许擅自降低标准。

机械设备的检验是一项专业性、技术性较强的工作,须要求有关技术、生产部门参加。重要的关键性大型设备,应组织专业鉴定小组进行检验。一切随机的原始资料、自制设备的设计计算资料、图纸、测试记录、验收鉴定结论等应全部清点,整理归档。

5.2.4　施工方法的控制

施工方法主要是指工程项目的施工组织设计、施工方案、施工技术措施、施工工艺、检测方法和措施等。

施工方法直接影响到工程项目的质量形成,特别是施工方案是否合理和正确,不仅影响到施工质量,还对施工的进度和费用产生重要影响。因此监理工程师应参与和审定施工方案,并结合工程项目的实际情况,从技术、组织、管理、经济等方面进行全面分析和论证,确保施工方案在技术上可行、经济上合理、方法先进、操作简便,既能保证工程项目质量,又能加快施工进度,降低成本。

5.2.5　环境因素的控制

影响工程项目的环境因素很多,归纳起来有如下三个方面:

(1) 工程技术环境。主要包括工程地质、地形地貌、水文地质、工程水文、气象等因素。

(2) 工程管理环境。主要包括质量管理体系、质量管理制度、工作制度、质量保证活动等。

（3）劳动环境。主要包括劳动组合、劳动工具、施工工作面等。

在工程项目施工中，环境因素是在不断变化的，如施工过程中气温、湿度、降水、风力等。前一道工序为后一道工序提供了施工环境，施工现场的环境也是变化的。不断变化的环境对工程项目的质量就会产生不同程度的影响。

对环境因素的控制，涉及范围较广，与施工方案和技术措施密切相关，必须全面分析，才能达到有效控制的目的。

5.3　施工过程的质量控制

5.3.1　施工质量控制的工作程序

根据我国《建筑法》及相关法律、法规的规定，在工程施工阶段，监理工程师对工程施工质量进行全过程和全方位的监督、检查与控制。工程施工质量控制的工作程序如图5-5所示。

只有上一道工序被确认质量合格后，方能准许下一道工序开始施工。当一个检验批、分项工程、分部工程完成后，承包单位首先需要自检并填写相应的质量验收记录表。待确认质量符合要求后，再向项目监理机构提交报验申请表及自检相关资料。经项目监理机构现场检查及对相关资料审核后，符合要求时予以签认验收。否则，指令施工承包单位进行整改或返工处理。

在验收施工质量时，涉及结构安全的试块、试件以及有关材料，应按规定进行见证取样检测；对涉及结构安全和使用功能的重要分部工程，应进行抽样检测。承担见证取样检测及有关结构安全检测的单位应具有相应资质。

5.3.2　施工作业过程质量控制的基本程序

建设工程施工项目是由一系列相互关联、相互制约的作业过程（工序）所构成，控制工程项目施工过程的质量，必须控制全部作业过程，即各道工序的施工质量。

施工作业过程质量控制的基本程序为：

（1）进行作业技术交底。包括作业技术要领、质量标准、施工依据、与前后工序的关系等。

（2）检查施工工序、程序的合理性、科学性，防止工序流程错误，导致工序质量失控。检查内容包括：施工总体流程和具体施工作业的先后顺序，在正常的情况下，要坚持先准备后施工、先深后浅、先土建后安装、先验收后交工等。

（3）检查工序施工条件，即每道工序投入的材料，使用的工具、设备和操作工艺及环境条件等是否符合施工组织设计的要求。

（4）检查工序施工中人员操作程序、操作质量是否符合质量规程要求。

（5）检查工序施工中间产品的质量，即工序质量、分项工程质量。

（6）对工序质量符合要求的中间产品（分项工程）及时进行工序验收或隐蔽工程验收。

（7）质量合格的工序经验收后可进入下道工序施工。未经验收合格的工序，不得进入下道工序施工。

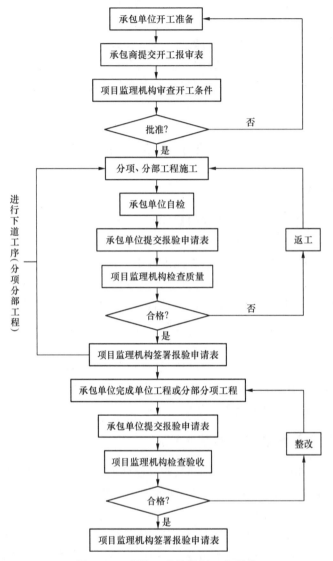

图 5-5 工程施工质量控制工作程序

5.3.3 施工作业运行过程的质量控制

1. 测量复核控制

凡涉及施工作业技术活动基准和依据的技术工作,都应该严格进行专人负责的复核性检查,以避免基准失误给整个工程质量带来难以弥补的或全局性的危害。例如,工程的定位、轴线、标高,预留孔洞的位置和尺寸,混凝土配合比等。

技术复核是施工承包单位应履行的技术工作责任,其复核结果应报送项目监理机构复验确认后,才能进行后续相关工序的施工。

建筑工程施工测量复核的作业内容通常包括:

(1)民用建筑。建筑物定位测量、基础施工测量、楼层轴线检测、楼层间高层传递检测等。

(2)工业建筑。厂房控制网测量、桩基施工测量、柱模轴线与高程检测、厂房结构安装定位检测、动力设备基础与预埋螺栓检测等。

（3）高层建筑。建筑场地控制测量、基础以上的平面与高程控制、建筑物中垂准检测、建筑物施工过程中沉降变形观测等。

（4）管线工程。管网或输配电线路定位测量、地下管线施工检测、架空管线施工检测、多管线交汇点高程检测等。

2. 质量控制点的设置

质量控制点是为了保证施工质量,将施工中的关键部位与薄弱环节作为重点而进行控制的对象。项目监理机构在拟定施工质量控制工作计划时,应首先确定质量控制点,并分析其可能产生的质量问题,制订对策和有效措施加以预控。

承包单位在工程施工前应列出质量控制点的名称或控制内容、检验标准及方法等,提交项目监理机构审查批准后,在此基础上实施质量预控。

1）质量控制点的确定原则

凡对施工质量影响大的特殊工序、操作、施工顺序、技术、材料、机械、自然条件、施工环境等均可作为质量控制点来控制。确定质量控制点的原则是:

（1）施工过程中的关键工序或环节以及隐蔽工程。

（2）施工中的隐蔽环节或质量不稳定的工序、部位。

（3）对后续工程施工或对后续质量或安全有重大影响的工序、部位或对象。

（4）采用新技术、新工艺、新材料的部位或环节。

（5）施工上无足够把握的、施工条件困难的或技术难度大的工序或环节。

建筑工程质量控制点的设置位置见表 5-1。

表 5-1　　　　　　　　　　建筑工程质量控制点的设置位置

分项工程	质量控制点
工程测量定位	标准轴线桩、水平桩、龙门板、定位轴线、标高
地基、基础（含设备基础）	基坑(槽)尺寸、标高、土质、地基承载力,基础垫层标高,基础位置、尺寸、标高,预留洞孔、预埋件的位置、规格、数量,基础标高、杯底弹线
砌体	砌体轴线,皮数杆,砂浆配合比,预留洞孔、预埋件的位置、数量,砌块排列
模板	位置、尺寸、标高,预埋件的位置,预留洞孔尺寸、位置,模块强度及稳定性,模板内部清理及润湿情况
钢筋混凝土	水泥品种、强度等级,砂石质量,混凝土配合比,外加剂比例,混凝土振捣,钢筋品种、规格、尺寸、搭接长度,钢筋焊接,预留洞、孔及预埋件规格、数量、尺寸、位置,预制构件吊装或出场(脱模)强度,吊装位置、标高、支承长度、焊接长度
吊装	吊装设备起重能力、吊具、索具、地锚
钢结构	翻样图、放大样
焊接	焊接条件、焊接工艺
装修	视具体情况而定

2）质量控制点中的重点控制对象

（1）人的行为。

（2）施工设备、材料的性能与质量。

（3）关键过程、关键操作。

（4）施工技术参数。

（5）某些工序之间的作业顺序。

（6）有些作业之间的技术间歇时间。

（7）新工艺、新技术、新材料的应用。

（8）施工薄弱环节或质量不稳定工序。

（9）对工程质量产生重大影响的施工方法。

（10）特殊地基或特种结构。

3．工程变更控制

在工程施工过程中，无论是业主还是施工承包单位、设计单位均可提出工程变更。工程变更处理程序如图 5-6 所示。

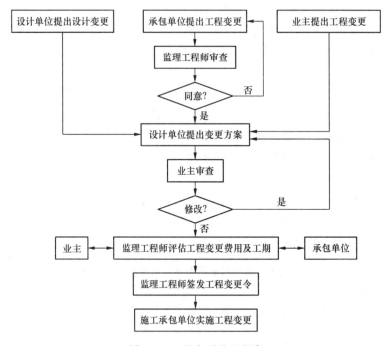

图 5-6　工程变更处理程序

4．停工与复工控制

根据业主在委托合同中的授权，在工程施工过程中出现下列情况需要停工处理时，监理工程师可以下达停工指令：

（1）施工作业活动存在重大隐患，可能造成质量事故或已经造成质量事故。

（2）施工承包单位未经许可擅自施工或拒绝监理工程师的管理。

（3）出现下列情况时，监理工程师有权下达停工指令，及时进行质量控制。

① 施工中出现质量异常情况，经提出后，施工承包单位未采取有效措施，或措施不力未能扭转异常情况的；

② 隐蔽作业未经依法查验确认合格，而擅自封闭的；

③ 已发生质量事故迟迟未按监理工程师要求进行处理，或者是已发生质量缺陷或事故，如不停工则质量缺陷或事故将继续发展的；

④ 未经监理工程师审查同意，而擅自变更设计或图纸进行施工的；

⑤ 未经技术资质审查的人员或不合格人员进入现场施工的；

⑥ 使用的原材料、构配件不合格或未经检查确认的；或擅自采用未经审查认可的代用材料的；

⑦ 擅自使用未经监理工程师审查认可的分包商进场施工的。

施工承包单位经过整改具备恢复施工的条件时，向监理工程师报送工程复工申请及有关材料，证明造成停工的原因已经消失。监理工程师现场复查后，认为具备复工的条件时，应及时签署工程复工报审表，指令施工承包单位继续施工。

监理工程师下达工程停工令及复工指令时，宜事先向项目管理机构及业主报告。

5. **质量资料控制**

施工质量跟踪档案是施工全过程期间实施质量控制活动的全景记录，包括各自的有关文件、图纸、试验报告、质量合格证、质量自检单、质量验收单、各工序的质量记录、不符合项报告及处理情况等，还包括监理工程师对质量控制活动的意见和承包单位对这些意见的答复与处理结果。施工质量跟踪档案不仅对工程施工期间的质量控制有重要作用，而且可以为查询工程施工过程质量情况以及工程维修管理提供大量有用的资料信息。

1）*施工质量跟踪档案的主要内容*

施工质量跟踪档案包括以下两方面内容：

（1）材料生产跟踪档案

① 有关的施工文件目录，如施工图、工作程序及其他文件；

② 不符合项的报告及其编号；

③ 各种试验报告，如力学性能试验、材料级配试验、化学成分试验等；

④ 各种合格证，如质量合格证、鉴定合格证等；

⑤ 各种维修记录等。

（2）建筑物施工或安装跟踪档案

① 各建筑物施工或安装工程可按分部、分项工程或单位工程建立各自的施工质量跟踪档案，如基础开挖，厂房土建施工，电气设备安装，油、气、水管道安装等；

② 每一分项工程又可分为若干子项建立施工质量跟踪档案，如基础开挖可按施工段建立施工质量跟踪档案。

2）*施工质量跟踪档案的实施程序*

（1）在工程开工前，监理工程师可帮助施工承包单位列出各施工对象的质量跟踪档案清单。

（2）施工承包单位在工程开工前按要求建立各级次施工质量跟踪档案，并公布相关资料。

（3）施工开始后，承包单位应连续不间断地填写关于材料、半成品生产和建筑物施工、安装的有关内容。

（4）当阶段性施工工作量完成后，相应的施工质量跟踪档案也应填写完成，承包单位在各自的施工质量跟踪档案上签字、存档后，送交监理工程师一份。

5.3.4 施工作业运行结果的质量控制

施工作业运行结果主要是指工序的产出品、已完分项分部工程及已完准备交验的单位工程。施工作业运行结果的控制是指施工过程中间产品及最终产品的控制。只有施工过程中间产品的质量均符合要求，才能保证最终单位工程产品的质量。

1. **基槽（基坑）验收**

由于基槽开挖质量状况对后续工程质量的影响较大，需要将其作为一个关键工序或一个检验批进行验收。基槽开挖质量验收的内容主要包括：

(1) 地基承载力的检查确认。

(2) 地质条件的检查确认。

(3) 开挖边坡的稳定及支护状况的检查确认。

基槽开挖验收需要有勘察设计单位的有关人员和工程质量监督管理机构参加。如果通过现场检查、测试确认地基承载力达到设计要求，地质条件与设计相符，则由监理工程师同有关单位共同签署验收资料。如果达不到设计要求或与勘察设计资料不相符，则应采取措施进行处理或工程变更，由原设计单位提出处理方案，经施工承包单位实施完毕后重新检验。

2. 工序交接验收

工序交接是指施工作业活动中一种必要的技术停顿、作业方式的转换及作业活动效果的中间确认。上道工序应该满足下道工序的施工条件和要求。每道工序完成后，施工承包单位应该按下列程序进行自检：

(1) 作业活动者在其作业结束后必须进行自检。

(2) 不同工序交接、转换时必须由相关人员进行交接检查。

(3) 施工承包单位专职质量检查员进行检查。

经施工承包单位按上述程序进行自检确认合格后，再由监理工程师进行复核确认。施工承包单位专职质量检查员没有检查或检查不合格的工序，监理工程师拒绝进行检查确认。

3. 隐蔽工程验收

隐蔽工程验收是在检查对象被覆盖之前对其质量进行的最后一道检查验收，是工程质量控制的一个关键过程。

1) 隐蔽工程质量控制要点

工业与民用建筑工程中隐蔽部位的质量控制要点包括：

(1) 基础施工之前对地基质量的检查，尤其是地基承载力。

(2) 基坑回填土之前对基础质量的检查。

(3) 混凝土浇筑之前对钢筋的检查(包括模板的检查)。

(4) 混凝土墙体施工之前对敷设在墙内的电线管质量检查。

(5) 防水层施工之前对基层质量的检查。

(6) 建筑幕墙施工挂板之前对龙骨系统的检查。

(7) 屋面板与屋架(梁)埋件的焊接检查。

(8) 避雷引下线及接地引下线的连接。

(9) 覆盖之前对直埋于楼地面的电缆、封闭之前对敷设于暗井道、吊顶、楼板垫层内的设备管道的检查。

(10) 易出现质量通病的部位。

2) 隐蔽工程验收程序

(1) 隐蔽工程施工完毕，承包单位按有关技术规程、规范、施工图纸进行自检。自检合格后，填写报验申请表，并附有关证明材料、试验报告、复试报告等，报送监理工程师。

(2) 监理工程师收到报验申请表后首先应对质量证明材料进行审查，并在合同规定的时间内到现场进行检查(检测或核查)，施工承包单位的专职质量检查员及相关施工人员应随同一起到现场。

（3）经现场检查，如果符合质量要求，监理工程师有关人员在报验申请表及隐蔽工程检查记录上签字确认，准予承包单位隐蔽、覆盖，进入下一道工序施工。

如经现场检查发现质量不合格，则监理工程师指令承包单位进行整改，待整改完毕经自检合格后，再报监理工程师进行复查。

4. 检验批、分项工程、分部工程的质量验收

见第 6 章"工程验收的质量控制"。

5.4 施工质量的政府监督

5.4.1 工程质量政府监督的含义和内容

工程质量政府监督是建设行政主管部门或其委托的工程质量监督机构（统称质量监督机构）根据国家的法律、法规和工程建设强制性标准，对责任主体和有关机构履行质量责任的行为以及工程实体质量进行监督检查、维护公众利益的行政执法行为。

国务院建设行政主管部门对全国建设工程质量实行统一监督管理，国务院铁路、交通、水利等有关部门按照规定的职责分工，负责对全国有关专业建设工程质量的监督管理。

各级政府质量监督机构对建设工程质量监督的依据是国家、地方和各专业建设管理部门颁发的法律、法规及各类规范和强制性条文。

政府对建设工程质量监督的职能包括两大方面：

（1）监督工程建设的各方主体（包括建设单位、施工单位、材料设备供应单位、设计勘察单位和监理单位等）的质量行为是否符合国家法律法规及各项制度的规定。

（2）监督检查工程实体的施工质量，尤其是地基基础、主体结构、主要设备安装等涉及结构安全和使用功能的施工质量。

工程质量政府监督的主要内容如下：

（1）对责任主体和有关机构履行质量责任的行为的监督检查。

（2）对工程实体质量的监督检查。

（3）对施工技术资料、监理资料以及检测报告等有关工程质量的文件和资料的监督检查。

（4）对工程竣工验收的监督检查。

（5）对混凝土预制构件及预拌混凝土质量的监督检查。

（6）对责任主体和有关机构违法、违规行为的调查取证和核实、提出处罚建议或按委托权限实施行政处罚。

（7）提交工程质量监督报告。

（8）随时了解和掌握本地区工程质量状况。

（9）其他内容。

5.4.2 施工质量政府监督的实施

1. 工程质量监督申报

在工程项目开工前，监督机构接受建设工程质量监督的申报手续，并对建设单位提供的文件资料进行审查，审查合格签发有关质量监督文件。建设单位凭工程质量监督文件，向建设行

政主管部门申领施工许可证。

2. 开工前的质量监督

监督机构在工程开工前,召开项目参与各方参加的首次监督会议,公布监督方案,提出监督要求,并进行第一次监督检查。重点是对工程参与各方的施工质量保证体系的建立以及情况是否完善进行审查。具体内容为:

(1) 检查项目参与各方质保体系的组织机构、质量控制方案、措施及质量责任制等制度建设情况。

(2) 检查按建设程序规定的工程开工前必须办理的各项建设行政手续是否完备。

(3) 审查施工组织设计、监理规划等文件及其审批手续。

(4) 各参与方的工程经营资质证书和相关人员的资格证书。

(5) 检查的结果记录保存。

3. 施工过程中的质量监督

(1) 在工程建设全过程,监督机构按照监督方案对项目施工情况进行不定期的检查。其中在基础和结构阶段每月安排监督检查。检查内容为工程参与各方的质量行为及质量责任制的履行情况、工程实体质量和质量控制资料。

(2) 对建设工程项目结构主要部位(如桩基、基础、主体结构)除了常规检查外,在分部工程验收时进行监督,主要分部工程未经监督检查并确认合格,不得进行后续工程的施工。建设单位应将施工、设计、监理、建设方分别签字的质量验收证明在验收后三天内报工程质量监督机构备案。

(3) 对施工过程中发生的质量问题、质量事故进行查处;根据质量检查状况,对查实的问题签发"质量问题整改通知单"或"局部暂停施工指令单",对问题严重的单位也可根据问题性质发出"临时收缴资质证书通知书"等处理意见。

4. 竣工阶段的质量监督

按规定对工程竣工验收备案工作实施监督。

(1) 竣工验收前,对质量监督检查中提出质量问题的整改情况进行复查,了解其整改情况。

(2) 监督机构收到建设单位的工程质量竣工验收通知后,应当与建设单位约定竣工验收日期,并派监督人员参加质量竣工验收监督。监督的主要内容包括竣工验收条件是否符合,工程竣工验收的组织形式、验收程序是否符合要求及验收结论是否明确。

(3) 编制单位工程质量监督报告,在竣工验收之日起五天内提交竣工验收备案部门。对不符合验收要求的责令改正。对存在问题进行处理,并向备案部门提出书面报告。

5. 建立工程质量监督档案

建设工程质量监督档案按单位工程建立。要求归档及时,资料记录等各类文件齐全,经监督机构负责人签字后归档,按规定年限保存。

5.4.3　工程质量监督申报的程序

业主在办理施工许可证之前应当到规定的工程质量监督机构办理工程质量监督注册手续。办理质量监督注册手续时需提供下列资料:

(1) 施工图设计文件审查报告和批准书。

(2) 中标通知书和施工、监理合同。

(3) 建设单位、施工单位和监理单位工程项目的负责人和机构组成。

(4) 施工组织设计和监理规划（监理实施细则）。

(5) 其他需要的文件资料。

业主在办理工程质量监督注册时，需要填写工程质量监督注册登记表、建筑工程安全质量监督申报表（正表）和建筑工程安全质量监督申报表（副表）。

工程质量监督机构在规定的工作日内，在工程质量监督注册登记表中加盖公章，并交付业主。进行工程质量监督注册后，工程质量监督机构确定监督工作负责人，发给业主工程质量监督通知书，并制定工程质量监督计划。

5.4.4　工程施工许可证的管理

1. 工程施工许可证的申请

根据我国《建筑工程施工许可管理办法》规定，从事各类房屋建筑及其附属设施的建造、装修装饰和与其配套的线路、管道、设备的安装，以及城镇市政基础设施工程的施工，业主在开工前应当向工程所在地的县级以上人民政府建设行政主管部门申请领取施工许可证。必须申请领取施工许可证的建筑工程未取得施工许可证的，一律不得开工。

工程投资额在 30 万元以下或者建筑面积在 $300m^2$ 以下的建筑工程，可以不申请办理施工许可证。

1) 申请领取施工许可证的条件

申请领取施工许可证，应当具备下列条件，并提交相应的证明文件：

(1) 已经办理该建筑工程用地批准手续。

(2) 在城市规划区的建筑工程，已经取得建设工程规划许可证。

(3) 施工现场已经基本具备施工条件。

(4) 已经确定施工企业。

(5) 已经确定施工需要的施工图纸及技术资料。

(6) 有保证工程质量和安全的具体措施。

(7) 按照规定应当委托监理的工程已委托监理。

(8) 建设资金已落实。

(9) 法律、行政法规规定的其他条件。

2) 施工许可证的有关时间要求

建设单位应当自领取施工许可证之日起三个月内开工。因故不能按期开工的，应当在期满前向发证机关申请延期，并说明理由；延期以两次为限，每次不超过三个月。既不开工又不申请延期或者超过延期次数、时限的，施工许可证自行废止。在建的建筑工程因故中止施工的，建设单位应当自中止施工之日起一个月内向发证机关报告，报告内容包括中止施工的时间、原因、在施部位、维修管理措施等，并按照规定做好建筑工程的维护管理工作。建筑工程恢复施工时，应当向发证机关报告；中止施工满 1 年的工程恢复施工前，建设单位应当报发证机关核验施工许可证。

2. 施工许可证的办理程序

(1) 报送资料。业主向当地建设行政主管部门报送相关资料。

(2) 受理。建设行政主管部门按照受理标准查验申请资料，符合标准的，即时给予受理，并向申请人开具行政许可受理通知书，并将有关材料转审查人员。

(3) 审查。审查人员按照审查标准对受理人员移送的申请材料进行审查，符合标准的，在规定的时限内进行施工现场踏勘,对施工场地基本具备施工条件的,提出审查意见,开送有关材料转决定人员。

（4）决定。决定人员按照审定标准对施工许可申请作出行政许可决定。同意审查意见的,签署意见,转告知人员。

（5）告知。对准予批准的,告知人员向申请人出具行政许可事项批准通知书,并在决定之日起规定的时限内向申请人颁发、送达"建筑工程施工许可证"。

例如,房屋建筑工程施工许可证的办理流程如图 5-7 所示。

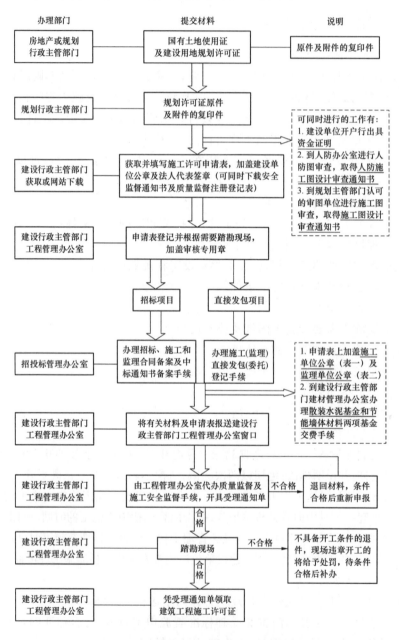

图 5-7　房屋建筑工程施工许可证办理流程

复习思考题

1. 论述工程施工质量控制系统。
2. 论述按施工阶段对工程施工质量控制的内容。
3. 施工阶段质量控制的直接依据有哪些？
4. 我国如何对施工承包企业进行资质分类？
5. 如何理解人在施工质量控制中的作用？
6. 论述材料质量控制的重点环节。
7. 简要说明施工方法对工程质量的影响。
8. 论述工程施工质量控制的工作流程。
9. 如何设置质量控制点？
10. 论述施工现场工程变更的程序。
11. 什么是隐蔽工程验收？隐蔽工程验收的质量控制要点是什么？
12. 施工质量的政府监督重点是什么？
13. 如何申请工程施工许可？
14. 某安装公司承接一高层住宅楼工程设备安装工程的施工任务，为了降低成本，项目经理通过关系购进廉价暖气管道，并隐瞒了工地甲方和监理人员，工程完工后，通过验收交付使用单位使用，过了保修期后的某一冬季，大批用户暖气漏水。请问：
    （1）为了避免出现质量问题，施工单位应事前对哪些因素进行控制？
    （2）该工程出现质量问题的主要原因是使用不合格材料，为了防止质量问题发生，应如何对参与施工人员进行控制？
    （3）该工程暖气漏水时，已过保修期，施工单位是否对该质量问题负责，为什么？

第 6 章 工程验收的质量控制

工程施工质量验收是工程建设质量控制的一个重要环节,它包括工程施工质量的中间验收和工程的竣工验收两个方面。通过对工程建设中间产出品和最终产品的质量验收,从过程控制和终端把关两个方面进行工程项目的质量控制,以确保达到业主所要求的功能和使用价值,实现建设投资的经济效益和社会效益。工程项目的竣工验收,是项目建设程序的最后一个环节,是全面考核项目建设成果,检查设计与施工质量,确认项目能否投入使用的重要步骤。竣工验收的顺利完成,标志着项目建设阶段的结束和生产使用阶段的开始。尽快完成竣工验收工作,对促进项目的早日投产使用,发挥投资效益,有着非常重要的意义。

6.1   工程验收概述

6.1.1   工程质量验收统一标准及规范体系

建筑工程施工质量验收统一标准、规范体系由《建筑工程施工质量验收统一标准》(GB 50300—2013)和各专业验收规范共同组成。验收建筑工程施工质量时,应依据《建筑工程施工质量验收统一标准》和专业验收规范所规定的程序、方法、内容和质量标准。

各专业验收规范主要包括:

(1)《建筑地基基础工程施工质量验收规范》(GB 50202—2012)。

(2)《砌体结构工程施工质量验收规范》(GB 50203—2011)。

(3)《混凝土结构工程施工质量验收规范》(GB 50204—2002)(2011 年版)。

(4)《钢结构工程施工质量验收规范》(GB 50205—2001)。

(5)《木结构工程施工质量验收规范》(GB 50206—2002)。

(6)《屋面工程质量验收规范》(GB 50207—2012)。

(7)《地下防水工程质量验收规范》(GB 50208—2011)。

(8)《建筑地面工程施工质量验收规范》(GB 50209—2010)。

(9)《建筑装饰装修工程质量验收规范》(GB 50210—2011)。

(10)《建筑给水排水及采暖工程施工质量验收规范》(GB 50242—2002)。

(11)《通风与空调工程施工质量验收规范》(GB 50243—2002)。

(12)《建筑电气工程施工质量验收规范》(GB 50303—2011)。

(13)《电梯工程施工质量验收规范》(GB 50310—2002)。

工程质量验收标准及规范的支持体系如图 6-1 所示。

6.1.2   工程质量验收的术语

《建筑工程施工质量验收统一标准》(GB 50300—2013)定义了 17 个相关术语,其中有关工程质量验收的术语如下:

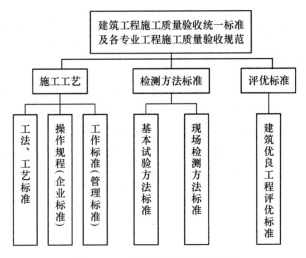

图 6-1　工程质量验收规范体系

1．检验

对被检验项目的特征、性能进行量测、检查、试验等，并将结果与标准规定的要求进行比较，以确定项目每项性能是否合格的活动。

2．检验批（inspection lot）

按相同的生产条件或按规定的方式汇总起来供抽样检验用的，由一定数量样本组成的检验体。

3．验收（acceptance）

建筑工程质量在施工单位自行检查合格的基础上，由工程质量验收责任方组织，工程建设相关单位参加，对检验批、分项、分部、单位工程及其隐蔽工程的质量进行抽样检验，对技术文件进行审核，并根据设计文件和相关标准以书面形式对工程质量是否达到合格做出确认。

4．主控项目

建筑工程中的对安全、卫生、环境保护和公众利益起决定性作用的检验项目。例如，混凝土结构工程中"钢筋安装时，受力钢筋的品种、级别、规格和数量必须符合设计要求"，"纵向受力钢筋连接方式应符合设计要求"，"安装现浇结构的上层模板及其支架时，下层模板应具有承受上层荷载的承载能力，或加设支架；上、下层支架的立柱应对准，并铺设垫板"等都是主控项目。

5．一般项目

除主控项目以外的项目都是一般项目。例如，混凝土结构工程中，除了主控项目外，"钢筋的接头宜设置在受力较小处。同一纵向受力钢筋不宜设置两个或两个以上接头。接头末端至钢筋弯起点的距离不应小于钢筋直径的 10 倍"，"钢筋应平直、无损伤，表面不得有裂纹、油污、颗粒状或片状老锈"，"施工缝的位置应在混凝土的浇筑前按设计要求和施工技术方案确定。施工缝的处理应按施工技术方案执行。"等都是一般项目。

6．观感质量（quality of appearance）

通过观察和必要的测试所反映的工程外在质量和功能状态。

7．返修（repair）

对施工质量不符合规定的部位采取的整修等措施。

8. 返工(rework)

对施工质量不符合规定的部位采取的更换、重新制作、重新施工等措施。

6.1.3　工程质量验收层次的划分

根据《建筑工程施工质量验收统一标准》,建筑工程质量验收的层次划分为:检验批、分项工程、分部(子分部)工程、单位(子单位)工程。其中,检验批和分项工程是质量验收的基本单元,分部工程是在所含全部分项工程验收的基础上进行验收的,它们是在施工过程中随完工随验收;而单位工程是完整的具有独立使用功能的建筑产品,需要进行最终的竣工验收(图6-2)。

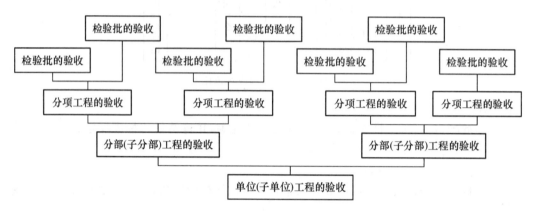

图 6-2　工程质量验收的层次性

1. 单位工程(子单位工程)划分的原则

单位工程划分的原则为:具备独立施工条件并能形成独立使用功能的建筑物及构筑物。例如,一个学校工程中的一幢教学楼,一个住宅小区的一幢独立的住宅楼,一个工厂项目中的一幢厂房及其附属设备等。

对于规模较大的单位工程,可将其能形成独立使用功能的部分划分为一个子单位工程。

子单位工程的划分一般可根据工程的建筑设计分区、使用功能的显著差异、结构缝的设置等实际情况,在施工前由建设、监理、施工单位自行商定,并据此收集整理施工技术资料和验收。

室外工程可根据专业类别和工程规模划分单位(子单位)工程。室外单位(子单位)工程、分部工程按表 6-1 采用。

表 6-1　室外工程的划分

子单位工程	分部工程	分项工程
室外设施	道路	路基,基层,面层,广场与停车场,人行道,人行地道,挡土墙,附属构筑物
	边坡	土石方,挡土墙,支护
附属建筑及室外环境	附属建筑	车棚,围墙,大门,挡土墙
	室外环境	建筑小品,亭台,水景,连廊,花坛,场坪绿化,景观桥

2. 分部(子分部)工程划分的原则

分部工程划分的原则为:分部工程的划分应按专业性质、建筑部位确定。如建筑工程划分为地基与基础、主体结构、建筑装饰装修、建筑屋面、建筑给水排水及采暖、建筑电气、智能建筑、通风与空调、电梯等九个分部工程。

当分部工程较大或较复杂时,可按施工程序、专业系统及类别等划分为若干个子分部工程。例如,智能建筑分部工程中就包含了火灾及报警消防联动系统、安全防范系统、综合布线系统、智能化集成系统、电源与接地、环境、住宅(小区)智能化系统等子分部工程。

3．分项工程划分的原则

分项工程应按主要工种、材料、施工工艺、设备类别等进行划分。比如,混凝土结构工程中,按主要工种分为模板工程、钢筋工程、混凝土工程等分项工程;按施工工艺又分为预应力、现浇结构、装配式结构等分项工程。

建筑工程分部(子分部)工程、分项工程的具体划分见《建筑工程施工质量验收统一标准》(GB 50300—2013)。

4．检验批划分的原则

分项工程可由一个或若干个检验批组成,检验批可根据施工及质量控制和专业验收需要按楼层、施工段、变形缝等进行划分。建筑工程的地基基础分部工程中的分项工程一般划分为一个检验批;有地下层的基础工程可按不同地下层划分检验批;屋面分部工程中的分项工程不同楼层屋面可划分为不同的检验批;单层建筑工程中的分项工程可按变形缝等划分检验批,多层及高层建筑工程中主体分部的分项工程可按楼层或施工段来划分检验批;其他分部工程中的分项工程一般按楼层划分检验批;对于工程量较少的分项工程可统一化为一个检验批。安装工程一般按一个设计系统或组别划分为一个检验批。室外工程统一划分为一个检验批。散水、台阶、明沟等包含在地面检验批中。

6.2　工程施工过程的质量验收

6.2.1　检验批的质量验收

1．检验批质量验收的组织与记录

检验批的质量验收由监理工程师(建设单位专业技术负责人)组织施工项目专业质量检查员等进行验收。检验批的质量验收记录由施工项目专业质量检查员填写,记录表如表 6-2 所示。

2．检验批合格质量的规定

(1)主控项目的质量经抽样检验均应合格。

(2)一般项目的质量经抽样检验合格。

(3)具有完整的施工操作依据、质量验收记录。

3．主控项目和一般项目的检验

为确保工程质量,使检验批的质量符合安全和使用功能的基本要求,各专业质量验收规范对各检验批的主控项目和一般项目的子项合格质量都给予明确规定。例如,砖砌体工程检验批质量验收时主控项目包括砖强度等级、砂浆强度等级、斜槎留置、直槎拉结钢筋及接槎处理、砂浆饱满度、轴线位移、每层垂直度等内容;而一般项目则包括组砌方法、水平灰缝厚度、顶(楼)面标高、表面平整度、门窗洞口高宽、窗口偏移、水平灰缝的平直度以及清水墙游丁走缝等内容。

表 6-2　　　　　　　　　　　　　　检验批质量验收记录　　　　　　　编号：_____

单位(子单位)工程名称		分部(子分部)工程名称		分项工程名称	
施工单位		项目负责人		检验批容量	
分包单位		分包单位项目负责人		检验批部位	
施工依据			验收依据		

		验收项目	设计要求及规范规定	最小/实际抽样数量	检查记录	检查结果
主控项目	1					
	2					
	3					
	4					
	5					
	6					
	7					
	8					
	9					
	10					
一般项目	1					
	2					
	3					
	4					
	5					

施工单位检查结果	专业工长： 项目专业质量检查员： 　　　　　年　　月　　日
监理单位验收结论	专业监理工程师： 　　　　　年　　月　　日

　　主控项目是指建筑工程中对安全、卫生、环境保护和公众利益起决定性作用的检验项目。因此，主控项目的验收必须从严要求，不允许有不符合要求的检验结果，主控项目的检查具有否决权。

　　一般项目则可按专业规范的要求处理。

　　4. 检验批的抽样

　　合理的抽样方案的制定对检验批的质量验收有十分重要的影响。在制定检验批的抽样方案时，应考虑合理分配生产方风险(或错判概率 α)和使用方风险(或漏判概率 β)，主控项目，对应于合格质量水平的 α 和 β 均不宜超过 5%；对于一般项目，对应于合格质量水平的 α 不宜超过 5%，β 不宜超过 10%。检验批的质量检验，应根据检验项目的特点在下列抽样方案中进行选择：

　　(1) 计量、计数或计量-计数等抽样方案。

（2）一次、两次或多次抽样方案。

（3）根据生产连续性和生产控制稳定性等情况，尚可采用调整型抽样方案。

（4）对重要的检验项目当可采用简易快速的检验方法时，可选用全数检验方案。

（5）经实践检验有效的抽样方案，如砂石料、构配件的分层抽样。

6.2.2 分项工程的质量验收

1. 分项工程质量验收的组织与记录

分项工程质量应由监理工程师（建设单位项目专业技术负责人）组织施工项目专业技术负责人等进行验收。分项工程质量验收由施工项目专业技术负责人填写，记录表见表 6-3。

表 6-3 _____分项工程质量验收记录 编号：_____

单位（子单位）工程名称			分部（子分部）工程名称			
分项工程数量			检验批数量			
施工单位			项目负责人		项目技术负责人	
分包单位			分包单位项目负责人		分包内容	
序号	检验批名称	检验批容量	部位/区段	施工单位检查结果		监理单位验收结论
1						
2						
3						
4						
5						
6						
7						
8						
9						
10						
11						
12						
13						
14						
15						

说明：

施工单位检查结果	项目专业技术负责人： 年 月 日
监理单位验收结论	专业监理工程师： 年 月 日

2. 分项工程质量验收合格的规定

(1) 分项工程所含的检验批均应符合合格质量规定。

(2) 分项工程所含的检验批的质量验收记录应完整。

6.2.3　分部(子分部)工程的质量验收

1. 分部(子分部)工程质量验收的组织与记录

分部(子分部)工程质量应由总监理工程师(建设单位项目专业负责人)组织施工项目负责人和项目技术、质量负责人等进行验收。地基与基础、主体结构分部工程的勘察、设计单位工程项目负责人和施工单位技术、质量部门负责人也应参加相关分部工程验收。

验收记录如表 6-4 所示。

表 6-4　　　　　　　　　　　　　分部工程质量验收记录　　　　编号：＿＿＿＿＿

单位(子单位)工程名称		子分部工程数量		分项工程数量	
施工单位		项目负责人		技术(质量)负责人	
分包单位		分包单位负责人		分包内容	

序号	子分部工程名称	分项工程名称	检验批数量	施工单位检查结果	监理单位验收结论
1					
2					
3					
4					
5					
6					
质量控制资料					
安全和功能检验结果					
观感质量检验结果					
综合验收结论					

施工单位	勘察单位	设计单位	监理单位
项目负责人： 年　月　日	项目负责人： 年　月　日	项目负责人： 年　月　日	总监理工程师： 年　月　日

注：1. 地基与基础分部工程的验收应由施工、勘察、设计单位项目负责人和总监理工程师参加并签字。

　　2. 主体结构、节能分部工程的验收应由施工、设计单位项目负责人和总监理工程师参加并签字。

2. 分部(子分部)工程质量验收合格的规定

(1) 所含分项工程的质量均应验收合格;

(2) 质量控制资料应完整;

(3) 有关安全、节能、环境保护和主要使用功能的抽样检验结果应符合相应规定;

(4) 观感质量应符合要求。

涉及安全和使用功能的地基基础、主体结构、有关安全及重要使用功能的安装分部工程,应进行有关见证取样送样试验或抽样检测。比如,建筑物垂直度、标高、全高测量记录,建筑物沉降观测测量记录,给水管道通水试验记录,暖气管道、散热器压力试验记录,照明动力全负荷试验记录等。

关于观感质量验收,只能以观察、触摸或简单量测的方式进行,并由各个人的主观印象判断,检查结果并不给出"合格"或"不合格"的结论,而是综合给出质量评价。评价的结论为"好"、"一般"和"差"三种。对于"差"的检查点应通过返修处理等进行补救。

6.2.4 主要分部分项工程质量验收要点

1. 地基与基础工程

1) 地基

建筑物地基的施工应具备资料包括岩土工程勘察资料;临近建筑物和地下设施类型、分布及结构质量情况;工程设计图纸、设计要求及需达到的标准,检验手段。

砂、石子、水泥、钢材、石灰、粉煤灰等原材料的质量、检验项目、批量和检验方法,应符合国家现行标准的规定。

地基施工结束,宜在一个间歇期后,进行质量验收,间歇期由设计确定。

地基加固工程,应在正式施工前进行试验段施工,论证设定的施工参数及加固效果。为验证加固效果所进行的载荷试验,其施加载荷应不低于设计载荷的 2 倍。

对灰土地基、砂和砂石地基、土工合成材料地基、粉煤灰地基、强夯地基、注浆地基、预压地基,其竣工后的结果(地基强度或承载力)必须达到设计要求的标准。检验数量,每单位工程不应少于 3 点,1000m² 以上工程,每 100m² 至少应有 1 点,3000m² 以上工程,每 300m² 至少应有 1 点。每一独立基础下至少应有 1 点,基槽每 20 延米应有 1 点。

对水泥土搅拌桩复合地基、高压喷射注浆桩复合地基、砂桩地基、振冲桩复合地基、土和灰土挤密桩复合地基、水泥粉煤灰碎石桩复合地基及夯实水泥土桩复合地基,其承载力检验,数量为总数的 0.5%～1%,但不应少于 3 处。有单桩强度检验要求时,数量为总数的 0.5%～1%,但不应少于 3 根。

(1) 灰土地基

灰土土料、石灰或水泥(当水泥替代灰土中的石灰时)等材料及配合比应符合设计要求,灰土应搅拌均匀。

施工过程中应检查分层铺设的厚度、分段施工时上下两层的搭接长度、夯实时加水量、夯压遍数、压实系数。

施工结束后,应检验灰土地基的承载力。

灰土地基的质量验收标准应符合表 6-5 的规定。

表 6-5 灰土地基质量检验标准

项	序	检查项目	允许偏差或允许值		检查方法
			单位	数值	
主控项目	1	地基承载力	设计要求		按规定方法
	2	配合比	设计要求		按拌和时的体积比
	3	压实系数	设计要求		现场实测
一般项目	1	石灰粒径	mm	≤5	筛分法
	2	土料有机质含量	%	≤5	试验室焙烧法
	3	土颗粒粒径	mm	≤15	筛分法
	4	含水量（与要求的最优含水量比较）	%	±2	烘干法
	5	分层厚度偏差（与设计要求比较）	mm	±50	水准仪

（2）砂和砂石地基

砂、石等原材料质量、配合比应符合设计要求，砂、石应搅拌均匀。

施工过程中必须检查分层厚度、分段施工时搭接部分的压实情况、加水量、压实遍数、压实系数。

施工结束后，应检验砂石地基的承载力。

砂和砂石地基的质量验收标准应符合表 6-6 的规定。

表 6-6 砂及砂石地基质量检验标准

项	序	检查项目	允许偏差或允许值		检查方法
			单位	数值	
主控项目	1	地基承载力	设计要求		按规定方法
	2	配合比	设计要求		检查拌和时的体积比或质量比
	3	压实系数	设计要求		现场实测
一般项目	1	砂石料有机质含量	%	≤5	焙烧法
	2	砂石料含泥量	%	≤5	水洗法
	3	石料粒径	mm	≤100	筛分法
	4	含水量（与最优含水量比较）	%	±2	烘干法
	5	分层厚度（与设计要求比较）	mm	±50	水准仪

（3）土工合成材料地基

施工前应对土工合成材料的物理性能（单位面积的质量、厚度、密度）、强度、延伸率以及土、砂石料等做检验。土工合成材料以 $100m^2$ 为一批，每批应抽查 5％。

施工过程中应检查清基、回填料铺设厚度及平整度、土工合成材料的铺设方向、接缝搭接长度或缝接状况、土工合成材料与结构的连接状况等。

施工结束后，应进行承载力检验。

土工合成材料地基质量检验标准应符合表 6-7 的规定。

表 6-7 土工合成材料地基质量检验标准

项	序	检查项目	允许偏差或允许值		检查方法
			单位	数值	
主控项目	1	土工合成材料强度	%	≤5	置于夹具上做拉伸试验(结果与设计标准相比)
	2	土工合成材料延伸率	%	≤3	置于夹具上做拉伸试验(结果与设计标准相比)
	3	地基承载力	设计要求		按规定方法
一般项目	1	土工合成材料搭接长度	mm	≥300	用钢尺量
	2	土石料有机质含量	%	≤5	焙烧法
	3	层面平整度	mm	≤20	用 2m 靠尺
	4	每层铺设厚度	mm	±25	水准仪

（4）粉煤灰地基

施工前应检查粉煤灰材料,并对基槽清底状况、地质条件予以检验。

施工过程中应检查铺筑厚度、碾压遍数、施工含水量控制、搭接区碾压程度、压实系数等。

施工结束后,应检验地基的承载力。

粉煤灰地基质量检验标准应符合表 6-8 的规定。

表 6-8 粉煤灰地基质量检验标准

项	序	检查项目	允许偏差或允许值		检查方法
			单位	数值	
主控项目	1	压实系数	设计要求		现场实测
	2	地基承载力	设计要求		按规定方法
一般项目	1	粉煤灰粒径	mm	0.001~2.000	过筛
	2	氧化铝及二氧化硅含量	%	≥70	试验室化学分析
	3	烧失量	%	≤12	试验室烧结法
	4	每层铺筑厚度	mm	±50	水准仪
	5	含水量(与最优含水量比较)	%	±2	取样后试验室确定

（5）强夯地基

施工前应检查夯锤重量、尺寸,落距控制手段,排水设施及被夯地基的土质。

施工中应检查落距、夯击遍数、夯点位置、夯击范围。

施工结束后,检查被夯地基的强度并进行承载力检验。

强夯地基质量检验标准应符合表 6-9 的规定。

表 6-9 强夯地基质量检验标准

项	序	检查项目	允许偏差或允许值		检查方法
			单位	数值	
主控项目	1	地基强度	设计要求		按规定方法
	2	地基承载力	设计要求		按规定方法

续表

项	序	检查项目	允许偏差或允许值		检查方法
			单位	数值	
一般项目	1	夯锤落距	mm	±300	钢索设标志
	2	锤重	kg	±100	称重
	3	夯击遍数及顺序	设计要求		计数法
	4	夯点间距	mm	±500	用钢尺量
	5	夯击范围(超出基础范围距离)	设计要求		用钢尺量
	6	前后两遍间歇时间	设计要求		

（6）注浆地基

施工前应掌握有关技术文件(注浆点位置、浆液配比、注浆施工技术参数、检测要求等)。浆液组成材料的性能应符合设计要求,注浆设备应确保正常运转。

施工中应经常抽查浆液的配比及主要性能指标,注浆的顺序、注浆过程中的压力控制等。

施工结束后,应检查注浆体强度、承载力等。检查孔数为总量的 2%～5%,不合格率大于或等于 20% 时应进行二次注浆。检验应在注浆后 15d(砂土、黄土)或 60d(黏性土)进行。

注浆地基的质量检验标准应符合表 6-10 的规定。

表 6-10　　　　　　　　　　　　　注浆地基质量检验标准

项	序	检查项目		允许偏差或允许值		检查方法
				单位	数值	
主控项目	1	原材料检验	水泥	设计要求		查产品合格证书或抽样送检
			注浆用砂:粒径 细度模数 含泥量及有机物含量	mm %	<2.5 <2.0 <3	试验室试验
			注浆用黏土:塑性指数 黏粒含量 含砂量 有机物含量	 % % %	>14 >25 <5 <3	试验室试验
			粉煤灰:细度 烧失量	不粗于同时使用的水泥 %	 <3	试验室试验
			水玻璃:模数	2.5～3.3		抽样送检
			其他化学浆液	设计要求		查产品合格证书或抽样送检
	2	注浆体强度		设计要求		取样检验
	3	地基承载力		设计要求		按规定方法

续表

项	序	检查项目	允许偏差或允许值		检查方法
			单位	数值	
一般项目	1	各种注浆材料称量误差	%	<3	抽查
	2	注浆孔位	mm	±20	用钢尺量
	3	注浆孔深	mm	±100	量测注浆管长度
	4	注浆压力(与设计参数比)	%	±10	检查压力表读数

(7) 预压地基

施工前应检查施工监测措施,沉降、孔隙水压力等原始数据,排水设施,砂井(包括袋装砂井)、塑料排水带等位置。塑料排水带的质量标准应符合相应的规定。

堆载施工应检查堆载高度、沉降速率。真空预压施工应检查密封膜的密封性能、真空表读数等。

施工结束后,应检查地基土的强度及要求达到的其他物理力学指标,重要建筑物地基应做承载力检验。

预压地基和塑料排水带质量检验标准应符合表 6-11 的规定。

表 6-11   预压地基和塑料排水带质量检验标准

项	序	检查项目	允许偏差或允许值		检查方法
			单位	数值	
主控项目	1	预压载荷	%	≤2	水准仪
	2	固结度(与设计要求比)	%	≤2	根据设计要求采用不同的方法
	3	承载力或其他性能指标	设计要求		按规定方法
一般项目	1	沉降速率(与控制值比)	%	±10	水准仪
	2	砂井或塑料排水带位置	mm	±100	用钢尺量
	3	砂井或塑料排水带插入深度	mm	±200	插入时用经纬仪检查
	4	插入塑料排水带时的回带长度	mm	≤500	用钢尺量
	5	塑料排水带或砂井高出砂垫层距离	mm	≥200	用钢尺量
	6	插入塑料排水带的回带根数	%	<5	目测

注:如真空预压,主控项目中预压载荷的检查为真空度降低值<2%。

(8) 振冲地基

施工前应检查振冲器的性能,电流表、电压表的准确度及填料的性能。

施工中应检查密实电流、供水压力、供水量、填料量、孔底留振时间、振冲点位置、振冲器施工参数等(施工参数由振冲试验或设计确定)。

施工结束后,应在有代表性的地段做地基强度或地基承载力检验。

振冲地基质量检验标准应符合表 6-12 的规定。

表 6-12　　　　　　　　　　　振冲地基质量检验标准

项	序	检查项目	允许偏差或允许值		检查方法
			单位	数值	
主控项目	1	填料粒径	设计要求		抽样检查
	2	密实电流（黏性土）	A	50～55	电流表读数
		密实电流（砂性土或粉土）	A	40～50	
		（以上为功率 30kW 振冲器）			
		密实电流（其他类型振冲器）	A₀	1.5～2.0	电流表读数，A_0 为空振电流
	3	地基承载力	设计要求		按规定方法
一般项目	1	填料含泥量	%	<5	抽样检查
	2	振冲器喷水中心与孔径中心偏差	mm	≤50	用钢尺量
	3	成孔中心与设计孔位中心偏差	mm	≤100	用钢尺量
	4	桩体直径	mm	<50	用钢尺量
	5	孔深	mm	±200	量钻杆或重锤测

（9）高压喷射注浆地基

施工前应检查水泥、外掺剂等的质量，桩位，压力表、流量表的精度和灵敏度，高压喷射设备的性能等。

施工中应检查施工参数（压力、水泥浆量、提升速度、旋转速度等）及施工程序。

施工结束后，应检验桩体强度、平均直径、桩身中心位置、桩体质量及承载力等。桩体质量及承载力检验应在施工结束后 28d 进行。

高压喷射注浆地基质量检验标准应符合表 6-13 的规定。

表 6-13　　　　　　　　　高压喷射注浆地基质量检验标准

项	序	检查项目	允许偏差或允许值		检查方法
			单位	数值	
主控项目	1	水泥及外掺剂质量	符合出厂要求		查产品合格证书或抽样送检
	2	水泥用量	设计要求		查看流量表及水泥浆水灰比
	3	桩体强度或完整性检验	设计要求		按规定方法
	4	地基承载力	设计要求		按规定方法
一般项目	1	钻孔位置	mm	≤50	用钢尺量
	2	钻孔垂直度	%	≤1.5	经纬仪测钻杆或实测
	3	孔深	mm	±200	用钢尺量
	4	注浆压力	按设定参数指标		查看压力表
	5	桩体搭接	mm	>200	用钢尺量
	6	桩体直径	mm	≤50	开挖后用钢尺量
	7	桩身中心允许偏差	≤0.2D		开挖后桩顶下 500mm 处用钢尺量，D 为桩径

（10）水泥土搅拌桩地基

施工前应检查水泥及外掺剂的质量、桩位、搅拌机工作性能及各种计量设备完好程度（主要是水泥浆流量计及其他计量装置）。

施工中应检查机头提升速度、水泥浆或水泥注入量、搅拌桩的长度及标高。

施工结束后，应检查桩体强度、桩体直径及地基承载力。

进行强度检验时，对承重水泥土搅拌桩应取 90d 后的试件；对支护水泥土搅拌桩应取 28d 后的试件。

水泥土搅拌桩地基质量检验标准应符合表 6-14 的规定。

表 6-14 水泥土搅拌桩地基质量检验标准

项	序	检查项目	允许偏差或允许值		检查方法
			单位	数值	
主控项目	1	水泥及外掺剂质量	设计要求		查产品合格证书或抽样送检
	2	水泥用量	参数指标		查看流量计
	3	桩体强度	设计要求		按规定方法
	4	地基承载力	设计要求		按规定方法
一般项目	1	机头提升速度	m/min	≤0.5	量机头上升距离及时间
	2	桩底标高	mm	±200	测机头深度
	3	桩顶标高	mm	+100 −50	水准仪（最上部 500mm 不计入）
	4	桩位偏差	mm	<50	用钢尺量
	5	桩径		<0.04D	用钢尺量，D 为桩径
	6	垂直度	%	≤1.5	经纬仪
	7	搭接	mm	>200	用钢尺量

（11）土和灰土挤密桩复合地基

施工前应对土及灰土的质量、桩孔放样位置等做检查。

施工中应对桩孔直径、桩孔深度、夯击次数、填料的含水量等做检查。

施工结束后，应检验成桩的质量及地基承载力。

土和灰土挤密桩地基质量检验标准应符合表 6-15 的规定。

表 6-15 土和灰土挤密桩地基质量检验标准

项	序	检查项目	允许偏差或允许值		检查方法
			单位	数值	
主控项目	1	桩体及桩间土干密度	设计要求		现场取样检查
	2	桩长	mm	+500	测桩管长度或垂球测孔深
	3	地基承载力	设计要求		按规定的方法
	4	桩径	mm	−20	用钢尺量

续表

项	序	检查项目	允许偏差或允许值		检查方法
			单位	数值	
一般项目	1	土料有机质含量	%	≤5	试验室焙烧法
	2	石灰粒径	mm	≤5	筛分法
	3	桩位偏差		满堂布桩≤0.40D 条基布桩≤0.25D	用钢尺量,D 为桩径
	4	垂直度	%	≤1.5	用经纬仪测桩管
	5	桩径	mm	−20	用钢尺量

注:桩径允许偏差负值是指个别断面。

（12）水泥粉煤灰碎石桩复合地基

水泥、粉煤灰、砂及碎石等原材料应符合设计要求。

施工中应检查桩身混合料的配合比、坍落度和提拔钻杆速度（或提拔套管速度）、成孔深度、混合料灌入量等。

施工结束后,应对桩顶标高、桩位、桩体质量、地基承载力以及褥垫层的质量做检查。

水泥粉煤灰碎石桩复合地基的质量检验标准应符合表 6-16 的规定。

表 6-16　　　　　　　　　水泥粉煤灰碎石桩复合地基质量检验标准

项	序	检查项目	允许偏差或允许值		检查方法
			单位	数值	
主控项目	1	原材料	设计要求		查产品合格证书或抽样送检
	2	桩径	mm	−20	用钢尺量或计算填料量
	3	桩身强度	设计要求		查 28d 试块强度
	4	地基承载力	设计要求		按规定的办法
一般项目	1	桩身完整性	按桩基检测技术规范		按桩基检测技术规范
	2	桩位偏差		满堂布桩≤0.40D 条基布桩≤0.25D	用钢尺量,D 为桩径
	3	桩垂直度	%	≤1.5	用经纬仪测桩管
	4	桩长	mm	+100	测桩管长度或垂球测孔深
	5	褥垫层夯填度		≤0.9	用钢尺量

注:1. 夯填度指夯实后的褥垫层厚度与虚体厚度的比值。

　　2. 桩径允许偏差负值是指个别断面。

（13）夯实水泥土桩复合地基

水泥及夯实用土料的质量应符合设计要求。

施工中应检查孔位、孔深、孔径、水泥和土的配比、混合料含水量等。

施工结束后,应对桩体质量及复合地基承载力做检验,褥垫层应检查其夯填度。

夯实水泥土桩的质量检验标准应符合表 6-17 的规定。

夯扩桩的质量检验标准可按本节执行。

表 6-17　　　　　　　**夯实水泥土桩复合地基质量检验标准**

项	序	检查项目	允许偏差或允许值		检查方法
			单位	数值	
主控项目	1	桩径	mm	−20	用钢尺量
	2	桩长	mm	+500	测桩孔深度
	3	桩体干密度	设计要求		现场取样检查
	4	地基承载力	设计要求		按规定的办法
一般项目	1	土料有机质含量	%	≤5	焙烧法
	2	含水量(与最优含水量比)	%	±2	烘干法
	3	土料粒径	mm	≤20	筛分法
	4	水泥质量	设计要求		查产品质量合格证书或抽样送检
	5	桩位偏差	满堂布桩≤0.40D 条基布桩≤0.25D		用钢尺量,D 为桩径
	6	桩孔垂直度	%	≤1.5	用经纬仪测桩管
	7	褥垫层夯填度	≤0.9		用钢尺量

（14）砂桩地基

施工前应检查砂料的含泥量及有机质含量、样桩的位置等。

施工中检查每根砂桩的桩位、灌砂量、标高、垂直度等。

施工结束后,应检验被加固地基的强度或承载力。

夯实水泥土桩的质量检验标准应符合表 6-18 的规定。

表 6-18　　　　　　　　　**砂桩地基的质量检验标准**

项	序	检查项目	允许偏差或允许值		检查方法
			单位	数值	
主控项目	1	灌砂量	%	≥95	实际用砂量与计算体积比
	2	地基强度	设计要求		按规定方法
	3	地基承载力	设计要求		按规定方法
一般项目	1	砂料的含泥量	%	≤3	试验室测定
	2	砂料的有机质含量	%	≤5	焙烧法
	3	桩位	mm	≤50	用钢尺量
	4	砂桩标高	mm	±150	水准仪
	5	垂直度	%	≤1.5	经纬仪检查桩管垂直度

2）桩基础

桩位的放样允许偏差群桩为 20mm,单排桩为 10mm。

桩基工程的桩位验收,除设计有规定外,应按下述要求进行:

当桩顶设计标高与施工场地标高相同时,或桩基施工结束后,有可能对桩位进行检查时,桩基工程的验收应在施工结束后进行；

当桩顶设计标高低于施工场地标高,送桩后无法对桩位进行检查时,对打入桩可在每根桩桩顶沉至场地标高时,进行中间验收,待全部桩施工结束,承台或底板开挖到设计标高后,再做最终验收。对灌注桩可对护筒位置做中间验收。

打(压)入桩(预制混凝土方桩、先张法预应力管桩、钢桩)的桩位偏差,必须符合表 6-19 的规定。斜桩倾斜度的偏差不得大于倾斜角正切值的 15%(倾斜角系桩的纵向中心线与铅垂线间夹角)。

表 6-19　　　　　　　　　　　预制桩(钢桩)桩位的允许偏差

项	项　目	允许偏差/mm
1	盖有基础梁的桩: (1) 垂直基础梁的中心线; (2) 沿基础梁的中心线	$100+0.01H$ $150+0.01H$
2	桩数为 1~3 根桩基中的桩	100
3	桩数为 4~16 根桩基中的桩	1/2 桩径或边长
4	桩数大于 16 根桩基中的桩: (1) 最外边的桩; (2) 中间桩	1/3 桩径或边长 1/2 桩径或边长

注:H 为施工现场地面标高与桩顶设计标高的距离。

灌注桩的桩位偏差必须符合表 6-20 的规定,桩顶标高至少要比设计标高高出 0.5m,桩底清孔质量按不同的成桩工艺有不同的要求,应按本章的各节要求执行。每浇注 50m³ 必须有 1 组试件,小于 50m³ 的桩,每根桩必须有 1 组试件。

表 6-20　　　　　　　　　　灌注桩的平面位置和垂直度的允许偏差

序　号	成孔方法		桩径允许偏差/mm	垂直度允许偏差/%	桩位允许偏差/mm	
					1~3 根、单排桩基垂直于中心线方向和群桩基础的边桩	条形桩基沿中心线方向和群桩基础的中间桩
1	泥浆护壁钻孔桩	$D \leqslant 1000mm$	±50	<1	$D/6$,且不大于 100	$D/4$,且不大于 150
		$D > 1000mm$	±50		$100+0.01H$	$150+0.01H$
2	套管成孔灌注桩	$D \leqslant 500mm$	-20	<1	70	150
		$D > 500mm$			100	150
3	干成孔灌注桩		-20	<1	70	150
4	人工挖孔桩	混凝土护壁	+50	<0.5	50	150
		钢套管护壁	+50	<1	100	200

注:1. 桩径允许偏差的负值是指个别断面。

　　2. 采用复打、反插法施工的桩,其桩径允许偏差不受上表限制。

　　3. H 为施工现场地面标高与桩顶设计标高的距离,D 为设计桩径。

工程桩应进行承载力检验。对于地基基础设计等级为甲级或地质条件复杂,成桩质量可靠性低的灌注桩,应采用静载荷试验的方法进行检验,检验桩数不应少于总数的 1%,且不应少于 3 根,当总桩数少于 50 根时,不应少于 2 根。

桩身质量应进行检验。对设计等级为甲级或地质条件复杂,成检质量可靠性低的灌注桩,抽检数量不应少于总数的 30%,且不应少于 20 根;其他桩基工程的抽检数量不应少于总数的 20%,且不应少于 10 根;对混凝土预制桩及地下水位以上且终孔后经过核验的灌注桩,检验数量不应少于总桩数的 10%,且不得少于 10 根。每个柱子承台下不得少于 1 根。

对砂、石子、钢材、水泥等原材料的质量、检验项目、批量和检验方法,应符合国家现行标准的规定。

(1)静力压桩

静力压桩包括锚杆静压桩及其他各种非冲击力沉桩。

施工前应对成品桩(锚杆静压成品桩一般均由工厂制造,运至现场堆放)做外观及强度检验,接桩用焊条或半成品硫磺胶泥应有产品合格证书,或送有关部门检验,压桩用压力表、锚杆规格及质量也应进行检查。硫磺胶泥半成品应每 100kg 做一组试件(3 件)。

压桩过程中应检查压力、桩垂直度、接桩间歇时间、桩的连接质量及压入深度。重要工程应对电焊接桩的接头做 10% 的探伤检查。对承受反力的结构应加强观测。

施工结束后,应做桩的承载力及桩体质量检验。

锚杆静压桩质量检验标准应符合表 6-21 的规定。

表 6-21 　　　　　　　　　　　　　　静力压桩质量检验标准

项	序	检查项目		允许偏差或允许值		检查方法
				单位	数值	
主控项目	1	桩体质量检验		按基桩检测技术规范		按基桩检测技术规范
	2	桩位偏差		见表 6-19		用钢尺量
	3	承载力		按基桩检测技术规范		按基桩检测技术规范
一般项目	1	成品桩质量:外观		表面平整,颜色均匀,掉角深度<10mm,蜂窝面积小于总面积 0.5%		直观
		外形尺寸 强度		见 GB 50202—2002 表 5.4.5 满足设计要求		见 GB 50202—2002 表 5.4.5 查产品合格证书或钻芯试压
	2	硫磺胶泥质量(半成品)		设计要求		查产品合格证书或抽样送检
	3	接桩	电焊接桩:焊缝质量	见钢桩施工质量检验标准		见钢桩施工质量检验标准
			电焊结束后停歇时间	min	>1.0	秒表测定
			硫磺胶泥接桩:胶泥浇注时间 浇注后停歇时间	min min	<2 >7	秒表测定 秒表测定
	4	电焊条质量		设计要求		查产品合格证书
	5	压桩压力(设计有要求时)		%	±5	查压力表读数
	6	接桩时上下节平面偏差 接桩时节点弯曲矢高		mm	<10 <1/1000l	用钢尺量 用钢尺量,l 为两节桩长
	7	桩顶标高		mm	±50	水准仪

（2）先张法预应力管桩

施工前应检查进入现场的成品桩,接桩用电焊条等产品质量。

施工过程中应检查桩的贯入情况、桩顶完整状况、电焊接桩质量、桩体垂直度、电焊后的停歇时间。重要工程应对电焊接头做 10% 的焊缝探伤检查。

施工结束后,应做承载力检验及桩体质量检验。

先张法预应力管桩的质量检验应符合表 6-22 的规定。

表 6-22　　　　　　　　先张法预应力管桩质量检验标准

项	序	检查项目		允许偏差或允许值		检查方法
				单位	数值	
主控项目	1	桩体质量检验		按基桩检测技术规范		按基桩检测技术规范
	2	桩位偏差		见表 6-19		用钢尺量
	3	承载力		按基桩检测技术规范		按基桩检测技术规范
一般项目	1	成品桩质量	外观	无蜂窝、露筋、裂缝、色感均匀、桩顶处无孔隙		直观
			桩径	mm	±5	用钢尺量
			管壁厚度	mm	±5	用钢尺量
			桩尖中心线	mm	<2	用钢尺量
			顶面平整度	mm	10	用水平尺量
			桩体弯曲		<1/1000l	用钢尺量,l 为两节桩长
	2	接桩:焊缝质量		见钢桩施工质量检验标准		见钢桩施工质量检验标准
		电焊结束后停歇时间		min	>1.0	秒表测定
		上下节平面偏差		mm	<10	用钢尺量
		节点弯曲矢高			>1/1000l	用钢尺量,l 为两节桩长
	3	停锤标准		设计要求		现场实测或查沉桩记录
	4	桩顶标高		mm	±50	水准仪

（3）混凝土预制桩

桩在现场预制时,应对原材料、钢筋骨架（表 6-23）、混凝土强度进行检查;采用工厂生产的成品桩时,桩进场后应进行外观及尺寸检查。

施工中应对桩体垂直度、沉桩情况、桩顶完整状况、接桩质量等进行检查,对电焊接桩,重要工程应做 10% 的焊缝探伤检查。

施工结束后,应对承载力及桩体质量做检验。

对长桩或总锤击数超过 500 击的锤击桩,应符合桩体强度及 28d 龄期的两项条件才能锤击。

钢筋混凝土预制桩的质量检验标准应符合表 6-24 的规定。

表 6-23　　　　　　　　预制桩钢筋骨架质量检验标准

项	序	检查项目	允许偏差或允许值/mm	检查方法
主控项目	1	主筋距桩顶距离	±5	用钢尺量
	2	多节桩锚固钢筋位置	5	用钢尺量
	3	多节桩预埋铁件	±3	用钢尺量
	4	主筋保护层厚度	±5	用钢尺量

续表

项	序	检查项目	允许偏差或允许值/mm	检查方法
一般项目	1	主筋间距	±5	用钢尺量
	2	桩尖中心线	10	用钢尺量
	3	箍筋间距	±20	用钢尺量
	4	桩顶钢筋网片	±10	用钢尺量
	5	多节桩锚固钢筋长度	±10	用钢尺量

表 6-24   **钢筋混凝土预制桩的质量检验标准**

项	序	检查项目	允许偏差或允许值		检查方法
			单位	数值	
主控项目	1	桩体质量检验	按基桩检测技术规范		按基桩检测技术规范
	2	桩位偏差	见表 6-19		用钢尺量
	3	承载力	按基桩检测技术规范		按基桩检测技术规范
一般项目	1	砂、石、水泥、钢材等原材料(现场预制时)	符合设计要求		查出厂质保文件或抽样送检
	2	混凝土配合比及强度(现场预制时)	符合设计要求		检查称量及查试块记录
	3	成品桩外形	表面平整,颜色均匀,掉角深度<10mm,蜂窝面积小于总面积 0.5%		直观
	4	成品桩裂缝(收缩裂缝或起吊、装运、堆放引起的裂缝)	深度<20mm,宽度<0.25mm,横向裂缝不超过边长的一半		裂缝测定仪,该项在地下水有侵蚀地区及锤击数超过 500 击的长桩不适用
	5	成品桩尺寸: 横截面边长 桩顶对角线差 桩尖中心线 桩身弯曲矢高 桩顶平整度	mm mm mm mm	±5 <10 <10 <1/1000l <2	用钢尺量 用钢尺量 用钢尺量 用钢尺量,l 为桩长 用水平尺量
	6	电焊接桩:焊缝质量 电焊结束后停歇时间 上下节平面偏差 节点弯曲矢高	见钢桩施工质量检验标准 min mm	>1.0 <10 <1/1000l	见钢桩施工质量检验标准 秒表测定 用钢尺量 用钢尺量,l 为两节桩长
	7	硫磺胶泥接桩: 胶泥浇注时间 浇注后停歇时间	min min	<2 >7	秒表测定 秒表测定
	8	桩顶标高	mm	±50	水准仪
	9	停锤标准	设计要求		现场实测或查沉桩记录

（4）钢桩

施工前应检查进入现场的成品钢桩,成品桩的质量标准应符合表 6-25-1 的规定。

施工中应检查钢桩的垂直度、沉入过程、电焊连接质量、电焊后的停歇时间、桩顶锤击后的完整状况。电焊质量除常规检查外,应做 10% 的焊缝探伤检查。

　　施工结束后应做承载力检验。

　　钢桩施工质量检验标准应符合表 6-25-1 及表 6-25-2 的规定。

表 6-25-1　　　　　　　　　　　　成品钢桩质量检验标准

项目	序	检查项目	允许偏差或允许值		检查方法
			单位	数值	
主控项目	1	钢桩外径或断面尺寸: 桩端 桩身		$\pm 0.05\%D$ $\pm 1D$	用钢尺量,D 为外径或边长
	2	矢高		$<1/1000l$	用钢尺量,l 为桩长
一般项目	1	长度	mm	$+10$	用钢尺量
	2	端部平整度	mm	$\leqslant 2$	用水平尺量
	3	H 钢桩的方正度 　　$h>300$ 　　$h<300$	 mm mm	 $T+T'\leqslant 8$ $T+T'\leqslant 6$	用钢尺量,h,T,T' 见图示
	4	端部平面与桩中心线的倾斜值	mm	$\leqslant 2$	用水平尺量

表 6-25-2　　　　　　　　　　　　钢桩施工质量检验标准

项目	序	检查项目	允许偏差或允许值		检查方法
			单位	数值	
主控项目	1	桩位偏差	见表 6-19		用钢尺量
	2	承载力	按基桩检测技术规范		按基桩检测技术规范
一般项目	1	电焊接桩焊缝: (1)上下节端部错口 　　(外径≥700mm) 　　(外径<700mm) (2)焊缝咬边深度 (3)焊缝加强层高度 (4)焊缝加强层宽度 (5)焊缝电焊质量外观 (6)焊缝探伤检验	 mm mm mm mm mm 无气孔,无焊瘤,无裂缝 满足设计要求	 $\leqslant 3$ $\leqslant 2$ 0.5 2 2 	 用钢尺量 用钢尺量 焊缝检查仪 焊缝检查仪 焊缝检查仪 直观 按设计要求
	2	电焊结束后停歇时间	min	>1.0	秒表测定
	3	节点弯曲矢高		$<1/1000l$	用钢尺量,l 为两节桩长
	4	桩顶标高	mm	± 50	水准仪
	5	停锤标准	设计要求		用钢尺量或沉桩记录

（5）混凝土灌注桩

施工前应对水泥、砂、石子（如现场搅拌）、钢材等原材料进行检查，对施工组织设计中制定的施工顺序、监测手段（包括仪器、方法）也应检查。

施工中应对成孔、清渣、放置钢筋笼、灌注混凝土等进行全过程检查，人工挖孔桩尚应复验孔底持力层土（岩）性。嵌岩桩必须有桩端持力层的岩性报告。

施工结束后，应检查混凝土强度，并应做桩体质量及承载力的检验。

混凝土灌注桩的质量检验标准应符合表6-26-1及表6-26-2的规定。

表6-26-1　　混凝土灌注桩钢筋笼质量检验标准

项	序	检查项目	允许偏差或允许值/mm	检查方法
主控项目	1	主筋间距	±10	用钢尺量
	2	长度	±100	用钢尺量
一般项目	1	钢筋材质检验	设计要求	抽样送检
	2	箍筋间距	±20	用钢尺量
	3	直径	±10	用钢尺量

表6-26-2　　混凝土灌注桩质量检验标准

项	序	检查项目	允许偏差或允许值 单位	数值	检查方法
主控项目	1	桩位	见表6-20		基坑开挖前量护筒，开挖后量桩中心
	2	孔深	mm	+300	只深不浅，用重锤测，或测钻杆、套管长度，嵌岩桩应确保进入设计要求的嵌岩深度
	3	桩体质量检验	按基桩检测技术规范。如钻芯取样，大直径嵌岩桩应钻至桩尖下50cm		按基桩检测技术规范
	4	混凝土强度	设计要求		试件报告或钻芯取样送检
	5	承载力	按基桩检测技术规范		按基桩检测技术规范
一般项目	1	垂直度	见表6-20		测套管或钻杆，或用超声波探测，干施工时吊垂球
	2	桩径	见表6-20		井径仪或超声波检测，干施工时用钢尺量，人工挖孔桩不包括内衬厚度
	3	泥浆比重（黏土或砂性土中）	1.15～1.20		用比重计测，清孔后在距孔底50cm处取样
	4	泥浆面标高（高于地下水位）	m	0.5～1.0	目测
	5	沉渣厚度：端承桩　摩擦桩	mm　mm	≤50　≤150	用沉渣仪或重锤测量
	6	混凝土坍落度：水下灌注　干施工	mm　mm	160～220　70～100	用坍落度仪
	7	钢筋笼安装深度	mm	±100	用钢尺量
	8	混凝土充盈系数	>1		检查每根桩的实际灌注量
	9	桩顶标高	mm	+30 −50	用水准仪，需扣除桩顶浮浆层及劣质桩体

3）土方工程

土方工程施工前应进行挖、填方的平衡计算，综合考虑土方运距最短、运程合理和各个工程项目的合理施工程序等，做好土方平衡调配，减少重复挖运。

土方平衡调配应尽可能与城市规划和农田水利相结合将余土一次性运到指定弃土场，做到文明施工。

当土方工程挖方较深时，施工单位应采取措施，防止基坑底部土的隆起并避免危害周边环境。

在挖方前，应做好地面排水和降低地下水位工作。

平整场地的表面坡度应符合设计要求，如设计无要求时，排水沟方向的坡度不应小于2‰。平整后的场地表面应逐点检查。检查点为每 $100\sim400\text{m}^2$ 取 1 点，但不应少于 10 点；长度、宽度和边坡均为每 20m 取 1 点，每边不应少于 1 点。

土方工程施工，应经常测量和校核其平面位置、水平标高和边坡坡度。平面控制桩和水准控制点应采取可靠的保护措施，定期复测和检查。土方不应堆在基坑边缘。

对雨季和冬季施工还应遵守国家现行有关标准。

（1）土方开挖

土方开挖前应检查定位放线、排水和降低地下水位系统，合理安排土方运输车的行走路线及弃土场。

施工过程中应检查平面位置、水平标高、边坡坡度、压实度、排水、降低地下水位系统，并随时观测周围的环境变化。

临时性挖方的边坡值应符合表 6-27 的规定。

表 6-27　　　　　　　　　　　　临时性挖方边坡值

土的类别		边坡值（高：宽）
砂土（不包括细砂、粉砂）		1：1.25～1：1.50
一般性黏土	硬	1：0.75～1：1.00
	硬、塑	1：1.00～1：1.25
	软	1：1.50 或更缓
碎石类土	充填坚硬、硬塑黏性土	1：0.50～1：1.00
	充填砂土	1：1.00～1：1.50

注：1. 设计有要求时，应符合设计标准。
　　2. 如采用降水或其他加固措施，可不受本表限制，但应计算复核。
　　3. 开挖深度，对软土不应超过 4m，对硬土不应超过 8m。

土方开挖工程的质量检验标准应符合表 6-28 的规定。

表 6-28　　　　　　　　　　　　土方开挖工程质量检验标准

项	序	项目	允许偏差或允许值/mm					检验方法
			柱基基坑基槽	挖方场地平整		管沟	地（路）面基层	
				人工	机械			
主控项目	1	标高	−50	±30	±50	−50	−50	水准仪
	2	长度、宽度（由设计中心线向两边量）	+200 −50	+300 −100	+500 −150	+100	—	经纬仪，用钢尺量
	3	边坡	设计要求					观察或用坡度尺检查

续表

项	序	项目	允许偏差或允许值/mm					检验方法
			柱基基坑基槽	挖方场地平整		管沟	地（路）面基层	
				人工	机械			
一般项目	1	表面平整度	20	20	50	20	20	用2m靠尺和楔形塞尺检查
	2	基底土性	设计要求					观察或土样分析

注：地（路）面基层的偏差只适用于直接在挖、填方上做地（路）面的基层。

（2）土方回填

土方回填前应清除基底的垃圾、树根等杂物，抽除坑穴积水、淤泥，验收基底标高。如在耕植土或松土上填方，应在基底压实后再进行。

对填方土料应按设计要求验收后方可填入。

填方施工过程中应检查排水措施，每层填筑厚度、含水量控制、压实程度。填筑厚度及压实遍数应根据土质、压实系数及所用机具确定。如无试验依据，应符合表6-29的规定。

表6-29　　　　　　　　填土施工时的分层厚度及压实遍数

压实机具	分层厚度/mm	每层压实遍数
平碾	250～300	6～8
振动压实机	250～350	3～4
柴油打夯机	200～250	3～4
人工打夯	<200	3～4

填方施工结束后，应检查标高、边坡坡度、压实程度等，检验标准应符合表6-30的规定。

表6-30　　　　　　　　填土工程质量检验标准

项	序	检查项目	允许偏差或允许值/mm					检查方法
			桩基基坑基槽	场地平整		管沟	地（路）面基础层	
				人工	机械			
主控项目	1	标高	−50	±30	±50	−50	−50	水准仪
	2	分层压实系数	设计要求					按规定方法
一般项目	1	回填土料	设计要求					取样检查或直观鉴别
	2	分层厚度及含水量	设计要求					水准仪及抽样检查
	3	表面平整度	20	20	30	20	20	用靠尺或水准仪

4）基坑工程

在基坑（槽）或管沟工程等开挖施工中，现场不宜进行放坡开挖，当可能对邻近建（构）筑物、地下管线、永久性道路产生危害时，应对基坑（槽）、管沟进行支护后再开挖。

基坑（槽）、管沟开挖前应做好下述工作：

基坑（槽）、管沟开挖前，应根据支护结构形式、挖深、地质条件、施工方法、周围环境、工期、气候和地面载荷等资料制定施工方案、环境保护措施、监测方案，经审批后方可施工。

土方工程施工前,应对降水、排水措施进行设计,系统应经检查和试运转,一切正常时方可开始施工。

有关围护结构的施工质量验收按规定执行,验收合格后方可进行土方开挖。

土方开挖的顺序、方法必须与设计工况相一致,并遵循"开槽支撑,先撑后挖,分层开挖,严禁超挖"的原则。

基坑(槽)、管沟的挖土应分层进行。在施工过程中基坑(槽)、管沟边堆置土方不应超过设计荷载,挖方时不应碰撞或损伤支护结构、降水设施。

基坑(槽)、管沟土方施工中应对支护结构、周围环境进行观察和监测,如出现异常情况应及时处理,待恢复正常后方可继续施工。

基坑(槽)、管沟开挖至设计标高后,应对坑底进行保护,经验槽合格后,方可进行垫层施工。对特大型基坑,宜分区分块挖至设计标高,分区分块及时浇筑垫层。必要时,可加强垫层。

基坑(槽)、管沟土方工程验收必须确保支护结构安全和周围环境安全为前提。当设计有指标时,以设计要求为依据,如无设计指标时应按表 6-31 的规定执行。

表 6-31　基坑变形的监控值

基坑类别	围护结构墙顶最大位移监控值/cm	围护结构墙体最大位移监控值/cm	地面最大沉降监控值/cm
一级基坑	3	5	3
二级基坑	6	8	6
三级基坑	8	10	10

注:1. 符合下列情况之一,为一级基坑:
　　① 重要工程或支护结构做主体结构的一部分;
　　② 开挖深度大于 10m;
　　③ 与临近建筑物、重要设施的距离在开挖深度以内的基坑;
　　④ 基坑范围内有历史文物、近代优秀建筑、重要管线等需严加保护的基坑。
　　2. 三级基坑为开挖深度小于 7m,且周围环境无特别要求时的基坑。
　　3. 除一级和三级外的基坑属二级基坑。
　　4. 当周围已有的设施有特殊要求时,尚应符合这些要求。

(1)排桩墙支护工程

排桩墙支护结构包括灌注桩、预制桩、板桩等类型桩构成的支护结构。

灌注桩、预制桩的检验标准应符合 GB 50202－2002 第 5 章的规定。钢板桩均为工厂成品,新桩可按出厂标准检验,重复使用的钢板桩应符合表 6-32-1 的规定,混凝土板桩应符合表 6-32-2 的规定。

表 6-32-1　重复使用的钢板桩检验标准

序	检查项目	允许偏差或允许值		检查方法
		单位	数值	
1	桩垂直度	%	<1	用钢尺量
2	桩身弯曲度		<2%l	用钢尺量,l 为桩长
3	齿槽平直度及光滑度	无电焊渣或毛刺		用1m长的桩段做通过试验
4	桩长度	不小于设计长度		用钢尺量

表 6-32-2   混凝土板桩制作标准

项	序	检查项目	允许偏差或允许值		检查方法
			单位	数值	
主控项目	1	桩长度	mm	$+10$ 0	用钢尺量
	2	桩身弯曲度		$<0.1\% l$	用钢尺量，l 为桩长
一般项目	1	保护层厚度	mm	±5	用钢尺量
	2	模截面相对两面之差	mm	5	用钢尺量
	3	桩尖对桩轴线的位移	mm	10	用钢尺量
	4	桩厚度	mm	$+10$ 0	用钢尺量
	5	凹凸槽尺寸	mm	±3	用钢尺量

排桩墙支护的基坑，开挖后应及时支护，每一道支撑施工应确保基坑变形在设计要求的控制范围内。

在含水地层范围内的排桩墙支护基坑，应有确实可靠的止水措施，确保基坑施工及邻近构筑物的安全。

（2）水泥土桩墙支护工程

水泥土墙支护结构指水泥土搅拌桩（包括加筋水泥土搅拌桩）、高压喷射注浆桩所构成的围护结构。

水泥土搅拌桩及高压喷射注浆桩的质量检验应满足规范的规定。

加筋水泥土桩应符合表 6-33 的规定。

表 6-33   加筋水泥土桩质量检验标准

序	检查项目	允许偏差或允许值		检查方法
		单位	数值	
1	型钢长度	mm	±10	用钢尺量
2	型钢垂直度	%	<1	经纬仪
3	型钢插入标高	mm	±30	水准仪
4	型钢插入平面位置	mm	10	用钢尺量

（3）锚杆及土钉墙支护工程

锚杆及土钉墙支护工程施工前应熟悉地质资料、设计图纸及周围环境，降水系统应确保正常工作，必须的施工设备如挖掘机、钻机、压浆泵、搅拌机等应能正常运转。

一般情况下，应遵循分段开挖、分段支护的原则，不宜按一次挖就再行支护的方式施工。

施工中应对锚杆或土钉位置，钻孔直径、深度及角度，锚杆或土钉插入长度，注浆配比、压力及注浆量，喷锚墙面厚度及强度、锚杆或土钉应力等进行检查。

每段支护体施工完后，应检查坡顶或坡面位移，坡顶沉降及周围环境变化，如有异常情况应采取措施，恢复正常后方可继续施工。

锚杆及土钉墙支护工程质量检验应符合表 6-34 的规定。

表 6-34　　　　　　　　　　　锚杆及土钉墙支护工程质量检验标准

项	序	检查项目	允许偏差或允许值		检查方法
			单位	数值	
主控项目	1	锚杆土钉长度	mm	±30	用钢尺量
	2	锚杆锁定力	设计要求		现场实测
一般项目	1	锚杆或土钉位置	mm	±100	用钢尺量
	2	钻孔倾斜度	°	±1	测钻机倾角
	3	浆体强度	设计要求		试样送检
	4	注浆量	大于理论计算浆量		检查计量数据
	5	土钉墙面厚度	mm	±10	用钢尺量
	6	墙体强度	设计要求		试样送检

（4）钢或混凝土支撑系统

支撑系统包括围囹及支撑，当支撑较长时（一般超过 15m），还包括支撑下的立柱及相应的立柱桩。

施工前应熟悉支撑系统的图纸及各种计算工况，掌握开挖及支撑设置的方式、预顶力及周围环境保护的要求。

施工过程中应严格控制开挖和支撑的程序及时间，对支撑的位置（包括立柱及立柱桩的位置）、每层开挖深度、预加顶力（如需要时）、钢围囹与围护体或支撑与围囹的密贴度应做周密检查。

全部支撑安装结束后，仍应维持整个系统的正常运转直至支撑全部拆除。

作为永久性结构的支撑系统尚应符合现行国家标准《混凝土结构工程施工质量验收规范》GB 50204—2015 的要求。

钢或混凝土支撑系统工程质量检验标准应符合表 6-35 的规定。

表 6-35　　　　　　　　　　　钢及混凝土支撑系统工程质量检验标准

项	序	检查项目	允许偏差或允许值		检查方法
			单位	数值	
主控项目	1	支撑位置：标高	mm	30	水准仪
		平面	mm	100	用钢尺量
	2	预加顶力	kN	±50	油泵读数或传感器
一般项目	1	围囹标高	mm	30	水准仪
	2	立柱桩	参见本规范第 6 章		参见本规范第 6 章
	3	立柱位置：标高	mm	30	水准仪
		平面	mm	50	用钢尺量
	4	开挖超深（开槽放支撑不在此范围）	mm	<200	水准仪
	5	支撑安装时间	设计要求		用钟表估测

（5）地下连续墙

地下连续墙均应设置导墙，导墙形式有预制及现浇两种，现浇导墙形状有"L"形或倒"L"形，可根据不同土质选用。

地下墙施工前宜先试成槽，以检验泥浆的配比、成槽机的选型并可复核地质资料。

作为永久结构的地下连续墙，其抗渗质量标准可按现行国家标准《地下防水工程施工质量验收规范》(GB 50208—2011)执行。

地下墙槽段间的连接接头形式,应根据地下墙的使用要求选用,且应考虑施工单位的经验,无论选用何种接头,在浇注混凝土前,接头处必须刷洗干净,不留任何泥砂或污物。

地下墙与地下室结构顶板、楼板、底板及梁之间连接可预埋钢筋或接驳器(锥螺纹或直螺纹),对接驳器也应按原材料检验要求,抽样复验。数量每 500 套为一个检验批,每批应抽查 3 件,复验内空为外观、尺寸、抗拉试验等。

施工前应检验进场的钢材、电焊条。已完工的导墙应检查其净空尺寸,墙面平整度与垂直度。检查泥浆用的仪器、泥浆循环系统应完好。地下连续墙应用商品混凝土。

施工中应检查成槽的垂直度、槽底的淤积物厚度、泥浆密度、钢筋笼尺寸、浇注导管位置、混凝土上升速度、浇注面标高、地下墙连接面的清洗程度、商品混凝土的坍落度、锁口管或接头箱的拔出时间及速度等。

成槽结束后应对成槽的宽度、深度及倾斜度进行检验,重要结构每段槽段都应检查,一般结构可抽查总槽段数的 20%,每槽段应抽查 1 个段面。

永久性结构的地下墙,在钢筋笼沉放后,应做二次清孔,沉渣厚度应符合要求。

每 50m³ 地下墙应做 1 组试件,每幅槽段不得少于 1 组,在强度满足设计要求后方可开挖土方。

作为永久性结构的地下连续墙,土方开挖后应进行逐段检查,钢筋混凝土底板也应符合现行国家标准《混凝土结构工程施工质量验收规范》GB 50204—2015 的规定。

地下墙的钢筋笼检验标准应符合表 6-36 的规定。其他标准应符合表 6-36 的规定。

表 6-36 地下墙质量检验标准

项	序	检查项目		允许偏差或允许值		检查方法
				单位	数值	
主控项目	1	墙体强度		设计要求		查试件记录或取芯试压
	2	垂直度:永久结构 临时结构			1/300 1/150	测声波测槽仪或成槽机上的监测系统
一般项目	1	导墙尺寸	宽度	mm	$W+40$	用钢尺量,W 为地下墙设计厚度
			墙面平整度	mm	<5	用钢尺量
			导墙平面位置	mm	±10	用钢尺量
	2	沉渣厚度:永久结构 临时结构		mm mm	≤100 ≤200	重锤测或沉积物测定仪测
	3	槽深		mm	+100	重锤测
	4	混凝土坍落度		mm	180~220	坍落度测定器
	5	钢筋笼尺寸		见本规范表 6-26-1		见本规范表 6-26-1
	6	地下墙表面平整度	永久结构	mm	<100	此为均匀黏土层,松散及易坍土层由设计决定
			临时结构	mm	<150	
			插入式结构	mm	<20	
	7	永久结构时的预埋件位置	水平向	mm	≤10	用钢尺量
			垂直向	mm	≤20	水准仪

（6）降水与排水

降水与排水是配合基坑开挖的安全措施,施工前应有降水与排水设计。当在基坑外降水时,应有降水范围的估算,对重要建筑物或公共设施在降水过程中应监测。

对不同的土质应用不同的降水形式,表 6-37 为常用的降水形式。

表 6-37　　降水类型及适用条件

降水类型 \ 适用条件	渗透系数/(cm/s)	可能降低的水位深度/m
多级轻型井点	$10^{-2} \sim 10^{-5}$	3～6 6～12
喷射井点	$10^{-3} \sim 10^{-6}$	8～20
电渗井点	$< 10^{-6}$	宜配合其他形式降水使用
深井井管	$\geqslant 10^{-5}$	>10

降水系统施工完后,应试运转,如发现井管失效,应采取措施使其恢复正常,如无可能恢复则应报废,另行设置新的井管。

降水系统运转过程中应随时检查观测孔中的水位。

基坑内明排水应设置排水沟及集水井,排水沟纵坡宜控制在 1‰～2‰。

降水与排水施工的质量检验标准应符合表 6-38 的规定。

表 6-38　　降水与排水施工质量检验标准

序	检查项目	允许值或允许偏差		检查方法
		单位	数值	
1	排水沟坡度	‰	1～2	目测:坑内不积水,沟内排水畅通
2	井管(点)垂直度	%	1	插管时目测
3	井管(点)间距(与设计相比)	mm	≤150	用钢尺量
4	井管(点)插入深度(与设计相比)	mm	≤200	水准仪
5	过滤砂砾料填灌(与计算值相比)	mm	≤5	检查回填料用量
6	井点真空度:轻型井点 　　　　　喷射井点	kPa kPa	>60 >93	真空度表 真空度表
7	电渗井点阴阳极距离:轻型井点 　　　　　　　　　　喷射井点	mm mm	80～100 120～150	用钢尺量 用钢尺量

2. 砌体工程

1）砖砌体工程

（1）一般规定

本章适用于烧结普通砖、烧结多孔砖、混凝土多孔砖、混凝土实心砖、蒸压灰砂砖、蒸压粉煤灰砖等砌体工程。

用于清水墙、柱表面的砖,应边角整齐,色泽均匀。

砌体砌筑时,混凝土多孔砖、混凝土实心砖、蒸压灰砂砖、蒸压粉煤灰砖等块体的产品龄期不应小于 28d。

有冻胀环境和条件的地区,地面以下或防潮层以下的砌体,不应采用多孔砖。

不同品种的砖不得在同一楼层混砌。

砌筑烧结普通砖、烧结多孔砖、蒸压灰砂砖、蒸压粉煤灰砖砌体时,砖应提前 1～2d 适度湿润,严禁采用干砖或处于吸水饱和状态的砖砌筑,块体湿润程度宜符合下列规定:

① 烧结类块体的相对含水率 60%～70%;

② 混凝土多孔砖及混凝土实心砖不需要浇水湿润,但在气候干燥炎热的情况下,宜在砌筑前对其喷水湿润。其他非烧结类块体的相对含水率 40%～50%。

采用铺浆法砌筑砌体,铺浆长度不得超过 750mm;当施工期间气温超过 30℃时,铺浆长度不得超过 500mm。

240mm 厚承重墙的每层墙的最上一皮砖,砖砌体的阶台水平面上及挑出层的外皮砖,应整砖丁砌。

弧拱式及平拱式过梁的灰缝应砌成楔形缝,拱底灰缝宽度不宜小于 5mm;拱顶灰缝宽度不应大于 15mm,拱体的纵向及横向灰缝应填实砂浆;平拱式过梁拱脚下面应伸入墙内不小于 20mm;砖砌平拱过梁底应有 1% 的起拱。

砖过梁底部的模板及其支架拆除时,灰缝砂浆强度不应低于设计强度的 75%。

多孔砖的孔洞应垂直于受压面砌筑。半盲孔多孔砖的封底面应朝上砌筑。

竖向灰缝不应出现透明缝、瞎缝和假缝。

砖砌体施工临时间断处补砌时,必须将接槎处表面清理干净,洒水湿润,并填实砂浆,保持灰缝平直。

夹心复合墙的砌筑应符合下列规定:

① 墙体砌筑时,应采取措施防止空腔内掉落砂浆和杂物;

② 拉结件设置应符合设计要求,拉结件在叶墙上的搁置长度不应小于叶墙厚度的 2/3,并不应小于 60mm;

③ 保温材料品种及性能应符合设计要求。保温材料的浇注压力不应对砌体强度、变形及外观质量产生不良影响。

(2) 主控项目

砖和砂浆的强度等级必须符合设计要求。

抽检数量:每一生产厂家,烧结普通砖、混凝土实心砖每 15 万块,烧结多孔砖、混凝土多孔砖、蒸压灰砂砖及蒸压粉煤灰砖每 10 万块各为一验收批,不足上述数量时按 1 批计,抽检数量为 1 组。砂浆试块的抽检数量执行 GB 50203—2011 第 4.0.12 条的有关规定。

检验方法:查砖和砂浆试块试验报告。

砌体灰缝砂浆应密实饱满,砖墙水平灰缝的砂浆饱满度不得低于 80%;砖柱水平灰缝和竖向灰缝饱满度不得低于 90%。

抽检数量:每检验批抽查不应少于 5 处。

检验方法:用百格网检查砖底面与砂浆的粘结痕迹面积。每处检测 3 块砖,取其平均值。

砖砌体的转角处和交接处应同时砌筑,严禁无可靠措施的内外墙分砌施工。在抗震设防烈度为 8 度及 8 度以上的地区,对不能同时砌筑而又必须留置的临时间断处应砌成斜槎,普通砖砌体斜搓水平投影长度不应小于高度的 2/3。多孔砖砌体的斜搓长高比不应小于 1/2。斜搓高度不得超过一步脚手架的高度。

抽检数量:每检验批抽查不应少于 5 处。

检验方法:观察检查。

非抗震设防及抗震设防烈度为 6 度、7 度地区的临时间断处,当不能留斜搓时,除转角处外,可留直搓,但直搓必须做成凸搓,且应加设拉结钢筋,拉结钢筋应符合下列规定:

① 每 120mm 墙厚放置 1φ6 拉结钢筋(120mm 厚墙应放置 2φ6 拉结钢筋);

② 间距沿墙高不应超过 500mm;且竖向间距偏差不应超过 100mm;

③ 埋入长度从留搓处算起每边均不应小于 500mm,对抗震设防烈度 6 度、7 度的地区,不应小于 1000mm;

④ 末端应有 90°弯钩(图 6-3)。

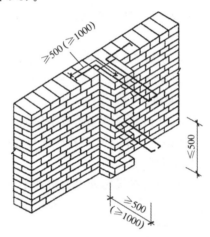

图 6-3 直搓处拉结钢筋示意图

抽检数量:每检验批抽查不应少于 5 处。

检验方法:观察和尺量检查。

(3) 一般项目

砖砌体组砌方法应正确,内外搭砌,上、下错缝。清水墙、窗间墙无通缝;混水墙中不得有长度大于 300mm 的通缝,长度 200mm～300mm 的通缝每间不超过 3 处,且不得位于同一面墙体上。砖柱不得采用包心砌法。

抽检数量:每检验批抽查不应少于 5 处。

检验方法:观察检查。砌体组砌方法抽检每处应为 3m～5m。

砖砌体的灰缝应横平竖直,厚薄均匀。水平灰缝厚度及竖向灰缝宽度宜为 10mm,但不应小于 8mm,也不应大于 12mm。

抽检数量:每检验批抽查不应少于 5 处。

检验方法:水平灰缝厚度用尺量 10 皮砖砌体高度折算。竖向灰缝宽度用尺量 2m 砌体长度折算。

砖砌体尺寸、位置的允许偏差及检验应符合表 6-39 的规定:

表 6-39 砖砌体尺寸、位置的允许偏差及检验

项	项目			允许偏差/mm	检验方法	抽检数量
1	轴线位移			10	用经纬仪和尺或用其他测量仪器检查	承重墙、柱全数检查
2	基础、墙、柱顶面标高			±15	用水准仪和尺检查	不应小于5处
3	墙面垂直度	每层		5	用2m托线板检查	不应少于5处
		全高	≤10m	10	用经纬仪、吊线和尺或其他测量仪器检查	外墙全部阳角
			>10m	20		
4	表面平整度	清水墙、柱		5	用2m靠尺和楔形塞尺检查	不应小于5处
		混水墙、柱		8		
5	水平灰缝平直度	清水墙		7	拉5m线和尺检查	不应小于5处
		混水墙		10		
6	门窗洞口高、宽(后塞口)			±10	用尺检查	不应小于5处
7	外墙下下窗口偏移			20	以底层窗口为准,用经纬仪或吊线检查	不应小于5处
8	清水墙游丁走缝			20	以每层第一皮砖为准,用吊线和尺检查	不应小于5处

2)混凝土小型空心砌块砌体工程

(1)一般规定

本章适用于普通混凝土小型空心砌块和轻骨料混凝土小型空心砌块(以下简称小砌块)等砌体工程。

施工前,应按房屋设计图编绘小砌块平,立面排列图,施工中应按排块图施工。

施工采用的小砌块的产品龄期不应小于28d。

砌筑小砌块时,应清除表面污物、剔除外观质量不合格的小砌块。

砌筑小砌块砌体,宜选用专用小砌块砌筑砂浆。

底层室内地面以下或防潮层以下的砌体,应采用强度等级不低于C20(或Cb20)的混凝土灌实小砌块的孔洞。

砌筑普通混凝土小型空心砌块砌体时,不需要对小砌块浇水湿润,如遇天气干燥炎热,宜在砌筑前对其喷水湿润;对轻骨料混凝土小砌块,应提前浇水湿润,块体的相对含水率宜为40%~50%。雨天及小砌块表面有浮水时,不得施工。

承重墙体使用的小砌块应完整、无缺损、无裂缝。

小砌块墙体应对孔对孔、肋对有错缝搭砌。单排孔小砌块的搭接长度应为块体长度的1/2;多排孔小砌块的搭接长度可适当调整,但不宜小于砌块长度的1/3,且不应小于90mm。墙体的个别部位不能满足上述要求时,应在灰缝中设置拉结钢筋或钢筋网片,但竖向通缝仍不得超过两皮小砌块。

小砌块应将生产时的底面朝上反砌于墙上。

小砌块墙体宜逐块坐(铺)浆砌筑。

在散热器、厨房、卫生间等设备的卡具安装处砌筑的小砌块,宜在施工前用强度等级不低于 C20(或 Cb20)的混凝土将其孔洞灌实。

每步架墙(柱)砌筑完后,应随即刮平墙体灰缝。

芯柱处水上砌块墙体砌筑应符合下列规定:

① 每一楼层芯柱处第一皮砌体应采用开口水上砌块;

② 砌筑时应随砌随清除小砌块孔内的毛边,并将灰缝中挤出的砂浆刮净。

芯柱混凝土宜选用专用小砌块灌孔混凝土。浇筑芯柱混凝土应符合下列规定:

① 每次连续浇筑的高度宜为半个楼层,但不应大于 1.8m;

② 浇筑芯柱混凝土时,砌筑砂浆强度应大于 1MPa;

③ 清除孔内掉落的砂浆等杂物,并用水冲淋孔壁;

④ 浇筑芯柱混凝土前,应先注入适量与芯柱混凝土相同的去石砂浆;

⑤ 每浇筑 400mm～500mm 高度捣实一次,或边浇筑边捣实。

小砌块复合夹心墙的砌筑应符合规范 GB 50203—2011 第 5.1.14 条的规定。

(2) 主控项目

小砌块和芯柱混凝土、砌筑砂浆的强度等级必须符合设计要求。

抽检数量:每一生产厂家,每 1 万块小砌块为一验收批,不足 1 万块按一批计,抽检数量为一组。用于多层以上建筑的基础和底层的小砌块抽检数量不应少于 2 组。砂浆试块的抽检数量应执行规范 GB 50203—2011 第 4.0.12 条的有关规定。

检验方法:检查小砌块和芯柱混凝土、砌筑砂浆试块试验报告。

砌体水平灰缝和竖向灰缝的砂浆饱满度,按净面积计算不得低于 90%。

抽检数量:每检验批抽查不应少于 5 处。

检验方法:用专用百格网检测小砌块与砂浆粘结痕迹,每处检测 3 块小砌块,取其平均值。

墙体转角处和纵横墙交接处应同时砌筑。临时间断处应砌成斜槎,斜槎水平投影长度不应小于斜槎高度。施工洞口可预留直槎,但在洞口砌筑和补砌时,应在直槎上下搭砌的小砌块孔洞内用强度等级不低于 C20(或 Cb20)的混凝土灌实。

抽检数量:每检验批抽查不应少于 5 处。

检验方法:观察检查。

小砌块砌体的芯柱在楼盖处应贯通,不得削弱芯柱截面尺寸;芯柱混凝土不得漏灌。

抽检数量:每检验批抽查不应少于 5 处。

检验方法:观察检查。

(3) 一般项目

砌体的水平灰缝厚度和竖向灰缝宽度宜为 10mm,但不应大于 12mm,也不应小于 8mm。

抽检数量:每检验批抽查不应少于 5 处。

抽检方法:水平灰缝用尺量 5 皮小砌块的高度折算;竖向灰缝宽度用尺量 2m 砌体长度折算。

小砌块砌体尺寸、位置的允许偏差应按规范 GB 50203—2011 第 5.3.3 条的规定执行。

3) 石砌体工程

(1) 一般规定

本章适用于毛石、毛料石、粗料石、细料石等砌体工程。

石砌体采用的石材应质地坚实,无裂纹和无明显风化剥落;用于清水墙、柱表面的石材,尚应色泽均匀;石材的放射性应经检验,其安全性应符合现行国家标准《建筑材料放射性核素限量》GB6566 的有关规定。

石材表面的泥垢、水锈等杂质,砌筑前应清除干净。

砌筑毛石基础的第一皮石块应座浆,并将大面向下;砌筑料石基础的第一皮石块应用丁砌层座浆砌筑。

毛石砌体的第一皮及转角处、交接处和洞口处,应用较大的平毛石砌筑。每个楼层(包括基础)砌体的最上一皮,宜选用较大的毛石砌筑。

毛石砌筑时,对石块间存在的较大的缝隙,应先向缝内填灌砂浆并捣实,然后用小石块嵌填,不得先填小石块后填灌砂浆,石块间不得出现无砂浆相互接触现象。

砌筑毛石挡土墙应按分层高度砌筑,并应符合下列规定:

① 每砌 3 皮~4 皮为一个分层高度,每个分层高度应将顶层石块砌平;

② 两个分层高度间分层处的错缝不得小于 80mm。

料石挡土墙,当中间部分用毛石砌时,丁砌料石伸入毛石部分的长度不应小于 200mm。

毛石、毛料石、粗料石、细料石砌体灰缝厚度应均匀,灰缝厚度应符合下列规定:

① 毛石砌体外露面的灰缝厚度不宜大于 40mm;

② 毛料石和粗料石的灰缝厚度不宜大于 20mm;

③ 细料石的灰缝厚度不宜大于 5mm。

挡土墙的泄水孔当设计无规定时,施工应符合下列规定:

① 泄水孔应均匀设置,在每米高度上间隔 2m 左右设置一个泄水孔;

② 泄水孔与土体间铺设长宽各为 300mm、厚 200mm 的卵石或碎石作疏水层。

挡土墙内侧回填土必须分层夯填,分层松土厚宜为 300mm。墙顶土面应有适当坡度使流水流向挡土墙外侧面。

在毛石和实心砖的组合墙中,毛石砌体与砖砌体应同时砌筑,并每隔 4 皮~6 皮砖用 2 皮~3 皮丁砖与毛石砌体拉结砌合;两种砌体间的空隙应填实砂浆。

毛石墙和砖墙相接的转角处和交接处应同时砌筑。转角处、交接处应自纵墙(或横墙)每隔 4 皮~6 皮砖高度引出不小于 120mm 与横墙(或纵墙)相接。

(2)主控项目

石材及砂浆强度等级必须符合设计要求。

抽检数量:同一产地的同类石材抽检不应小于一组。砂浆试块的抽检数量执行 GB 50203—2011 第 4.0.12 条的有关规定。

检验方法:料石检查产品质量证明书,石材、砂浆检查试块试验报告。

砌体灰缝的砂浆饱满度不应小于 80%。

抽检数量:每检验批抽查不应少于 5 处。

检验方法:观察检查。

(3)一般项目

石砌体尺寸、位置的允许偏差及检验方法应符合表 6-40 的规定:

表 6-40 石砌体尺寸、位置的允许偏差及检验方法

项次	项目		允许偏差/mm							检验方法
			毛石砌体		料石砌体					
					毛料石		粗料石		细料石	
			基础	墙	基础	墙	基础	墙	墙、柱	
1	轴线位置		20	15	20	15	15	10	10	用经纬仪和尺检查，或用其他测量仪器检查
2	基础和墙砌体顶面标高		±25	±15	±25	±15	±15	±15	±10	用水准仪和尺检查
3	砌体厚度		+30	+20 −10	+30	+20 −10	+15	+10 −5	+10 −5	用尺检查
4	墙面垂直度	每层	—	20	—	20	—	10	7	用经纬仪、吊线和尺检查，或用其他测量仪器检查
		全高	—	30	—	30	—	25	10	
5	表面平整度	清水墙、柱	—	—	—	20	—	10	5	细料石用 2m 靠尺和楔形塞尺检查，其他用两直尺垂直于灰缝拉 2m 线和尺检查
		混水墙、柱	—	—	—	30	—	15	—	
6	清水墙水平灰缝平直度		—	—	—	—	—	10	5	拉 10m 线和尺检查

抽检数量：每检验批抽查不应少于 5 处。

石砌体的组砌形式应符合下列规定：

① 内外搭砌，上下错缝，拉结石、丁砌石交错设置；

② 毛石墙拉结石每 0.7m² 墙面不应少于 1 块。

检查数量：每检验批抽查不应少于 5 处。

检验方法：观察检查。

4）配筋砌体工程

（1）一般规定

配筋砌体工程除应满足本章要求和规定外，尚应符合规范 GB 50203—2011 第 5 章及第 6 章的要求和规定。

施工配筋小砌块砌体剪力墙，应采用专用的小砌块砌筑砂浆砌筑，专用小砌块灌孔混凝土浇筑芯柱。

设置在灰缝内的钢筋，应居中置于灰缝内，水平灰缝厚度应大于钢筋直径 4mm 以上。

（2）主控项目

钢筋的品种、规格、数量和设置部位应符合设计要求。

检验方法：检查钢筋的合格证书、钢筋性能复试试验报告、隐蔽工程记录。

构造柱、芯柱、组合砌体构件、配筋砌体剪力墙构件的混凝土及砂浆的强度等级应符合设计要求。

抽检数量:每检验批砌体,试块不应小于 1 组,验收批砌体试块不得小于 3 组。

检验方法:检查混凝土和砂浆试块试验报告。

构造柱与墙体的连接处应符合下列规定:

① 墙体应砌成马牙搓,马牙槎凹凸尺寸不宜小于 60mm,高度不应超过 300mm,马牙槎应先退后进,对称砌筑;马牙槎尺寸偏差每一构造柱不应超过 2 处;

② 预留拉结钢筋的规格、尺寸、数量及位置应正确,拉结钢筋应沿墙高每隔 500mm 设 $2\varphi6$,伸入墙内不宜小于 600mm,钢筋的竖向移位不应超过 100mm,且竖向移位每一构造柱不得超过 2 处;

③ 施工中不得任意弯折拉结钢筋。

抽检数量:每检验批抽查不应少于 5 处。

检验方法:观察检查和尺量检查。

配筋砌体中受力钢筋的连接方式及锚固长度、搭接长度应符合设计要求。

抽检数量:每检验批抽查不应少于 5 处。

检验方法:观察检查。

(3)一般项目

构造柱一般尺寸允许偏差及检验方法应符合表 6-41 的规定。

表 6-41   **构造柱一般尺寸允许偏差及检验方法**

项次	项目			允许偏差/mm	检验方法
1	中心线位置			10	用经纬仪和尺检查或用其他测量仪器检查
2	层间错位			8	用经纬仪和尺检查或用其他测量仪器检查
3	垂直度	每层		10	用 2m 托线板检查
		全高	≤10m	15	用经纬仪、吊线和尺检查,或用其他测量仪器检查
			>10m	20	

抽检数量:每检验批抽查不应少于 5 处。

设置在砌体灰缝中钢筋的防腐保护应符合 GB 50203—2011 第 3.0.16 条的规定,且钢筋保护层完好,不应有肉眼可见裂纹、剥落和擦痕等缺陷。

抽检数量:每检验批抽查不应少于 5 处。

检验方法:观察检查。

网状配筋砖砌体中,钢筋网规格及放置间距应符合设计规定。每一构件钢筋网沿砌体高度位置超过设计规定一皮砖厚不得多于 1 处。

抽检数量:每检验批抽查不应少于 5 处。

检验方法:通过钢筋网成品检查钢筋规格,钢筋网放置间距采用局部剔缝观察,用探针刺入灰缝内检查,或用钢筋位置测定仪测定。

钢筋安装位置的允许偏差及检验方法应符合表 6-42 的规定。

表 6-42　　　　　　　　　　　　**钢筋安装位置的允许偏差及检验方法**

项目		允许偏差/mm	检验方法
受力钢筋保护层厚度	网状配筋砌体	±10	检查钢筋网成品，钢筋网放置位置局部剔缝观察，或用探针刺入灰缝内检查，或用钢筋位置测定仪测定
	组合砖砌体	±5	支模前观察与尺量检查
	配筋小砌块砌体	±10	浇筑灌孔混凝土前观察检查与尺量检查
配筋小砌块砌体墙凹槽中水平钢筋间距		±10	钢尺量连续三档，取最大值

抽检数量：每检验批抽查不应少于 5 处。

5) 填充墙砌体工程

(1) 一般规定

本章适用于烧结空心砖、蒸压加气混凝土砌块、轻骨料混凝土小型空心砌块等填充墙砌体工程。

砌筑填充墙时，轻骨料混凝土小型空心砌块和蒸压加气混凝土砌块的产品龄期不应小于 28d，蒸压加气混凝土砌块的含水率宜小于 30%。

烧结空心砖、蒸压加气混凝土砌块、轻骨料混凝土小型空心砌块等的运输、装卸过程中，严禁抛掷和倾倒；进场后应按品种、规格堆放整齐，堆置高度不宜超过 2m。蒸压加气混凝土砌块在运输与堆放中应防止雨淋。

吸水率较小的轻骨料混凝土小型空心砌块及采用薄灰砌筑法施工的蒸压加气混凝土砌块，砌筑前不应对其浇(喷)水浸润；在气候干燥炎热的情况下，对吸水率较小的轻骨料混凝土小型空心砌块宜在砌筑前喷水湿润。

采用普通砌筑砂浆砌筑填充墙时，烧结空心砖、吸水率较大的轻骨料混凝土小型空心砌块应提前 1～2d 浇(喷)水湿润。蒸压加气混凝土砌块采用蒸压加气混凝土砌块砌筑砂浆或普通砌筑砂浆砌筑时，应在砌筑当天对砌块砌筑面喷水湿润。块体湿润程度宜符合下列规定：

① 烧结空心砖的相对含水率 60%～70%；

② 吸水率较大的轻骨料混凝土小型砌块、蒸压加气混凝土砌块的相对含水率 40%～50%。

在厨房、卫生间、浴室等处采用轻骨料混凝土小型空心砌块、蒸压加气混凝土砌块砌筑墙体时，墙底部宜现浇混凝土坎台等，其高度宜为 150mm。

填充墙拉结筋处的下皮小砌块宜采用半盲孔小砌块或用混凝土灌实孔洞的小砌块；薄灰砌筑法施工的蒸压加气混凝土砌块砌体，拉结筋应放置在砌块上表面设置的沟槽内。

蒸压加气混凝土砌块、轻骨料混凝土小型空心砌块不应与其他块体混砌，不同强度等级的同类砌块也不得混砌。

注：窗台处和因安装门窗需要，在门窗洞口处两侧填充墙上、中、下部可采用其他块体局部嵌砌；对与框架柱、梁不脱开方法的填充墙，填塞填充墙顶部与梁之间缝隙可采用其他块体。

填充墙砌体砌筑，应待承重主体结构检验批验收合格后进行。填充墙与承重主体结构间的空(缝)隙部位施工，应在填充墙砌筑 14d 后进行。

(2) 主控项目

烧结空心砖、小砌块和砌筑砂浆的强度等级应符合设计要求。

抽检数量:烧结空心砖每 10 万块为一验收批,小砌块每 1 万块为一验收批,不足上述数量时按一批计,抽检数量为一组。砂浆试块的抽检数量执行规范 GB 50203—2011 第 4.0.12 条的有关规定。

检验方法:检查砖、小砌块进场复验报告和砂浆试块试验报告。

填充墙砌体应与主体结构可靠连接,其连接构造应符合设计要求,未经设计同意,不得随意改变连接构造方法。每一填充墙与柱的拉结筋的位置超过一皮块体高度的数量不得多于一处。

抽检数量:每检验批抽查不应少于 5 处。

检验方法:观察检查。

填充墙与承重墙、柱、梁的连接钢筋,当采用化学植筋的连接方式时,应进行实体检测。锚固钢筋拉拔试验的轴向受拉非破坏承载力检验值应为 6.0Kn。抽检钢筋在检验值作用下应基材无裂缝、钢筋无滑移宏观裂损现象;持荷 2min 期间荷载值降低不大于 5%。检验批验收可按 GB 50203—2011 表 B.0.1 通过正常检验一次、二次抽样判定。填充墙砌体植筋锚固力检测记录可按 GB 50203—2011 表 C.0.1 填写。

抽检数量:按表 6-43 确定。

检验方法:原位试验检查。

表 6-43 检验批抽检锚固钢筋样本最小容量

检验批的容量	样本最小容量	检验批的容量	样本最小容量
≤90	5	281~500	20
91~150	8	501~1200	32
151~280	13	1201~3200	50

(3) 一般项目

填充墙砌体尺寸、位置的允许偏差及检验方法应符合表 6-44 的规定。

表 6-44 填充墙砌体尺寸、位置的允许偏差及检验方法

序	项目		允许偏差/mm	检验方法
1	轴线位移		10	用尺检查
2	垂直度(每层)	≤3m	5	用 2m 托线板或吊线、尺检查
		>3m	10	
3	表面平整度		8	用 2m 靠尺和楔形尺检查
4	门窗洞口高、宽(后塞口)		±10	用尺检查
5	外墙上、下窗口偏移		20	用经纬仪或吊线检查

抽检数量:每检验批抽查不应少于 5 处。

填充墙砌体的砂浆饱满度及检验方法应符合表 6-45 的规定。

表 6-45 　　　　　　　　　　填充墙砌体的砂浆饱满度及检验方法

砌体分类	灰缝	饱满度及要求	检验方法
空心砖砌体	水平	≥80%	采用百格网检查块体底面或侧面砂浆的粘结痕迹面积
	垂直	填满砂浆、不得有透明缝、瞎缝、假缝	
蒸压加气混凝土砌块、轻骨料混凝土小型空心砌块砌体	水平	≥80%	
	垂直	≥80%	

抽检数量：每检验批抽查不应少于 5 处。

填充墙留置的拉结钢筋或网片的位置应与块体皮数相符合。拉结钢筋或网片应置于灰缝中，埋置长度应符合设计要求，竖向位置偏差不应超过一皮高度。

抽检数量：每检验批抽查不应少于 5 处。

检验方法：观察和用尺量检查。

砌筑填充墙时应错缝搭砌，蒸压加气混凝土砌块搭砌长度不应小于砌块长度的 1/3；轻骨料混凝土小型空心砌块搭砌长度不应小于 90mm；竖向通缝不应大于 2 皮。

抽检数量：每检验批抽检不应少于 5 处。

检查方法：观察和用尺检查。

填充墙的水平灰缝厚度和竖向灰缝宽度应正确。烧结空心砖、轻骨料混凝土小型空心砌块砌体的灰缝应为 8～12mm。蒸压加气混凝土砌块砌体当采用水泥砂浆、水泥混合砂浆或蒸压加气混凝土砌块砌筑砂浆时，水平灰缝厚度及竖向灰缝宽度不应超过 15mm；当蒸压加气混凝土砌块砌体采用蒸压加气混凝土砌块粘结砂浆时，水平灰缝厚度和竖向灰缝宽度宜为 3mm～4mm。

抽检数量：每检验批抽查不应少于 5 处。

检查方法：水平灰缝厚度用尺量 5 皮小砌块的高度折算；竖向灰缝宽度用尺量 2m 砌体长度折算。

5）冬期施工

当室外日平均气温连续 5d 稳定低于 5℃时，砌体工程应采取冬期施工措施。

注：① 气温根据当地气象资料确定。

② 冬期施工期限以外，当日最低气温低于 0℃时，也应按本章的规定执行。

冬期施工的砌体工程质量验收除应符合本章要求外，尚应符合现行行业标准《建筑工程冬期施工规程》JGJ/T104 的有关规定。

砌体工程冬期施工应有完整的冬期施工方案。

冬期施工所用材料应符合下列规定：

① 石灰膏、电石膏等应防止受冻，如遭冻结，应经融化后使用；

② 拌制砂浆用砂，不得含有冰块和大于 10mm 的冻结块；

③ 砌体用块体不得遭水浸冻。

冬期施工砂浆试块的留置，除应按常温规定要求外，尚应增加 1 组与砌体同条件养护的试块，用于检验转入常温 28d 的强度。如有特殊需要，可另外增加相应龄期的同条件养护试块。

地基土有冻胀性时，应在未冻的地基上砌筑，并应防止在施工期间和回填土地基受冻。

冬期施工中砖、小砌块浇(喷)水湿润应符合下列规定:

① 烧结普通砖、烧结多孔砖、蒸压灰砂砖、蒸压粉煤灰砖、烧结空心砖、吸水率较大的轻骨料混凝土小型空心砌块在气温高于 0℃ 条件下砌筑时,应浇水湿润;在气温低于、等于 0℃ 条件下砌筑时,可不浇水,但必须增大砂浆稠度。

② 普通混凝土小型空心砌块、混凝土多孔砖、混凝土实心砖及采用薄灰砌筑法的蒸压加气混凝土砌块施工时,不应对其浇(喷)水湿润;

③ 抗震设防烈度为 9 度的建筑物,当烧结普通砖、烧结多孔砖、蒸压粉煤灰砖、烧结空心砖无法浇水湿润时,如无特殊措施,不得砌筑。

拌合砂浆时水的温度不得超过 80℃,砂的温度不得超过 40℃。

采用砂浆掺外加剂法、暖棚法施工时,砂浆使用温度不应低于 5℃。

采用暖棚法施工,块材在砌筑时的温度不应低于 5℃,距离所砌的结构底面 0.5m 处的棚内温度也不应低于 5℃。

在暖棚内的砌体养护时间,应根据暖棚内温度,按表 6-46 确定。

表 6-46   **暖棚法砌体的养护时间**

暖棚的温度/℃	5	10	15	20
养护时间/d	≥6	≥5	≥4	≥3

采用外加剂法配制的砌筑砂浆,当设计无要求,且最低气温等于或低于 —15℃ 时,砂浆强度等级应较常温施工提高一级。

配筋砌体不得采用掺氯盐的砂浆施工。

3. 混凝土结构工程

1) 模板分项工程

(1) 一般规定

模板工程应编制专项施工方案。滑模、爬模等工具式模板工程及高大模板支架工程的专项施工方案,应进行技术论证。

模板及支架应根据施工过程中的各种工况进行设计,应具有足够的承载力和刚度,并应保证其整体稳固性。

(2) 模板安装

① 主控项目

模板及支架材料的技术指标应符合国家现行有关标准和专项施工方案的规定。检查数量:全数检查。检验方法:检查质量证明文件。

现浇混凝土结构的模板及支架安装完成后,应按照专项施工方案对下列内容进行检查验收:模板的定位;支架杆件的规格、尺寸、数量;支架杆件之间的连接;支架的剪刀撑和其他支撑设置;支架与结构之间的连接设置;支架杆件底部的支承情况。

检查数量:全数检查。

检验方法:观察、尺量检查;力矩扳手检查。

② 一般项目

模板安装质量应符合下列要求:模板的接缝应严密;模板内不应有杂物;模板与混凝土的接触面应平整、清洁;对清水混凝土构件,应使用能达到设计效果的模板。

检查数量：全数检查。

检验方法：观察检查。

脱模剂的品种和涂刷方法应符合专项施工方案的要求。脱模剂不得影响结构性能及装饰施工，不得沾污钢筋和混凝土接槎处。

检查数量：全数检查。

检验方法：观察检查；检查质量证明文件和施工记录。

模板的起拱应符合现行国家标准《混凝土结构工程施工规范》GB 50666 的规定，并应符合设计及施工方案的要求。

检查数量：在同一检验批内，对梁，应抽查构件数量的 10%，且不少于 3 件；对板，应按有代表性的自然间抽查 10%，且不少于 3 间；对大空间结构，板可按纵、横轴线划分检查面，抽查 10%，且不少于 3 面。

检验方法：水准仪或尺量检查。

支架立柱和竖向模板安装在土层上时，应符合下列规定：土层应坚实、平整；其承载力或密实度应符合施工方案的要求；应有防水、排水措施；对冻胀性土，应有预防冻融措施；支架立柱下应设置垫板，并应符合施工方案的要求。

检查数量：全数检查。

检验方法：观察检查；承载力检查勘察报告或试验报告。

现浇混凝土结构多层连续支模时，上、下层模板支架的立柱宜对准。

检查数量：全数检查。

检验方法：观察检查。

固定在模板上的预埋件、预留孔和预留洞不得遗漏，且应安装牢固。当设计无具体要求时，其位置偏差应符合表 6-47 的规定。

检查数量：在同一检验批内，对梁、柱和独立基础，应抽查构件数量的 10%，且不少于 3 件；对墙和板，应按有代表性的自然间抽查 10%，且不少于 3 间；对大空间结构，墙可按相邻轴线间高度 5m 左右划分检查面，板可按纵横轴线划分检查面，抽查 10%，且均不少于 3 面。

检验方法：尺量检查。

表 6-47　　　　　　　　　　　混凝土结构预埋件、预留孔洞允许偏差

项　目		允许偏差/mm
预埋钢板中心线位置		3
预埋管、预留孔中心线位置		3
插　筋	中心线位置	5
	外露长度	+10,0
预埋螺栓	中心线位置	2
	外露长度	+10,0
预留洞	中心线位置	10
	尺　寸	+10,0

注：检查中心线位置时，应沿纵、横两个方向量测，并取其中的较大值。

现浇结构模板安装的尺寸允许偏差应符合表 6-48 的规定。

检查数量：在同一检验批内，对梁、柱和独立基础，应抽查构件数量的 10%，且不少于 3 件；对墙和板，应按有代表性的自然间抽查 10%，且不少于 3 间；对大空间结构，墙可按相邻轴线间高度 5m 左右划分检查面，板可按纵横轴线划分检查面，抽查 10%，且均不少于 3 面。

表 6-48　　　　　　　　　现浇结构模板安装的允许偏差及检验方法

项　目		允许偏差/mm	检验方法
轴线位置		5	钢尺检查
底模上表面标高		±5	水准仪或拉线、钢尺检查
截面内部尺寸	基　础	±10	钢尺检查
	柱、墙、梁	+4，−5	钢尺检查
层高垂直度	不大于 5m	6	经纬仪或吊线、钢尺检查
	大于 5m	8	经纬仪或吊线、钢尺检查
相邻两板表面高低差		2	钢尺检查
表面平整度		5	2m 靠尺和塞尺检查

注：检查轴线位置时，应沿纵、横两个方向量测，并取其中的较大值。

2）期钢筋分项工程

（1）一般规定

浇筑混凝土之前，应进行钢筋隐蔽工程验收，其内容应包括：

纵向受力钢筋的牌号、规格、数量、位置；

钢筋的连接方式、接头位置、接头数量、接头面积百分率、搭接长度、锚固方式及锚固长度；

箍筋、横向钢筋的牌号、规格、数量、间距，箍筋弯钩的弯折角度及平直段长度；

预埋件的规格、数量、位置。

钢筋进场检验，当满足下列条件之一时，其检验批容量可扩大一倍：

经产品认证符合要求的钢筋；

同一工程、同一厂家、同一牌号、同一规格的钢筋、成型钢筋，连续三次进场检验均一次检验合格。

（2）材料

① 主控项目

钢筋进场时，应按国家现行相关标准的规定抽取试件作屈服强度、抗拉强度、伸长率、弯曲性能和重量偏差检验，检验结果必须符合相关标准的规定。

检查数量：按进场批次和产品的抽样检验方案确定。

检验方法：检查质量证明文件和抽样复验报告。

成型钢筋进场时，应抽取试件作屈服强度、抗拉强度、伸长率和重量偏差检验，检验结果必须符合相关标准的规定。

检查数量：同一工程、同一类型、同一原材料来源、同一组生产设备生产的成型钢筋，检验批量不应大于 30t。

检验方法：检查质量证明文件和抽样复验报告。

对按一、二、三级抗震等级设计的框架和斜撑构件（含梯段）中的纵向受力普通钢筋应采用 HRB335E，HRB400E，HRB500E，HRBF335E，HRBF400E 或 HRBF500E 钢筋，其强度和最大力下总伸长率的实测值应符合下列规定：

钢筋的抗拉强度实测值与屈服强度实测值的比值不应小于 1.25；

钢筋的屈服强度实测值与屈服强度标准值的比值不应大于 1.30；

钢筋的最大力下总伸长率不应小于 9%。

检查数量：按进场的批次和产品的抽样检验方案确定。

检查方法：检查抽样复验报告。

② 一般项目

钢筋应平直、无损伤，表面不得有裂纹、油污、颗粒状或片状老锈。

检查数量：全数检查。

检验方法：观察。

钢筋焊接网和焊接骨架的焊点压入深度、开焊点数量、漏焊点数量及尺寸偏差应符合现行行业标准《钢筋焊接及验收规程》JGJ18 的有关规定。

检查数量：按进场或生产的批次和产品的抽样检验方案确定。

检验方法：观察，尺量检查。

钢筋锚固板及配件进场时，应按现行行业标准《钢筋锚固板应用技术规程》JGJ256 的相关规定进行检验，其检验结果应符合该标准的规定。

检查数量：按现行行业标准《钢筋锚固板应用技术规程》JGJ256 的规定确定。

检验方法：检查质量证明文件和抽样复验报告。

(3) 钢筋加工

① 主控项目

钢筋弯折的弯弧内直径应符合下列规定：

光圆钢筋，不应小于钢筋直径的 2.5 倍；

335MPa 级、400MPa 级带肋钢筋，不应小于钢筋直径的 4 倍；

500MPa 级带肋钢筋，当直径为 28mm 以下时不应小于钢筋直径的 6 倍，当直径为 28mm 及以上时不应小于钢筋直径的 7 倍；

箍筋弯折处尚不应小于纵向受力钢筋直径。

检查数量：按每工作班同一类型钢筋、同一加工设备抽查不应少于 3 件。

检验方法：尺量检查。

箍筋、拉筋的末端应按设计要求作弯钩，并应符合下列规定：

对一般结构构件，箍筋弯钩的弯折角度不应小于 90°，弯折后平直段长度不应小于箍筋直径的 5 倍；对有抗震设防要求或设计有专门要求的结构构件，箍筋弯钩的弯折角度不应小于 135°，弯折后平直段长度不应小于箍筋直径的 10 倍和 75mm 两者之中的较大值；

圆形箍筋的搭接长度不应小于其受拉锚固长度，且两末端均应作不小于 135° 的弯钩，弯折后平直段长度对一般结构构件不应小于箍筋直径的 5 倍，对有抗震设防要求的结构构件不应小于箍筋直径的 10 倍和 75mm 的较大值；

拉筋用作梁、柱复合箍筋中单肢箍筋或梁腰筋间拉结筋时，两端弯钩的弯折角度均不应小于 135°，弯折后平直段长度应符合本条第 1 款对箍筋的有关规定。

检查数量：按每工作班同一类型钢筋、同一加工设备抽查不应少于 3 件。

检验方法：尺量检查。

盘卷钢筋调直后应进行力学性能和重量偏差的检验,其强度应符合现行国家有关标准的规定,其断后伸长率、重量负偏差应符合表 6-49 的规定。重量负偏差不符合要求时,调直钢筋不得复检。

表 6-49   盘卷调直后的断后伸长率、重量负偏差要求

钢筋牌号	断后伸长率 $A(\%)$	重量负偏差(%)	
		直径 6mm～12mm	直径 14mm～20mm
HPB300	≥21	≤10	—
HRB335,HRBF335	≥16	≤7	≤6
HRB400,HRBF400	≥15		
RRB400	≥13		
HRB500,HRBF500	≥14		

注:1. 断后伸长率 A 的量测标距为 5 倍钢筋直径;

    2. 重量负偏差(%)按公式 $(W_0-W_d)/W_0×100$ 计算;其中 W_0 为钢筋理论重量(kg),取理论重量(kg/m)与 3 试样调直后长度之和(m)的乘积;W_d 为 3 个钢筋试件的重量之和(kg)。

采用无延伸功能的机械设备调直的钢筋,可不进行本条规定的检验。

检查数量:同一厂家、同一牌号、同一规格调直钢筋,重量不大于 30t 为一批;每批见证取 3 件试件。当连续三批检验均一次合格时,检验批的容量可扩大为 60t。

检验方法:3 个试件先进行重量偏差检验,再取其中 2 个试件经时效处理后进行力学性能检验。检验重量偏差时,试件切口应平滑并与长度方向垂直,且长度不应小于 500mm;长度和重量的量测精度分别不应低于 1mm 和 1g。

② 一般项目

钢筋加工的形状、尺寸应符合设计要求,其偏差应符合表 6-50 的规定。

检查数量:按每工作班同一类型钢筋、同一加工设备抽查不应少于 3 件。

检验方法:尺量检查。

表 6-50   钢筋加工的允许偏差

项　　目	允许偏差/mm
受力钢筋顺长度方向全长的净尺寸	±10
弯起钢筋的弯折位置	±20
箍筋内净尺寸	±5

(4)钢筋连接

① 主控项目

钢筋的连接方式应符合设计要求。

检查数量:全数检查。

检验方法:观察。

应按现行行业标准《钢筋机械连接技术规程》JGJ107、《钢筋焊接及验收规程》JGJ18 的规定抽取钢筋机械连接接头、焊接接头试件作力学性能检验,检验结果应符合相关标准的规定。

检查数量:按现行行业标准《钢筋机械连接技术规程》JGJ107、《钢筋焊接及验收规程》JGJ18 的规定确定。接头试件应现场截取。

检验方法:检查质量证明文件和抽样复验报告。

对机械连接接头,直螺纹接头安装后应按现行行业标准《钢筋机械连接技术规程》JGJ107 的规定检验拧紧扭矩,挤压接头应量测压痕直径,其检验结果应符合该规程的相关规定。

检查数量:按现行行业标准《钢筋机械连接技术规程》JGJ107 的规定确定。

检验方法:使用专用扭力扳手或专用量规检查。

② 一般项目

钢筋接头的位置应符合设计和施工方案要求。有抗震设防要求的结构中,梁端、柱端箍筋加密区范围内钢筋不应进行搭接。

检查数量:全数检查。

检验方法:观察。

应按现行行业标准《钢筋机械连接技术规程》JGJ107、《钢筋焊接及验收规程》JGJ18 的规定抽取钢筋机械连接接头、焊接接头的外观进行检查,其质量应符合相关标准的规定。

检查数量:全数检查。

检验方法:观察。

当纵向受力钢筋采用机械连接接头、焊接接头或搭接接头时,钢筋的接头面积百分率应符合设计要求;当设计无具体要求时,应符合现行国家标准《混凝土结构设计规范》GB50010 的有关规定。

检查数量:在同一检查批内,对梁、柱和独立基础,应抽查构件数量的 10%,且不少于 3 件;对墙和板,应按有代表性的自然间抽查 10%,且不少于 3 间;对大空间结构,墙可按相邻轴线间高度 5m 左右划分检查面,板可按纵横轴线划分检查面,抽查 10%,且不少于 3 面。

检查方法:观察,尺量检查。

(5) 钢筋安装

① 主控项目

受力钢筋的牌号、规格、数量必须符合设计要求。

检查数量:全数检查。

检验方法:观察,尺量检查。

纵向受力钢筋的锚固方式和锚固长度应符合设计要求。

检查数量:全数检查。

检验方法:观察、尺量检查。

② 一般项目

钢筋安装位置的偏差应符合表 6-51 的规定。

检查数量:在同一检验批内,对梁、柱和独立基础,应抽查构件数量的 10%,且不少于 3 件;对墙和板,应按有代表性的自然间抽查 10%,且不少于 3 间;对大空间结构,墙可按相邻轴线间高度 5m 左右划分检查面,板可按纵、横轴线划分检查面,抽查 10%,且均不少于 3 面。

表 6-51 钢筋安装位置的允许偏差和检验方法

项　目		允许偏差/mm	检验方法
绑扎钢筋网	长、宽	±10	尺量检查
	网眼尺寸	±20	钢尺量连续三档,取偏差绝对值最大处
绑扎钢筋骨架	长	±10	尺量检查
	宽、高	±5	尺量检查
纵向受力钢筋	锚固长度	负偏差不大于 20	尺量检查
	间距	±10	钢尺量两端、中间各一点,取最大值
	排距	±5	
纵向受力钢筋及箍筋 保护层厚度	基础	±10	尺量检查
	其他	±5	尺量检查
绑扎箍筋、横向钢筋间距		±20	钢尺量连续三档,取偏差绝对值最大处
钢筋弯起点位置		20	尺量检查
预埋件	中心线位置	5	尺量检查
	水平高差	+3,0	钢尺和塞尺检查

注:1. 检查预埋件中心线位置时,应沿纵、横两个方向量测,并取其中偏差的较大值;

2. 表中梁类、板类构件上部纵向受力钢筋保护层厚度的合格点率应达到 90% 及以上,且不得有超出表中数值 1.5 倍的尺寸偏差。

3）预应力分项工程

（1）一般规定

浇筑混凝土之前,应进行预应力隐蔽工程验收,其内容应包括:

预应力筋的品种、级别、规格、数量和位置;

成孔管道的规格、数量、位置、形状、连接以及灌浆孔、排气兼泌水孔;

局部加强钢筋的牌号、规格、数量和位置;

预应力筋锚具和连接器及锚垫板的品种、规格、数量和位置。

预应力筋、锚具、夹具、连接器、成孔管道进场检验,当满足下列条件之一时,其检验批容量可扩大一倍:

经产品认证符合要求的产品;

同一工程、同一厂家、同一牌号、同一规格的产品,连续三次进场检验均一次检验合格。

（2）材料

① 主控项目

预应力筋进场时,应按国家现行相关标准的规定抽取试件作抗拉强度、伸长率检验,其检验结果必须符合国家现行相关标准的规定。

检查数量:按进场的批次和产品的抽样检验方案确定。

检验方法:检查质量证明文件和抽样复验报告。

无粘结预应力钢绞线进场时,除应按 GB 50204 第 6.2.1 条的规定检验外,尚应进行涂包质量检验,检验结果应符合现行行业标准《无粘结预应力钢绞线》JG161 的规定。

检查数量:按现行行业标准《无粘结预应力钢绞线》JG161 的规定确定。

检验方法:观察,检查质量证明文件和抽样复验报告。注:当有工程经验,并经观察认为涂包质量有保证时,可不作油脂用量和护套厚度的抽样复验。

预应力筋用锚具、夹具和连接器进场时,应按现行行业标准《预应力筋用锚具、夹具和连接器应用技术规程》JGJ85 的相关规定进行检验,其检验结果应符合该标准的规定。

检查数量:按现行行业标准《预应力筋用锚具、夹具和连接器应用技术规程》JGJ85 的规定确定。

检验方法:检查质量证明文件和抽样复验报告。

注:对锚具用量较少的一般工程,如供货方提供有效的试验报告,可不作静载锚固性能等试验。

处于二 b、三 a、三 b 环境条件下的无粘结预应力筋用锚具,应按现行行业标准《无粘结预应力混凝土结构技术规程》JGJ92 的相关规定检验全封闭防水性能,其检验结果应符合该标准的规定。

检查数量:按现行行业标准《预应力筋用锚具、夹具和连接器应用技术规程》JGJ85 的规定确定。

检验方法:检查质量证明文件和抽样复验报告。

孔道灌浆用水泥、外加剂的质量分别应符合 GB 50204—2015 第 7.2.1 条、第 7.2.2 条的规定;成品灌浆料的质量应符合现行国家标准《预应力孔道灌浆剂》GB/T25182 的规定。

检查数量:按进场批次和产品的抽样检验方案确定。

检验方法:检查质量证明文件和抽样复验报告。

注:对预应力筋用量较少的一般工程,当有可靠依据时,可不作材料性能的抽样复验。

后张预应力成孔管道进场时,应进行径向刚度和抗渗漏性能检验,其检验结果应符合相关标准的规定。

检查数量:按进场的批次和产品的抽样检验方案确定。

检验方法:检查质量证明文件和抽样复验报告。

注:对成孔管道用量较少的一般工程,当有可靠依据时,可不作径向刚度、抗渗漏性能的抽样复验。

② 一般项目

预应力筋进场时,应进行外观检查,并应符合下列规定:

有粘结预应力筋的表面不应有裂纹、小刺、机械损伤、氧化铁皮和油污等;

无粘结预应力钢绞线护套应光滑、无裂缝,无明显褶皱。

检查数量:全数检查。

检验方法:观察。

预应力筋用锚具、夹具和连接器进场时,应进行外观检查,其表面应无污物、锈蚀、机械损伤和裂纹。

检查数量:全数检查。

检验方法:观察。

后张预应力成孔管道进场时,应进行外观检查,并应符合下列规定:

预应力金属波纹管外观应清洁,内外表面应无锈蚀、油污、附着物、孔洞和不规则褶皱,咬口应无开裂、脱扣。

塑料波纹管的外观应光滑、色泽均匀,内外壁不应有气泡、裂口、硬块、油污、附着物、孔洞及影响使用的划伤,高温下径向刚度不应明显降低。

钢管的外观应清洁、内外表面无锈蚀、油污、附着物、孔洞,焊缝应连续。

检查数量:全数检查。

检验方法:观察。

(3) 制作与安装

① 主控项目

预应力筋的品种、规格、数量必须符合设计要求。

检查数量:全数检查。

检验方法:观察,尺量检查。

② 一般项目

当钢丝束两端均采用镦头锚具时,同一束中各根钢丝长度的极差不应大于钢丝长度的1/5000,且不应大于5mm。当成组张拉长度不大于10m的钢丝时,同组钢丝长度的极差不得大于2mm。

检查数量:每工作班抽查预应力筋总数的3%,且不应少于3束。

检验方法:观察,尺量检查。

预应力筋端部锚具的制作质量应符合下列规定:

钢绞线挤压锚具挤压完成后,预应力筋外端露出挤压套筒不应少于1mm。

钢绞线压花锚具的梨形头尺寸和直线锚固段长度不应小于设计值。

钢丝镦头不应出现横向裂纹,镦头的强度不得低于钢丝强度标准值的

检查数量:对挤压锚,每工作班抽查5%,且不应少于5件;对压花锚,每工作班抽查3件。对钢丝镦头强度,每批钢丝检查6个镦头试件。

检验方法:观察,尺量检查,检查镦头强度试验报告。

预应力筋或成孔管道的安装质量应按下列规定验收:

成孔管道的连接应密封;

预应力筋或成孔管道应平顺,并应与定位支撑钢筋绑扎牢固;

锚垫板的承压面应与预应力筋或孔道曲线末端垂直,预应力筋或孔道曲线末端直线段长度应符合表 6-52 的要求;

当后张有粘结预应力筋曲线孔道波峰和波谷的高差大于 300mm 时,应在孔道波峰设置排气孔。

表 6-52   **预应力筋曲线起始点与张拉锚固点之间直线段最小长度**

预应力筋张拉控制力 N/kN	$N \leqslant 1500$	$1500 < N \leqslant 6000$	$N > 6000$
直线段最小长度/mm	400	500	600

检查数量:全数检查。

检验方法:观察,尺量检查。

预应力筋或成孔管道曲线控制点的竖向位置偏差应符合表 6-53 的规定。

表 6-53		曲线控制点的竖向位置允许偏差	
构件高(厚)度/mm	$h \leqslant 300$	$300 < h \leqslant 1500$	$h > 1500$
允许偏差/mm	±5	±10	±15

检查数量:在同一检验批内,抽查各类型构件总数的 5%,且不少于 3 个构件,每个构件不应少于 5 处。

检验方法:尺量检查。

注:控制点的竖向位置偏差合格点率应达到 90% 及以上。

（4）张拉和放张

① 主控项目

预应力筋张拉或放张时,应对构件混凝土强度进行检验。同条件养护的混凝土立方体抗压强度应符合设计要求,设计无要求时应符合下列规定:

不应低于设计的混凝土强度等级值的 75%;

对采用消除应力钢丝或钢绞线作为预应力筋的先张法构件,不应低于 30MPa。

检查数量:全数检查。

检验方法:检查同条件养护试件试验报告。

预应力筋张拉质量验收应符合下列规定:

张拉设备应经检定或校准;

张拉力、张拉顺序及张拉工艺应符合设计及施工方案的要求;

采用应力控制方法张拉时,控制张拉力下预应力筋伸长实测值与计算值的相对偏差不应超过 ±6%。

最大张拉应力不应大于现行国家标准《混凝土结构工程施工规范》GB50666 的规定;

检查数量:全数检查。

检验方法:观察,检查设备检定或校准证书、张拉记录。

对后张法预应力结构构件,钢绞线出现断裂或滑脱的数量不应超过同一截面钢绞线总根数的 3%,且每根断裂的钢绞线断丝不得超过一丝;对多跨双向连续板,其同一截面应按每跨计算。

检查数量:全数检查。

检验方法:观察,检查张拉记录。

先张法预应力筋张拉锚固后,实际建立的预应力值与工程设计规定检验值的相对允许偏差为 ±5%。

检查数量:每工作班抽查预应力筋总数的 1%,且不应少于 3 根。

检验方法:检查预应力筋应力检测记录。

② 一般项目

锚固阶段应检验张拉端预应力筋的内缩量。张拉端预应力筋的内缩量应符合设计要求,当设计无具体要求时,应符合表 6-54 的规定。

检查数量:每工作班抽查预应力筋总数的 3%,且不应少于 3 束。

检验方法:按现行行业标准《预应力筋用锚具、夹具和连接器应用技术规程》JGJ85 规定的方法检查。

表 6-54 张拉端预应力筋的内缩量限值

锚具类别		内缩量限值/mm
夹片式锚具	有顶压	5
	无顶压	8

先张法预应力构件,应检查预应力筋张拉后的位置偏差,张拉后预应力筋的位置与设计位置的偏差不得大于 5mm,且不得大于构件截面短边边长的 4%。

检查数量:每工作班抽查预应力筋总数的 3%,且不应少于 3 束。

检验方法:尺量检查。

(5)灌浆及封锚

① 主控项目

预留孔道灌浆后,应对灌浆质量进行检查,孔道内水泥浆应饱满、密实。

检查数量:全数检查。

检验方法:观察,检查灌浆记录。

现场搅拌的灌浆用水泥浆的性能应符合下列规定:

3h 自由泌水率宜为 0,且不应大于 1%,泌水应在 24h 内全部被水泥浆吸收;

水泥浆中氯离子含量不应超过水泥重量的 0.06%;

采用普通灌浆工艺时,自由膨胀率不应大于 6%;采用真空灌浆工艺时,自由膨胀率不应大于 3%。

检查数量:同一配合比检查一次。

检验方法:检查水泥浆配比性能试验报告。

现场留置的水泥浆试块的抗压强度不应小于 30MPa。

检查数量:每工作班留置一组边长为 70.7mm 的立方体试件。

检验方法:检查试件强度试验报告。

注:一组试件由 6 个试件组成,试件应标准养护 28d;抗压强度为一组试件的平均值,当一组试件中抗压强度最大值或最小值与平均值相差超过 20% 时,应取中间 4 个试件强度的平均值。

锚具的封闭保护措施应符合设计要求,当设计无要求时,外露锚具和预应力筋的混凝土保护层厚度不小于:一类环境时 20mm,二 a、二 b 类环境时 50mm,三 a、三 b 类环境时 80mm。

检查数量:在同一检验批内,抽查预应力筋总数的 5%,且不应少于 5 处。

检验方法:观察,尺量检查。

② 一般项目

后张法预应力筋锚固后的外露长度不应小于 30mm。

检查数量:在同一检验批内,抽查预应力筋总数的 3%,且不应少于 5 束。

检验方法:观察,尺量检查。

4)混凝土分项工程

(1)一般规定

水泥、外加剂道进场检验,当满足下列条件之一时,其检验批容量可扩大一倍:

经产品认证符合要求的产品;

同一工程、同一厂家、同一牌号、同一规格的产品,连续三次进场检验均一次检验合格。

检验评定混凝土强度时,应采用 28d 龄期标准养护试件。其成型方法及标准养护条件应符合现行国家标准《普通混凝土力学性能试验方法标准》GB/T50081 的规定。采用蒸汽养护的构件,其试件应先随构件同条件养护,然后应置入标准养护条件下继续养护,两段养护时间的总和为设计规定龄期。

注:对掺矿物掺合料的混凝土进行强度评定时,可根据设计规定,采用大于 28d 龄期的混凝土强度。

混凝土强度应按现行国家标准《混凝土强度检验评定标准》GB/T50107 的规定分批检验评定。

对混凝土的耐久性指标有要求时,应按现行行业标准《混凝土耐久性检验评定标准》JGJ/T193 的规定检验评定。

大批量、连续生产的同一配合比混凝土,混凝土生产方应提供基本性能试验报告。

(2) 原材料

① 主控项目

水泥进场(厂)时应对其品种、级别、包装或散装仓号、出厂日期等进行检查,并应对水泥的强度、安定性和凝结时间进行复验,其结果应符合现行国家标准《通过硅酸盐水泥》GB 175 等的规定。当对水泥质量有怀疑或水泥出厂超过三个月时,或快硬硅酸盐水泥超过一个月时,应进行复验并按复验结果使用。

检查数量:按同一生产厂家、同一等级、同一品种、同一批号且连续进场(厂)的水泥,袋袋不超过 200t 为一批、散装不过 500t 为一批,每批抽样数量不应少于一次。

检验方法:检查质量证明文件和抽样复验报告。

混凝土外加剂进场(厂)时应对其品种、性能、出厂日期等进行检查,并对外加剂的相关性能指标进行复验,其结果应符合现行国家标准《混凝土外加剂》GB8076 和《混凝土外加剂应用技术规范》GB50119 的规定。

检查数量:按同一生产厂家、同一等级、同一品种、同一批号且连续进场(厂)的混凝土外加剂,不超过 5t 为一批,每批抽样数量不应少于一次。

检验方法:检查质量证明文件和抽样复验报告。

② 一般项目

混凝土用矿物掺合料进场时,应对其品种、性能、出厂日期等进行检查,并对矿物掺合料的相关性能指标进行复验,其结果应符合国家现行有关标准的规定。

检查数量:按同一生产厂家、同一品种、同一批号且连续进场的矿物掺合料,袋装不超过 200t 为一批,散装不超过 500t 为一批,硅灰不超过 50t 为一批,每批抽样数量不应少于一次。

检验方法:检查质量证明文件和抽样复验报告。

混凝土原材料中的粗骨料、细骨料质量应符合现行行业标准《普通混凝土用砂、石质量及检验方法标准》JGJ52 的规定,使用经过净化处理的海沙应符合现行行业标准《海沙混凝土应用技术规范》JGJ206 的规定,再生混凝土骨料应符合现行国家标准《混凝土用再生粗骨料》GB/T25177 和《混凝土和砂浆用再生细骨料》GB/T25176 的规定。

检查数量:执行现行行业标准《普通混凝土用砂、石质量及检验方法标准》JGJ52 的规定。

检验方法:检查抽样复验报告。

混凝土拌制及养护用水应符合现行行业标准《混凝土用水标准》JGJ63 的规定;采用饮用水作为混凝土用水时,可不检验;采用中水、搅拌站清洗水、施工现场循环水等其他水源时,应对其成份进行检验。

检查数量:同一水源检查不应少于一次。

检验方法:检查水质检验报告。

(3)混凝土拌合物

① 主控项目

采用预拌混凝土时,其原材料质量、混凝土制备与质量检验等均应符合现行国家标准《预拌混凝土》GB/T14902 的规定。预拌混凝土进场时,应检查混凝土质量证明文件,抽检混凝土的稠度。

检查数量:质量证明文件按现行国家标准《预拌混凝土》GB/T14902 的规定检查;每 5 罐检查一次稠度。

当设计有要求时,混凝土中最大氯离子含量和最大碱含量应符合现行国家

标准《混凝土结构设计规范》GB50010 的规定以及设计要求。

检查数量:同一配合比、同种原材料检查不应少于一次。

检验方法:检查原材料试验报告和氯离子、碱的总含量计算书。

结构混凝土的强度等级必须满足设计要求。用于检查结构构件混凝土强度的标准养护试件,应在混凝土的浇筑地点随机抽取。试件取样和留置应符合下列规定:

每拌制 100 盘且不超过 100m³ 的同一配合比混凝土,取样不得少于一次;

每工作班拌制的同一配合比的混凝土不足 100 盘时,取样不得少于一次;

每次连续浇筑超过 1000m³ 时,同一配合比的混凝土每 200m³ 取样不得少于一次;

每一楼层、同一配合比混凝土,取样不得少于一次;

每次取样应至少留置一组试件。

检验方法:检查施工记录及混凝土标准养护试件试验报告。

② 一般项目

首次使用的混凝土配合比应进行开盘鉴定,其原材料、强度、凝结时间、稠度应满足设计配合比的要求。工程有要求时,尚应检查混凝土耐久性能等要求。

检验方法:检查开盘鉴定资料。

有耐久性要求的混凝土,应在施工现场随机抽取试件检查耐久性能,其质量应符合有关规范和设计要求。

检查数量:同一工程、同一配合比的混凝土,取样不应少于一次,留置试件数量应符合国家现行标准《普通混凝土长期性能和耐久性能试验方法标准》GB/T50082、《混凝土耐久性检验评定标准》JGJ/T193 的规定。

检验方法:检查试件耐久性试验报告。

对有抗冻要求的混凝土,应在施工现场检查混凝土含气量,其质量应符合有关规范和设计要求。

检查数量:同一工程、同一配合比的混凝土,取样不应少于一次,留置试件数量应符合现行国家标准《普通混凝土拌合物性能试验方法标准》GB/T50081 的规定。

检验方法:检查试件含气量检验报告。

5)现浇结构分项工程

(1)一般规定

混凝土现浇结构质量验收应符合下列规定：

结构质量验收应在拆模后混凝土表面未作修整和装饰前进行；

已经隐蔽的不可直接观察和量测的内容，可检查隐蔽工程验收记录；

修整或返工的结构构件部位应有实施前后的文字及其图像记录资料。

混凝土现浇结构外观质量应根据缺陷类型和缺陷程度进行分类，并应符合表 6-55 的分类规定。

表 6-55　　　　　　　　　　　　　现浇结构外观质量缺陷

名　　称	现　　象	严重缺陷	一般缺陷
露筋	构件内钢筋未被混凝土包裹而外露	纵向受力钢筋有露筋	其他钢筋有少量露筋
蜂窝	混凝土表面缺少水泥砂浆而形成石子外露	构件主要受力部位有蜂窝	其他部位有少量蜂窝
孔洞	混凝土中孔穴深度和长度均超过保护层厚度	构件主要受力部位有孔洞	其他部位有少量孔洞
夹渣	混凝土中夹有杂物且深度超过保护层厚度	构件主要受力部位有夹渣	其他部位有少量夹渣
疏松	混凝土中局部不密实	构件主要受力部位有疏松	其他部位有少量疏松
裂缝	缝隙从混凝土表面延伸至混凝土内部	构件主要受力部位有影响结构性能或使用功能的裂缝	其他部位有少量不影响结构性能或使用功能的裂缝
连接部位缺陷	构件连接处混凝土有缺陷及连接钢筋、连接件松动	连接部位有影响结构传力性能的缺陷	连接部位有基本不影响结构传力性能的缺陷
外形缺陷	缺棱掉角、棱角不直、翘曲不平、飞边凸肋等	清水混凝土构件有影响使用功能或装饰效果的外形缺陷	其他混凝土构件有不影响使用功能的外形缺陷
外表缺陷	构件表面麻面、掉皮、起砂、沾污等	具有重要装饰效果的清水混凝土构件有外表缺	其他混凝土构件有不影响使用功能的外表

混凝土现浇结构外观质量、位置偏差、尺寸偏差不应有影响结构性能和使用功能的缺陷，质量验收应作出记录。

装配整体式结构现浇部分的外观质量、位置偏差、尺寸偏差验收应符合本章要求；装配结构与现浇结构之间的结合面应符合设计要求。

（2）外观质量

① 主控项目

现浇结构的外观质量不应有严重缺陷。对已经出现的严重缺陷，应由施工单位提出技术处理方案，并经监理（建设）

单位认可后进行处理。对经处理的部位，应重新检查验收。

检查数量：全数检查。

检验方法：观察，检查技术处理方案。

② 一般项目

现浇结构的外观质量不应有一般缺陷。对已经出现的一般缺陷，应由施工单位按技术处理方案进行处理，并重新检查验收。

检查数量:全数检查。

检验方法:观察,检查技术处理方案。

(3) 位置和尺寸偏差

① 主控项目

现浇结构不应有影响结构性能和使用功能的尺寸偏差;混凝土设备基础不应有影响结构性能和设备安装的尺寸偏差。

对超过尺寸允许偏差要求且影响结构性能、设备安装、使用功能的结构部位,应由施工单位提出技术处理方案,并经设计单位及监理(建设)单位认可后进行处理。对经处理后的部位,应重新验收。

检查数量:全数检查。

检验方法:量测,检查技术处理方案。

② 一般项目

现浇结构混凝土混凝土设备基础拆模后的位置和尺寸偏差应符合表6-56,表6-57的规定。

检查数量:按楼层、结构缝或施工段划分检验批。在同一检验批内,对梁、柱和独立基础,应抽查构件数量的10%,且不少于3件;对墙和板,应按有代表性的自然间抽查10%,且不少于3间;对大空间结构,墙可按相邻轴线间高度5m左右划分检查面,板可按纵、横轴线划分检查面,抽查10%,且均不少于3面;对电梯井,应全数检查;对设备基础,应全数检查。

表 6-56　　　　　　　　现浇结构位置和尺寸允许偏差和检验方法

项　　目			允许偏差/mm	检验方法
轴线位置	整体基础		15	经纬仪及尺量检查
	独立基础		10	经纬仪及尺量检查
	墙、柱、梁		8	尺量检查
垂直度	柱、墙层高	≤5m	8	经纬仪或吊线、尺量检查
		>5m	10	经纬仪或吊线、尺量检查
	全高(H)		$H/1000$ 且≤30	经纬仪、尺量检查
标高	层高		±10	水准仪或拉线、尺量检查
	全高		±30	水准仪或拉线、尺量检查
截面尺寸			+8,−5	尺量检查
电梯井	中心位置		10	尺量检查
	长、宽尺寸		+25,0	尺量检查
	全高(H)垂直度		$H/1000$ 且≤30	经纬仪、尺量检查
表面平整度			8	2m靠尺和塞尺检查
预埋件中心位置	预埋板		10	尺量检查
	预埋螺栓		5	尺量检查
	预埋管		5	尺量检查
	其他		10	尺量检查
预留洞、孔中心线位置			15	尺量检查

注:检查轴线、中心线位置时,应沿纵、横两个方向量测,并取其中的较大值。

表 6-57　　　　　　　　混凝土设备基础位置和尺寸允许偏差和检验方法

项　目		允许偏差/mm	检验方法
轴线位置		20	经纬仪及尺量检查
不同平面标高		0,−20	水准仪或拉线、尺量检查
平面外形尺寸		±20	尺量检查
凸台上平面外形尺寸		0,−20	尺量检查
凹槽尺寸		+20,0	尺量检查
平面水平度	每米	5	水平尺、塞尺检查
	全长	10	水准仪或拉线、尺量检查
垂直度	每米	5	经纬仪或吊线、尺量检查
	全高	10	经纬仪或吊线、尺量检查
预埋地脚螺栓	中心位置	2	尺量检查
	顶标高	+20,0	水准仪或拉线、尺量检查
	中心距	±2	尺量检查
	垂直度	5	吊线、尺量检查
预埋地脚螺栓孔	中心线位置	10	尺量检查
	断面尺寸	+20,0	尺量检查
	深度	+20,0	尺量检查
	垂直度	10	吊线、尺量检查
预埋活动地脚螺栓锚板	中心线位置	5	尺量检查
	标高	+20,0	水准仪或拉线、尺量检查
	带槽锚板平整度	5	钢尺、尺量检查
	带螺纹孔锚板平整度	2	钢尺、塞尺检查

注:检查坐标、中心线位置时,应沿纵、横两个方向测量,并取其中偏差的较大值。

6) 装配式结构分项工程

(1) 一般规定

在连接节点及叠合构件浇筑混凝土之前,应进行隐蔽工程验收,其内容应包括:

现浇结构的混凝土结合面;

后浇混凝土处钢筋的牌号、规格、数量、位置、锚固长度等;

抗剪钢筋、预埋件、预留专业管线的数量、位置。

预应力混凝土简支预制构件应定期进行结构性能检验。对生产数量较少的大型预应力混凝土简支受弯构件可不进行结构性能检验或只进行部分检验内容。

预制构件结构性能检验尚应符合国家现行相关产品标准及设计的有关要求。预制构件的结构性能检验要求和检验方法应分别符合 GB 50204—2015 附录 B 和附录 C 的有关规定。

装配式结构采用钢件焊接、螺栓等连接方式时,其材料性能及施工质量验收应符合现行国家标准《钢结构工程施工质量及验收规范》GB 50205 的相关要求。

(2) 预制构件

① 主控项目

对工厂生产的预制构件,进场时应检查其质量证明文件和表面标识。预制构件的质量、标识应符合本规范及国家现行相关标准、设计的有关要求。

检查数量:全数检查。

预制构件的外观质量不应有严重缺陷,且不应有影响结构性能和安装、使用功能的尺寸偏差。

检查数量:全数检查。

检验方法:观察,尺量检查。

② 一般项目

预制构件的外观质量不应有一般缺陷。检查数量:全数检查。检验方法:观察。

预制构件的尺寸偏差应符合表 6-58 的规定。对于施工过程用临时使用的预埋件中心线位置及后浇混凝土部位的预制构件尺寸偏差可按表 6-58 的规定放大一倍执行。

检查数量:按同一生产企业、同一品种的构件,不超过 100 个为一批,每批抽查构件数量的 5%,且不少于 3 件。

表 6-58　　　　预制结构构件尺寸的允许偏差及检验方法

项目			允许偏差/mm	检验方法
长度	板、梁、柱、桁架	<12m	±5	尺量检查
		≥12m 且<18m	±10	
		≥18m	±20	
	墙板		±5	
宽度、高(厚)度	板、梁、柱、墙板、桁架		±5	钢尺量一端及中部,取其中偏差绝对值较大处
表面平整度	板、梁、柱、墙板内表面		5	2m 靠尺和塞尺检查
	墙板外表面		3	
侧向弯曲	板、梁、柱		$l/750$ 且≤20	拉线、钢尺量最大侧向弯曲处
	墙板、桁架		$l/1000$ 且≤20	
翘曲	板		$l/750$	调平尺在两端量测
	墙板		$l/1000$	
对角线差	板		10	钢尺量两个对角线
	墙板		5	
预留孔	中心线位置		5	尺量检查
	孔尺寸		±5	
预留洞	中心线位置		10	尺量检查
	洞口尺寸		±10	
预埋件	预埋板中心线位置		5	尺量检查
	预埋板与混凝土面平面高差		±5	
	预埋螺栓、预埋套筒中心位置		2	
	预埋螺栓外露长度		+10,−5	

注:1. l 为构件长度(mm);

　　2. 检查中心线、螺栓和孔道位置偏差时,应沿纵、横两个方向量测,并取其中偏差较大值。

预制构件上的预埋件、预留钢筋、预埋管线及预留孔洞等规格、位置和数量应符合设计要求。

检查数量：按同一生产企业、同一品种的构件，不超过 100 个为一批，每批抽查构件数量的 5%，且不少于 3 件。

检验方法：观察，尺量检查。

预制构件的结合面应符合设计要求。

检查数量：全数检查。

检验方法：观察。

（3）安装与连接

① 主控项目

预制构件与结构之间的连接应符合设计要求。

检查数量：全数检查。

检验方法：观察，检查施工记录。

承受内力的接头和拼缝，当其混凝土强度未达到设计要求时，不得吊装上一层结构构件。已安装完毕的装配式结构，应在混凝土强度达到设计要求后，方可承受全部设计荷载。

检查数量：全数检查。

检验方法：检查施工记录及试件强度试验报告。

② 一般项目

装配式结构安装完毕后，尺寸偏差应符合表 6-59 要求。

检查数量：按楼层、结构缝或施工段划分检验批。在同一检验批内，对梁、柱，应抽查构件数量的 10%，且不少于 3 件；对墙和板，应按有代表性的自然间抽查 10%，且不少于 3 间；对大空间结构，墙可按相邻轴线间高度 5m 左右划分检查面，板可按纵、横轴线划分检查面，抽查 10%，且均不少于 3 面。

表 6-59　　　　　　　　　预制结构构件安装尺寸的允许偏差及检验方法

项　　目			允许偏差/mm	检验方法
构件中心线对轴线位置	基础		15	尺量检查
	竖向构件（柱、墙板、桁架）		10	
	水平构件（梁、板）		5	
构件标高	梁、板底面或顶面		±5	水准仪或尺量检查
构件垂直度	柱、墙板	<5m	5	经纬仪量测
		≥5m 且<10m	10	
		≥10m	20	
构件倾斜	度梁、桁架		5	垂线、钢尺量测
相邻构件平整度	板端面		5	钢尺、塞尺量测
	梁、板下表面	抹灰	5	
		不抹灰	3	
	柱、墙板侧表面	外露	5	
		不外露	10	
构件搁置长度	梁、板		±10	尺量检查
支座、支垫中心位置	板、梁、柱、墙板、桁架		±10	尺量检查
接缝宽度	板	<12m	±10	尺量检查

4．钢结构工程

钢结构工程施工单位应具备相应的钢结构工程施工资质，施工现场质量管理应有相应的施工技术标准、质量管理体系、质量控制及检验制度，施工现场应有经项目技术负责人审批的施工组织设计、施工方案等技术文件。

钢结构工程施工质量的验收，必须采用经计量检定、校准合格的计量器具。

钢结构工程采用的原材料及成品应进行进场验收。凡涉及安全、功能的原材料及成品应按 GB 50205—2001 规定进行复验，并应经监理工程师（建设单位技术负责人）见证取样、送样；各工序应按施工技术标准进行质量控制，每道工序完成后，应进行检查；相关各专业工种之间，应进行交接检验，并经监理工程师（建设单位技术负责人）检查认可。

钢结构工程施工质量验收应在施工单位自检基础上，按照检验批、分项工程、分部（子分部）工程进行。钢结构分部（子分部）工程中分项工程划分应按照现行国家标准《建筑工程施工质量验收统一标准》GB 50300—2013 的规定执行。钢结构分项工程应有一个或若干检验批组成，各分项工程检验批应按《钢结构工程施工质量验收规范》GB 50205—2001 的规定进行划分。

钢结构工程采用的钢材、钢铸件的品种、规格、性能等应符合现行国家产品标准和设计要求。进口钢材产品的质量应符合设计和合同规定标准的要求。检查时，必须全数检查，并采取检查质量合格证明文件、中文标志及检验报告等检验方法。原材料及成品的进场验收详见《钢结构工程施工质量验收规范》GB 50205—2001。

1）钢结构焊接工程

钢结构焊接工程可按相应的钢结构制作或安装工程检验批的划分原则划分为一个或若干个检验批。

碳素结构钢应在焊缝冷却到环境温度、低合金结构钢应在完成焊接 24h 以后，进行焊缝探伤检验。

焊缝施焊后应在工艺规定的焊缝及部位打上焊工钢印。

（1）钢构件焊接工程

① 主控项目

焊条、焊丝、焊剂、电渣焊熔嘴等焊接材料与母材的匹配应符合设计要求及国家现行行业标准《建筑钢结构焊接技术规程》JGJ 81 的规定。焊条、焊剂、药芯焊丝、熔嘴等在使用前，应按其产品说明书及焊接工艺文件的规定进行烘焙和存放。

检查时应全数检查，检查质量证明书和烘焙记录。

焊工必须经考试合格并取得合格证书。持证焊工必须在其考试合格项目及其认可范围内施焊。应全数检查焊工合格证及其认可范围及有效期。

施工单位对其首次采用的钢材、焊接材料、焊接方法、焊后热处理等，应进行焊接工艺评定，并应根据评定报告确定焊接工艺。全数检查焊接工艺评定报告。

设计要求全焊透的一、二级焊缝应采用超声波探伤进行内部缺陷的检验，超声波探伤不能对缺陷作出判断时，应采用射线探伤，其内部缺陷分级及探伤方法应符合现行国家标准《钢焊缝手工超声波探伤方法和探伤结果分级法》GB11345 或《钢熔化焊对接接头射线照相和质量分级》GB3323 的规定。

焊接球节点网架焊缝、螺栓球节点网架焊缝及圆管 T、K、Y 形节点相关线焊缝，其内部缺陷分级及探伤方法应分别符合国家现行标准《焊接球节点钢网架焊缝超声波探伤方法及质量分级法》JBJ/T3034.1、《螺栓球节点钢网架焊缝超声波探伤方法及质量分级法》JBJ/T3034.2、《建筑钢结构焊接技术规程》JGJ81 的规定。一级、二级焊缝的质量等级及缺陷分级应符合表6-60 的规定。

表 6-60　　　　　　　　　　　　一、二级焊缝质量等级及缺陷分级

焊缝质量等级		一　级	二　级
内部缺陷 超声波探伤	评定等级	Ⅱ	Ⅲ
	检验等级	B 级	B 级
	探伤比例	100%	20%
内部缺陷 射线探伤	评定等级	Ⅱ	Ⅲ
	检验等级	AB	AB
	探伤比例	100%	20%

　　注:探伤比例的计数方法应按以下原则确定:(1)对工厂制作焊缝,应按每条焊缝计算百分比,且探伤长度应不小于200mm,当焊缝长度不足 200mm 时,应对整条焊缝进行探伤;(2)对现场安装焊缝,应按同一类型、同一施焊条件的焊缝条数计算百分比,探伤长度应不小于200mm,并应不少于 1 条焊缝。

　　T 形接头、十字接头、角接接头等要求熔透的对接和角对接组合焊缝,其焊脚尺寸不应小于 $t/4$(图 6-4);设计有疲劳验算要求的吊车梁或类似构件的腹板与上翼缘连接焊缝的焊脚尺寸为 $t/2$(图 6-4(d)),且不应大于 10mm。焊脚尺寸的允许偏差为 0~4mm。

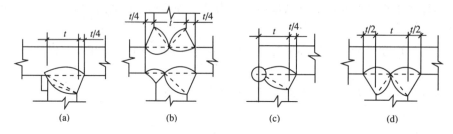

图 6-4　焊脚尺寸

　　资料应全数检查;同类焊缝抽查 10%,且不应少于 3 条。采取观察检查,用焊缝量规抽查测量。

　　焊缝表面不得有裂纹、焊瘤等缺陷。一级、二级焊缝不得有表面气孔、夹渣、弧坑裂纹、电弧擦伤等缺陷。且一级焊缝不得有咬边、未焊满、根部收缩等缺陷。每批同类构件抽查 10%,且不应少于 3 件;被抽查构件中,每一类型焊缝按条数抽查 5%,且不应少于 1 条;每条检查 1处,总抽查数不应少于 10 处。进行观察检查或使用放大镜、焊缝量规和钢尺检查,当存在疑义时,采用渗透或磁粉探伤检查。

　　② 一般项目

　　对于需要进行焊前预热或焊后热处理的焊缝,其预热温度或后热温度应符合国家现行有关标准的规定或通过工艺试验确定。预热区在焊道两侧,每侧宽度均应大于焊件厚度的 1.5倍以上,且不应小于 100mm;后热处理应在焊后立即进行,保温时间应根据板厚按每 25mm 板厚 1h 确定。全数检查预、后热施工记录和工艺试验报告。

　　二级、三级焊缝外观质量标准应符合《钢结构工程施工质量验收规范》GB 50205—2001 附

录 A 中表 A.0.1 的规定。三级对接焊缝应按二级焊缝标准进行外观质量检验。

观察检查或使用放大镜、焊缝量规和钢尺检查。每批同类构件抽查 10%,且不应少于 3 件;被抽查构件中,每一类型焊缝按条数抽查 5%,且不应少于 1 条;每条检查 1 处,总抽查数不应少于 10 处。

焊缝尺寸允许偏差应符合《钢结构工程施工质量验收规范》GB 50205—2001 附录 A 中表 A.0.2 的规定。

用焊缝量规检查。每批同类构件抽查 10%,且不应少于 3 件;被抽查构件中,每种焊缝按条数各抽查 5%,但不应少于 1 条;每条检查 1 处,总抽查数不应少于 10 处。

焊成凹形的角焊缝,焊缝金属与母材间应平缓过渡;加工成凹形的角焊缝,不得在其表面留下切痕。每批观察检查同类构件抽查 10%,且不应少于 3 件。

焊缝感观应达到外形均匀、成型较好,焊道与焊道、焊道与基本金属间过渡较平滑,焊渣和飞溅物基本清除干净。

每批观察检查同类构件抽查 10%,且不应少于 3 件;被抽查构件中,每种焊缝按数量各抽查 5%,总抽查处不应少于 5 处。

(2) 焊钉(栓钉)焊接工程

① 主控项目

施工单位对其采用的焊钉和钢材焊接应进行焊接工艺评定,其结果应符合设计要求和国家现行有关标准的规定。瓷环应按其产品说明书进行烘焙。全数检查焊接工艺评定报告和烘焙记录。

焊钉焊接后应进行弯曲试验检查,其焊缝和热影响区不应有肉眼可见的裂纹。将焊钉弯曲 30°后用角尺检查和观察检查,每批同类构件抽查 10%,且不应少于 10 件;被抽查构件中,每件检查焊钉数量的 1%,但不应少于 1 个。

② 一般项目

焊钉根部焊脚应均匀,焊脚立面的局部未熔合或不足 360°的焊脚应进行修补。进行观察检查,按总焊钉数量抽查 1%,且不应少于 10 个。

2) 紧固件连接工程

紧固件链接工程主要包含钢结构制作和安装中的普通螺栓、扭剪型高强度螺栓、高强度大六角头螺栓、钢网架螺栓球节点用高强度螺栓及射钉、自攻钉、拉铆钉等连接工程的质量验收,可按相应的钢结构制作或安装工程检验批的划分原则划分为一个或若干个检验批。

(1) 普通紧固件连接

① 主控项目

普通螺栓作为永久性连接螺栓时,当设计有要求或对其质量有疑义时,应进行螺栓实物最小拉力载荷复验,试验方法见《钢结构工程施工质量验收规范》GB 50205—2001 附录 B,其结果应符合现行国家标准《紧固件机械性能螺栓、螺钉和螺柱》GB 3098 的规定。检查螺栓实物复验报告,每一规格螺栓抽查 8 个。

连接薄钢板采用的自攻钉、拉铆钉、射钉等其规格尺寸应与被连接钢板相匹配,其间距、边距等应符合设计要求。进行观察和尺量检查,按连接节点数抽查 1%,且不应少于 3 个。

② 一般项目

永久性普通螺栓紧固应牢固、可靠,外露丝扣不应少于 2 扣。观察和用小锤敲击检查,按连接节点数抽查 10%,且不应少于 3 个。

自攻螺钉、钢拉铆钉、射钉等与连接钢板应紧固密贴,外观排列整齐。观察或用小锤敲击检查,按连接节点数抽查 10%,且不应少于 3 个。

(2)高强度螺栓连接

① 主控项目

钢结构制作和安装单位应按《钢结构工程施工质量验收规范》GB50205—2001 附录 B 的规定分别进行高强度螺栓连接摩擦面的抗滑移系数试验和复验,现场处理的构件摩擦面应单独进行摩擦面抗滑移系数试验,其结果应符合设计要求。检查摩擦面抗滑移系数试验报告和复验报告,检查数量见《钢结构工程施工质量验收规范》GB50205—2001 附录 B。

高强度大六角头螺栓连接副终拧完成 1h 后、48h 内应进行终拧扭矩检查,检查结果应符合《钢结构工程施工质量验收规范》GB50205—2001 附录 B 的规定。按节点数抽查 10%,且不应少于 10 个;每个被抽查节点按螺栓数抽查 10%,且不应少于 2 个。检验方法见《钢结构工程施工质量验收规范》GB50205—2001 附录 B。

扭剪型高强度螺栓连接副终拧后,除因构造原因无法使用专用扳手终拧掉梅花头者外,未在终拧中拧掉梅花头的螺栓数不应大于该节点螺栓数的 5%。对所有梅花头未拧掉的扭剪型高强度螺栓连接副应采用扭矩法或转角法进行终拧并作标记,且按《钢结构工程施工质量验收规范》GB50205—2001 第 6.3.2 条的规定进行终拧扭矩检查。按节点数抽查 10%,但不应少于 10 个节点,被抽查节点中梅花头未拧掉的扭剪型高强度螺栓连接副全数进行终拧扭矩检查,采用观察检查及《钢结构工程施工质量验收规范》GB50205—2001 附录 B 的方法。

② 一般项目

高强度螺栓连接副的施拧顺序和初拧、复拧扭矩应符合设计要求和国家现行行业标准《钢结构高强度螺栓连接的设计施工及验收规程》JGJ82 的规定。全数检查扭矩扳手标定记录和螺栓施工记录。

高强度螺栓连接副终拧后,螺栓丝扣外露应为 2~3 扣,其中允许有 10% 的螺栓丝扣外露 1 扣或 4 扣。观察检查,按节点数抽查 5%,且不应少于 10 个。

高强度螺栓连接摩擦面应保持干燥、整洁,不应有飞边、毛刺、焊接飞溅物、焊疤、氧化铁皮、污垢等,除设计要求外摩擦面不应涂漆。

强度螺栓应自由穿入螺栓孔。高强度螺栓孔不应采用气割扩孔,扩孔数量应征得设计同意,扩孔后的孔径不应超过 $1.2d$(d 为螺栓直径)。

全数观察检查及用卡尺检查被扩螺栓孔。

螺栓球节点网架总拼完成后,高强度螺栓与球节点应紧固连接,高强度螺栓拧入螺栓球内的螺纹长度不应小于 $1.0d$(d 为螺栓直径),连接处不应出现有间隙、松动等未拧紧情况。

普通扳手及尺量检查,按节点数抽查 5%,且不应少于 10 个。

3)钢零件及钢部件加工工程

钢零件及钢部件加工工程,可按相应的钢结构制作工程或钢结构安装工程检验批的划分原则划分为一个或若干个检验批。

(1)切割

① 主控项目

钢材切割面或剪切面应无裂纹、夹渣、分层和大于 1mm 的缺棱。

全数观察或用放大镜及百分尺检查,有疑义时作渗透、磁粉或超声波探伤检查。

② 一般项目

气割的允许偏差应符合表 6-61 的规定。观察检查或用钢尺、塞尺检查,按切割面数抽查 10%,且不应少于 3 个。

表 6-61　　　　　　　　　　　　　气割的允许偏差

项　　目	允许偏差
零件宽度、长度/mm	±3.0
切割面平面度/mm	$0.05t$,且不应大于 2.0
割纹深度/mm	0.3
局部缺口深度/mm	1.0

注:t 为切割面厚度。

机械剪切的允许偏差应符合表 6-62 的规定。观察检查或用钢尺、塞尺检查,按切割面数抽查 10%,且不应少于 3 个。

表 6-62　　　　　　　　　　　　机械剪切的允许偏差

项　　目	允许偏差
零件宽度、长度/mm	±3.0
边缘缺棱/mm	1.0
型钢端部垂直度/mm	2.0

（2）矫正和成型

① 主控项目

碳素结构钢在环境温度低于 −16℃、低合金结构钢在环境温度低于 −12℃ 时,不应进行冷矫正和冷弯曲。碳素结构钢和低合金结构钢在加热矫正时,加热温度不应超过 900℃。低合金结构钢在加热矫正后应自然冷却。

全数检查制作工艺报告和施工记录。

当零件采用热加工成型时,加热温度应控制在 900℃～1000℃;碳素结构钢和低合金结构钢在温度分别下降到 700℃ 和 800℃ 之前,应结束加工;低合金结构钢应自然冷却。

全数检查,制作工艺报告和施工记录。

② 一般项目

矫正后的钢材表面,不应有明显的凹面或损伤,划痕深度不得大于 0.5mm,且不应大于该钢材厚度负允许偏差的 1/2。

全数观察检查和实测检查。

冷矫正和冷弯曲的最小曲率半径和最大弯曲矢高应符合表 6-63 的规定。

观察检查和实测检查,按冷矫正和冷弯曲的件数抽查 10%,且不应少于 3 个。

矫正后的钢材表面,不应有明显的凹面或损伤,划痕深度不得大于 0.5mm,且不应大于该钢材厚度负允许偏差的 1/2。

全数观察检查和实测检查。

钢材矫正后的允许偏差,应符合表 6-64 的规定。

观察检查和实测检查,按矫正件数抽查 10%,且不应少于 3 件。

表 6-63 冷矫正和冷弯曲的最小曲率半径和最大弯曲矢高 单位:mm

钢材类别	图例	对应轴	矫正		弯曲	
			r	f	r	f
钢板扁钢		$x-x$	$50t$	$\dfrac{l^2}{400t}$	$25t$	$\dfrac{l^2}{200t}$
		$y-y$(仅对扁钢轴线)	$100b$	$\dfrac{l^2}{800b}$	$50b$	$\dfrac{l^2}{400b}$
角钢		$x-x$	$90b$	$\dfrac{l^2}{720b}$	$45b$	$\dfrac{l^2}{360b}$
槽钢		$x-x$	$50h$	$\dfrac{l^2}{400h}$	$25h$	$\dfrac{l^2}{200h}$
		$y-y$	$90b$	$\dfrac{l^2}{720b}$	$45b$	$\dfrac{l^2}{360b}$
工字钢		$x-x$	$50h$	$\dfrac{l^2}{400h}$	$25h$	$\dfrac{l^2}{200h}$
		$y-y$	$50b$	$\dfrac{l^2}{400b}$	$25b$	$\dfrac{l^2}{200b}$

注:r 为曲率半径;f 为弯曲矢高;l 为弯曲弦长;t 为钢板厚度。

表 6-64 钢材矫正后的允许偏差 单位:mm

项目		允许偏差	图例
钢板的局部平面度	$t \leqslant 14$	1.5	
	$t > 14$	1.0	
型钢弯曲矢高		$l/1000$ 且不应大于 5.0	
角钢肢的垂直度		$b/100$ 双肢栓接角钢的角度不得大于 90°	
槽钢翼缘对腹板的垂直度		$b/80$	
工字钢、H 型钢翼缘对腹板的垂直度		$b/100$ 且不大于 2.0	

（3）边缘加工

① 主控项目

气割或机械剪切的零件，需要进行边缘加工时，其刨削量不应小于 2.0mm。检查数量：全数检查工艺报告和施工记录。

② 一般项目

边缘加工允许偏差应符合表 6-65 的规定。观察检查和实测检查，按加工面数抽查 10％，且不应少于 3 件。

表 6-65   边缘加工的允许偏差   单位：mm

项　目	允　许　偏　差
零件宽度、长度	±1.0
加工边直线度	$I/3000$，且不应大于 2.0
相邻两边夹角	±6′
加工面垂直度	$0.025t$，且不应大于 0.5
加工面表面粗糙度	$\frac{50}{\triangledown}$

（4）管、球加工

① 主控项目

螺栓球成型后，不应有裂纹、褶皱、过烧。10 倍放大镜观察检查或表面探伤，每种规格抽查 10％，且不应少于 5 个。

钢板压成半圆球后，表面不应有裂纹、褶皱；焊接球其对接坡口应采用机械加工，对接焊缝表面应打磨平整。

10 倍放大镜观察检查或表面探伤，每种规格抽查 10％，且不应少于 5 个。

② 一般项目

螺栓球加工的允许偏差应符合表 6-66 的规定。每种规格抽查 10％，且不应少于 5 个。检验方法见表 6-66。

表 6-66   螺栓球加工的允许偏差   单位：mm

项　目		允许偏差	检验方法
圆　度	$d\leqslant120$	1.5	用卡尺和游标卡尺检查
	$d>120$	2.5	
同一轴线上两铣平面平行度	$d\leqslant120$	0.2	用百分表 V 形块检查
	$d>120$	0.3	
铣平面距球中心距离		±0.2	用游标卡尺检查
相邻两螺栓孔中心线夹角		±30′	用分度头检查
两铣平面与螺栓孔轴线垂直度		$0.005r$	用百分表检查
球毛坯直径	$d\leqslant120$	+2.0 −1.0	用卡尺和游标卡尺检查
	$d>120$	+3.0 −1.5	

焊接球加工的允许偏差应符合表 6-67 的规定。每种规格抽查 10%，且不应少于 5 个。检验方法见表 6-67。

表 6-67　焊接球加工的允许偏差　　　　单位：mm

项　目	允许偏差	检验方法
直径	±0.005d ±2.5	用卡尺和游标卡尺检查
圆度	2.5	用卡尺和游标卡尺检查
壁厚减薄量	0.13t，且不应大于 1.5	用卡尺和测厚仪检查
两半球对口错边	1.0	用套模和游标卡尺检查

钢网架(桁架)用钢管杆件加工的允许偏差应符合表 6-68 的规定。每种规格抽查 10%，且不应少于 5 根。检验方法见表 6-68。

表 6-68　钢网架(桁架)用钢管杆件加工的允许偏差　　　　单位：mm

项　目	允许偏差	检验方法
长　度	±1.0	用钢尺和百分表检查
端面对管轴的垂直度	0.005r	用百分表 V 形块检查
管口曲线	1.0	用套模和游标卡尺检查

（5）制孔

① 主控项目

A、B 级螺栓孔（Ⅰ类孔）应具有 H12 的精度，孔壁表面粗糙度 R_a 不应大于 12.5μm。其孔径的允许偏差应符合表 6-69 的规定。

C 级螺栓孔（Ⅱ类孔），孔壁表面粗糙度 R_a 不应大于 25μm，其允许偏差应符合表 6-70 的规定。

用游标卡尺或孔径量规检查，按钢构件数量抽查 10%，且不应少于 3 件。

表 6-69　A、B 级螺栓孔径的允许偏差　　　　单位：mm

序　号	螺栓公称直径、螺栓孔直径	螺栓公称直径允许偏差	螺栓孔直径允许偏差
1	10～18	0.00 −0.21	+0.18 0.00
2	18～30	0.00 −0.21	+0.21 0.00
3	30～50	0.00 −0.25	+0.25 0.00

表 6-70　C 级螺栓孔的允许偏差　　　　单位：mm

项　目	允许偏差
直　径	+1.0 0.0
圆　度	2.0
垂直度	0.03t，且不应大于 2.0

② 一般项目

螺栓孔孔距的允许偏差应符合表 6-71 的规定。

用钢尺检查,按钢构件数量抽查 10%,且不应少于 3 件。

表 6-71 螺栓孔孔距允许偏差 单位:mm

螺栓孔孔距范围	≤500	501～1200	1201～3000	>3000
同一组内任意两孔间距离	±1.0	±1.5	—	—
相邻两组的端孔间距离	±1.5	±2.0	±2.5	±3.0

注:1. 在节点中连接板与一根杆件相连的所有螺栓孔为一组;

2. 对接接头在拼接板一侧的螺栓孔为一组;

3. 在两相邻节点或接头间的螺栓孔为一组,但不包括上述两款所规定的螺栓孔;

4. 受弯构件翼缘上的连接螺栓孔,每米长度范围内的螺栓孔为一组。

螺栓孔孔距的允许偏差超过表 6-71 规定的允许偏差时,应采用与母材材质相匹配的焊条补焊后重新制孔。全数观察检查。

4) 钢构件组装工程

钢构件组装工程可按钢结构制作工程检验批的划分原则划分为一个或若干个检验批。

(1) 焊接 H 型钢

焊接 H 型钢的翼缘板拼接缝和腹板拼接缝的间距不应小于 200mm。翼缘板拼接长度应小于 2 倍板宽;腹板拼接宽度不应小于 300mm,长度不应小于 600mm。

全数观察和用钢尺检查。

焊接 H 型钢的允许偏差应符合《钢结构工程施工质量验收规范》GB50205—2001 附录 C 中表 C.0.1 的规定。

用钢尺、角尺、塞尺等检查,按钢构件数抽查 10%,宜不应少于 3 件。

(2) 组装

① 主控项目

吊车梁和吊车桁架不应下挠。

全数构件直立,在两端支承后,用水准仪和钢尺检查。

② 一般项目

焊接连接组装的允许偏差应符合《钢结构工程施工质量验收规范》GB50205—2001 附录 C 中表 C.0.2 的规定。

用钢尺检验,按构件数抽查 10%,且不应少于 3 个。

顶紧接触面应有 75% 以上的面积紧贴。

用 0.3mm 塞尺检查,其塞入面积应小于 25%,边缘间隙不应大于 0.8mm。按接触面的数量抽查 10%,且不应少于 10 个。

桁架结构杆件轴线交点错位的允许偏差不得大于 3.0mm,允许偏差不得大于 4.0mm。

采用尺量检查,按构件数抽查 10%,且不应少于 3 个,每个抽查构件按节点数抽查 10%,且不应少于 3 个节点。

(3) 端部铣平及安装焊缝坡口

① 主控项目

端部铣平的允许偏差应符合表 6-72 的规定。

用钢尺、角尺、塞尺等检查,按铣平面数量抽查 10%,且不应少于 3 个。

表 6-72　　　　　　　　　　　　　端部铣平的允许偏差　　　　　　　　　　　　　单位:mm

项　　目	允许偏差
两端铣平时构件长度	±2.0
两端铣平时零件长度	±0.5
铣平面的平面度	0.3
铣平面对轴线的垂直度	$L/1500$

② 一般项目

安装焊缝坡口的允许偏差应符合表 6-73 的规定。

用焊缝量规检查,按坡口数量抽查 10%,且不应少于 3 条。

表 6-73　　　　　　　　　　　　　安装焊缝坡口的允许偏差

项　　目	允许偏差
坡口角度	±5°
钝　边	±1.0mm

外露铣平面应防锈保护。全数观察检查。

(4) 钢构件外形尺寸

① 主控项目

钢构件外形尺寸主控项目的允许偏差应符合表 6-74 的规定。

全数用钢尺检查。

表 6-74　　　　　　　　　　　钢构件外形尺寸主控项目的允许偏差　　　　　　　　　　　单位:mm

项　　目	允许偏差
单层柱、梁、桁架受力支托(支承面)表面至第一个安装孔距离	±1.0
多节柱铣平面至第一个安装孔距离	±1.0
实腹梁两端最外侧安装孔距离	±3.0
构件连接处的截面几何尺寸	±3.0
柱、梁连接处的腹板中心线偏移	2.0
受压构件(杆件)弯曲矢高	$l/1000$,且不应大于 10.0

② 一般项目

钢构件外形尺寸一般项目的允许偏差应符合《钢结构工程施工质量验收规范》GB50205—2001 附录 C 中表 C.0.3—表 C.0.9 的规定。

按构件数量抽查 10%,且不应少于 3 件,检验方法见《钢结构工程施工质量验收规范》GB50205—2001 附录 C 中表 C.0.3—表 C.0.9。

5) 钢构件预拼装工程

钢构件预拼装工程可按钢结构制作工程检验批的划分原则划分为一个或若干个检验批。

预拼装所用的支承凳或平台应测量找平,检查时应拆除全部临时固定和拉紧装置。

进行预拼装的钢构件,其质量应符合设计要求和《钢结构工程施工质量验收规范》GB50205—2001 合格质量标准的规定。

预拼装：

① 主控项目

高强度螺栓和普通螺栓连接的多层板叠,应采用试孔器进行检查,并应符合下列规定：

当采用比孔公称直径小 1.0mm 的试孔器检查时,每组孔的通过率不应小于 85%；

当采用比螺栓公称直径大 0.3mm 的试孔器检查时,通过率应为 100%。

采用试孔器检查,按预拼装单元全数检查。

② 一般项目

预拼装的允许偏差应符合《钢结构工程施工质量验收规范》GB50205—2001 附录 D 表 D 的规定。

按预拼装单元全数检查,检验方法见《钢结构工程施工质量验收规范》GB50205—2001 附录 D 表 D。

6）单层钢结构安装工程

单层钢结构的主体结构、地下钢结构、檩条及墙架等次要构件、钢平台、钢梯、防护栏杆等安装工程可按变形缝或空间刚度单元等划分成一个或若干个检验批。地下钢结构可按不同地下层划分检验批。

钢结构安装检验批应在进场验收和焊接连接、紧固件连接、制作等分项工程验收合格的基础上进行验收。

安装的测量校正、高强度螺栓安装、负温度下施工及焊接工艺等,应在安装前进行工艺试验或评定,并应在此基础上制定相应的施工工艺或方案。

安装偏差的检测,应在结构形成空间刚度单元并连接固定后进行。

安装时,必须控制屋面、楼面、平台等的施工荷载,施工荷载和冰雪荷载等严禁超过梁、桁架、楼面板、屋面板、平台铺板等的承载能力。

在形成空间刚度单元后,应及时对柱底板和基础顶面的空隙进行细石混凝土、灌浆料等二次浇灌。

吊车梁或直接承受动力荷载的梁其受拉翼缘、吊车桁架或直接承受动力荷载的桁架其受拉弦杆上不得焊接悬挂物和卡具等。

（1）基础和支承面

① 主控项目

建筑物的定位轴线、基础轴线和标高、地脚螺栓的规格及其紧固应符合设计要求。

用经纬仪、水准仪、全站仪和钢尺现场实测,按柱基数抽查 10%,且不应少于 3 个。

基础顶面直接作为柱的支承面和基础顶面预埋钢板或支座作为柱的支承面时,其支承面、地脚螺栓（锚栓）位置的允许偏差应符合表 6-75 的规定。

用经纬仪、水准仪、全站仪、水平尺和钢尺实测,按柱基数抽查 10%,且不应少于 3 个。

表 6-75　　　　　　　支承面、地脚螺栓（锚栓）位置的允许偏差　　　　　　　单位：mm

项　　目		允许偏差
支承面	标高	±3.0
	水平度	$l/1000$
地脚螺栓（锚栓）	螺栓中心偏移	5.0
预留孔中心偏移		10.0

采用座浆垫板时,座浆垫板的允许偏差应符合表 6-76 的规定。

用水准仪、全站仪、水平尺和钢尺现场实测,按柱基数抽查 10%,且不应少于 3 个。

表 6-76　　　　　　　　　　　座浆垫板的允许偏差　　　　　　　　　　　单位:mm

项　目	允许偏差
顶面标高	0.0 −3.0
水平度	$l/1000$
位　置	20.0

采用杯口基础时,杯口尺寸的允许偏差应符合表 6-77 的规定。

观察及尺量检查,按基础数抽查 10%,且不应少于 4 处。

表 6-77　　　　　　　　　　　杯口尺寸的允许偏差　　　　　　　　　　　单位:mm

项　目	允许偏差
底面标高	0.0 −5.0
杯口深度 H	±5.0
杯口垂直度	$H/100$,且不应大于 10.0
位　置	10.0

② 一般项目

地脚螺栓(锚栓)尺寸的偏差应符合表 6-78 的规定。地脚螺栓(锚栓)的螺纹应受到保护。

用钢尺现场实测,按柱基数抽查 10%,且不应少于 3 个。

表 6-78　　　　　　　　　　地脚螺拴(锚栓)尺寸的允许偏差　　　　　　　　　　单位:mm

项　目	允许偏差
螺栓(锚栓)露出长度	+30.0 0.0
螺纹长度	+30.0 0.0

(2) 安装和校正

① 主控项目

钢构件应符合设计要求和《钢结构工程施工质量验收规范》GB50205—2001 的规定。运输、堆放和吊装等造成的钢构件变形及涂层脱落,应进行矫正和修补。

用拉线、钢尺现场实测或观察,按构件数抽查 10%,且不应少于 3 个。检验方法:

设计要求顶紧的节点,接触面不应少于 70% 紧贴,且边缘最大间隙不应大于 0.8mm。

用钢尺及 0.3mm 和 0.8mm 厚的塞尺现场实测,按节点数抽查 10%,且不应少于 3 个。

钢屋(托)架、桁架、梁及受压杆件的垂直度和侧向弯曲矢高的允许偏差应符合表 6-79 的规定。

用吊线、拉线、经纬仪和钢尺现场实测,按同类构件数抽查 10%,且不应少于 3 个。

表 6-79　钢屋(托)架、桁架、梁及受压杆件垂直度和侧向弯曲矢高的允许偏差　单位:mm

项　目	允许偏差		图　例
跨中的垂直度	$h/250$,且不应大于 15.0		
侧向弯曲矢高 f	$l\leqslant 30m$	$l/1\,000$,且不应大于 10.0	
	$30m<l\leqslant 60m$	$l/1\,000$,且不应大于 30.0	
	$l>60m$	$l/1\,000$,且不应大于 50.0	

单层钢结构主体结构的整体垂直度和整体平面弯曲的允许偏差应符合表 6-80 的规定。

采用经纬仪、全站仪等测量,对主要立面全部检查。对每个所检查的立面,除两列角柱外,尚应至少选取一列中间柱。

表 6-80　整体垂直度和整体平面弯曲的允许偏差　单位:mm

项　目	允许偏差	图　例
主体结构的整体垂直度	$H/1\,000$,且不应大于 25.0	
主体结构的整体平面弯曲	$l/1\,500$,且不应大于 25.0	

② 一般项目

钢柱等主要构件的中心线及标高基准点等标记应齐全。

观察检查,按同类构件数抽查 10%,且不应少于 3 件。

当钢桁架(或梁)安装在混凝土柱上时,其支座中心对定位轴线的偏差不应大于 10mm;当采用大型混凝土屋面板时,钢桁架(或梁)间距的偏差不应大于 10mm。

用拉线和钢尺现场实测,按同类构件数抽查 10%,且不应少于 3 榀。

钢柱安装的允许偏差应符合《钢结构工程施工质量验收规范》GB50205—2001 附录 E 中表 E.0.1 的规定。

按钢柱数抽查 10％，且不应少于 3 件，检验方法见《钢结构工程施工质量验收规范》GB50205—2001 附录 E 中表 E.0.1。

钢吊车梁或直接承受动力荷载的类似构件，其安装的允许偏差应符合《钢结构工程施工质量验收规范》GB50205—2001 附录 E 中表 E.0.2 的规定。

按钢吊车梁数抽查 10％，且不应少于 3 榀，检验方法见《钢结构工程施工质量验收规范》GB50205—2001 附录 E 中表 E.0.2。

檩条、墙架等次要构件安装的允许偏差应符合《钢结构工程施工质量验收规范》GB50205—2001 附录 E 中表 E.0.3 的规定。

按同类构件数抽查 10％，且不应少于 3 件，检验方法见《钢结构工程施工质量验收规范》GB50205—2001 附录 E 中表 E.0.3。

钢平台、钢梯、栏杆安装应符合现行国家标准《固定式钢直梯》GB4053.1、《固定式钢斜梯》GB4053.2、《固定式防护栏杆》GB4053.3 和《固定式钢平台》GB4053.4 的规定。钢平台、钢梯和防护栏杆安装的允许偏差应符合《钢结构工程施工质量验收规范》GB50205—2001 附录 E 中表 E.0.4 的规定。

按钢平台总数抽查 10％，栏杆、钢梯按总长度各抽查 10％，但钢平台不应少于 1 个，栏杆不应少于 5m，钢梯不应少于 1 跑，检验方法见《钢结构工程施工质量验收规范》GB50205—2001 附录 E 中表 E.0.4。

现场焊缝组对间隙的允许偏差应符合表 6-81 的规定。

尺量检查，按同类节点数抽查 10％，且不应少于 3 个。

表 6-81　　　　　　　　　　　现场焊缝组对间隙的允许偏差　　　　　　　　　　　单位：mm

项　　目	允许偏差
无垫板间隙	+3.0 0.0
有垫板间隙	+3.0 −2.0

钢结构表面应干净，结构主要表面不应有疤痕、泥沙等污垢。

观察检查，按同类构件数抽查 10％，且不应少于 3 件。

7）多层及高层钢结构安装工程

多层及高层钢结构的主体结构、地下钢结构、檩条及墙架等次要构件、钢平台、钢梯、防护栏杆等安装工程的质量验收，可按楼层或施工段等划分为一个或若干个检验批。地下钢结构可按不同地下层划分检验批。

柱、梁、支撑等构件的长度尺寸应包括焊接收缩余量等变形值。

安装柱时，每节柱的定位轴线应从地面控制轴线直接引上，不得从下层柱的轴线引上。

结构的楼层标高可按相对标高或设计标高进行控制。

钢结构安装检验批应在进场验收和焊接连接、紧固件连接、制作等分项工程验收合格的基础上进行验收。

多层及高层钢结构安装应遵照《钢结构工程施工质量验收规范》GB 50205—2001 第10.1.4,10.1.5,10.1.6,10.1.7,10.1.8 条的规定。

（1）基础和支承面

① 主控项目

建筑物的定位轴线、基础上柱的定位轴线和标高、地脚螺栓（锚栓）的规格和位置、地脚螺栓（锚栓）紧固应符合设计要求。当设计无要求时，应符合表 6-82 的规定。

采用经纬仪、水准仪、全站仪和钢尺实测，按柱基数抽查 10％，且不应少于 3 个。

表 6-82　　　建筑物定位轴线、基础上柱的定位轴线和标高、地脚螺栓（锚栓）的允许偏差　　　单位：mm

项　　目	允许偏差	图　　例
建筑物定位轴线	$L/20\,000$,且不应大于 3.0	
基础上柱的定位轴线	1.0	
基础上柱底标高	±2.0	基准点
地脚螺栓（锚栓）位移	2.0	

多层建筑以基础顶面直接作为柱的支承面，或以基础顶面预埋钢板或支座作为柱的支承面时，其支承面、地脚螺栓（锚栓）位置的允许偏差应符合表 6-75 的规定。

用经纬仪、水准仪、全站仪、水平尺和钢尺实测，按柱基数抽查 10％，且不应少于 3 个。

多层建筑采用座浆垫板时，座浆垫板的允许偏差应符合表 6-76 的规定。

用水准仪、全站仪、水平尺和钢尺实测，资料全数检查。按柱基数抽查 10％，且不应少于 3 个。

当采用杯口基础时，杯口尺寸的允许偏差应符合表 6-77 的规定。

观察及尺量检查,按基础数抽查 10％,且不应少于 4 处。

② 一般项目

地脚螺栓(锚栓)尺寸的允许偏差应符合表 6-78 的规定。地脚螺栓(锚栓)的螺纹应受到保护。

用钢尺现场实测,按柱基数抽查 10％,且不应少于 3 个。

(2) 安装和校正

① 主控项目

钢构件应符合设计要求和《钢结构工程施工质量验收规范》GB 50205—2001 的规定。运输、堆放和吊装等造成的钢构件变形及涂层脱落,应进行矫正和修补。

用拉线、钢尺现场实测或观察,按构件数抽查 10％,且不应少于 3 个。

柱子安装的允许偏差应符合表 6-83 的规定。

用全站仪或激光经纬仪和钢尺实测,标准柱全部检查;非标准柱抽查 10％,且不应少于 3 根。

表 6-83　　　　　　　　　　　　　柱子安装的允许偏差　　　　　　　　　　　　单位:mm

项　　目	允许偏差	图　　例
底层柱柱底轴线对定位轴线偏移	3.0	
柱子定位轴线	1.0	
单节柱的垂直度	$h/1000$,且不应大于 10.0	

设计要求顶紧的节点,接触面不应少于 70％紧贴,且边缘最大间隙不应大于 0.8mm。

用钢尺及 0.3mm 和 0.8mm 厚的塞尺现场实测,按节点数抽查 10％,且不应少于 3 个。

钢主梁、次梁及受压杆件的垂直度和侧向弯曲矢高的允许偏差应符合表 6-79 中有关钢屋(托)架允许偏差的规定。

用吊线、拉线、经纬仪和钢尺现场实测,按同类构件数抽查 10％,且不应少于 3 个。

多层及高层钢结构主体结构的整体垂直度和整体平面弯曲的允许偏差应符合表 6-84 的规定。

对于整体垂直度,可采用激光经纬仪、全站仪测量,也可根据各节柱的垂直度允许偏差累计(代数和)计算。对于整体平面弯曲,可按产生的允许偏差累计(代数和)计算。对主要立面全部检查。对每个所检查的立面,除两列角柱外,尚应至少选取一列中间柱。

表 6-84　　　　　　　　　整体垂直度和整体平面弯曲的允许偏差　　　　　　　　单位:mm

项　　目	允许偏差	图　　例
主体结构的整体垂直度	$(H/2500+10.0)$,且不应大于 50.0	
主体结构的整体平面弯曲	$L/1500$,且不应大于 25.0	

② 一般项目

钢结构表面应干净,结构主要表面不应有疤痕、泥沙等污垢。

观察检查,按同类构件数抽查 10%,且不应少于 3 件。

钢柱等主要构件的中心线及标高基准点等标记应齐全。

观察检查,按同类构件数抽查 10%,且不应少于 3 件。

钢构件安装的允许偏差应符合《钢结构工程施工质量验收规范》GB50205—2001 附录 E 中表 E.0.5 的规定。

按同类构件或节点数抽查 10%。其中柱和梁各不应少于 3 件,主梁与次梁连接节点不应少于 3 个,支承压型金属板的钢梁长度不应少于 5m。检验方法见《钢结构工程施工质量验收规范》GB50205—2001 附录 E 中表 E.0.5。

主体结构总高度的允许偏差应符合《钢结构工程施工质量验收规范》GB50205—2001 附录 E 中表 E.0.6 的规定。

采用全站仪、水准仪和钢尺实测,按标准柱列数抽查 10%,且不应少于 4 列。

当钢构件安装在混凝土柱上时,其支座中心对定位轴线的偏差不应大于 10mm;当采用大型混凝土屋面板时,钢梁(或桁架)间距的偏差不应大于 10mm。

用拉线和钢尺现场实测,按同类构件数抽查 10%,且不应少于 3 榀。

多层及高层钢结构中钢吊车梁或直接承受动力荷载的类似构件,其安装的允许偏差应符合《钢结构工程施工质量验收规范》GB50205—2001 附录 E 中表 E.0.2 的规定。

按钢吊车梁数抽查 10%,且不应少于 3 榀,检验方法:见《钢结构工程施工质量验收规范》GB50205—2001 附录 E 中表 E.0.2。

多层及高层钢结构中檩条、墙架等次要构件安装的允许偏差应符合《钢结构工程施工质量验收规范》GB50205—2001 附录 E 中表 E.0.3 的规定。

按同类构件数抽查 10%,且不应少于 3 件,检验方法:见《钢结构工程施工质量验收规范》GB50205—2001 附录 E 中表 E.0.3。

多层及高层钢结构中钢平台、钢梯、栏杆安装应符合现行国家标准《固定式钢直梯》GB4053.1、《固定式钢斜梯》GB4053.2、《固定式防护栏杆》GB4053.3 和《固定式钢平台》GB4053.4 的规定。钢平台、钢梯和防护栏杆安装的允许偏差应符合《钢结构工程施工质量验收规范》GB50205—2001 附录 E 中表 E.0.4 的规定。

按钢平台总数抽查 10%,栏杆、钢梯按总长度各抽查 10%,但钢平台不应少于 1 个,栏杆不应少于 5m,钢梯不应少于 1 跑。检验方法见《钢结构工程施工质量验收规范》GB50205—2001 附录 E 中表 E.0.4。

多层及高层钢结构中现场焊缝组对间隙的允许偏差应符合表 6-81 的规定。

尺量检查,按同类节点数抽查 10%,且不应少于 3 个。

8) 钢网架结构安装工程

建筑工程中的平板型钢网格结构(简称钢网架结构)安装工程的质量验收可按变形缝、施工段或空间刚度单元划分成一个或若干检验批。

钢网架结构安装检验批应在进场验收和焊接连接、紧固件连接、制作等分项工程验收合格的基础上进行验收。

钢网架结构安装应遵照《钢结构工程施工质量验收规范》GB50205—2001 第 10.1.4,10.1.5,10.1.6 条的规定。

(1) 支承面顶板和支承垫块

① 主控项目

钢网架结构支座定位轴线的位置、支座锚栓的规格应符合设计要求。用经纬仪和钢尺实测,按支座数抽查 10%,且不应少于 4 处。

支承面顶板的位置、标高、水平度以及支座锚栓位置的允许偏差应符合表 6-85 的规定。

表 6-85　　　　　　　　　支承面顶板、支座锚栓位置的允许偏差　　　　　　　　　单位:mm

项　目		允许偏差
支承面顶板	位　置	15.0
	顶面标高	0 −3.0
	顶面水平度	$L/1000$
支座锚栓	中心偏移	±5.0

用经纬仪、水准仪、水平尺和钢尺实测,按支座数抽查 10%,且不应少于 4 处。

支承垫块的种类、规格、摆放位置和朝向,必须符合设计要求和国家现行有关标准的规定。橡胶垫块与刚性垫块之间或不同类型刚性垫块之间不得互换使用。

观察和用钢尺实测,按支座数抽查 10%,且不应少于 4 处。

网架支座锚栓的紧固应符合设计要求。

观察检查,按支座数抽查 10%,且不应少于 4 处。

② 一般项目

支座锚栓尺寸的允许偏差应符合表 6-78 的规定。支座锚栓的螺纹应受到保护。

用钢尺实测,按支座数抽查 10%,且不应少于 4 处。

（2）总拼与安装

① 主控项目

小拼单元的允许偏差应符合表 6-86 的规定,用钢尺和拉线等辅助量具实测按单元数抽查 5%,且不应少于 5 个。

表 6-86　　　　　　　　　　　小拼单元的允许偏差　　　　　　　　　　　单位:mm

项　　目			允许偏差
节点中心偏移			±2.0
焊接球节点与钢管中心的偏移			±1.0
杆件轴线的弯曲矢高			$L_1/1\,000$,且不应大于 5.0
锥体型小拼单元	弦杆长度		±2.0
	锥体高度		±2.0
	上弦杆对角线长度		±3.0
平面桁架型小拼单元	跨长	≤24m	+3.0 -7.0
		>24m	+5.0 -10.0
	跨中高度		±3.0
	跨中拱度	设计要求起拱	±L/5\,000
		设计未要求起拱	+10.0

注:1. L_1 为杆件长度;
　　2. L 为跨长。

中拼单元的允许偏差应符合表 6-87 的规定。

全数用钢尺和辅助量具实测。

表 6-87　　　　　　　　　　　中拼单元的允许偏差　　　　　　　　　　　单位:mm

项　　目		允许偏差
单元长度≤20m, 拼接长度	单　跨	±10.0
	多跨连续	±5.0
单元长度>20m, 拼接长度	单　跨	±20.0
	多跨连续	±10.0

对建筑结构安全等级为一级,跨度 40m 及以上的公共建筑钢网架结构,且设计有要求时,应按下列项目进行节点承载力试验,其结果应符合以下规定:

焊接球节点应按设计指定规格的球及其匹配的钢管焊接成试件,进行轴心拉、压承载力试验,其试验破坏荷载值大于或等于 1.6 倍设计承载力为合格。

螺栓球节点应按设计指定规格的球最大螺栓孔螺纹进行抗拉强度保证荷载试验,当达到螺栓的设计承载力时,螺孔、螺纹及封板仍完好无损为合格。

在万能试验机上进行检验,检查试验报告,每项试验做 3 个试件。

钢网架结构总拼完成后及屋面工程完成后应分别测量其挠度值,且所测的挠度值不应超过相应设计值的 1.15 倍。

用钢尺和水准仪实测,跨度 24m 及以下钢网架结构测量下弦中央一点;跨度 24m 以上钢网架结构测量下弦中央一点及各向下弦跨度的四等分点。

② 一般项目

钢网架结构安装完成后,其节点及杆件表面应干净,不应有明显的疤痕、泥沙和污垢。螺栓球节点应将所有接缝用油腻子填嵌严密,并应将多余螺孔封口。

观察检查,按节点及杆件数抽查 5%,且不应少于 10 个节点。

钢网架结构安装完成后,其安装的允许偏差应符合表 6-88 的规定。

除杆件弯曲矢高按杆件数抽查 5% 外,其余全数检查。检验方法见表 6-88。

表 6-88　　　　　　　　　钢网架结构安装的允许偏差　　　　　　　　　单位:mm

项　目	允许偏差	检验方法
纵向、横向长度	$L/2\,000$,且不应大于 30.0 $-L/2\,000$,且不应小于 -30.0	用钢尺实测
支座中心偏移	$L/3\,000$,且不应大于 30.0	用钢尺和经纬仪实测
周边支承网架相邻支座高差	$L/400$,且不应大于 15.0	用钢尺和水准仪实测
支座最大高差	30.0	
多点支承网架相邻支座高差	$L_1/800$,且不应大于 30.0	

注:1. L 为纵向、横向长度;
　　2. L_1 为相邻支座间距。

9) 压型金属板工程

压型金属板的制作和安装工程可按变形缝、楼层、施工段或屋面、墙面、楼面等划分为一个或若干个检验批。

压型金属板安装应在钢结构安装工程检验批质量验收合格后进行。

(1) 压型金属板制作

① 主控项目

压型金属板成型后,其基板不应有裂纹。

观察和用 10 倍放大镜检查,按计件数抽查 5%,且不应少于 10 件。

有涂层、镀层压型金属板成型后,涂、镀层不应有肉眼可见的裂纹、剥落和擦痕等缺陷。

观察检查,按计件数抽查 5%,且不应少于 10 件。

② 一般项目

压型金属板的尺寸允许偏差应符合表 6-89 的规定。

用拉线和钢尺检查按计件数抽查 5%,且不应少于 10 件。

压型金属板成型后,表面应干净,不应有明显凹凸和皱褶。观察检查,按计件数抽查 5%,且不应少于 10 件。

表 6-89　　　　　　　　　　　压型金属板的尺寸允许偏差　　　　　　　　　　单位:mm

项　　目		允许偏差
波　　距		±2.0
波高	压型钢板 截面高度≤70	±1.5
	压型钢板 截面高度>70	±2.0
侧向弯曲	在测量长度 l_1 的范围内	20.0

注:l_1 为测量长度,指板长扣除两端各 0.5m 后的实际长度(小于 10m)或扣除后任选的 10m 长度。

压型金属板施工现场制作的允许偏差应符合表 6-90 的规定。

用钢尺、角尺检查,按计件数抽查 5%,且不应少于 10 件。

表 6-90　　　　　　　　　压型金属板施工现场制作的允许偏差　　　　　　　单位:mm

项　　目		允许偏差
压型金属板的覆盖宽度	截面高度≤70	+10.0,−2.0
	截面高度>70	+6.0,−2.0
板　　长		±9.0
横向剪切偏差		6.0
泛水板、包角板尺寸	板　　长	±6.0
	折弯面宽度	±3.0
	折弯面夹角	2°

（2）压型金属板安装

① 主控项目

压型金属板、泛水板和包角板等应固定可靠、牢固,防腐涂料涂刷和密封材料敷设应完好,连接件数量、间距应符合设计要求和国家现行有关标准规定。

全数观察检查及尺量检查。

压型金属板应在支承构件上可靠搭接,搭接长度应符合设计要求,且不应小于表 6-91 所规定的数值。

观察和用钢尺检查,按搭接部位总长度抽查 10%,且不应少于 10m。

表 6-91　　　　　　　　　压型金属板在支承构件上的搭接长度　　　　　　单位:mm

项　　目		搭接长度
截面高度>70		375
截面高度≤70	屋面坡度<1/10	250
	屋面坡度≥1/10	200
墙　　面		120

组合楼板中压型钢板与主体结构（梁）的锚固支承长度应符合设计要求,且不应小于 50mm,端部锚固件连接应可靠,设置位置应符合设计要求。

观察和用钢尺检查,沿连接纵向长度抽查 10%,且不应少于 10m。

② 一般项目

压型金属板安装应平整、顺直,板面不应有施工残留物和污物。檐口和墙面下端应呈直线,不应有未经处理的错钻孔洞。

观察检查,按面积抽查 10%,且不应少于 10m²。

压型金属板安装的允许偏差应符合表 6-92 的规定。

用拉线、吊线和钢尺检查,檐口与屋脊的平行度:按长度抽查 10%,且不应少于 10m。其他项目,每 20m 长度应抽查 1 处,不应少于 2 处。

表 6-92　　　　　　压型金属板安装的允许偏差　　　　　单位:mm

项　目		允许偏差
屋面	檐口与屋脊的平行度	12.0
	压型金属板波纹线对屋脊的垂直度	$L/800$,且不应大于 25.0
	檐口相邻两块压型金属板端部错位	6.0
	压型金属板卷边板件最大波浪高	4.0
墙面	墙板波纹线的垂直度	$H/800$,且不应大于 25.0
	墙板包角板的垂直度	$H/800$,且不应大于 25.0
	相邻两块压型金属板的下端错位	6.0

注:1. L 为屋面半坡或单坡长度;
　　2. H 为墙面高度。

10)钢结构涂装工程

钢结构涂装工程可按钢结构制作或钢结构安装工程检验批的划分原则划分成一个或若干个检验批。

钢结构普通涂料涂装工程应在钢结构构件组装、预拼装或钢结构安装工程检验批的施工质量验收合格后进行。钢结构防火涂料涂装工程应在钢结构安装工程检验批和钢结构普通涂料涂装检验批的施工质量验收合格后进行。

涂装时的环境温度和相对湿度应符合涂料产品说明书的要求,当产品说明书无要求时,环境温度宜在 5℃～38℃之间,相对湿度不应大于 85%。涂装时构件表面不应有结露;涂装后 4h 内应保护免受雨淋。

(1)钢结构防腐涂料涂装

① 主控项目

涂装前钢材表面除锈应符合设计要求和国家现行有关标准的规定。处理后的钢材表面不应有焊渣、焊疤、灰尘、油污、水和毛刺等。当设计无要求时,钢材表面除锈等级应符合表 6-93 的规定。

表 6-93　　　　　各种底漆或防锈漆要求最低的除锈等级

涂料品种	除锈等级
油性酚醛、醇酸等底漆或防锈漆	St2
高氯化聚乙烯、氯化橡胶、氯磺化聚乙烯、环氧树脂、聚氨酯等底漆或防锈漆	Sa2
无机富锌、有机硅、过氯乙烯等底漆	Sa2 $\frac{1}{2}$

用铲刀检查和用现行国家标准《涂装前钢材表面锈蚀等级和除锈等级》GB8923 规定的图片对照观察检查,按构件数抽查 10%,且同类构件不应少于 3 件。

检验方法:

涂料、涂装遍数、涂层厚度均应符合设计要求。当设计对涂层厚度无要求时,涂层干漆膜总厚度:室外应为 150μm,室内应为 125μm,其允许偏差为－25μm。每遍涂层干漆膜厚度的允许偏差为－5μm。

用干漆膜测厚仪检查。每个构件检测 5 处,每处的数值为 3 个相距 50mm 测点涂层干漆膜厚度的平均值。按构件数抽查 10%,且同类构件不应少于 3 件。

② 一般项目

构件表面不应误涂、漏涂,涂层不应脱皮和返锈等。涂层应均匀、无明显皱皮、流坠、针眼和气泡等。

全数观察检查。

当钢结构处在有腐蚀介质环境或外露且设计有要求时,应进行涂层附着力测试,在检测处范围内,当涂层完整程度达到 70%以上时,涂层附着力达到合格质量标准的要求。

按照现行国家标准《漆膜附着力测定法》GB1720 或《色漆和清漆、漆膜的划格试验》GB9286 执行。按构件数抽查 1%,且不应少于 3 件,每件测 3 处。

涂装完成后,构件的标志、标记和编号应清晰完整。全数观察检查。

(2) 钢结构防火涂料涂装

① 主控项目

防火涂料涂装前钢材表面除锈及防锈底漆涂装应符合设计要求和国家现行有关标准的规定。

表面除锈用铲刀检查和用现行国家标准《涂装前钢材表面锈蚀等级和除锈等级》GB8923 规定的图片对照观察检查。底漆涂装用干漆膜测厚仪检查,每个构件检测 5 处,每处的数值为 3 个相距 50mm 测点涂层干漆膜厚度的平均值。按构件数抽查 10%,且同类构件不应少于 3 件。

钢结构防火涂料的粘结强度、抗压强度应符合国家现行标准《钢结构防火涂料应用技术规程》CECS24:90 的规定。检验方法应符合现行国家标准《建筑构件防火喷涂材料性能试验方法》GB9978 的规定。

检查复检报告,每使用 100t 或不足 100t 薄涂型防火涂料应抽检一次粘结强度;每使用 500t 或不足 500t 厚涂型防火涂料应抽检一次粘结强度和抗压强度。

薄涂型防火涂料的涂层厚度应符合有关耐火极限的设计要求。厚涂型防火涂料涂层的厚度,80%及以上面积应符合有关耐火极限的设计要求,且最薄处厚度不应低于设计要求的 85%。

用涂层厚度测量仪、测针和钢尺检查。测量方法应符合国家现行标准《钢结构防火涂料应用技术规程》CECS24:90 的规定及《钢结构工程施工质量验收规范》GB50205—2001 附录 F。按同类构件数抽查 10%,且均不应少于 3 件。

薄涂型防火涂料涂层表面裂纹宽度不应大于 0.5mm;厚涂型防火涂料涂层表面裂纹宽度不应大于 1mm。

观察和用尺量检查,按同类构件数抽查 10%,且均不应少于 3 件。

② 一般项目

防火涂料涂装基层不应有油污、灰尘和泥砂等污垢。

全数观察检查。

防火涂料不应有误涂、漏涂,涂层应闭合无脱层、空鼓、明显凹陷、粉化松散和浮浆等外观缺陷,乳突已剔除。

全数检查观察检查。

11) 钢结构分部工程竣工验收

根据现行国家标准《建筑工程施工质量验收统一标准》GB50300 的规定,钢结构作为主体结构之一应按子分部工程竣工验收;当主体结构均为钢结构时应按分部工程竣工验收。大型钢结构工程可划分成若干个子分部工程进行竣工验收。

钢结构分部工程有关安全及功能的检验和见证检测项目见《钢结构工程施工质量验收规范》GB50205—2001 附录 G,检验应在其分项工程验收合格后进行。

钢结构分部工程有关观感质量检验应按《钢结构工程施工质量验收规范》GB50205—2001 附录 H 执行。

钢结构分部工程合格质量标准应符合下列规定:

各分项工程质量均应符合合格质量标准;

质量控制资料和文件应完整;

有关安全及功能的检验和见证检测结果应符合《钢结构工程施工质量验收规范》GB50205—2001 相应合格质量标准的要求;

有关观感质量应符合《钢结构工程施工质量验收规范》GB50205—2001 相应合格质量标准的要求。

钢结构分部工程竣工验收时,应提供下列文件和记录:

钢结构工程竣工图纸及相关设计文件;

施工现场质量管理检查记录;

有关安全及功能的检验和见证检测项目检查记录;

有关观感质量检验项目检查记录;

分部工程所含各分项工程质量验收记录;

分项工程所含各检验批质量验收记录;

强制性条文检验项目检查记录及证明文件;

隐蔽工程检验项目检查验收记录;

原材料、成品质量合格证明文件、中文标志及性能检测报告;

不合格项的处理记录及验收记录;

重大质量、技术问题实施方案及验收记录;

其他有关文件和记录。

钢结构工程质量验收记录应符合下列规定:

施工现场质量管理检查记录可按现行国家标准《建筑工程施工质量验收统一标准》GB50300 中附录 A 进行;

分项工程检验批验收记录可按《钢结构工程施工质量验收规范》GB50205—2001 附录 J 中表 J.0.1～表 J.0.13 进行;

分项工程验收记录可按现行国家标准《建筑工程施工质量验收统一标准》GB50300 中附录 E 进行；

分部(子分部)工程验收记录可按现行国家标准《建筑工程施工质量验收统一标准》GB50300 中附录 F 进行。

5. 屋面工程

1) 卷材防水屋面工程

(1) 屋面找平层

找平层的厚度和技术要求应符合表 6-94 的规定。

表 6-94 　　　　　　　　　　　　　　找平层的厚度和技术要求

类　　别	基层种类	厚度/mm	技术要求
水泥砂浆找平层	整体混凝土	15～20	1:2.5～1:3(水泥:砂)体积比,水泥强度等级不低于 32.5 级
	整体或板状材料保温层	20～25	
	装配式混凝土板,松散材料保温层	20～30	
细石混凝土找平层	松散材料保温层	30～35	混凝土强度等级不低于 C20
沥青砂浆找平层	整体混凝土	15～20	1:8(沥青:砂)质量比
	装配式混凝土板,整体或板状材料保温层	20～25	

找平层的基层采用装配式钢筋混凝土板时,应符合下列规定:

板端、侧缝应用细石混凝土灌缝,其强度等级不应低于 C20;

板缝宽度大于 40mm 或上窄下宽时,板缝内应设置构造钢筋;

板端缝应进行密封处理。

找平层的排水坡度应符合设计要求。平屋面采用结构找坡不应小于 3%,采用材料找坡宜为 2%;天沟、檐沟纵向找坡不应小于 1%,沟底水落差不得超过 200mm。

基层与突出屋面结构(女儿墙、山墙、天窗壁、变形缝、烟囱等)的交接处和基层的转角处,找平层均应做成圆弧形,圆弧半径应符合表 6-95 的要求。内部排水的水落口周围,找平层应做成略低的凹坑。

表 6-95 　　　　　　　　　　　　　　转角处圆弧半径

卷材种类	圆弧半径/mm
沥青防水卷材	100～150
高聚物改性沥青防水卷材	50
合成高分子防水卷材	20

找平层宜设分格缝,并嵌填密封材料。分格缝应留设在板端缝处,其纵横缝的最大间距:水泥砂浆或细石混凝土找平层,不宜大于 6m;沥青砂浆找平层,不宜大于 4m。

① 主控项目

找平层的材料质量及配合比,必须符合设计要求。

屋面(含天沟、檐沟)找平层的排水坡度,必须符合设计要求。

② 一般项目

基层与突出屋面结构的交接处和基层的转角处,均应做成圆弧形,且整齐平顺。

水泥砂浆、细石混凝土找平层应平整、压光,不得有酥松、起砂、起皮现象;沥青砂浆找平层不得有拌合不匀、蜂窝现象。

找平层分格缝的位置和间距应符合设计要求。

找平层表面平整度的允许偏差为 5mm。

(2) 屋面保温层

保温层应干燥,封闭式保温层的含水率应相当于该材料在当地自然风干状态下的平衡含水率。屋面保温层干燥有困难时,应采用排汽措施。

倒置式屋面应采用吸水率小、长期浸水不腐烂的保温材料。保温层上应用混凝土等块材、水泥砂浆或卵石做保护层;卵石保护层与保温层之间,应干铺一层无纺聚酯纤维布做隔离层。

松散材料保温层施工应符合下列规定:

铺设松散材料保温层的基层应平整、干燥和干净;

保温层含水率应符合设计要求;

松散保温材料应分层铺设并压实,压实的程度与厚度应经试验确定;

保温层施工完成后,应及时进行找平层和防水层的施工。雨季施工时,保温层应采取遮盖措施。

板状材料保温层施工应符合下列规定:

板状材料保温层的基层应平整、干燥和干净;

板状保温材料应紧靠在需保温的基层表面上,并应铺平垫稳;

分层铺设的板块上下层接缝应相互错开,板间缝隙应采用同类材料嵌填密实;

粘贴的板状保温材料应贴严、粘牢。

整体现浇(喷)保温层施工应符合下列规定:

沥青膨胀蛭石、沥青膨胀珍珠岩宜用机械搅拌,并应色泽一致,无沥青团。压实程度根据试验确定,其厚度应符合设计要求,表面应平整;

硬质聚氨酯泡沫塑料应按配比准确计量,发泡厚度均匀一致。

① 主控项目

保温材料的堆积密度或表观密度、导热系数以及板材的强度、吸水率,必须符合设计要求。

② 一般项目

保温层的铺设应符合下列要求:

松散保温材料:分层铺设,压实适当,表面平整,找坡正确;

板状保温材料:紧贴(靠)基层,铺平垫稳,拼缝严密,找坡正确;

整体现浇保温层:拌合均匀,分层铺设,压实适当,表面平整,找坡正确;

保温层厚度的允许偏差:松散保温材料和整体现浇保温层为 $+10\%$,-5%。板状保温材料为 $\pm5\%$,且不得大于 4mm;

当倒置式屋面保护层采用卵石铺压时,卵石应分布均匀,卵石的质(重)量应符合设计要求。

(3) 卷材防水层

卷材防水层应采用高聚物改性沥青防水卷材、合成高分子防水卷材或沥青防水卷材。所选用的基层处理剂、接缝胶黏剂、密封材料等配套材料应与铺贴的卷材材性相容。

在坡度大于 25％ 的屋面上采用卷材作防水层时,应采取固定措施。固定点应密封严密。

铺设屋面隔汽层和防水层前,基层必须干净、干燥。

干燥程度的简易检验方法,是将 $1m^2$ 卷材平坦地干铺在找平层上,静置 3～4h 后掀开检查,找平层覆盖部位与卷材上未见水印即可铺设。

卷材铺贴方向应符合下列规定:

屋面坡度小于 3％ 时,卷材宜平行屋脊铺贴;

屋面坡度在 3％～15％ 时,卷材可平行或垂直屋脊铺贴;

屋面坡度大于 15％ 或屋面受震动时,沥青防水卷材应垂直屋脊铺贴,高聚物改性沥青防水卷材和合成高分子防水卷材可平行或垂直屋脊铺贴;

上下层卷材不得相互垂直铺贴。

卷材厚度选用应符合表 6-96 的规定。

表 6-96　　卷材厚度选用表

屋面防水等极	设防道数	合成高分子防水卷材	高聚物改性沥青防水卷材	沥青防水卷材
Ⅰ 级	三道或三道以上设防	不应小于 1.55mm	不应小于 3mm	—
Ⅱ 级	二道设防	不应小于 1.2mm	不应小于 3mm	—
Ⅲ 级	一道设防	不应小于 1.2mm	不应小于 4mm	三毡四油
Ⅳ 级	一道设防	—	—	二毡三油

铺贴卷材采用搭接法时,上下层及相邻两幅卷材的搭接缝应错开。各种卷材搭接宽度应符合表 6-97 的要求。

表 6-97　　卷材搭接宽度

铺贴方法 卷材种类		短边搭接		长边搭接	
		满粘法	空铺、点粘、条粘法	满粘法	空铺、点粘、条粘性
沥青防水卷材/mm		100	150	70	100
高聚物改性沥青防水卷材/mm		80	100	80	100
合成高分子防水卷材	胶黏剂/mm	80	100	80	100
	胶黏带/mm	50	60	50	60
	单缝焊/mm	60,有效焊接宽度不小于 25			
	双缝焊/mm	80,有效焊接宽度 10×2+空腔宽			

冷粘法铺贴卷材应符合下列规定:

胶黏剂涂刷应均匀,不露底,不堆积;

根据胶黏剂的性能,应控制胶黏剂涂刷与卷材铺贴的间隔时间;

铺贴的卷材下面的空气应排尽,并辊压粘结牢固;

铺贴卷材应平整顺直,搭接尺寸准确,不得扭曲、皱折;

接缝口应用密封材料封严,宽度不应小于 10mm。

热熔法铺贴卷材应符合下列规定:

火焰加热器加热卷材应均匀,不得过分加热或烧穿卷材;厚度小于 3mm 的高聚物改性沥青防水卷材严禁采用热熔法施工；

卷材表面热熔后应立即滚铺卷材，卷材下面的空气应排尽，并辊压粘结牢固，不得空鼓；

卷材接缝部位必须溢出热熔的改性沥青胶；

铺贴的卷材应平整顺直，搭接尺寸准确，不得扭曲、皱折。

自粘法铺贴卷材应符合下列规定：

铺贴卷材前基层表面应均匀涂刷基层处理剂，干燥后应及时铺贴卷材；

铺贴卷材时，应将自粘胶底面的隔离纸全部撕净；

卷材下面的空气应排尽，并辊压粘结牢固；

铺贴的卷材应平整顺直，搭接尺寸准确，不得扭曲、皱折。搭接部位宜采用热风加热，随即粘贴牢固；

接缝口应用密封材料封严，宽度不应小于 10mm。

卷材热风焊接施工应符合下列规定：

焊接前卷材的铺设应平整顺直，搭接尺寸准确，不得扭曲、皱折；

卷材的焊接面应清扫干净，无水滴、油污及附着物；

焊接时应先焊长边搭接缝，后焊短边搭接缝；

控制热风加热温度和时间，焊接处不得有漏焊、跳焊、焊焦或焊接不牢现象；

焊接时不得损害非焊接部位的卷材。

沥青玛瑞脂的配制和使用应符合下列规定：

配制沥青玛瑞脂的配合比应视使用条件、坡度和当地历年极端最高气温，并根据所用的材料经试验确定。施工中应按确定的配合比严格配料，每工作班应检查软化点和柔韧性；

热沥青玛瑞脂的加热温度不应高于 240℃，使用温度不应低于 190℃；

冷沥青玛瑞脂使用时应搅匀，稠度太大时可加少量溶剂稀释搅匀；

沥青玛瑞脂应涂刮均匀，不得过厚或堆积。

黏结层厚度：热沥青玛瑞脂宜为 1～1.5mm，冷沥青玛瑞脂宜为 0.5～1mm。

面层厚度：热沥青玛瑞脂宜为 2～3mm，冷沥青玛瑞脂宜为 1～1.5mm。

天沟、檐沟、檐口、泛水和立面卷材收头的端部应裁齐，塞入预留凹槽内，用金属压条钉压固定，最大钉距不应大于 900mm，并用密封材料嵌填封严。

卷材防水层完工并经验收合格后，应做好成品保护。保护层的施工应符合下列规定：

绿豆砂应清洁、预热、铺撒均匀，并使其与沥青玛瑞脂粘结牢固，不得残留未粘结的绿豆砂；

云母或蛭石保护层不得有粉料，撒铺应均匀，不得露底，多余的云母或蛭石应清除；

水泥砂浆保护层的表面应抹平压光，并设表面分格缝，分格面积宜为 1m²；

块体材料保护层应留设分格缝，分格面积不宜大于 100m²，分格缝宽度不宜小于 20mm；

细石混凝土保护层，混凝土应密实，表面抹平压光，并留设分格缝，分格面积不大于 36m²；

浅色涂料保护层应与卷材粘结牢固，厚薄均匀，不得漏涂；

水泥砂浆、块材或细石混凝土保护层与防水层之间应设置隔离层；

刚性保护层与女儿墙、山墙之间应预留宽度为 30mm 的缝隙，并用密封材料嵌填严密。

① 主控项目

卷材防水层所用卷材及其配套材料，必须符合设计要求。

卷材防水层不得有渗漏或积水现象。

卷材防水层在天沟、檐沟、檐口、水落口、泛水、变形缝和伸出屋面管道的防水构造,必须符合设计要求。

② 一般项目

卷材防水层的搭接缝应粘(焊)结牢固,密封严密,不得有皱折、翘边和鼓泡等缺陷;防水层的收头应与基层粘结并固定牢固,缝口封严,不得翘边。

卷材防水层上的撒布材料和浅色涂料保护层应铺撒或涂刷均匀,粘结牢固;水泥砂浆、块材或细石混凝土保护层与卷材防水层间应设置隔离层;刚性保护层的分格缝留置应符合设计要求。

排汽屋面的排汽道应纵横贯通,不得堵塞。排汽管应安装牢固,位置正确,封闭严密。

卷材的铺贴方向应正确,卷材搭接宽度的允许偏差为 $-10mm$。

2）涂膜防水屋面工程

防水涂料应采用高聚物改性沥青防水涂料、合成高分子防水涂料。

防水涂膜施工应符合下列规定:

涂膜应根据防水涂料的品种分层分遍涂布,不得一次涂成;

应待先涂的涂层干燥成膜后,方可涂后一遍涂料;

需铺设胎体增强材料时,屋面坡度小于 15% 时可平行屋脊铺设,屋面坡度大于 15% 时应垂直于屋脊铺设;

胎体长边搭接宽度不应小于 50mm,短边搭接宽度不应小于 70mm;

采用二层胎体增强材料时,上下层不得相互垂直铺设,搭接缝应错开,其间距不应小于幅宽的 1/3。

涂膜厚度选用应符合表 6-98 的规定。

表 6-98　　　　　　　　　　　　　　涂膜厚度选用表

屋面防水等级	设防道数	高聚物改性沥青防水涂料	合成高分子防水涂料
Ⅰ级	三道或三道以上设防	—	不应小于 1.55mm
Ⅱ级	二道设防	不应小于 3mm	不应小于 1.5mm
Ⅲ级	一道设防	不应小于 3mm	不应小于 2mm
Ⅳ级	一道设防	不应小于 2mm	—

屋面基层的干燥程度应视所用涂料特性确定。当采用溶剂型涂料时,屋面基层应干燥。

多组分涂料应按配合比准确计量,搅拌均匀,并应根据有效时间确定使用量。

天沟、檐沟、檐口、泛水和立面涂膜防水层的收头,应用防水涂料多遍涂刷或用密封材料封严。

涂膜防水层完工并经验收合格后,应做好成品保护。

① 主控项目

防水涂料和胎体增强材料必须符合设计要求。

涂膜防水层不得有渗漏或积水现象。

涂膜防水层在天沟、檐沟、檐口、水落口、泛水、变形缝和伸出屋面管道的防水构造,必须符合设计要求。

② 一般项目

涂膜防水层的平均厚度应符合设计要求,最小厚度不应小于设计厚度的 80%。

涂膜防水层与基层应粘结牢固,表面平整,涂刷均匀,无流淌、皱折、鼓泡、露胎体和翘边等缺陷。

涂膜防水层上的撒布材料或浅色涂料保护层应铺撒或涂刷均匀,粘结牢固;水泥砂浆、块材或细石混凝土保护层与涂膜防水层间应设置隔离层;刚性保护层的分格缝留置应符合设计要求。

3)刚性防水屋面工程

(1)细石混凝土防水层

细石混凝土不得使用火山灰质水泥;当采用矿渣硅酸盐水泥时,应采用减少泌水性的措施。粗骨料含泥量不应大于1%,细骨料含泥量不应大于2%。

混凝土水灰比不应大于0.55;每立方米混凝土水泥用量不得少于330kg;含砂率宜为35%～40%;灰砂比宜为1:2～1:2.5;混凝土强度等级不应低于C20。

混凝土中掺加膨胀剂、减水剂、防水剂等外加剂时,应按配合比准确计量,投料顺序得当,并应用机械搅拌,机械振捣。

细石混凝土防水层的分格缝,应设在屋面板的支承端、屋面转折处、防水层与突出屋面结构的交接处,其纵横间距不宜大于6m。分格缝内应嵌填密封材料。

细石混凝土防水层的厚度不应小于40mm,并应配置双向钢筋网片。钢筋网片在分格缝处应断开,其保护层厚度不应小于10mm。

细石混凝土防水层与立墙及突出屋面结构等交接处,均应做柔性密封处理;细石混凝土防水层与基层间宜设置隔离层。

① 主控项目

细石混凝土的原材料及配合比必须符合设计要求。

细石混凝土防水层不得有渗漏或积水现象。

细石混凝土防水层在天沟、檐沟、檐口、水落口、泛水、变形缝和伸出屋面管道的防水构造,必须符合设计要求。

② 一般项目

细石混凝土防水层应表面平整、压实抹光,不得有裂缝、起壳、起砂等缺陷。

细石混凝土防水层的厚度和钢筋位置应符合设计要求。

细石混凝土分格缝的位置和间距应符合设计要求。

细石混凝土防水层表面平整度的允许偏差为5mm。

(2)密封材料嵌缝

本节适用于刚性防水屋面分格缝以及天沟、檐沟、泛水、变形缝等细部构造的密封处理。

密封防水部位的基层质量应符合下列要求:

基层应牢固,表面应平整、密实,不得有蜂窝、麻面、起皮和起砂现象。

嵌填密封材料的基层应干净、干燥。

密封防水处理连接部位的基层,应涂刷与密封材料相配套的基层处理剂。基层处理剂应配比准确,搅拌均匀。采用多组分基层处理剂时,应根据有效时间确定使用量。

接缝处的密封材料底部应填放背衬材料,外露的密封材料上应设置保护层,其宽度不应小于200mm。

密封材料嵌填完成后不得碰损及污染,固化前不得踩踏。

① 主控项目

密封材料的质量必须符合设计要求。

密封材料嵌填必须密实、连续、饱满,粘结牢固,无气泡、开裂、脱落等缺陷。

② 一般项目

嵌填密封材料的基层应牢固、干净、干燥,表面应平整、密实。

密封防水接缝宽度的允许偏差为±10%,接缝深度为宽度的 0.5～0.7 倍。

嵌填的密封材料表面应平滑,缝边应顺直,无凹凸不平现象。

4）隔热屋面工程

（1）架空屋面

架空隔热层的高度应按照屋面宽度或坡度大小的变化确定。如设计无要求,一般以100～300mm 为宜。当屋面宽度大于 10m 时,应设置通风屋脊。

架空隔热制品支座底面的卷材、涂膜防水层上应采取加强措施,操作时不得损坏已完工的防水层。

架空隔热制品的质量应符合下列要求:

非上人屋面的黏土砖强度等级不应低于MU7.5；上人屋面的黏土砖强度等级不应低于 MU10。

混凝土板的强度等级不应低于 C20,板内宜加放钢丝网片。

① 主控项目

架空隔热制品的质量必须符合设计要求,严禁有断裂和露筋等缺陷。

② 一般项目

架空隔热制品的铺设应平整、稳固,缝隙勾填应密实；架空隔热制品距山墙或女儿墙不得小于 250mm,架空层中不得堵塞,架空高度及变形缝做法应符合设计要求。

相邻两块制品的高低差不得大于 3mm。

（2）蓄水屋面

蓄水屋面应采用刚性防水层或在卷材、涂膜防水层上面再做刚性防水层,防水层应采用耐腐蚀、耐霉烂、耐穿刺性能好的材料。

蓄水屋面应划分为若干蓄水区,每区的边长不宜大于 10m,在变形缝的两侧应分成两个互不连通的蓄水区；长度超过 40m 的蓄水屋面应做横向伸缩缝一道。蓄水屋面应设置人行通道。

蓄水屋面所设排水管、溢水口和给水管等,应在防水层施工前安装完毕。

每个蓄水区的防水混凝土应一次浇筑完毕,不得留施工缝。

主控项目如下:蓄水屋面上设置的溢水口、过水孔、排水管、溢水管,其大小、位置、标高的留设必须符合设计要求。

蓄水屋面防水层施工必须符合设计要求,不得有渗漏现象。

（3）种植屋面

种植屋面的防水层应采用耐腐蚀、耐霉烂、耐穿刺性能好的材料。

种植屋面采用卷材防水层时,上部应设置细石混凝土保护层。

种植屋面应有 1‰～3‰ 的坡度。种植屋面四周应设挡墙,挡墙下部应设泄水孔,孔内侧放置疏水粗细骨料。

种植覆盖层的施工应避免损坏防水层；覆盖材料的厚度、质（重）量应符合设计要求。

主控项目如下:种植屋面挡墙泄水孔的留设必须符合设计要求,并不得堵塞。

种植屋面防水层施工必须符合设计要求,不得有渗漏现象。

5)细部构造

用于细部构造处理的防水卷材、防水涂料和密封材料的质量,均应符合本规范有关规定的要求。

卷材或涂膜防水层在天沟、檐沟与屋面交接处、泛水、阴阳角等部位,应增加卷材或涂膜附加层。

天沟、檐沟的防水构造应符合下列要求:

沟内附加层在天沟、檐沟与屋面交接处宜空铺,空铺的宽度不应小于 200mm;

卷材防水层应由沟底翻上至沟外檐顶部,卷材收头应用水泥钉固定,并用密封材料封严;

涂膜收头应用防水涂料多遍涂刷或用密封材料封严;

在天沟、檐沟与细石混凝土防水层的交接处,应留凹槽并用密封材料嵌填严密。

檐口的防水构造应符合下列要求:

铺贴檐口 800mm 范围内的卷材应采取满粘法;

卷材收头应压入凹槽,采用金属压条钉压,并用密封材料封口;

涂膜收头应用防水涂料多遍涂刷或用密封材料封严;

檐口下端应抹出鹰嘴和滴水槽。

女儿墙泛水的防水构造应符合下列要求:

铺贴泛水处的卷材应采取满粘法;

砖墙上的卷材收头可直接铺压在女儿墙压顶下,压顶应做防水处理,也可压入砖墙凹槽内固定密封,凹槽距屋面找平层不应小于 250mm,凹槽上部的墙体应做防水处理;

涂膜防水层应直接涂刷至女儿墙的压顶下,收头处理应用防水涂料多遍涂刷封严,压顶应做防水处理;

混凝土墙上的卷材收头应采用金属压条钉压,并用密封材料封严。

水落口的防水构造应符合下列要求:

水落口杯上口的标高应设置在沟底的最低处;

防水层贴入水落口杯内不应小于 50mm;

水落口周围直径 500mm 范围内的坡度不应小于 5%,并采用防水涂料或密封材料涂封,其厚度不应小于 2mm;

水落口杯与基层接触处应留宽 20mm、深 20mm 凹槽,并嵌填密封材料。

变形缝的防水构造应符合下列要求:

变形缝的泛水高度不应小于 250mm;

防水层应铺贴到变形缝两侧砌体的上部;

变形缝内应填充聚苯乙烯泡沫塑料,上部填放衬垫材料,并用卷材封盖;

变形缝顶部应加扣混凝土或金属盖板,混凝土盖板的接缝应用密封材料嵌填。

伸出屋面管道的防水构造应符合下列要求:

管道根部直径 500mm 范围内,找平层应抹出高度不小于 30mm 的圆台;

管道周围与找平层或细石混凝土防水层之间,应预留 20mm×20mm 的凹槽,并用密封材料嵌填严密;

管道根部四周应增设附加层,宽度和高度均不应小于 300mm;

管道上的防水层收头处应用金属箍紧固,并用密封材料封严。

主控项目如下:天沟、檐沟的排水坡度,必须符合设计要求。

天沟、檐沟、檐口、水落口、泛水、变形缝和伸出屋面管道的防水构造,必须符合设计要求。

6. 装饰装修工程

1)抹灰工程

抹灰工程验收时应检查下列文件和记录:

抹灰工程的施工图、设计说明及其他设计文件。

材料的产品合格证书、性能检测报告、进场验收记录和复验报告。

隐蔽工程验收记录。

施工记录。

抹灰工程应对水泥的凝结时间和安定性进行复验。

抹灰工程应对下列隐蔽工程项目进行验收:

抹灰总厚度大于或等于 35mm 时的加强措施。

不同材料基体交接处的加强措施。

各分项工程的检验批应按下列规定划分:

相同材料、工艺和施工条件的室外抹灰工程每 500~1000m² 应划分为一个检验批,不足 500m² 也应划分为一个检验批;

相同材料、工艺和施工条件的室内抹灰工程每 50 个自然间(大面积房间和走廊按抹灰面积 30m² 为一间)应划分为一个检验批,不足 50 间也应划分为一个检验批。

检查数量应符合下列规定:

室内每个检验批应至少抽查 10%,并不得少于 3 间;不足 3 间时应全数检查;

室外每个检验批每 100m² 应至少抽查一处,每处不得小于 10m²。

外墙抹灰工程施工前应先安装钢木门窗框、护栏等,并应将墙上的施工孔洞堵塞密实。

抹灰用的石灰膏的熟化期不应少于 15d;罩面用的磨细石灰粉的熟化期不应少于 3d。

室内墙面、柱面和门洞口的阳角做法应符合设计要求。设计无要求时,应采用 1:2 水泥砂浆做暗护角,其高度不应低于 2m,每侧宽度不应小于 50mm。

当要求抹灰层具有防水、防潮功能时,应采用防水砂浆。

各种砂浆抹灰层,在凝结前应防止快干、水冲、撞击、振动和受冻,在凝结后应采取措施防止玷污和损坏。水泥砂浆抹灰层应在湿润条件下养护。

外墙和顶棚的抹灰层与基层之间及各抹灰层之间必须粘结牢固。

(1)一般抹灰工程

① 主控项目

抹灰前基层表面的尘土、污垢、油渍等应清除干净,并应洒水润湿。

一般抹灰所用材料的品种和性能应符合设计要求。水泥的凝结时间和安定性复验应合格。砂浆的配合比应符合设计要求。

抹灰工程应分层进行。当抹灰总厚度大于或等于 35mm 时,应采取加强措施。不同材料基体交接处表面的抹灰,应采取防止开裂的加强措施,当采用加强网时,加强网与各基体的搭接宽度不应小于 100mm。

抹灰层与基层之间及各抹灰层之间必须粘结牢固,抹灰层应无脱层、空鼓,面层应无爆灰和裂缝。

② 一般项目

一般抹灰工程的表面质量应符合下列规定：

普通抹灰表面应光滑、洁净、接槎平整，分格缝应清晰；

高级抹灰表面应光滑、洁净、颜色均匀、无抹纹，分格缝和灰线应清晰美观；

护角、孔洞、槽、盒周围的抹灰表面应整齐、光滑，管道后面的抹灰表面应平整；

抹灰层的总厚度应符合设计要求；

水泥砂浆不得抹在石灰砂浆层上。罩面石膏灰不得抹在水泥砂浆层上；

抹灰分格缝的设置应符合设计要求，宽度和深度应均匀，表面应光滑，棱角应整齐；

有排水要求的部位应做滴水线（槽），滴水线（槽）应整齐顺直，滴水线应内高外低，滴水槽的宽度和深度均不应小于 10mm。

一般抹灰工程质量的允许偏差和检验方法应符合表 6-99 的规定。

表 6-99　　　　　　　　　　　　一般抹灰的允许偏差和检验方法

项　次	项　目	允许偏差/mm		检验方法
		普通抹灰	高级抹灰	
1	立面垂直度	4	3	用 2m 垂直检测尺检查
2	表面平整度	4	3	用 2m 靠尺和塞尺检查
3	阴阳角方正	4	3	用直角检测尺检查
4	分格条（缝）直线度	4	3	拉 5m 线，不足 5m 拉通线，用钢直尺检查
5	墙裙、勒脚上口直线度	4	3	拉 5m 线，不足 5m 拉通线，用钢直尺检查

注：1. 普通抹灰，本表第 3 项阴角方正可不检查；

　　2. 顶棚抹灰，本表第 2 项表面平整度可不检查，但应平顺。

（2）装饰抹灰工程

① 主控项目

抹灰前基层表面的尘土、污垢、油渍等应清除干净，并应洒水润湿。

装饰抹灰工程所用材料的品种和性能应符合设计要求。水泥的凝结时间和安定性复验应合格。砂浆的配合比应符合设计要求。

抹灰工程应分层进行。当抹灰总厚度大于或等于 35mm 时，应采取加强措施。不同材料基体交接处表面的抹灰，应采取防止开裂的加强措施，当采用加强网时，加强网与各基体的搭接宽度不应小于 100mm。

各抹灰层之间及抹灰层与基体之间必须粘结牢固，抹灰层应无脱层、空鼓和裂缝。

② 一般项目

装饰抹灰工程的表面质量应符合下列规定：

水刷石表面应石粒清晰、分布均匀、紧密平整、色泽一致，应无掉粒和接槎痕迹；

斩假石表面剁纹应均匀顺直、深浅一致，应无漏剁处；阳角处应横剁并留出宽窄一致的不剁边条，棱角应无损坏；

干粘石表面应色泽一致、不露浆、不漏粘，石粒应粘结牢固、分布均匀，阳角处应无明显黑边；

假面砖表面应平整、沟纹清晰、留缝整齐、色泽一致，应无掉角、脱皮、起砂等缺陷；

装饰抹灰分格条（缝）的设置应符合设计要求，宽度和深度应均匀，表面应平整光滑，棱角应整齐；

有排水要求的部位应做滴水线(槽)，滴水线(槽)应整齐顺直，滴水线应内高外低，滴水槽的宽度和深度均不应小于 10mm。

装饰抹灰工程质量的允许偏差和检验方法应符合表 6-100 的规定。

表 6-100 装饰抹灰的允许偏差和检验方法

项 次	项 目	允许偏差/mm				检验方法
		水刷石	斩假石	干粘石	假面砖	
1	立面垂直度	5	4	5	5	用 2m 垂直检测尺检查
2	表面平整度	3	3	5	4	用 2m 靠尺和塞尺检查
3	阳角方正	3	3	4	4	用直角检测尺检查
4	分格条(缝)直线度	3	3	3	3	拉 5m 线，不足 5m 拉通线，用钢直尺检查
5	墙裙、勒脚上口直线度	3	3	—	—	拉 5m 线，不足 5m 拉通线，用钢直尺检查

(3) 清水砌体勾缝工程

① 主控项目

清水砌体勾缝所用水泥的凝结时间和安定性复验应合格。砂浆的配合比应符合设计要求。

清水砌体勾缝应无漏勾。勾缝材料应粘结牢固、无开裂。

② 一般项目

清水砌体勾缝应横平竖直，交接处应平顺，宽度和深度应均匀，表面应压实抹平。

灰缝应颜色一致，砌体表面应洁净。

2) 门窗工程

门窗工程验收时应检查下列文件和记录：

门窗工程的施工图、设计说明及其他设计文件；

材料的产品合格证书、性能检测报告、进场验收记录和复验报告；

特种门及其附件的生产许可文件；

隐蔽工程验收记录；

施工记录。

门窗工程应对下列材料及其性能指标进行复验：

人造木板的甲醛含量；

建筑外墙金属窗、塑料窗的抗风压性能、空气渗透性能和雨水渗漏性能。

门窗工程应对下列隐蔽工程项目进行验收：

预埋件和锚固件；

隐蔽部位的防腐、填嵌处理。

各分项工程的检验批应按下规定划分：

同一品种、类型和规格的木门窗、金属门窗、塑料门窗及门窗玻璃每 100 樘应划分为一个检验批，不足 100 樘也应划分为一个检验批；

同一品种、类型和规格的特种门每 50 樘应划分为一个检验批，不足 50 樘也应划分为一个检验批。

检查数量应符合下列规定：

木门窗、金属门窗、塑料门窗及门窗玻璃，每个检验批应至少抽查 5%，并不得少于 3 樘，不足 3 樘时应全数检查；高层建筑的外窗，每个检验批应至少抽查 10%，并不得少于 6 樘，不足 6 樘时应全数检查；

特种门每个检验批应至少抽查 50%，并不得少于 10 樘，不足 10 樘时应全数检查。

门窗安装前，应对门窗洞口尺寸进行检验。

金属门窗和塑料门窗安装应采用预留洞口的方法施工，不得采用边安装边砌口或先安装后砌口的方法施工。

木门窗与砖石砌体、混凝土或抹灰层接触处应进行防腐处理并应设置防潮层；埋入砌体或混凝土中的木砖应进行防腐处理。

当金属窗或塑料窗组合时，其拼樘料的尺寸、规格、壁厚应符合设计要求。

建筑外门窗的安装必须牢固。在砌体上安装门窗严禁用射钉固定。

特种门安装除应符合设计要求和本规范规定外，还应符合有关专业标准和主管部门的规定。

（1）木门窗制作与安装工程

① 主控项目

木门窗的木材品种、材质等级、规格、尺寸、框扇的线型及人造木板的甲醛含量应符合设计要求。设计未规定材质等级时，所用木材的质量应符合规定。

木门窗应采用烘干的木材，含水率应符合《建筑木门、木窗》JG/T 122 的规定。

木门窗的防火、防腐、防虫处理应符合设计要求。

木门窗的结合处和安装配件处不得有木节或已填补的木节。木门窗如有允许限值以内的死节及直径较大的虫眼时，应用同一材质的木塞加胶填补。对于清漆制品，木塞的木纹和色泽应与制品一致。

门窗框和厚度大于 50mm 的门窗扇应用双榫连接。榫槽应采用胶料严密嵌合，并应用胶楔加紧。

胶合板门、纤维板门和模压门不得脱胶。胶合板不得刨透表层单板，不得有戗槎。制作胶合板门、纤维板门时，边框和横楞应在同一平面上，面层、边框及横楞应加压胶结。横楞和上、下冒头应各钻两个以上的透气孔，透气孔应通畅。

木门窗的品种、类型、规格、开启方向、安装位置及连接方式应符合设计要求。

木门窗框的安装必须牢固。预埋木砖的防腐处理、木门窗框固定点的数量、位置及固定方法应符合设计要求。

木门窗扇必须安装牢固，并应开关灵活，关闭严密，无倒翘。

木门窗配件的型号、规格、数量应符合设计要求，安装应牢固，位置应正确，功能应满足使用要求。

② 一般项目

木门窗表面应洁净，不得有刨痕、锤印。

木门窗的割角、拼缝应严密平整。门窗框、扇裁口应顺直，刨面应平整。

木门窗上的槽、孔应边缘整齐，无毛刺。

木门窗与墙体间缝隙的填嵌材料应符合设计要求，填嵌应饱满。寒冷地区外门窗（或门窗框）与砌体间的空隙应填充保温材料。

木门窗批水、盖口条、压缝条、密封条的安装应顺直,与门窗结合应牢固、严密。

木门窗制作的允许偏差和检验方法应符合表 6-101 的规定。

表 6-101　　　　　　　　　　　木门窗制作的允许偏差和检验方法

项　次	项　　目	构件名称	允许偏差/mm		检验方法
			普通	高级	
1	翘曲	框	3	2	将框、扇平放在检查平台上,用塞尺检查
		扇	2	2	
2	对角线长度差	框、扇	3	2	用钢尺检查,框量裁口里角,扇量外角
3	表面平整度	扇	2	2	用 1m 靠尺和塞尺检查
4	高度、宽度	框	0;−2	0;−1	用钢尺检查,框量裁口里角,扇量外角
		扇	+2;0	+1;0	
5	裁口、线条结合外高低差	框、扇	1	0.5	用钢直尺和塞尺检查
6	相邻棂子两端间距	扇	2	1	用钢直尺检查

木门窗安装的留缝限值、允许偏差和检验方法应符合表 6-102 的规定。

表 6-102　　　　　　　　木门窗安装的留缝限值、允许偏差和检验方法

项　次	项　　目		留缝限值/mm		允许偏差/mm		检验方法
			普通	高级	普通	高级	
1	门窗槽口对角线长度差		—	—	3	2	用钢尺检查
2	门窗框的正、侧面垂直度		—	—	2	1	用 1m 垂直检测尺检查
3	框与扇、扇与扇接缝高低差		—	—	2	1	用钢直尺和塞尺检查
4	门窗扇对口缝		1～2.5	1.5～2	—	—	用塞尺检查
5	工业厂房双扇大门对口缝		2～5	—	—	—	用塞尺检查
6	门窗扇与上框间留缝		1～2	1～1.5	—	—	
7	门窗扇与侧框间留缝		1～2.5	1～1.5	—	—	
8	窗扇与下框间留缝		2～3	2～2.5	—	—	
9	门扇与下框间留缝		3～5	3～4	—	—	
10	双层门窗内外框间距		—	—	4	3	用钢尺检查
11	无下框时门扇与地面间留缝	外门	4～7	5～6	—	—	用塞尺检查
		内门	5～8	6～7	—	—	
		卫生间门	8～12	8～10	—	—	
		厂房大门	10～20	—	—	—	

（2）金属门窗安装工程

① 主控项目

金属门窗的品种、类型、规格、尺寸、性能、开启方向、安装位置、连接方式及铝合金门窗的型材壁厚应符合设计要求。金属门窗的防腐处理及填嵌、密封处理应符合设计要求。

金属门窗框和副框的安装必须牢固。预埋件的数量、位置、埋设方式、与框的连接方式必须符合设计要求。

金属门窗扇必须安装牢固，并应开关灵活、关闭严密，无倒翘。推拉门窗扇必须有防脱落措施。

金属门窗配件的型号、规格、数量应符合设计要求，安装应牢固，位置应正确，功能应满足使用要求。

② 一般项目

金属门窗表面应洁净、平整、光滑、色泽一致，无锈蚀。大面应无划痕、碰伤。漆膜或保护层应连续。

铝合金门窗推拉门窗扇开关力应不大于 100N。

金属门窗框与墙体之间的缝隙应填嵌饱满，并采用密封胶密封。密封胶表面应光滑、顺直、无裂纹。

金属门窗扇的橡胶密封条或毛毡密封条应安装完好，不得脱槽。

有排水孔的金属门窗，排水孔应畅通，位置和数量应符合设计要求。

钢门窗安装的留缝限值、允许偏差和检验方法应符合表 6-103 的规定。

表 6-103 钢门窗安装的留缝限值、允许偏差和检验方法

项　次	项　　目		留缝限值/mm	允许偏差/mm	检验方法
1	门窗槽口宽度、高度	≤1500mm	—	2.5	用钢尺检查
		>1500mm	—	3.5	
2	门窗槽口对角线长度差	≤2000mm	—	5	用钢尺检查
		>2000mm	—	6	
3	门窗框的正、侧面垂直度		—	3	用 1m 垂直检测尺检查
4	门窗横框的水平度		—	3	用 1m 水平尺和塞尺检查
5	门窗横框标高		—	5	用钢尺检查
6	门窗竖向偏离中心		—	4	用钢尺检查
7	双层门窗内外框间距		—	5	用钢尺检查
8	门窗框、扇配合间隙		≤2	—	用塞尺检查
9	无下框时门扇与地面间留缝		4～8	—	用塞尺检查

铝合金门窗安装的允许偏差和检验方法应符合表 6-104 的规定。

表 6-104　　　　　　　　铝合金门窗安装的允许偏差和检验方法

项　次	项　目		允许偏差/mm	检验方法
1	门窗槽口宽度、高度	≤1500mm	1.5	用钢尺检查
		>1500mm	2	
2	门窗槽口对角线长度差	≤2000mm	3	用钢尺检查
		>2000mm	4	
3	门窗框的正、侧面垂直度		2.5	用垂直检测尺检查
4	门窗横框的水平度		2	用1m水平尺和塞尺检查
5	门窗横框标高		5	用钢尺检查
6	门窗竖向偏离中心		5	用钢尺检查
7	双层门窗内外框间距		4	用钢尺检查
8	推拉门窗扇与框搭接量		1.5	用钢直尺检查

涂色镀锌钢板门窗安装的允许偏差和检验方法应符合表 6-105 的规定。

表 6-105　　　　　　　涂色镀锌钢板门窗安装的允许偏差和检验方法

项　次	项　目		允许偏差/mm	检验方法
1	门窗槽口宽度、高度	≤1500mm	2	用钢尺检查
		>1500mm	3	
2	门窗槽口对角线长度差	≤2000mm	4	用钢尺检查
		>2000mm	5	
3	门窗框的正、侧面垂直度		3	用垂直检测尺检查
4	门窗横框的水平度		3	用1m水平尺和塞尺检查
5	门窗横框标高		5	用钢尺检查
6	门窗竖向偏离中心		5	用钢尺检查
7	双层门窗内外框间距		4	用钢尺检查
8	推拉门窗扇与框搭接量		2	用钢直尺检查

3）吊顶工程

吊顶工程验收时应检查下列文件和记录：

吊顶工程的施工图、设计说明及其他设计文件；

材料的产品合格证书、性能检测报告、进场验收记录和复验报告；

隐蔽工程验收记录；

施工记录。

吊顶工程应对人造木板的甲醛含量进行复验。

吊顶工程应对下列隐蔽工程项目进行验收：

吊顶内管道、设备的安装及水管试压；

木龙骨防火、防腐处理；

预埋件或拉结筋；

吊杆安装；

龙骨安装；

填充材料的设置。

各分项工程的检验批应按下列规定划分：

同一品种的吊顶工程每 50 间（大面积房间和走廊按吊顶面积 30m² 为一间）应划分为一个检验批，不足 50 间也应划分为一个检验批。

检查数量应符合下列规定：

每个检验批应至少抽查 10%，并不得少于 3 间；不足 3 间时应全数检查。

安装龙骨前，应按设计要求对房间净高、洞口标高和吊顶内管道、设备及其支架的标高进行交接检验。

吊顶工程的木吊杆、木龙骨和木饰面板必须进行防火处理，并应符合有关设计防火规范的规定。

吊顶工程中的预埋件、钢筋吊杆和型钢吊杆应进行防锈处理。

安装饰面板前应完成吊顶内管道和设备的调试及验收。

吊杆距主龙骨端部距离不得大于 300mm，当大于 300mm 时，应增加吊杆。当吊杆长度大于 1.5m 时，应设置反支撑。当吊杆与设备相遇时，应调整并增设吊杆。

重型灯具、电扇及其他重型设备严禁安装在吊顶工程的龙骨上。

（1）暗龙骨吊顶工程

① 主控项目

吊顶标高、尺寸、起拱和造型应符合设计要求。

饰面材料的材质、品种、规格、图案和颜色应符合设计要求。

性能检测报告、进场验收记录和复验报告。

暗龙骨吊顶工程的吊杆、龙骨和饰面材料的安装必须牢固。

吊杆、龙骨的材质、规格、安装间距及连接方式应符合设计要求。金属吊杆、龙骨应经过表面防腐处理；木吊杆、龙骨应进行防腐、防火处理。

石膏板的接缝应按其施工工艺标准进行板缝防裂处理。安装双层石膏板时，面层板与基层板的接缝应错开，并不得在同一根龙骨上接缝。

② 一般项目

饰面材料表面应洁净、色泽一致，不得有翘曲、裂缝及缺损。压条应平直、宽窄一致。

饰面板上的灯具、烟感器、喷淋头、风口箅子等设备的位置应合理、美观，与饰面板的交接应吻合、严密。

金属吊杆、龙骨的接缝应均匀一致，角缝应吻合，表面应平整，无翘曲、锤印。木质吊杆、龙骨应顺直，无劈裂、变形。

吊顶内填充吸声材料的品种和铺设厚度应符合设计要求，并应有防散落措施。

暗龙骨吊顶工程安装的允许偏差和检验方法应符合表 6-106 的规定。

表 6-106　　　　　　　暗龙骨吊顶工程安装的允许偏差和检验方法

项　次	项　目	允许偏差/mm				检验方法
		纸面石膏板	金属板	矿棉板	木板、塑料板、格栅	
1	表面平整度	3	2	2	2	用2m靠尺和塞尺检查
2	接缝直线度	3	1.5	3	3	拉5m线,不足5m拉通线,用钢直尺检查
3	接缝高低差	1	1	1.5	1	用钢直尺和塞尺检查

（2）明龙骨吊顶工程

① 主控项目

吊顶标高、尺寸、起拱和造型应符合设计要求。

饰面材料的材质、品种、规格、图案和颜色应符合设计要求。当饰面材料为玻璃板时,应使用安全玻璃或采取可靠的安全措施。

饰面材料的安装应稳固严密。饰面材料与龙骨的搭接宽度应大于龙骨受力面宽度的2/3。

吊杆、龙骨的材质、规格、安装间距及连接方式应符合设计要求。金属吊杆、龙骨应进行表面防腐处理;木龙骨应进行防腐、防火处理。

明龙骨吊板工程的吊杆和龙骨安装必须牢固。

② 一般项目

饰面材料表面应洁净、色泽一致,不得有翘曲、裂缝及缺损。饰面板与明龙骨的搭接应平整、吻合,压条应平直、宽窄一致。

饰面板上的灯具、烟感器、喷淋头、风口篦子等设备的位置应合理、美观,与饰面板的交接应吻合、严密。

金属龙骨的接缝应平整、吻合、颜色一致,不得有划伤、擦伤等表面缺陷。木质龙骨应平整、顺直,无劈裂。

吊顶内填充吸声材料的品种和铺设厚度应符合设计要求,并应有防散落措施。

明龙骨吊顶工程安装的允许偏差和检验方法应符合表6-107的规定。

表 6-107　　　　　　　明龙骨吊顶工程安装的允许偏差和检验方法

项　次	项　目	允许偏差/mm				检验方法
		石膏板	金属板	矿棉板	塑料板、玻璃板	
1	表面平整度	3	2	3	2	用2m靠尺和塞尺检查
2	接缝直线度	3	2	3	3	拉5m线,不足5m拉通线,用钢直尺检查
3	接缝高低差	1	1	2	1	用钢直尺和塞尺检查

4）轻质隔墙工程

轻质隔墙工程验收时应检查下列文件和记录:

轻质隔墙工程的施工图、设计说明及其他设计文件;

材料的产品合格证书、性能检测报告、进场验收记录和复验报告;

隐蔽工程验收记录；

施工记录。

轻质隔墙工程应对人造木板的甲醛含量进行复验。

轻质隔墙工程应对下列隐蔽工程项目进行验收：

骨架隔墙中设备管线的安装及水管试压；

木龙骨防火、防腐处理；

预埋件或拉结筋；

龙骨安装；

填充材料的设置。

各分项工程的检验批应按下列规定划分：

同一品种的轻质隔墙工程每 50 间（大面积房间和走廊按轻质隔墙的墙面 $30m^2$ 为一间）应划分为一个检验批，不足 50 间也应划分为一个检验批。

轻质隔墙与顶棚和其他墙体的交接处应采取防开裂措施。

民用建筑轻质隔墙工程的隔声性能应符合现行国家标准《民用建筑隔声设计规范》GBJ 118 的规定。

（1）板材隔墙工程

板材隔墙工程的检查数量应符合下列规定：

每个检验批应至少抽查 10％，并不得少于 3 间；不足 3 间时应全数检查。

① 主控项目

隔墙板材的品种、规格、性能、颜色应符合设计要求。有隔声、隔热、阻燃、防潮等特殊要求的工程，板材应有相应性能等级的检测报告。

安装隔墙板材所需预埋件、连接件的位置、数量及连接方法应符合设计要求。

隔墙板材安装必须牢固。现制钢丝网水泥隔墙与周边墙体的连接方法应符合设计要求，并应连接牢固。

隔墙板材所用接缝材料的品种及接缝方法应符合设计要求。

② 一般项目

隔墙板材安装应垂直、平整、位置正确，板材不应有裂缝或缺损。

板材隔墙表面应平整光滑、色泽一致、洁净，接缝应均匀、顺直。

隔墙上的孔洞、槽、盒应位置正确、套割方正、边缘整齐。

板材隔墙安装的允许偏差和检验方法应符合表 6-108 的规定。

表 6-108　　　　　　　　板材隔墙安装的允许偏差和检验方法

项　次	项　目	允许偏差/mm				检验方法
		复合轻质墙板		石膏空心板	钢丝网水泥板	
		金属夹芯板	其他复合板			
1	立面垂直度	2	3	3	3	用 2m 垂直检测尺检查
2	表面平整度	2	3	3	3	用 2m 靠尺和塞尺检查
3	阴阳角方正	3	3	3	4	用直角检测尺检查
4	接缝高低差	1	2		3	用钢直尺和塞尺检查

（2）骨架隔墙工程

骨架隔墙工程的检查数量应符合下列规定：

每个检验批应至少抽查 10％，并不得少于 3 间；不足 3 间时应全数检查。

① 主控项目

骨架隔墙所用龙骨、配件、墙面板、填充材料及嵌缝材料的品种、规格、性能和木材的含水率应符合设计要求。有隔声、隔热、阻燃、防潮等特殊要求的工程，材料应有相应性能等级的检测报告。

骨架隔墙工程边框龙骨必须与基体结构连接牢固，并应平整、垂直、位置正确。

骨架隔墙中龙骨间距和构造连接方法应符合设计要求。骨架内设备管线的安装、门窗洞口等部位加强龙骨应安装牢固、位置正确，填充材料的设置应符合设计要求。

木龙骨及木墙面板的防火和防腐处理必须符合设计要求。

骨架隔墙的墙面板应安装牢固，无脱层、翘曲、折裂及缺损。

墙面板所用接缝材料的接缝方法应符合设计要求。

② 一般项目

骨架隔墙表面应平整光滑、色泽一致、洁净、无裂缝，接缝应均匀、顺直。

骨架隔墙上的孔洞、槽、盒应位置正确、套割吻合、边缘整齐。

骨架隔墙内的填充材料应干燥，填充应密实、均匀、无下坠。

骨架隔墙安装的允许偏差和检验方法应符合表 6-109 的规定。

表 6-109　　　　　　骨架隔墙安装的允许偏差和检验方法

项　次	项　　目	允许偏差/mm		检验方法
		纸面石膏板	人造木板、水泥纤维板	
1	立面垂直度	3	4	用 2m 垂直检测尺检查
2	表面平整度	3	3	用 2m 靠尺和塞尺检查
3	阴阳角方正	3	3	用直角检测尺检查
4	接缝直线度	—	3	拉 5m 线，不足 5m 拉通线，用钢直尺检查
5	压条直线度	—	3	拉 5m 线，不足 5m 拉通线，用钢直尺检查
6	接缝高低差	1	1	用钢直尺和塞尺检查

（3）活动隔墙工程

活动隔墙工程的检查数量应符合下列规定：

每个检验批应至少抽查 20％，并不得少于 6 间；不足 6 间时应全数检查。

① 主控项目

活动隔墙所用墙板、配件等材料的品种、规格、性能和木材的含水率应符合设计要求。有阻燃、防潮等特性要求的工程，材料应有相应性能等级的检测报告。

活动隔墙轨道必须与基体结构连接牢固，并应位置正确。

活动隔墙用于组装、推拉和制动的构配件必须安装牢固、位置正确，推拉必须安全、平稳、灵活。

活动隔墙制作方法、组合方式应符合设计要求。

② 一般项目

活动隔墙表面应色泽一致、平整光滑、洁净,线条应顺直、清晰。

活动隔墙上的孔洞、槽、盒应位置正确、套割吻合、边缘整齐。

活动隔墙推拉应无噪声。

活动隔墙安装的允许偏差和检验方法应符合表 6-110 的规定。

表 6-110 　　　　　　　　**活动隔墙安装的允许偏差和检验方法**

项　次	项　目	允许偏差/mm	检验方法
1	立面垂直度	3	用 2m 垂直检测尺检查
2	表面平整度	2	用 2m 靠尺和塞尺检查
3	接缝直线度	3	拉 5m 线,不足 5m 拉通线,用钢直尺检查
4	接缝高低差	2	用钢直尺和塞尺检查
5	接缝宽度	2	用钢直尺检查

(4) 玻璃隔墙工程

玻璃隔墙工程的检查数量应符合下列规定:

每个检验批应至少抽查 20％,并不得少于 6 间;不足 6 间时应全数检查。

① 主控项目

玻璃隔墙工程所用材料的品种、规格、性能、图案和颜色应符合设计要求。玻璃板隔墙应使用安全玻璃。

玻璃砖隔墙的砌筑或玻璃板隔墙的安装方法应符合设计要求。

玻璃砖隔墙砌筑中埋设的拉结筋必须与基体结构连接牢固,并应位置正确。

玻璃板隔墙的安装必须牢固。玻璃板隔墙胶垫的安装应正确。

② 一般项目

玻璃隔墙表面应色泽一致、平整洁净、清晰美观。

玻璃隔墙接缝应横平竖直,玻璃应无裂痕、缺损和划痕。

玻璃板隔墙嵌缝及玻璃砖隔墙勾缝应密实平整、均匀顺直、深浅一致。

玻璃隔墙安装的允许偏差和检验方法应符合表 6-111 的规定。

表 6-111 　　　　　　　　**玻璃隔墙安装的允许偏差和检验方法**

项　次	项　目	允许偏差/mm		检验方法
		玻璃砖	玻璃板	
1	立面垂直度	3	2	用 2m 垂直检测尺检查
2	表面平整度	3	—	用 2m 靠尺和塞尺检查
3	阴阳角方正	—	2	用直角检测尺检查
4	接缝直线度	—	2	拉 5m 线,不足 5m 拉通线,用钢直尺检查
5	接缝高低差	3	2	用钢直尺和塞尺检查
6	接缝宽度	—	1	用钢直尺检查

5）饰面板（砖）工程

饰面板（砖）工程验收时应检查下列文件和记录：

饰面板（砖）工程的施工图、设计说明及其他设计文件；

材料的产品合格证书、性能检测报告、进场验收记录和复验报告；

后置埋件的现场拉拔检测报告；

外墙饰面砖样板件的粘结强度检测报告；

隐蔽工程验收记录；

施工记录。

饰面板（砖）工程应对下列材料及其性能指标进行复验：

室内用花岗石的放射性；

粘贴用水泥的凝结时间、安定性和抗压强度；

外墙陶瓷面砖的吸水率；

寒冷地区外墙陶瓷面砖的抗冻性。

饰面板（砖）工程应对下列隐蔽工程项目进行验收：

预埋件（或后置埋件）；

连接节点；

防水层。

各分项工程的检验批应按下列规定划分：

相同材料、工艺和施工条件的室内饰面板（砖）工程每 50 间（大面积房间和走廊按施工面积 30m² 为一间）应划分为一个检验批，不足 50 间也应划分为一个检验批；

相同材料、工艺和施工条件的室外饰面板（砖）工程每 500～1000m² 应划分为一个检验批，不足 500m² 也应划分为一个检验批。

检查数量应符合下列规定：

室内每个检验批应至少抽查 10％，并不得少于 3 间；不足 3 间时应全数检查；

室外每个检验批每 100m² 应至少抽查一处，每处不得小于 10m²。

外墙饰面砖粘贴前和施工过程中，均应在相同基层上做样板件，并对样板件的饰面砖粘结强度进行检验，其检验方法和结果判定应符合《建筑工程饰面砖粘结强度检验标准》JGJ 110 的规定。

饰面板（砖）工程的抗震缝、伸缩缝、沉降缝等部位的处理应保证缝的使用功能和饰面的完整性。

（1）饰面板安装工程

① 主控项目

饰面板的品种、规格、颜色和性能应符合设计要求，木龙骨、木饰面板和塑料饰面板的燃烧性能等级应符合设计要求。

饰面板孔、槽的数量、位置和尺寸应符合设计要求。

饰面板安装工程的预埋件（或后置埋件）、连接件的数量、规格、位置、连接方法和防腐处理必须符合设计要求。后置埋件的现场拉拔强度必须符合设计要求。饰面板安装必须牢固。

② 一般项目

饰面板表面应平整、洁净、色泽一致，无裂痕和缺损。石材表面应无泛碱等污染。

饰面板嵌缝应密实、平直，宽度和深度应符合设计要求，嵌填材料色泽应一致。

采用湿作业法施工的饰面板工程,石材应进行防碱背涂处理。饰面板与基体之间的灌注材料应饱满、密实。

饰面板上的孔洞应套割吻合,边缘应整齐。

饰面板安装的允许偏差和检验方法应符合表 6-112 的规定。

表 6-112　　　　　　　　　　饰面板安装的允许偏差和检验方法

项　次	项　目	允许偏差/mm							检验方法
		石　材			瓷板	木材	塑料	金属	
		光面	剁斧石	蘑菇石					
1	立面垂直度	2	3	3	2	1.5	2	2	用 2m 垂直检测尺检查
2	表面平整度	2	3	—	1.5	1	3	3	用 2m 靠尺和塞尺检查
3	阴阳角方正	2	4	4	2	1.5	3	3	用直角检测尺检查
4	接缝直线度	2	4	4	2	1	1	1	拉 5m 线,不足 5m 拉通线,用钢直尺检查
5	墙裙、勒脚上口直线度	2	3	3	2	2	2	2	拉 5m 线,不足 5m 拉通线,用钢直尺检查
6	接缝高低差	0.5	3	—	0.5	0.5	1	1	用钢直尺和塞尺检查
7	接缝宽度	1	2	2	1	1	1	1	用钢直尺检查

(2) 饰面砖粘贴工程

① 主控项目

饰面砖的品种、规格、图案、颜色和性能应符合设计要求。

饰面砖粘贴工程的找平、防水、粘结和勾缝材料及施工方法应符合设计要求及国家现行产品标准和工程技术标准的规定。

饰面砖粘贴必须牢固。

满粘法施工的饰面砖工程应无空鼓、裂缝。

② 一般项目

饰面砖表面应平整、洁净、色泽一致,无裂痕和缺损。

阴阳角处搭接方式、非整砖使用部位应符合设计要求。

墙面突出物周围的饰面砖应整砖套割吻合,边缘应整齐。墙裙、贴脸突出墙面的厚度应一致。

饰面砖接缝应平直、光滑,填嵌应连续、密实;宽度和深度应符合设计要求。

有排水要求的部位应做滴水线(槽)。滴水线(槽)应顺直,流水坡向应正确,坡度应符合设计要求。

饰面砖粘贴的允许偏差和检验方法应符合表 6-113 的规定。

表 6-113　　　　　　　　　　　饰面砖粘贴的允许偏差和检验方法

项　次	项　　目	允许偏差/mm		检验方法
		外墙面砖	内墙面砖	
1	立面垂直度	3	2	用 2m 垂直检测尺检查
2	表面平整度	4	3	用 2m 靠尺和塞尺检查
3	阴阳角方正	3	3	用直角检测尺检查
4	接缝直线度	3	2	拉 5m 线,不足 5m 拉通线,用钢直尺检查
5	接缝高低差	1	0.5	用钢直尺和塞尺检查
6	接缝宽度	1	1	用钢直尺检查

6）幕墙工程

幕墙工程验收时应检查下列文件和记录:

幕墙工程的施工图、结构计算书、设计说明及其他设计文件;

建筑设计单位对幕墙工程设计的确认文件;

幕墙工程所用各种材料、五金配件、构件及组件的产品合格证书、性能检测报告、进场验收记录和复验报告;

幕墙工程所用硅酮结构胶的认定证书和抽查合格证明,进口硅酮结构胶的商检证,国家指定检测机构出具的硅酮结构胶相容性和剥离粘结性试验报告,石材用密封胶的耐污染性试验报告;

后置埋件的现场拉拔强度检测报告;

幕墙的抗风压性能、空气渗透性能、雨水渗漏性能及平面变形性能检测报告;

打胶、养护环境的温度、湿度记录;双组分硅酮结构胶的混匀性试验记录及拉断试验记录;

防雷装置测试记录;

隐蔽工程验收记录;

幕墙构件和组件的加工制作记录,幕墙安装施工记录。

幕墙工程应对下列材料及其性能指标进行复验:

铝塑复合板的剥离强度;

石材的弯曲强度,寒冷地区石材的耐冻融性,室内用花岗石的放射性。

玻璃幕墙用结构胶的邵氏硬度、标准条件拉伸粘结强度、相容性试验,石材用结构胶的粘结强度,石材用密封胶的污染性。

幕墙工程应对下列隐蔽工程项目进行验收:

预埋件（或后置埋件）;

构件的连接节点;

变形缝及墙面转角处的构造节点;

幕墙防雷装置;

幕墙防火构造。

各分项工程的检验批应按下列规定划分:

相同设计、材料、工艺和施工条件的幕墙工程每 500～1000m² 应划分为一个检验批,不足 500m² 也应划分为一个检验批;

同一单位工程的不连续的幕墙工程应单独划分检验批;

对于异型或有特殊要求的幕墙,检验批的划分应根据幕墙的结构、工艺特点及幕墙工程规模,由监理单位(或建设单位)和施工单位协商确定。

检查数量应符合下列规定:

每个检验批每 100m² 应至少抽查一处,每处不得小于 10m²;

对于异型或有特殊要求的幕墙工程,应根据幕墙的结构和工艺特点,由监理单位(或建设单位)和施工单位协商确定;

幕墙及其连接件应具有足够的承载力、刚度和相对于主体结构的位移能力。幕墙构架立柱的连接金属角码与其他连接件应采用螺栓连接,并应有防松动措施。

隐框、半隐框幕墙所采用的结构粘结材料必须是中性硅酮结构密封胶,其性能必须符合《建筑用硅酮结构密封胶》GB 16776 的规定;硅酮结构密封胶必须在有效期内使用。

立柱和横梁等主要受力构件,其截面受力部分的壁厚应经计算确定,且铝合金型材壁厚不应小于 3.0mm,钢型材壁厚不应小于 3.5mm。

隐框、半隐框幕墙构件中板材与金属框之间硅酮结构密封胶的黏结宽度,应分别计算风荷载标准值和板材自重标准值作用下硅酮结构密封胶的黏结宽度,并取其较大值,且不得小于 7.0mm。

硅酮结构密封胶应打注饱满,并应在温度 15℃～30℃、相对湿度 50% 以上、洁净的室内进行;不得在现场墙上打注。

幕墙的防火除应符合现行国家标准《建筑设计防火规范》GBJ 16 和《高层民用建筑设计防火规范》GB 50045 的有关规定外,还应符合下列规定:

应根据防火材料的耐火极限决定防火层的厚度和宽度,并应在楼板处形成防火带;

防火层应采取隔离措施。防火层的衬板应采用经防腐处理且厚度不小于 1.5mm 的钢板,不得采用铝板;

防火层的密封材料应采用防火密封胶;

防火层与玻璃不应直接接触,一块玻璃不应跨两个防火分区。

主体结构与幕墙连接的各种预埋件,其数量、规格、位置和防腐处理必须符合设计要求。

幕墙的金属框架与主体结构预埋件的连接、立柱与横梁的连接及幕墙面板的安装必须符合设计要求,安装必须牢固。

单元幕墙连接处和吊挂处的铝合金型材的壁厚应通过计算确定,并不得小于 5.0mm。

幕墙的金属框架与主体结构应通过预埋件连接,预埋件应在主体结构混凝土施工时埋入,预埋件的位置应准确。当没有条件采用预埋件连接时,应采用其他可靠的连接措施,并应通过试验确定其承载力。

立柱应采用螺栓与角码连接,螺栓直径应经过计算,并不应小于 10mm。不同金属材料接触时应采用绝缘垫片分隔。

幕墙的抗震缝、伸缩缝、沉降缝等部位的处理应保证缝的使用功能和饰面的完整性。

幕墙工程的设计应满足维护和清洁的要求。

(1)玻璃幕墙工程

① 主控项目

玻璃幕墙工程所使用的各种材料、构件和组件的质量,应符合设计要求及国家现行产品标准和工程技术规范的规定。

玻璃幕墙的造型和立面分格应符合设计要求。

玻璃幕墙使用的玻璃应符合下列规定：

幕墙应使用安全玻璃，玻璃的品种、规格、颜色、光学性能及安装方向应符合设计要求。

幕墙玻璃的厚度不应小于 6.0mm。全玻幕墙肋玻璃的厚度不应小于 12mm。

幕墙的中空玻璃应采用双道密封。明框幕墙的中空玻璃应采用聚硫密封胶及丁基密封胶；隐框和半隐框幕墙的中空玻璃应采用硅酮结构密封胶及丁基密封胶；镀膜面应在中空玻璃的第 2 或第 3 面上。

幕墙的夹层玻璃应采用聚乙烯醇缩丁醛(PVB)胶片干法加工合成的夹层玻璃。点支承玻璃幕墙夹层玻璃的夹层胶片(PVB)厚度不应小于 0.76mm。

钢化玻璃表面不得有损伤；8.0mm 以下的钢化玻璃应进行引爆处理。

所有幕墙玻璃均应进行边缘处理。

玻璃幕墙与主体结构连接的各种预埋件、连接件、紧固件必须安装牢固，其数量、规格、位置、连接方法和防腐处理应符合设计要求。

各种连接件、紧固件的螺栓应有防松动措施；焊接连接应符合设计要求和焊接规范的规定。

隐框或半隐框玻璃幕墙，每块玻璃下端应设置两个铝合金或不锈钢托条，其长度不应小于 100mm，厚度不应小于 2mm，托条外端应低于玻璃外表面 2mm。

明框玻璃幕墙的玻璃安装应符合下列规定：

玻璃槽口与玻璃的配合尺寸应符合设计要求和技术标准的规定；

玻璃与构件不得直接接触，玻璃四周与构件凹槽底部应保持一定的空隙，每块玻璃下部应至少放置两块宽度与槽口宽度相同、长度不小于 100mm 的弹性定位垫块；玻璃两边嵌入量及空隙应符合设计要求；

玻璃四周橡胶条的材质、型号应符合设计要求，镶嵌应平整，橡胶条长度应比边框内槽长 1.5%～2.0%，橡胶条在转角处应斜面断开，并应用黏结剂粘结牢固后嵌入槽内。

高度超过 4m 的全玻幕墙应吊挂在主体结构上，吊夹具应符合设计要求，玻璃与玻璃、玻璃与玻璃肋之间的缝隙，应采用硅酮结构密封胶填嵌严密。

点支承玻璃幕墙应采用带万向头的活动不锈钢爪，其钢爪间的中心距离应大于 250mm。

玻璃幕墙四周、玻璃幕墙内表面与主体结构之间的连接节点、各种变形缝、墙角的连接节点应符合设计要求和技术标准的规定。

玻璃幕墙应无渗漏。

玻璃幕墙结构胶和密封胶的打注应饱满、密实、连续、均匀、无气泡，宽度和厚度应符合设计要求和技术标准的规定。

玻璃幕墙开启窗的配件应齐全，安装应牢固，安装位置和开启方向、角度应正确；开启应灵活，关闭应严密。

玻璃幕墙的防雷装置必须与主体结构的防雷装置可靠连接。

② 一般项目

玻璃幕墙表面应平整、洁净；整幅玻璃的色泽应均匀一致；不得有污染和镀膜损坏。

每平方米玻璃的表面质量和检验方法应符合表 6-114 的规定。

一个分格铝合金型材的表面质量和检验方法应符合表 6-115 的规定。

表 6-114　　　　　　　　　　　　　　每平方米玻璃的表面质量和检验方法

项　次	项　目	质量要求	检验方法
1	明显划伤和长度>100mm 的轻微划伤	不允许	观察
2	长度≤100mm 的轻微划伤	≤8 条	用钢尺检查
3	擦伤总面积	≤500mm²	用钢尺检查

表 6-115　　　　　　　　　　　　一个分格铝合金型材的表面质量和检验方法

项　次	项　目	质量要求	检验方法
1	明显划伤和长度>100mm 的轻微划伤	不允许	观察
2	长度≤100mm 的轻微划伤	≤2 条	用钢尺检查
3	擦伤总面积	≤500mm²	用钢尺检查

　　明框玻璃幕墙的外露框或压条应横平竖直,颜色、规格应符合设计要求,压条安装应牢固。单元玻璃幕墙的单元拼缝或隐框玻璃幕墙的分格玻璃拼缝应横平竖直、均匀一致。

　　玻璃幕墙的密封胶缝应横平竖直、深浅一致、宽窄均匀、光滑顺直。

　　防火、保温材料填充应饱满、均匀,表面应密实、平整。

　　玻璃幕墙隐蔽节点的遮封装修应牢固、整齐、美观。

　　明框玻璃幕墙安装的允许偏差和检验方法应符合表 6-116 的规定。

表 6-116　　　　　　　　　　　明框玻璃幕墙安装的允许偏差和检验方法

项　次	项　目		允许偏差/mm	检验方法
1	幕墙垂直度	幕墙高度≤30m	10	用经纬仪检查
		30m<幕墙高度≤60m	15	
		60m<幕墙高度≤90m	20	
		幕墙高度>90m	25	
2	幕墙水平度	幕墙幅宽≤35m	5	用水平仪检查
		幕墙幅宽>35m	7	
3	构件直线度		2	用 2m 靠尺和塞尺检查
4	构件水平度	构件长度≤2m	2	用水平仪检查
		构件长度>2m	3	
5	相邻构件错位		1	用钢直尺检查
6	分格框对角线长度差	对角线长度≤2m	3	用钢尺检查
		对角线长度>2m	4	

　　隐框、半隐框玻璃幕墙安装的允许偏差和检验方法应符合表 6-117 的规定。

表 6-117　　　　　　　　　隐框、半隐框玻璃幕墙安装的允许偏差和检验方法

项　次	项　目		允许偏差/mm	检验方法
1	幕墙垂直度	幕墙高度≤30m	10	用经纬仪检查
		30m<幕墙高度≤60m	15	
		60m<幕墙高度≤90m	20	
		幕墙高度>90m	25	
2	幕墙水平度	层高≤3m	3	用水平仪检查
		层高>3m	5	
3	幕墙表面平整度		2	用2m靠尺和塞尺检查
4	板材立面垂直度		2	用垂直检测尺检查
5	板材上沿水平度		2	用1m水平尺和钢直尺检查
6	相邻板材板角错位		1	用钢直尺检查
7	阳角方正		2	用直角检测尺检查
8	接缝直线度		3	拉5m线,不足5m拉通线,用钢直尺检查
9	接缝高低差		1	用钢直尺和塞尺检查
10	接缝宽度		1	用钢直尺检查

（2）金属幕墙工程

① 主控项目

金属幕墙工程所使用的各种材料和配件,应符合设计要求及国家现行产品标准和工程技术规范的规定。

金属幕墙的造型和立面分格应符合设计要求。

金属面板的品种、规格、颜色、光泽及安装方向应符合设计要求。

金属幕墙主体结构上的预埋件、后置埋件的数量、位置及后置埋件的拉拔力必须符合设计要求。

金属幕墙的金属框架立柱与主体结构预埋件的连接、立柱与横梁的连接、金属面板的安装必须符合设计要求,安装必须牢固。

金属幕墙的防火、保温、防潮材料的设置应符合设计要求,并应密实、均匀、厚度一致。

金属框架及连接件的防腐处理应符合设计要求。

金属幕墙的防雷装置必须与主体结构的防雷装置可靠连接。

各种变形缝、墙角的连接节点应符合设计要求和技术标准的规定。

金属幕墙的板缝注胶应饱满、密实、连续、均匀、无气泡,宽度和厚度应符合设计要求和技术标准的规定。

金属幕墙应无渗漏。

② 一般项目

金属板表面应平整、洁净、色泽一致。

金属幕墙的压条应平直、洁净、接口严密、安装牢固。

金属幕墙的密封胶缝应横平竖直、深浅一致、宽窄均匀、光滑顺直。

金属幕墙上的滴水线、流水坡向应正确、顺直。

每平方米金属板的表面质量和检验方法应符合表 6-118 的规定。

表 6-118　　　　　　　　　每平方米金属板的表面质量和检验方法

项　次	项　目	质量要求	检验方法
1	明显划伤和长度＞100mm 的轻微划伤	不允许	观察
2	长度≤100mm 的轻微划伤	≤8 条	用钢尺检查
3	擦伤总面积	≤500mm²	用钢尺检查

金属幕墙安装的允许偏差和检验方法应符合表 6-119 的规定。

表 6-119　　　　　　　　　金属幕墙安装的允许偏差和检验方法

项　次	项　目		允许偏差/mm	检验方法
1	幕墙垂直度	幕墙高度≤30m	10	用经纬仪检查
		30m＜幕墙高度≤60m	15	
		60m＜幕墙高度≤90m	20	
		幕墙高度＞90m	25	
2	幕墙水平度	层高≤3m	3	用水平仪检查
		层高＞3m	5	
3	幕墙表面平整度		2	用 2m 靠尺和塞尺检查
4	板材立面垂直度		3	用垂直检测尺检查
5	板材上沿水平度		2	用 1m 水平尺和钢直尺检查
6	相邻板材板角错位		1	用钢直尺检查
7	阳角方正		2	用直角检测尺检查
8	接缝直线度		3	拉 5m 线,不足 5m 拉通线,用钢直尺检查
9	接缝高低差		1	用钢直尺和塞尺检查
10	接缝宽度		1	用钢直尺检查

（3）石材幕墙工程

① 主控项目

石材幕墙工程所用材料的品种、规格、性能和等级,应符合设计要求及国家现行产品标准和工程技术规范的规定。石材的弯曲强度不应小于 8.0MPa;吸水率应小于 0.8%。石材幕墙的铝合金挂件厚度不应小于 4.0mm,不锈钢挂件厚度不应小于 3.0mm。

石材幕墙的造型、立面分格、颜色、光泽、花纹和图案应符合设计要求。

石材孔、槽的数量、深度、位置、尺寸应符合设计要求。

石材幕墙主体结构上的预埋件和后置埋件的位置、数量及后置埋件的拉拔力必须符合设计要求。

石材幕墙的金属框架立柱与主体结构预埋件的连接、立柱与横梁的连接、连接件与金属框架的连接、连接件与石材面板的连接必须符合设计要求,安装必须牢固。

金属框架和连接件的防腐处理应符合设计要求。

石材幕墙的防雷装置必须与主体结构防雷装置可靠连接。

石材幕墙的防火、保温、防潮材料的设置应符合设计要求,填充应密实、均匀、厚度一致。

各种结构变形缝、墙角的连接节点应符合设计要求和技术标准的规定。

石材表面和板缝的处理应符合设计要求。

石材幕墙的板缝注胶应饱满、密实、连续、均匀、无气泡,板缝宽度和厚度应符合设计要求和技术标准的规定。

石材幕墙应无渗漏。

② 一般项目

石材幕墙表面应平整、洁净,无污染、缺损和裂痕。颜色和花纹应协调一致,无明显色差,无明显修痕。

石材幕墙的压条应平直、洁净、接口严密、安装牢固。

石材接缝应横平竖直、宽窄均匀;阴阳角石板压向应正确,板边合缝应顺直;凸凹线出墙厚度应一致,上下口应平直;石材面板上洞口、槽边应套割吻合,边缘应整齐。

石材幕墙的密封胶缝应横平竖直、深浅一致、宽窄均匀、光滑顺直。

石材幕墙上的滴水线、流水坡向应正确、顺直。

每平方米石材的表面质量和检验方法应符合表 6-120 的规定。

表 6-120　　　　　　　　　每平方米石材的表面质量和检验方法

项　次	项　　目	质量要求	检验方法
1	裂痕、明显划伤和长度>100mm 的轻微划伤	不允许	观察
2	长度≤100mm 的轻微划伤	≤8 条	用钢尺检查
3	擦伤总面积	≤500mm^2	用钢尺检查

石材幕墙安装的允许偏差和检验方法应符合表 6-121 的规定。

表 6-121　　　　　　　　　石材幕墙安装的允许偏差和检验方法

项　次	项　　目		允许偏差/mm		检验方法
			光面	麻面	
1	幕墙垂直度	幕墙高度≤30m	10		用经纬仪检查
		30m<幕墙高度≤60m	15		
		60m<幕墙高度≤90m	20		
		幕墙高度>90m	25		
2	幕墙水平度		3		用水平仪检查
3	板材立面垂直度		3		用水平仪检查
4	板材上沿水平度		2		用 1m 水平尺和钢直尺检查
5	相邻板材板角错位		1		用钢直尺检查
6	幕墙表面平整度		2	3	用垂直检测尺检查
7	阳角方正		2	4	用直角检测尺检查
8	接缝直线度		3	4	拉 5m 线,不足 5m 拉通线,用钢直尺检查
9	接缝高低差		1	—	用钢直尺和塞尺检查
10	接缝宽度		1	2	用钢直尺检查

7）涂饰工程

涂饰工程验收时应检查下列文件和记录：

涂饰工程的施工图、设计说明及其他设计文件；

材料的产品合格证书、性能检测报告和进场验收记录；

施工记录。

各分项工程的检验批应按下列规定划分：

室外涂饰工程每一栋楼的同类涂料涂饰的墙面每 $500\sim1000\mathrm{m^2}$ 应划分为一个检验批，不足 $500\mathrm{m^2}$ 也应划分为一个检验批；

室内涂饰工程同类涂料涂饰的墙面每 50 间（大面积房间和走廊按涂饰面积 $30\mathrm{m^2}$ 为一间）应划分为一个检验批，不足 50 间也应划分为一个检验批。

检查数量应符合下列规定：

室外涂饰工程每 $100\mathrm{m^2}$ 应至少检查一处，每处不得小于 $10\mathrm{m^2}$；

室内涂饰工程每个检验批应至少抽查 10%，并不得少于 3 间；不足 3 间时应全数检查。

涂饰工程的基层处理应符合下列要求：

新建筑物的混凝土或抹灰基层在涂饰涂料前应涂刷抗碱封闭底漆；

旧墙面在涂饰涂料前应清除疏松的旧装修层，并涂刷界面剂；

混凝土或抹灰基层涂刷溶剂型涂料时，含水率不得大于 8%；涂刷乳液型涂料时，含水率不得大于 10%。木材基层的含水率不得大于 12%；

基层腻子应平整、坚实、牢固，无粉化、起皮和裂缝；内墙腻子的黏结强度应符合《建筑室内用腻子》(JG/T 3049) 的规定；

厨房、卫生间墙面必须使用耐水腻子。

水性涂料涂饰工程施工的环境温度应在 5℃～35℃ 之间。

涂饰工程应在涂层养护期满后进行质量验收。

(1) 水性涂料涂饰工程

① 主控项目

水性涂料涂饰工程所用涂料的品种、型号和性能应符合设计要求。

水性涂料涂饰工程的颜色、图案应符合设计要求。

水性涂料涂饰工程应涂饰均匀、粘结牢固，不得漏涂、透底、起皮和掉粉。

水性涂料涂饰工程的基层处理应符合本规范的要求。

② 一般项目

薄涂料的涂饰质量和检验方法应符合表 6-121 的规定。

表 6-121　　　　　　　　　薄涂料的涂饰质量和检验方法

项次	项　　目	普通涂饰	高级涂饰	检验方法
1	颜色	均匀一致	均匀一致	观察
2	泛碱、咬色	允许少量轻微	不允许	
3	流坠、疙瘩	允许少量轻微	不允许	
4	砂眼、刷纹	允许少量轻微砂眼，刷纹通顺	无砂眼，无刷纹	
5	装饰线、分色线直线度允许偏差/mm	2	1	拉 5m 线，不足 5m 拉通线，用钢直尺检查

厚涂料的涂饰质量和检验方法应符合表 6-123 的规定。

表 6-123   **厚涂料的涂饰质量和检验方法**

项　次	项　目	普通涂饰	高级涂饰	检验方法
1	颜色	均匀一致	均匀一致	
2	泛碱、咬色	允许少量轻微	不允许	观察
3	点状分布	—	疏密均匀	

复层涂料的涂饰质量和检验方法应符合表 6-124 的规定。

表 6-124   **复层涂料的涂饰质量和检验方法**

项　次	项　目	质量要求	检验方法
1	颜色	均匀一致	
2	泛碱、咬色	不允许	观察
3	喷点疏密程度	均匀,不允许连片	

涂层与其他装修材料和设备衔接处应吻合,界面应清晰。

(2) 溶剂型涂料涂饰工程

① 主控项目

溶剂型涂料涂饰工程所选用涂料的品种、型号和性能应符合设计要求。

溶剂型涂料涂饰工程的颜色、光泽、图案应符合设计要求。

溶剂型涂料涂饰工程应涂饰均匀、粘结牢固,不得漏涂、透底、起皮和反锈。

② 一般项目

色漆的涂饰质量和检验方法应符合表 6-125 的规定。

表 6-125   **色漆的涂饰质量和检验方法**

项　次	项　目	普通涂饰	高级涂饰	检验方法
1	颜色	均匀一致	均匀一致	观察
2	光泽、光滑	光泽基本均匀 光滑无挡手感	光泽均匀一致 光滑	观察、手摸检查
3	刷纹	刷纹通顺	无刷纹	观察
4	裹棱、流坠、皱皮	明显处不允许	不允许	观察
5	装饰线、分色线直线度 允许偏差/mm	2	1	拉 5m 线,不足 5m 拉 通线,用钢直尺检查

注:无光色漆不检查光泽。

清漆的涂饰质量和检验方法应符合表 6-126 的规定。

表 6-126   **清漆的涂饰质量和检验方法**

项　次	项　目	普通涂饰	高级涂饰	检验方法
1	颜色	基本一致	均匀一致	观察
2	木纹	棕眼刮平、木纹清楚	棕眼刮平、木纹清楚	观察
3	光泽、光滑	光泽基本均匀 光滑无挡手感	光泽均匀一致 光滑	观察、手摸检查
4	刷纹	无刷纹	无刷纹	观察
5	裹棱、流坠、皱皮	明显处不允许	不允许	观察

涂层与其他装修材料和设备衔接处应吻合,界面应清晰。

(3) 美术涂饰工程

① 主控项目

美术涂饰所用材料的品种、型号和性能应符合设计要求。

美术涂饰工程应涂饰均匀、粘结牢固,不得漏涂、透底、起皮、掉粉和反锈。

美术涂饰的套色、花纹和图案应符合设计要求。

② 一般项目

美术涂饰表面应洁净,不得有流坠现象。

仿花纹涂饰的饰面应具有被模仿材料的纹理。

套色涂饰的图案不得移位,纹理和轮廓应清晰。

8) 裱糊与软包工程

裱糊与软包工程验收时应检查下列文件和记录:

裱糊与软包工程的施工图、设计说明及其他设计文件;

饰面材料的样板及确认文件;

材料的产品合格证书、性能检测报告、进场验收记录和复验报告;

施工记录。

各分项工程的检验批应按下列规定划分:

同一品种的裱糊或软包工程每 50 间(大面积房间和走廊按施工面积 30m² 为一间)应划分为一个检验批,不足 50 间也应划分为一个检验批。

检查数量应符合下列规定:

裱糊工程每个检验批应至少抽查 10%,并不得少于 3 间,不足 3 间时应全数检查;

软包工程每个检验批应至少抽查 20%,并不得少于 6 间,不足 6 间时应全数检查。

裱糊前,基层处理质量应达到下列要求:

新建筑物的混凝土或抹灰基层墙面在刮腻子前应涂刷抗碱封闭底漆;

旧墙面在裱糊前应清除疏松的旧装修层,并涂刷界面剂;

混凝土或抹灰基层含水率不得大于 8%,木材基层的含水率不得大于 12%;

基层腻子应平整、坚实、牢固,无粉化、起皮和裂缝,腻子的黏结强度应符合《建筑室内用腻子》JG/T 3049 中 N 型的规定;

基层表面平整度、立面垂直度及阴阳角方正应达到 GB 50210—2010 第 4.2.11 条高级抹灰的要求;

基层表面颜色应一致;

裱糊前应用封闭底胶涂刷基层。

(1) 裱糊工程

① 主控项目

壁纸、墙布的种类、规格、图案、颜色和燃烧性能等级必须符合设计要求及国家现行标准的有关规定。

裱糊后各幅拼接应横平竖直,拼接处花纹、图案应吻合,不离缝,不搭接,不显拼缝。

壁纸、墙布应粘贴牢固,不得有漏贴、补贴、脱层、空鼓和翘边。

② 一般项目

裱糊后的壁纸、墙布表面应平整,色泽应一致,不得有波纹起伏、气泡、裂缝、皱折及斑污,斜视时应无胶痕。

复合压花壁纸的压痕及发泡壁纸的发泡层应无损坏。

壁纸、墙布与各种装饰线、设备线盒应交接严密。

壁纸、墙布边缘应平直整齐,不得有纸毛、飞刺。

壁纸、墙布阴角处搭接应顺光,阳角处应无接缝。

(2)软包工程

① 主控项目

软包面料、内衬材料及边框的材质、颜色、图案、燃烧性能等级和木材的含水率应符合设计要求及国家现行标准的有关规定。

软包工程的安装位置及构造做法应符合设计要求。

软包工程的龙骨、衬板、边框应安装牢固,无翘曲,拼缝应平直。

单块软包面料不应有接缝,四周应绷压严密。

② 一般项目

软包工程表面应平整、洁净,无凹凸不平及皱折;图案应清晰、无色差,整体应协调美观。

软包边框应平整、顺直、接缝吻合。

清漆涂饰木制边框的颜色、木纹应协调一致。

软包工程安装的允许偏差和检验方法应符合表6-127的规定。

表 6-127　　　　　　　　　软包工程安装的允许偏差和检验方法

项　　次	项　　目	允许偏差/mm	检验方法
1	垂直度	3	用1m垂直检测尺检查
2	边框宽度、高度	0;-2	用钢尺检查
3	对角线长度差	3	用钢尺检查
4	裁口、线条接缝高低差	1	用钢直尺和塞尺检查

9)细部工程

细部工程包括下列分项工程的质量验收:

橱柜制作与安装;

窗帘盒、窗台板、散热器罩制作与安装;

门窗套制作与安装;

护栏和扶手制作与安装;

花饰制作与安装。

细部工程验收时应检查下列文件和记录:

施工图、设计说明及其他设计文件;

材料的产品合格证书、性能检测报告、进场验收记录和复验报告;

隐蔽工程验收记录;

施工记录。

细部工程应对人造木板的甲醛含量进行复验。

细部工程应对下列部位进行隐蔽工程验收:

预埋件(或后置埋件)；

护栏与预埋件的连接节点。

各分项工程的检验批应按下列规定划分：

同类制品每 50 间(处)应划分为一个检验批,不足 50 间(处)也应划分为一个检验批；

每部楼梯应划分为一个检验批。

(1) 橱柜制作与安装工程

① 主控项目

橱柜制作与安装所用材料的材质和规格、木材的燃烧性能等级和含水率、花岗石的放射性及人造木板的甲醛含量应符合设计要求及国家现行标准的有关规定。

橱柜安装预埋件或后置埋件的数量、规格、位置应符合设计要求。

橱柜的造型、尺寸、安装位置、制作和固定方法应符合设计要求。橱柜安装必须牢固。

橱柜配件的品种、规格应符合设计要求。配件应齐全,安装应牢固。

橱柜的抽屉和柜门应开关灵活、回位正确。

② 一般项目

橱柜表面应平整、洁净、色泽一致,不得有裂缝、翘曲及损坏。

橱柜裁口应顺直、拼缝应严密。

检验方法:观察。

橱柜安装的允许偏差和检验方法应符合表 6-128 的规定。

表 6-128　　　　　　　　　　橱柜安装的允许偏差和检验方法

项　　次	项　　　目	允许偏差/mm	检验方法
1	外型尺寸	3	用钢尺检查
2	立面垂直度	2	用 1m 垂直检测尺检查
3	门与框架的平行度	2	用钢尺检查

(2) 窗帘盒、窗台板和散热器罩制作与安装工程

① 主控项目

窗帘盒、窗台板和散热器罩制作与安装所使用材料的材质和规格、木材的燃烧性能等级和含水率、花岗石的放射性及人造木板的甲醛含量应符合设计要求及国家现行标准的有关规定。

窗帘盒、窗台板和散热器罩的造型、规格、尺寸、安装位置和固定方法必须符合设计要求。窗帘盒、窗台板和散热器罩的安装必须牢固。

窗帘盒配件的品种、规格应符合设计要求,安装应牢固。

② 一般项目

窗帘盒、窗台板和散热器罩表面应平整、洁净、线条顺直、接缝严密、色泽一致,不得有裂缝、翘曲及损坏。

窗帘盒、窗台板和散热器罩与墙面、窗框的衔接应严密,密封胶缝应顺直、光滑。

窗帘盒、窗台板和散热器罩安装的允许偏差和检验方法应符合表 6-129 的规定。

(3) 门窗套制作与安装工程

① 主控项目

门窗套制作与安装所使用材料的材质、规格、花纹和颜色、木材的燃烧性能等级和含水率、

花岗石的放射性及人造木板的甲醛含量应符合设计要求及国家现行标准的有关规定。

表 6-129 　　　　　　　**窗帘盒、窗台板和散热器罩安装的允许偏差和检验方法**

项　次	项　　目	允许偏差/mm	检验方法
1	水平度	2	用 1m 水平尺和塞尺检查
2	上口、下口直线度	3	拉 5m 线,不足 5m 拉通线,用钢直尺检查
3	两端距窗洞口长度差	2	用钢直尺检查
4	两端出墙厚度差	3	用钢直尺检查

门窗套的造型、尺寸和固定方法应符合设计要求,安装应牢固。

② 一般项目

门窗套表面应平整、洁净、线条顺直、接缝严密、色泽一致,不得有裂缝、翘曲及损坏。

门窗套安装的允许偏差和检验方法应符合表 6-130 的规定。

表 6-130 　　　　　　　　　**门窗套安装的允许偏差和检验方法**

项　次	项　　目	允许偏差/mm	检验方法
1	正、侧面垂直度	3	用 1m 垂直检测尺检查
2	门窗套上口水平度	1	用 1m 水平检测尺和塞尺检查
3	门窗套上口直线度	3	拉 5m 线,不足 5m 拉通线,用钢直尺检查

(4) 护栏和扶手制作与安装工程

① 主控项目

护栏和扶手制作与安装所使用材料的材质、规格、数量和木材、塑料的燃烧性能等级应符合设计要求。

护栏和扶手的造型、尺寸及安装位置应符合设计要求。

护栏和扶手安装预埋件的数量、规格、位置以及护栏与预埋件的连接节点应符合设计要求。

护栏高度、栏杆间距、安装位置必须符合设计要求。护栏安装必须牢固。

护栏玻璃应使用公称厚度不小于 12mm 的钢化玻璃或钢化夹层玻璃。当护栏一侧距楼地面高度为 5m 及以上时,应使用钢化夹层玻璃。

② 一般项目

护栏和扶手转角弧度应符合设计要求,接缝应严密,表面应光滑,色泽应一致,不得有裂缝、翘曲及损坏。

护栏和扶手安装的允许偏差和检验方法应符合表 6-131 的规定。

表 6-131 　　　　　　　　　**护栏和扶手安装的允许偏差和检验方法**

项　次	项　　目	允许偏差/mm	检验方法
1	护栏垂直度	3	用 1m 垂直检测尺检查
2	栏杆间距	3	用钢尺检查
3	扶手直线度	4	拉通线,用钢直尺检查
4	扶手高度	3	用钢尺检查

（5）花饰制作与安装工程

① 主控项目

花饰制作与安装所使用材料的材质、规格应符合设计要求。

花饰的造型、尺寸应符合设计要求。

花饰的安装位置和固定方法必须符合设计要求，安装必须牢固。

② 一般项目

花饰表面应洁净，接缝应严密吻合，不得有歪斜、裂缝、翘曲及损坏。

花饰安装的允许偏差和检验方法应符合表 6-132 的规定。

表 6-132　　　　　　花饰安装的允许偏差和检验方法

项　次	项　目		允许偏差/mm		检验方法
			室内	室外	
1	条型花饰的水平度或垂直度	每米	1	2	拉线和用 1m 垂直检测尺检查
		全长	3	6	
2	单独花饰中心位置偏移		10	15	拉线和用钢直尺检查

6.3　工程竣工验收

6.3.1　工程竣工验收的基本要求

工程竣工验收即单位工程质量验收。工程竣工验收是建筑工程投入使用前的最后一次验收，也是最重要的一次验收。工程竣工验收的基本要求为：

（1）工程施工质量应符合各类工程质量统一验收标准和相关专业验收规范的规定。

（2）工程施工应符合工程勘察、设计文件的要求。

（3）参加工程施工质量验收的各方人员应具备规定的资格。

（4）工程质量的验收均应在施工单位自行检查评定的基础上进行。

（5）隐蔽工程在隐蔽前应由施工单位通知有关单位进行验收，并应形成验收文件。

（6）涉及结构安全的试块、试件以及有关材料，应按规定进行见证取样检测。

（7）检验批的质量应按主控项目、一般项目验收。

（8）对涉及结构安全和功能的重要分部工程应进行抽样检测。

（9）承担见证取样检测及有关结构安全检测的单位应具有相应资质。

（10）工程的观感质量应由验收人员通过现场检查共同确认。

6.3.2　单位（子单位）工程竣工的验收程序与组织

1. 竣工初验收的程序

当单位工程达到竣工验收条件后，施工单位应在自查、自评工作完成后，填写工程竣工报验单，并将全部竣工资料报送项目监理机构，申请竣工验收。总监理工程师应组织各专业监理工程师对竣工资料及各专业工程的质量情况进行全面检查，对检查出的问题，应督促施工单位及时整改。对需要进行功能试验的项目（包括单机试车和无负荷试车），监理工程师应督促施工单位及时进行试验，并对重要项目进行监督、检查，必要时请建设单位和设计单位参加；监理工程师应认真审查试验报告单并督促施工单位搞好成品保护和现场清理。

经项目监理机构对竣工资料及实物全面检查、验收合格后,由总监理工程师签署工程竣工报验单,并向建设单位提出质量评估报告。

2．正式验收

建设单位收到工程验收报告后,应由建设单位(项目)负责人组织施工(含分包单位)、设计、监理等单位(项目)负责人进行单位(子单位)工程验收。单位工程由分包单位施工时,分包单位对所承包的工程项目应按规定的程序检查评定,总包单位应派人参加。分包工程完成后,应将工程有关资料交总包单位。建设工程经验收合格的,方可交付使用。

建设工程竣工验收应当具备下列条件:

(1) 完成建设工程设计和合同约定的各项内容。

(2) 有完整的技术档案和施工管理资料。

(3) 有工程使用的主要建筑材料、建筑构配件和设备的进场试验报告。

(4) 有勘察、设计、施工、工程监理等单位分别签署的质量合格文件。

(5) 有施工单位签署的工程保修书。

在一个单位工程中,对满足生产要求或具备使用条件,施工单位已预验,监理工程师已初验通过的子单位工程,建设单位可组织进行验收。由几个施工单位负责施工的单位工程,当其中的施工单位所负责的子单位工程已按设计完成,并经自行检验,也可组织正式验收,办理交工手续。在整个单位工程进行全部验收时,已验收的子单位工程验收资料应作为单位工程验收的附件。

在竣工验收时,对某些剩余工程和缺陷工程,在不影响交付的前提下,经建设单位、设计单位、施工单位和监理单位协商,施工单位应在竣工验收后的限定时间内完成。

参加验收各方对工程质量验收意见不一致时,可请当地建设行政主管部门或工程质量监督机构协调处理。

6.3.3 单位(子单位)工程质量验收的记录及合格的规定

1．单位(子单位)工程质量验收合格的规定

(1) 单位(子单位)工程所含分部(子分部)工程的质量应验收合格。

(2) 质量控制资料应完整。

(3) 单位(子单位)工程所含分部工程有关安全和功能的检验资料应完整。

(4) 主要功能项目的抽查结果应符合相关专业质量验收规范的规定。

(5) 观感质量验收应符合要求。

2．单位(子单位)工程质量验收的记录

单位(子单位)工程质量验收记录涉及"单位(子单位)工程质量竣工验收记录"、"单位(子单位)工程质量控制资料核查记录"、"单位(子单位)工程安全和功能检验资料核查及主要功能抽查记录"、"单位(子单位)工程观感质量检查记录"等,详见《建筑工程施工质量验收统一标准》。

单位(子单位)工程验收记录由施工承包单位填写,验收结论由项目监理单位或业主填写。综合验收结论由参加验收各方共同商定,业主填写,应对工程质量是否符合设计和规范要求及总体质量水平做出评价。

3．工程竣工验收报告

工程竣工验收报告如表 6-133 所示。

表 6-133 **工程竣工验收报告**

<table>
<tr><td rowspan="11">工程概况</td><td>工程名称</td><td></td><td>建筑面积</td><td></td></tr>
<tr><td>工程地址</td><td></td><td>结构类型</td><td></td></tr>
<tr><td>层 数</td><td>地上__层;地下__层</td><td>总 高</td><td></td></tr>
<tr><td>电 梯</td><td>台</td><td>自动扶梯</td><td></td></tr>
<tr><td>开工日期</td><td></td><td>竣工日期</td><td></td></tr>
<tr><td>建设单位</td><td></td><td>施工单位</td><td></td></tr>
<tr><td>勘察单位</td><td></td><td>监理单位</td><td></td></tr>
<tr><td>设计单位</td><td></td><td>质量监督</td><td></td></tr>
<tr><td>完成设计与合同
约定内容情况</td><td colspan="3"></td></tr>
</table>

<table>
<tr><td>验收组织形式</td><td></td></tr>
</table>

<table>
<tr><td rowspan="8">验收组组成情况</td><td style="text-align:center">专 业</td><td></td></tr>
<tr><td>建筑工程</td><td></td></tr>
<tr><td>建筑给排水与采暖工程</td><td></td></tr>
<tr><td>建筑电气安装工程</td><td></td></tr>
<tr><td>通风与空调工程</td><td></td></tr>
<tr><td>电梯安装工程</td><td></td></tr>
<tr><td>建筑智能化工程</td><td></td></tr>
<tr><td>工程竣工资料审查</td><td></td></tr>
</table>

<table>
<tr><td>竣工验收程序</td><td></td></tr>
</table>

<table>
<tr><td rowspan="5">工程竣工验收意见</td><td>建设单位执行基本建设程序情况:</td></tr>
<tr><td>对工程勘察方面的评价:</td></tr>
<tr><td>对工程设计方面的评价:</td></tr>
<tr><td>对工程施工方面的评价:</td></tr>
<tr><td>对工程监理及项目管理方面的评价:</td></tr>
</table>

续表

建设 单位	项目负责人：	（单位公章） 年　月　日
勘察 单位	勘察负责人：	（单位公章） 年　月　日
设计 单位	设计负责人：	（单位公章） 年　月　日
施工 单位	项目经理： 企业技术负责人：	（单位公章） 年　月　日
监理 单位	总监理工程师：	（单位公章） 年　月　日
项目 管理 单位	项目经理：	（单位公章） 年　月　日

竣工验收报告附件：
（1）施工许可证；
（2）施工图设计文件审查意见；
（3）勘察单位对工程勘察文件的质量检查报告；
（4）设计单位对工程设计文件的质量检查报告；
（5）施工单位对工程施工质量的检查报告，包括工程竣工资料明细、分类目录、汇总表；
（6）监理单位对工程质量的评估报告；
（7）地基与基础、主体结构分部工程及单位工程质量验收记录；
（8）工程有关质量检测和功能性试验资料；
（9）建设行政主管部门、质量监督机构责令整改问题的整改结果；
（10）验收人员签署的竣工验收原始文件；
（11）竣工验收遗留问题处理结果；
（12）施工单位签署的工程质量保修书；
（13）法律、行政法规规定必须提供的其他文件。

6.3.4　工程质量验收不符合要求时的处理

一般情况下，不合格现象在检验批的验收时就应发现并及时处理，所有质量隐患必须尽快消灭在萌芽状态，否则将影响后续检验批和相关的分项工程、分部工程的验收。但非正常情况可按下述规定进行处理：

（1）经返工重做或更换器具、设备的检验批，应重新进行验收。这种情况是指主控项目不能满足验收规范规定或一般项目超过偏差限制的子项不符合检验规定的要求时，应及时进行处理的检验批。其中，严重的缺陷应推倒重来；一般的缺陷通过返修或更换器具、设备予以解决，应允许施工单位在采取相应的措施后重新验收。如能够符合相应的专业工程质量验收规范，则应认为该检验批合格。

（2）经有资质的检测单位鉴定达到设计要求的检验批，应予以验收。这种情况是指个别检验批发现试块强度等不满足要求等问题，难以确定是否验收时，应请具有资质的法定检测单位检测，当鉴定结果能够达到设计要求时，该检验批应允许通过验收。

（3）经有资质的检测单位鉴定达不到设计要求但经原设计单位核算认可能满足结构安全和使用功能的检验批，可予以验收。

这种情况是指，一般情况下，规范标准给出了满足安全和功能的最低限度要求，而设计往往在此基础上留有一些余量。不满足设计要求和符合相应规范标准的要求，两者并不矛盾。

（4）经返修或加固的分项、分部工程，虽然改变外形尺寸但仍能满足安全使用要求，可按技术处理方案和协商文件进行验收。

这种情况是指更为严重缺陷或范围超过检验批的更大范围内的缺陷可能影响结构的安全性和使用功能。如经法定检测单位检测鉴定以后认为达不到规范标准的相应要求，即不能满足最低限度的安全储备和使用功能，则必须按一定的技术方案进行加固处理，使之能保证其满足安全使用的基本要求。这样会造成一些永久性的缺陷，如改变结构的外形尺寸，影响一些次要的使用功能等。为了避免社会财富更大的损失，在不影响安全和主要使用功能条件下可按处理技术方案和协商文件进行验收，但不能作为轻视质量而回避责任的一种出路，这是应该特别注意的。

（5）通过返修或加固仍不能满足安全使用要求的分部工程、单位（子单位）工程，严禁验收。

6.3.5　工程竣工验收的备案制度

根据我国《建设工程质量管理条例》的规定，国家推行工程竣工验收备案制度，并对各类工程颁发了相应的工程竣工验收备案管理办法。单位工程质量验收合格后，建设单位应在规定时间内将工程竣工验收报告和有关文件，报建设行政管理部门备案。

（1）凡在中华人民共和国境内新建、扩建、改建各类房屋建筑工程和市政基础设施工程的竣工验收，均应按有关规定进行备案。

（2）国务院建设行政主管部门和有关专业部门负责全国工程竣工验收的监督管理工作。县级以上地方人民政府建设行政主管部门负责本行政区域内工程的竣工验收备案管理工作。

（3）建设单位在工程竣工验收七日前，向建设工程质量监督机构申领"建设工程竣工验收备案表"和"建设工程竣工验收报告"，同时将竣工验收时间、地点、验收组成人员名单以"建设单位竣工验收通知单"的形式通知建设工程质量监督机构。

（4）工程质量验收合格后，建设单位应在工程验收合格之日起 15 日内，向工程所在地的政府建设行政主管部门备案。

备案部门在收到备案文件资料后的 15 日内，对文件资料进行审查，符合要求的工程，在验收备案表上加盖"竣工验收备案专用章"，并将一份退建设单位存档。如审查中发现工程竣工验收不符要求，备案部门在收到备案资料之日 15 日内，在验收备案表中填写备案机关处理意见，提出工程停止使用、限期整改、重新组织验收等意见。备案文件资料退回建设单位。待再次组织竣工验收合格后，重新办理备案手续。

6.4 工程项目的保修

6.4.1 工程保修期限

根据《建设工程质量管理条例》第 40 条,在正常使用条件下,建设工程的最低保修期限为:

(1)基础设施工程、房屋建筑的地基基础工程和主体结构工程,为设计文件规定的该工程的合理使用年限。

(2)屋面防水工程、有防水要求的卫生间、房间和外墙面的防渗漏,为 5 年。

(3)供热与供冷系统,为 2 个采暖期、供冷期。

(4)电气管线、给排水管道、设备安装为 2 年。

(5)装修工程为 2 年。

其他项目的保修期限由发包方与承包方约定。房屋建筑工程的保修期,自竣工验收合格之日起计算。

6.4.2 工程质量保修书

《建设工程质量管理条例》第 6 章对建设工程的质量保修制度做了规定。建设工程实行质量保修制度。建设工程承包单位在向业主提交工程竣工验收报告时,应当向业主出具质量保修书。质量保修书中应当明确建设工程的保修范围、保修期限和保修责任等。一旦出现质量问题,业主即可依据此质量保证书,请求施工承包单位履行保修义务。

建设部、国家工商行政管理局联合颁发《房屋建筑工程质量保修书(示范文本)》(建[2000]185 号),规定与《建设工程施工合同(示范文本)》一并推行,该文本内容如下:

房屋建筑工程质量保修书
(示范文本)

发包人(全称):＿＿＿＿＿＿＿＿＿＿

承包人(全称):＿＿＿＿＿＿＿＿＿＿

发包人、承包人根据《中华人民共和国建筑法》、《建设工程质量管理条例》和《房屋建筑工程质量保修办法》,经协商一致,对＿＿＿＿＿＿(工程全称)签定工程质量保修书。

一、工程质量保修范围和内容

承包人在质量保修期内,按照有关法律、法规、规章的管理规定和双方约定,承担本工程质量保修责任。

质量保修范围包括地基基础工程,主体结构工程,屋面防水工程,有防水要求的卫生间、房间和外墙面的防渗漏,供热与供冷系统,电气管线,给排水管道,设备安装和装修工程,以及双方约定的其他项目。具体保修的内容,双方约定如下:

＿＿

＿＿＿＿＿＿＿＿＿＿＿＿＿＿＿＿＿＿＿。

二、质量保修期

双方根据《建设工程质量管理条例》及有关规定,约定本工程的质量保修期如下:

1. 地基基础工程和主体结构工程为设计文件规定的该工程合理使用年限；

2. 屋面防水工程、有防水要求的卫生间、房间和外墙面的防渗漏为 _____ 年；

3. 装修工程为 _____ 年；

4. 电气管线、给排水管道、设备安装工程为 _____ 年；

5. 供热与供冷系统为 _____ 个采暖期、供冷期；

6. 住宅小区内的给排水设施、道路等配套工程为 _____ 年；

7. 其他项目保修期限约定如下：

_____

_____。

质量保修期自工程竣工验收合格之日起计算。

三、质量保修责任

1. 属于保修范围、内容的项目，承包人应当在接到保修通知之日起 7 天内派人保修。承包人不在约定期限内派人保修的，发包人可以委托他人修理。

2. 发生紧急抢修事故的，承包人在接到事故通知后，应当立即到达事故现场抢修。

3. 对于涉及结构安全的质量问题，应当按照《房屋建筑工程质量保修办法》的规定，立即向当地建设行政主管部门报告，采取安全防范措施；由原设计单位或者具有相应资质等级的设计单位提出保修方案，承包人实施保修。

4. 质量保修完成后，由发包人组织验收。

四、保修费用

保修费用由造成质量缺陷的责任方承担。

五、其他

双方约定的其他工程质量保修事项：

_____

_____。

本工程质量保修书，由施工合同发包人、承包人双方在竣工验收前共同签署，作为施工合同附件，其有效期限至保修期满。

发包人（公章）：　　　　　　　　　　承包人（公章）：

法定代表人（签字）：　　　　　　　　法定代表人（签字）：

年　　月　　日　　　　　　　　　　年　　月　　日

6.4.3　工程保修期质量问题的处理

根据《房屋建筑工程质量保修办法》规定，房屋建筑工程在保修期限内出现质量缺陷，建设单位或者房屋建筑所有人应当向施工承包单位发出保修通知。施工承包单位接到保修通知后，应当到现场核查情况，在保修书约定的时间内予以保修。发生涉及结构安全或者严重影响使用功能的紧急抢修事故，施工承包单位接到保修通知后，应当立即到达现场抢修。

发生涉及结构安全的质量缺陷，建设单位或者房屋建筑所有人应当立即向当地建设行政主管部门报告，采取安全防范措施；由原设计单位或者具有相应资质等级的设计单位提出保修方案，施工承包单位实施保修，原工程质量监督机构负责监督。

保修完成后，由建设单位或者房屋建筑所有人组织验收。涉及结构安全的，应当报当地建设行政主管部门备案。

施工单位不按工程质量保修书约定保修的,建设单位可以另行委托其他单位保修,由原施工承包单位承担相应责任。

根据《房屋建筑工程质量保修办法》规定,保修费用由质量缺陷的责任方承担。

在保修期内,因房屋建筑工程质量缺陷造成房屋所有人、使用人或者第三方人身、财产损害的,房屋所有人、使用人或者第三方可以向建设单位提出赔偿要求。建设单位向造成房屋建筑工程质量缺陷的责任方追偿。

因保修不及时造成新的人身、财产损害,由造成拖延的责任方承担赔偿责任。

房地产开发企业售出的商品房保修,还应当执行《城市房地产开发经营管理条例》和其他有关规定。

复习思考题

1. 论述工程质量验收标准及规划的体系结构。
2. 什么是检验批?什么是主控项目?什么是一般项目?什么是观感质量?
3. 室外工程验收时如何划分分部工程?
4. 如何划分检验批?
5. 如何判定检验批合格质量?
6. 论述分部工程质量验收合格的要求。
7. 什么是工程竣工验收?如何组织单位工程的竣工验收?
8. 工程质量验收不合格时,如何处理?
9. 简述工程保修期间质量问题的处理方法。
10. 综合题:某市南园小区 22 号楼为 6 层混合结构住宅楼,设计采用混凝土小型砌块砌筑,墙体加芯柱,竣工验收合格后,用户入驻。但用户在使用过程中,发现墙体中没有芯柱,只发现了少量钢筋,而没有浇筑混凝土,最后经法定检测单位采用红外线照相法统计发现大约有 82% 墙体中未按设计要求加芯柱,只有一层部分墙体中有芯柱,造成了重大质量隐患。

请问:

(1) 该混合结构住宅楼达到什么条件,方可竣工验收?

(2) 试述该工程质量验收的基本要求。

(3) 该工程已交付使用,施工单位是否需要对此问题承担责任?为什么?

第 7 章　工程质量事故的分析与处理

7.1　工程质量问题

7.1.1　工程质量的概念

1. 质量不合格

凡工程产品质量没有满足某个规定的要求,称为质量不合格。

2. 质量问题

凡是工程质量不合格,必须进行返修、加固或报废处理,由此造成直接经济损失低于 5 000 元的,称为质量问题。

3. 工程质量事故

直接经济损失在 5 000 元(含 5 000 元)以上的,称为工程质量事故。

7.1.2　工程质量问题的常见原因

工程质量问题或事故表现的形式多种多样:建筑结构倒塌、倾斜、渗水、漏水、错位、变形、开裂、破坏、强度严重不足、断面尺寸偏差过大等,但究其原因,可归纳如下:

1. 违背基本建设程序

基本建设程序是工程项目建设过程及其客观规律的反映,不按建设程序办事。例如,未搞清地质情况就仓促开工;边设计、边施工;无图施工;不经竣工验收就交付使用等。

2. 地质勘察原因

未认真进行地质勘察或勘探时钻孔深度、间距、范围不符合规定要求,地质勘察报告不详细、不准确、不能全面反映实际的地基情况等,从而使得地下情况不清,或对基岩起伏、土层分布误判,或未查清地下软土层、墓穴、孔洞等,它们均会导致采用不恰当或错误的基础方案,造成地基不均匀沉降、失稳,使上部结构或墙体开裂、破坏,或引发建筑物倾斜、倒塌等质量问题。

3. 设计计算问题

盲目套用图纸,采用不正确的结构方案,计算简图与实际受力情况不符,荷载取值过小,内力分析有误,沉降缝或变形缝设置不当,悬挑结构未进行抗倾覆验算,以及计算错误等,都是引发质量问题的原因。

4. 施工与管理问题

许多工程质量事故,往往是由施工和管理所造成。例如:

(1) 不熟悉图纸,盲目施工;图纸未经会审,仓促施工;未经设计部门同意,擅自修改设计。

(2) 不按图施工。把铰接作成刚接,把简支梁作成连续梁,用光圆钢筋代替变形钢筋等,致使结构裂缝破坏;挡土墙不按图设滤水层,留排水孔,致使压力增大,造成挡土墙倾覆。

(3) 不按有关施工验收规范施工。如现浇结构不按规定位置和方法任意留设施工缝,不按规定的强度拆除模板;砖砌体不按组砌形式砌筑,留直槎不加拉结条,在小于 1m 宽的窗间墙上留设脚手眼等。

（4）不按有关操作规程施工。如用插入式振捣器捣实混凝土时，不按插点均布、快插慢拔、上下抽动、层层扣搭的操作方法，致使混凝土振捣不实，整体性差；又如，砖砌体包心砌筑，上下通缝，灰浆不均匀饱满、游丁走缝，不横平竖直等都是导致砖墙砖柱破坏、倒塌的主要原因。

（5）缺乏基本结构知识，施工蛮干。如将钢筋混凝土预制梁倒放安装，将悬臂梁的受拉钢筋放在受压区；结构构件吊点绑扎不合理，不了解结构使用受力和吊装受力的状态；施工中在楼面超载堆放构件和材料等，均将对质量和安全造成严重的后果。

（6）施工管理紊乱，施工方案考虑不周，施工顺序错误。技术组织措施不当，技术交底不清，违章作业。不重视质量检查和验收工作，等等，都是导致质量事故的祸根。

5. 使用不合格的建筑材料和建筑设备

例如，钢筋物理力学性能不良，会使钢筋混凝土结构产生过大的裂缝或脆性破坏；水泥安定性不良，造成混凝土爆裂；水泥受潮、过期、结块，砂石粒径大小和级配、有害物含量、混凝土配合比、外加剂掺量等不符合要求时，则会影响混凝土强度、和易性、密实性、抗渗性，导致混凝土结构强度不足、裂缝、渗漏、蜂窝、露筋等质量事故；预制构件断面尺寸不准，支承锚固长度不足，未可靠建立预应力值，钢筋漏放，板面开裂等，必然会出现断裂、垮塌。

建筑设备的不合格，如变配电设备质量缺陷导致自燃或火灾，电梯质量不合格危及人身安全，均可造成工程质量问题。

6. 自然环境因素

空气温度、湿度、暴雨、大风、洪水、雷电、日晒和浪潮等均可能成为质量问题的诱因。

7. 使用不当

对建筑物或设施使用不当也易造成质量问题。例如，未经校核验算就任意对建筑物加层；任意拆除承重结构部位；任意在结构物上开槽、打洞、削弱承重结构截面等也会引起质量问题。

7.1.3　工程质量问题的分析和处理

1. 工程质量问题的分析

由于影响工程质量的因素众多，一个工程质量问题的实际发生，既可能是设计计算和施工图纸中存在错误引起，也可能是施工中出现不合格或质量问题引起，还可能是使用不当，或者由于设计、施工甚至使用、管理、社会体制等多种原因的复合作用引起。要分析究竟是哪种原因所引起，必须对质量问题的特征表现，以及其在施工中和使用中所处的实际情况和条件进行具体分析。

工程质量问题分析的步骤如下：

（1）进行细致的现场调查研究，观察记录全部实况，充分了解与掌握引发质量问题的现象和特征。

（2）收集调查与质量问题有关的全部设计和施工资料，分析摸清工程在施工或使用过程中所处的环境及面临的各种条件和情况。

（3）找出可能产生质量问题的所有因素。

（4）分析、比较和判断，找出最有可能造成质量问题的原因。

（5）进行必要的计算分析或模拟试验予以论证确认。

2. 工程质量问题的处理

(1) 萌芽状态的质量问题。对于萌芽状态的工程质量问题,应及时处理。例如,在处理萌芽状态的施工质量问题时,可以要求施工单位立即更换不合格的材料、设备或不称职人员,或者要求施工单位立即改变不正确的施工方法和操作工艺。

(2) 已经出现的质量问题。因施工原因已经出现工程质量问题时,监理工程师(或建设单位项目负责人)应立即向施工单位发出《监理通知》,要求施工单位对已出现的工程质量问题采取补救措施,并且采取有效的保证施工质量的措施。施工单位应妥善处理施工质量问题,填写《监理通知回复单》报监理工程(或建设单位项目负责人)。

(3) 需暂停施工的质量问题。对需要加固补强的质量问题,或质量问题的存在影响下道工序和分项工程的质量时,应签发《工程暂停令》,指令施工单位停止有质量问题部位和与其有关联部位及下道工序的施工。必要时,应要求施工单位采取防护措施,责成施工单位写出质量问题调查报告,由设计单位提出处理方案,并征得建设单位同意,批复承包单位处理。处理结果应重新进行验收。

(4) 验收不合格的质量问题。当某道工序或分项工程完工以后,出现不合格项,监理工程师应填写《不合格项处置记录》,要求施工单位及时采取措施予以整改。监理工程师应对其补救方案进行确认,跟踪处理过程,对处理结果进行验收,否则不允许进行下道工序或分项的施工。

(5) 保修期出的质量问题。在交工使用后的保修期内发现的施工质量问题,监理工程师应及时签发《监理通知》,指令施工单位进行修补、加固或返工处理。

7.2　工程质量事故的特点与分类

7.2.1　工程质量事故的特点

建筑产品的生产不同于一般工业产品,由于设计错误,材料、设备不合格,施工方法错误,指挥不当等原因均可能导致各种工程质量事故。工程质量事故具有复杂性、严重性、可变性和多发性的特点。

1. 复杂性

建筑生产由于产品固定,生产流动;产品多样,结构类型不一;露天作业多,自然条件(地质、水文、气候、地形等)多变;材料品种、规格不同,材性各异;交叉施工,现场配合复杂;工艺要求不同,技术标准不一等特点,因此,对质量影响的因素繁多。造成质量事故的原因也极其错综复杂,即使同一性质的质量事故,原因有时截然不同,例如,建筑物开裂,可能是设计计算错误,或结构构造不良;也可能是地基不均匀沉降,或是温度应力变形,或是地震力、膨胀力、冻胀力的作用;还可能是建材材质问题,或是施工质量低劣、技术处理不当等原因造成。所以,对质量事故的性质、危害的分析、判断和处理均增加了复杂性。

2. 严重性

建筑工程质量事故,轻者,影响施工顺利进行,拖延工期,增加工程费用;重者,给工程留下隐患,成为危房,影响安全使用或不能使用;更严重的是引起建筑物倒塌,造成人民生命财产的巨大损失。所以,对工程质量事故问题决不能掉以轻心,务必及时进行分析、处理,以确保建筑物的安全使用。

3. 可变性

许多工程质量问题还将随着时间的变化而不断地发展变化。例如,钢筋混凝土结构出现的裂缝,将随着环境湿度、温度的变化而变化,或随着荷载的大小和持荷时间的变化而变化;混合结构墙体的裂缝也会随着温度应力和地基的沉降量的变化而变化;甚至有的细微裂缝,也可以发展成构件断裂或结构物倒塌等重大事故。所以,在分析、处理工程质量事故时,一定要特别重视质量事故的可变性,应及时采取可靠的措施,以免事故进一步恶化。

4. 多发性

建筑工程中有些事故经常发生,而成为质量通病,如屋面、卫生间漏水;抹灰层开裂、脱落;预制构件裂缝等。另有一些同类型事故,往往一再重复发生,如悬挑梁、板的断裂,雨篷的倾覆等。因此,吸取多发生性事故的教训,认真总结经验,采取有效的预防措施,对确保质量和安全生产都很有必要。

7.2.2 工程质量事故的分类

建设工程质量事故的分类方法有多种,既可按造成损失严重程度划分,又可按其产生的原因划分,也可按其造成的后果或事故责任区分。各部门、各专业工程,甚至各地区在不同时期界定和划分质量事故的标准尺度也不一样。国家现行对工程质量通常采用按造成损失严重程度进行分类,其基本分类如下:

1. 一般质量事故

凡具备下列条件之一者为一般质量事故:

(1) 直接经济损失在 5000 元(含 5000 元)以上,不满 50000 元的。

(2) 影响使用功能和工程结构安全,造成永久质量缺陷的。

2. 严重质量事故

凡具备下列条件之一者为严重质量事故:

(1) 直接经济损失在 50000 元(含 50000 元)以上,不满 10 万元的。

(2) 严重影响使用功能或工程结构安全,存在重大质量隐患的。

(3) 事故性质恶劣或造成 2 人以下重伤的。

3. 重大质量事故

凡具备下列条件之一者为重大质量事故,属建设工程重大事故范畴:

(1) 工程倒塌或报废。

(2) 由于质量事故,造成人员死亡或重伤 3 人以上。

(3) 直接经济损失 10 万元以上。

按国家建设行政主管部门规定建设工程重大事故分为 4 个等级。

(1) 凡造成死亡 30 人以上或直接经济损失 300 万元以上为一级。

(2) 凡造成死亡 10 人以上 29 人以下或直接经济损失 100 万元以上,不满 300 万元为二级。

(3) 凡造成死亡 3 人以上,9 人以下或重伤 20 人以上或直接经济损失 30 万元以上,不满 100 万元为三级。

(4) 凡造成死亡 2 人以下,或重伤 3 人以上,19 人以下或直接经济损失 10 万元以上,不满

30 万元为四级。

4. 特别重大事故

凡具备国务院发布的《特别重大事故调查程序暂行规定》所列发生一次死亡 30 人及以上，或直接经济损失达 500 万元及以上，或其他性质特别严重等三条之一的事故均属特别重大事故。

7.3　工程质量事故的处理

7.3.1　工程质量事故处理的程序

工程质量事故发生后，可按图 7-1 程序处理。

1. 事故报告

工程质量事故发生后，总监理工程师应签发《工程暂停令》，并要求停止进行质量缺陷部位和与其有关联部位及下道工序施工，应要求施工单位采取必要的措施，防止事故扩大并保护好现场。同时，要求质量事故发生单位迅速按类别和等级向相应的主管部门上报，并于24h内写出书面报告。

质量事故报告应包括以下主要内容：

(1) 事故发生的工程名称、部位、时间、地点。

(2) 事故经过及主要状况和后果。

(3) 事故原因的初步分析判断。

(4) 现场已采取的控制事态的措施。

(5) 对企业紧急请求的有关事项等。

各级主管部门处理权限如下：

特别重大质量事故由国务院按有关程序和规定处理；重大质量事故由国家建设行政主管部门归口管理；严重质量事故由省、自治区、直辖市建设行政主管部门归口管理；一般质量事故由市、县级建设行政主管部门归口管理。

工程质量事故调查组由事故发生地的市、县以上建设行政主管部门或国务院有关主管部门组织成立。特别重大质量事故调查组组成由国务院批准；一、二级重大质量事故由省、自治区、直辖市建设行政主管部门提出组成意见，人民政府批准；三、四级重大质量事故由市、县级行政主管部门提出组成意见，相应级别人民政府批准；严重质量事故，调查组由省、自治区、直辖市建设行政主管部门组织；一般质量事故，调查组由市、县级建设行政主管部门组织；事故发生单位属国务院部委的，由国务院有关主管部门或其授权部门会同当地建设行政主管部门组织调查组。

2. 现场保护

当施工过程发生质量事故，尤其是导致土方、结构、施工模板、平台坍塌等安全事故造成人员伤亡时，施工负责人应视事故的具体状况，组织在场人员果断采取应急措施保护现场，救护人员，防止事故扩大。同时做好现场记录、标识、拍照等，为后续的事故调查保留客观真实场景。

3. 事故调查

事故调查是搞清质量事故原因，有效进行技术处理，分清质量事故责任的重要手段。事故

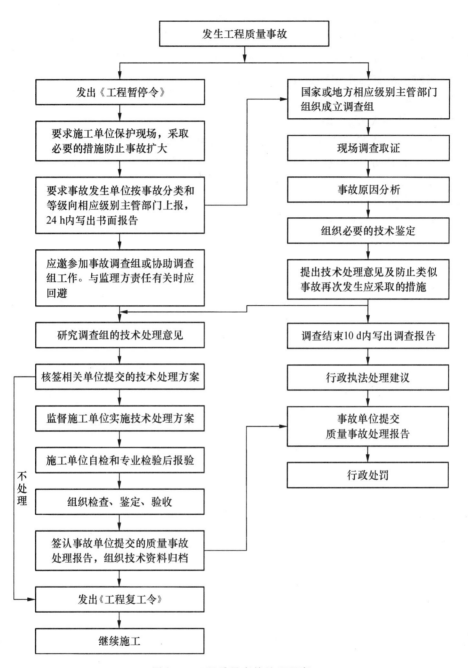

图 7-1　工程质量事故处理程序

调查包括现场施工管理组织的自查和来自企业的技术、质量管理部门的调查;此外根据事故的性质,需要接受政府建设行政主管部门、工程质量监督部门以及检察、劳动部门等的调查,现场施工管理组织应积极配合,如实提供情况和资料。

工程质量事故调查组完成事故调查报告,主要内容为:

(1)查明事故发生的原因、过程、事故的严重程度和经济损失情况。

(2)查明事故的性质、责任单位和主要责任人。

（3）组织技术鉴定。

（4）明确事故主要责任单位和次要责任单位,承担经济损失的划分原则。

（5）提出技术处理意见及防止类似事故再次发生应采取的措施。

（6）提出对事故责任单位和责任人的处理建议。

4．事故处理

事故处理包括两大方面,即:

（1）事故的技术处理,解决施工质量不合格和缺陷问题。

（2）事故的责任处罚,根据事故性质、损失大小、情节轻重对责任单位和责任人做出行政处分直至追究刑事责任等的不同处罚。

工程质量事故处理报告主要内容为:

（1）工程质量事故情况、调查情况、原因分析（选自质量事故调查报告）。

（2）质量事故处理的依据。

（3）质量事故技术处理方案。

（4）实施技术处理施工中有关问题和资料。

（5）对处理结果的检查鉴定和验收。

（6）质量事故处理结论。

5．恢复施工

对停工整改、处理质量事故的工程,经过对施工质量的处理过程和处理结果的全面检查验收,并有明确的质量事故处理鉴定意见后,报请工程监理单位签发《工程复工令》,恢复正常施工。

7.3.2　工程质量事故处理的依据和要求

1．处理依据

（1）施工合同文件。

（2）工程勘察资料及设计文件。

（3）施工质量事故调查报告。

（4）相关建设法律、法规及其强制性条文。

（5）类似工程质量事故处理的资料和经验。

2．处理要求

（1）搞清原因、稳妥处理。由于施工质量事故的复杂性,必须对事故原因展开深入的调查分析,必要时应委托有资质的工程质量检测单位进行质量检测鉴定或邀请专家咨询论证,只有真正搞清事故原因之后,才能进行有效的处理。

（2）坚持标准、技术合理。在制订或选择事故技术处理方案时,必须严格坚持工程质量标准的要求,做到技术方案切实可行、经济合理。技术处理方案原则上应委托原设计单位提出;施工单位或其他方面提出的处理方案,也应报请原设计单位审核签认后才能采用。

（3）安全可靠、不留隐患。必须加强施工质量事故处理过程的管理,落实各项技术组织措施,做好过程检查、验收和记录,确保结构安全可靠,不留隐患,功能和外观处理到位达标。

（4）验收鉴定、结论明确。施工质量事故处理的结果是否达到预期目的,需要通过检查、验收和必要的检测鉴定,如实测实量、荷载试验、取样试压、仪表检测等方法获得可靠的数据,进行分析判断后对处理结果做出明确的结论。

7.3.3 工程质量事故处理的方案

1. 修补处理

这是最常用的一类处理方案。通常当工程的某个检验批、分项或分部的质量虽未达到规定的规范、标准或设计要求,存在一定缺陷,但通过修补或更换器具、设备后还可达到要求的标准,又不影响使用功能和外观要求,在此情况下,可以进行修补处理。

属于修补处理的具体方案很多,诸如封闭保护、复位纠偏、结构补强、表面处理等。某些事故造成的结构混凝土表面裂缝,可根据其受力情况,仅作表面封闭保护。某些混凝土结构表面的蜂窝、麻面,经调查分析,可进行剔凿、抹灰等表面处理,一般不会影响其使用和外观。

对较严重的质量问题,可能影响结构的安全性和使用功能,必须按一定的技术方案进行加固补强处理,这样往往会造成一些永久性缺陷,如改变结构外形尺寸,影响一些次要的使用功能等。

2. 返工处理

当工程质量未达到规定的标准和要求,存在的严重质量问题,对结构的使用和安全构成重大影响,且又无法通过修补处理的情况下,可对检验批、分项、分部甚至整个工程返工处理。例如,某防洪堤坝填筑压实后,其压实土的干密度未达到规定值,经核算将影响土体的稳定且不满足抗渗能力要求,可挖除不合格土,重新填筑,进行返工处理。又如,某公路桥梁工程预应力按规定张力系数为 1.3,实际仅为 0.8,属于严重的质量缺陷,也无法修补,只有返工处理。对某些存在严重质量缺陷,且无法采用加固补强等修补处理或修补处理费用比原工程造价还高的工程,应进行整体拆除,全面返工。

3. 让步处理

对质量不合格的施工结果,经设计人的核验,虽没达到设计的质量标准,却尚不影响结构安全和使用功能,经业主同意后可予验收。

例如,某检验批混凝土试块强度值不满足规范要求,强度不足,在法定检测单位,对混凝土实体采用非破损检验等方法测定其实际强度已达规范允许和设计要求值时,可不做处理。对经检测未达要求值,但相差不多,经分析论证,只要使用前经再次检测达设计强度,也可不做处理,但应严格控制施工荷载。

又如,某些隐蔽部位结构混凝土表面裂缝,经检查分析,属于表面养护不够的干缩微裂,不影响使用及外观,也可不做处理。

4. 降级处理

对已完成施工部位,因轴线、标高引测差错而改变设计平面尺寸,若返工损失严重,在不影响使用功能的前提下,经承发包双方协商验收。

例如,有的工业建筑物出现放线定位偏差,且严重超过规范标准规定,若要纠正会造成重大经济损失,若经过分析、论证其偏差不影响生产工艺和正常使用,在外观上也无明显影响,可不做处理。

出现质量问题后,经检测鉴定达不到设计要求,但经原设计单位核算,仍能满足结构安全和使用功能,则可作为降级处理。例如,某一结构构件截面尺寸不足,或材料强度不足,影响结构承载力,但经按实际检测所得截面尺寸和材料强度复核验算,仍能满足设计的承载力,可不进行专门处理。这是因为一般情况下,规范标准给出了满足安全和功能的最低限度要求,而设计往往在此基础上留有一定余量,这种处理方式实际上是挖掘了设计潜力或降低了设计的安全系数。

5. 不做处理

对于轻微的施工质量缺陷,如面积小、点数多、程度轻的混凝土蜂窝麻面、露筋等在施工规范允许范围内的缺陷,可通过后续工序进行修复。

实际上,让步处理和降级处理均为不做处理,但其质量问题在结构安全性和使用功能上的影响不同。不论什么样的质量问题处理方案,均必须做好必要的书面记录。

7.3.4　工程质量事故处理的鉴定验收

质量事故的技术处理是否达到了预期目的,消除了工程质量不合格和工程质量问题,是否仍留有隐患,工程质量事故处理的鉴定和验收内容如下:

1. 检查验收

工程质量事故处理完成后,监理工程师在施工单位自检合格报验的基础上,应严格按施工验收标准及有关规范的规定进行,结合监理人员的旁站、巡视和平行检验结果,依据质量事故技术处理方案设计要求,通过实际量测,检查各种资料数据进行验收,并应办理交工验收文件,组织各有关单位会签。

2. 必要的鉴定

为确保工程质量事故的处理效果,凡涉及结构承载力等使用安全和其他重要性能的处理工作,常需做必要的试验和检验鉴定工作。在质量事故处理施工过程中建筑材料及构配件保证资料严重缺乏,或对检查验收结果各参与单位有争议时,也需做必要的试验和检验鉴定工作。常见的检验工作有:混凝土钻芯取样,用于检查密实性和裂缝修补效果,或检测实际强度;结构荷载试验,确定其实际承载力;超声波检测焊接或结构内部质量;池、罐、箱柜工程的渗漏检验等。检测鉴定必须委托政府批准的有资质的法定检测单位进行。

3. 验收结论

对所有质量事故无论经过技术处理,通过检查鉴定验收还是不需专门处理的,均应有明确的书面结论。若对后续工程施工有特定要求,或对建筑物使用有一定限制条件,应在结论中提出。

验收结论通常有以下几种:

(1) 事故已排除,可以继续施工。

(2) 隐患已消除,结构安全有保证。

(3) 经修补处理后,完全能够满足使用要求。

(4) 基本上满足使用要求,但使用时应有附加限制条件,例如,限制荷载等。

(5) 对耐久性的结论。

(6) 对建筑物外观影响的结论。

(7) 对短期内难以作出结论的,可提出进一步观测检验意见。

对于处理后符合《建筑工程施工质量验收统一标准》的规定的,监理工程师应予以验收、确认,并应注明责任方主要承担的经济责任。对经加固补强或返工处理仍不能满足安全使用要求的分部工程、单位(子单位)工程,应拒绝验收。

复习思考题

1. 如何区分质量不合格、质量问题、工程质量事故？
2. 论述引起工程质量问题的常见原因。
3. 出现工程质量问题后，一般如何处理？
4. 工程质量事故有哪些特点？
5. 如何划分重大质量事故和特别重大事故？
6. 工程质量事故处理报告有哪些内容？
7. 施工质量事故处理方法有哪些？
8. 综合题：某大学学生宿舍楼发生一起 6 层悬臂式雨篷根部突然断裂的恶性质量事故，雨篷悬挂在墙面上。幸好是在凌晨 2 点，未造成人员伤亡。该工程为 6 层砖混结构宿舍楼，建筑面积 2784m²，经事故调查、原因分析，发现造成该质量事故的主要原因是施工队伍素质差。在施工时将受力钢筋位置放错，使悬臂结构受拉区无钢筋而产生脆性破坏。请问：
   (1) 如果该工程施工过程中实施了工程监理，监理单位对该起质量事故是否承担责任？原因是什么？
   (2) 施工单位现场质量检查的内容有哪些？
   (3) 为了满足质量要求，施工单位进行现场质量检查目测法和实测法有哪些常用手段？
   (4) 针对该钢筋工程隐蔽验收的要点有哪些？

第 8 章　工程质量统计原理与统计分析方法

8.1　质量数据的统计原理

8.1.1　质量数据与统计推断的关系

数据是质量控制的基础,质量管理的一条原则是:一切用数据说话。质量数据的统计分析就是将收集的工程质量数据进行整理,经过统计分析,找出规律,发现存在的质量问题,进一步分析影响质量的原因,以便采取相应的对策与措施,使工程质量处于受控状态。

当生产处于稳定的、正常的条件下,质量数据的特征值具有二重性,即数据的波动性与统计规律性。正常的条件下,质量数据在平均值附近波动,一般呈现正态分布。

数据的总体又称母体,是所研究对象的全体。样本又称子样,是从总体中抽取的部分个体。被抽中的个体称为样品,样品的数目称样本容量。通过分析样本特征就可推断总体质量的特征。

统计推断就是运用质量统计方法在生产过程中(工序活动中)或一批产品中,通过对样本的检测和整理,从中获得样本质量数据信息,以概率论和数理统计原理为基础,对总体的质量状况作出分析和判断。工程质量的统计推断原理如图 8-1 所示。

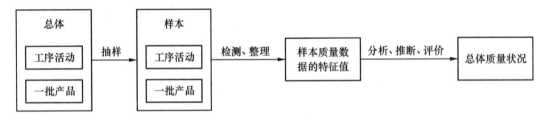

图 8-1　工程质量的统计推断原理

8.1.2　质量数据的分类和收集

1. 质量数据的分类

根据质量数据的特点,可以将其分为计量值数据和计数值数据。

1) 计量值数据

计量值数据是可以连续取值的数据,属于连续型变量。其特点是在任意两个数值之间都可以取精度较高一级的数值。它通常由测量得到,如重量、强度、几何尺寸、标高、位移等。此外,一些属于定性的质量特性,可由专家主观评分、划分等级而使之数量化,得到的数据也属于计量值数据。

2) 计数值数据

计数值数据是只能按 0,1,2,…数列取值计数的数据,属于离散型变量。它一般由计数得到。计数值数据又可分为计件值数据和计点值数据。

(1) 计件值数据,表示具有某一质量标准的产品个数。如总体中合格品数、一级品数。

（2）计点值数据，表示个体（单件产品、单位长度、单位面积、单位体积等）上的缺陷数、质量问题点数等。如检验钢结构构件涂料涂装质量时，构件表面的焊渣、焊疤、油污、毛刺的数量等。

2. 质量数据的收集

1）全数检验

全数检验是对总体中的全部个体逐一观察、测量、计数、登记，从而获得对总体质量水平评价结论的方法。

全数检验一般比较可靠，能提供大量的质量信息，但要消耗很多人力、物力、财力和时间，特别是不能用于具有破坏性的检验和过程质量控制，应用上具有局限性；在有限总体中，对重要的检测项目，当可采用简易快速的不破损检验方法时可选用全数检验方案。

2）随机抽样检验

抽样检验是按照随机抽样的原则，从总体中抽取部分个体组成样本，根据对样品进行检测的结果，推断总体质量水平的方法。随机抽样检验的常用方法为：

（1）简单随机抽样。简单随机抽样又称纯随机抽样、完全随机抽样，是对总体不进行任何加工，直接进行随机抽样，获取样本的方法。

一般的做法是对全部个体编号，然后采用抽签、摇号、随机数字表等方法确定中选号码，相应的个体即为样品。这种方法常用于总体差异不大，或对总体了解甚少的情况。

（2）分层抽样。分层抽样又称分类或分组抽样，是将总体按与研究目的有关的某一特性分为若干组，然后在每组内随机抽取样品组成样本的方法。

由于对每组都有抽取，样品在总体中分布均匀，更具代表性，特别适用于总体比较复杂的情况。如研究混凝土浇筑质量时，可以按生产班组分组、或按浇筑时间（白天、黑夜；或季节）分组或按原材料供应商分组后，再在每组内随机抽取个体。

（3）系统抽样。这种方法是每隔一定的时间或空间抽取一个样本的方法，其第一个样本是随机的，所以，又称为机械随机抽样法。这种方法主要用于工序间的检验。

（4）二次抽样。又称二次随机抽样，当总体很大时，先将总体分为若干批，先从这些批中随机地抽几批，再随机地从抽中的几批中抽取所需的样品。如对批量很大的砖的抽样就可按二次抽样进行。

8.1.3 质量数据的特征值

统计推断就是根据样本的数据特征值来分析、判断总体的质量状况。常用的样本质量数据值为：

1. 均值 $\bar{x}$

样本的均值又称为样本的算术平均值，它表示数据集中的位置。

$$\bar{x} = \frac{1}{n}(x_1 + x_2 + \cdots + x_n) = \frac{1}{n}\sum_{i=1}^{n} x_i \qquad (8\text{-}1)$$

式中 x_i——第 i 个样品的数值；

n——样本大小。

2. 中位数 $\tilde{x}$

先将样本中的数据按大小排列，样本为奇数时，中间的一个数即为中位数；样本为偶数时，中间两数的平均值即为中位数。中位数也表示数据的集中位置,通常用 $\tilde{x}$ 表示。

3. 极值 $x_{i\max}$ 和 $x_{i\min}$

一个样本中的最大值和最小值称为极值,第 i 个样本的最大值用 $x_{i\max}$ 表示;第 i 个样本的最小值用 $x_{i\min}$ 表示。

4. 极差 R_i

样本中最大值与最小值之差称为极差,第 i 个样本的极差用 R_i 表示,即:

$$R_i = x_{i\max} - x_{i\min} \tag{8-2}$$

极差永远为正,它表示数据的分散程度。

5. 标准偏差 σ 和 S

总体的标准偏差用 σ 表示,即

$$\sigma = \sqrt{\frac{\sum_{i=1}^{N}(x_i - \mu)^2}{N}} \tag{8-3}$$

式中　N——总体大小;

μ——总体均值。

样本的标准偏差用 S 表示:

$$S = \sqrt{\frac{\sum_{i=1}^{N}(x_i - \bar{x})^2}{n}} \quad (n \geqslant 50) \tag{8-4(1)}$$

$$S = \sqrt{\frac{\sum_{i=1}^{N}(x_i - \bar{x})^2}{n-1}} \quad (n < 50) \tag{8-4(2)}$$

S 也叫标准偏差的无偏估计。标准偏差的大小反映了数据的波动情况,即分散程度。

6. 变异系数 C_v

变异系数表示数据的相对波动大小,即相对的分散程度,用 C_v 表示:

$$C_v = \frac{S}{\bar{x}}(样本) \quad 或 \quad C_v = \frac{\sigma}{\mu}(总体) \tag{8-5}$$

式中　S——样本标准偏差;

$\bar{x}$——样本均值;

σ——总体标准偏差;

μ——总体均值。

8.1.4　质量数据波动的特征

1. 质量数据波动的必然性

即使在生产过程稳定、正常的条件下,同一样本内的个体(或产品)的质量数据也不相同。个体(或产品)的差异性表现为质量数据的波动性、随机性。究其原因,产品质量不可避免地受

五方面因素的影响,这五方面因素为:人,包括质量意识、技术水平、精神状态等;材料,包括材质均匀度、理化性能等;机械设备,包括其先进性、精度、维护保养状况等;方法,包括生产工艺、操作方法等;环境,包括时间、季节、现场温湿度、噪声干扰等;同时,这些因素自身也在不断变化中。个体产品质量的表现形式的千差万别就是这些因素综合作用的结果,质量数据也因此具有了波动性。

2. 质量数据波动的原因

在数理统计上,根据对质量的影响程度,可将引起质量数据波动的原因分为偶然性原因和系统性原因。

(1) 偶然性原因

偶然性原因即随机性原因。在生产过程中有大量不可避免的、难以测量和控制的、或者在经济上不值得消除的因素,这些影响因素变化微小且具有随机发生的特点。这些因素都会对工程质量产生影响,使工程质量产生微小的波动,但工程质量波动属于允许偏差、允许位移范围,是正常的波动,一般不会因此造成废品,生产过程正常稳定。

例如,原材料的规格、型号都符合要求,只是材质不均匀;自然条件如温度、湿度的正常微小变化等,属于偶然性原因。

(2) 系统性原因

系统性原因是指一些具有规律性,对工程质量影响较大的因素,这些因素将导致生产过程不正常,质量数据离散性过大,表现为产品质量异常波动,出现次品或废品等。系统性原因导致的质量数据波动属于非正常波动,异常波动特征明显,对质量产生负面影响,在生产过程中应及时监控、识别和处理系统性原因。例如,工人未遵守操作规程、机械设备发生故障或过度磨损、原材料规格或型号有显著差异等,属于系统性原因。

3. 质量数据波动的规律性

概率数理统计在对大量统计数据研究中,归纳总结出许多分布类型,如一般计量值数据服从正态分布,计件值数据服从二项分布,计点值数据服从泊松分布等。实践中只要是受许多起微小作用的因素影响的质量数据,都可认为是近似服从正态分布的,如构件的几何尺寸、混凝土强度等;如果是随机抽取的样本,无论它来自的总体是何种分布,在样本容量较大时,其样本均值也将服从或近似服从正态分布。因而,正态分布最重要,最常见,应用最广泛。

生产处于正常的、稳定的情况下,质量数据具有波动性和统计规律性,一般符合正态分布规律。正态分布曲线如图 8-2 所示,它具有以下特征:

(1) 分布曲线对称于 $x = \mu$。

(2) 当 $x = \mu$ 时,曲线位于最高点。

(3) 曲线下所包围的面积为 1,$\mu \pm 3\sigma$ 所围成的面积为 99.73%。

总体呈正态分布用 $N(\mu, \sigma^2)$ 表示,σ^2 称为总体的方差;样本呈正态分布用 $N(\bar{x}, S^2)$ 表示,S^2 称为样本的方差。

由数理统计可知,总体服从正态分布时,其样本均值的分布也服从正态分布,即使总体不服从正态分布,当样本 $n \geqslant 4$ 时,样本均值的分布也接近

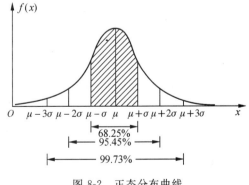

图 8-2 正态分布曲线

于正态分布,所以,在分析质量问题时,当样本足够大时,都可近似地按正态分布来处理。

8.2　调查表法

调查表法是利用表格进行数据收集和统计的一种方法。利用这些统计表对数据进行整理,并可粗略地进行原因分析。表格形式可根据需要自行设计,应便于记录、统计、分析。

利用调查表收集数据,简便灵活,便于整理,实用有效。根据使用的目的不同,常用的检查表有工序分布检查表、缺陷位置检查表、不良项目检查表、不良原因检查表等。

表 8-1 是钢筋焊接缺陷调查表。

表 8-1　　　　　　　　　　　　钢筋焊接缺陷调查表

日　期		班　组		检 查 员	
缺陷类型		检 查 记 录		小　计	
凹　　陷		下		2	
焊　　瘤		正一		6	
裂　　纹		下		3	
烧　　伤		一		1	
咬　　边		正		4	
气　　孔		正正正一		16	
夹　　渣		正正		9	
其　　他		一		2	
总　　计				43	

8.3　分层法

分层法又称分类法,就是将收集到的质量数据,按统计分析的需要,进行分类整理,使之系统化,以便于找到产生质量问题的原因,及时采取措施加以预防。

分层方法多种多样,可按班次、日期分类;按操作者(男、女、新老工人)或其工龄、技术等级分类;按施工方法分类;按设备型号、生产组织分类;按材料成分、规格、供料单位及时间等分类。

【例 8-1】　钢筋焊接质量的调查分析,共检查了 50 个焊接点,其中不合格 19 个,不合格率为 38%。存在严重的质量问题,试用分层法分析质量问题的原因。

现已查明这批钢筋的焊接是由 A,B,C 三个师傅操作的,而焊条是由甲、乙两个厂家提供的。因此,分别按操作者和焊条生产厂家进行分层分析,即考虑一种因素单独的影响,如表8-2和表8-3所示。

表 8-2　　　　　　　　　　　　按操作者分层

操　作　者	不　合　格	合　　格	不合格率/%
A	6	13	32
B	3	9	25
C	10	9	53
合计	19	31	38

表 8-3 按供应焊条厂家分层

工　厂	不 合 格	合　　格	不合格率/%
甲	9	14	39
乙	10	17	37
合　计	19	31	38

由表 8-2 分析可见,操作者 B 的质量较好,不合格率为 25％;由表 8-3 分析可见,不论是采用甲厂还是乙厂的焊条,不合格率都很高且相差不大。为了找出问题之所在,再进一步采用综合分层进行分析,即考虑两种因素共同影响的结果,见表 8-4。

表 8-4 综合分层分析焊接质量

操作者	焊接质量	甲　厂		乙　厂		合　　计	
		焊接点	不合格率/%	焊接点	不合格率/%	焊接点	不合格率/%
A	不合格 合　格	6 2	75	0 11	0	6 13	32
B	不合格 合　格	0 5	0	3 4	43	3 9	25
C	不合格 合　格	3 7	30	7 2	78	10 9	53
合计	不合格 合　格	9 14	39	10 17	37	19 31	38

从表 8-4 的综合分层法分析可知,在使用甲厂的焊条时,应采用 B 师傅的操作方法为好;在使用乙厂的焊条时,应采用 A 师傅的操作方法为好,这样会使合格率大大提高。

8.4　排列图法

排列图法是分析影响质量主要和次要因素的一种有效方法,也称 Pareto 图法。

排列图由两个纵坐标、一个横坐标、几个长方形和一条曲线组成。左侧的纵坐标是频数或件数,右侧的纵坐标是累计频率,横轴则是项目(或因素),按项目频数大小顺序在横轴上自左而右画长方形,其高度为频数,并根据右侧纵坐标,画出累计频率曲线,如图 8-3 所示。

实际应用中,通常按累计频率划分为(0~80％)、(80％~90％)、(90％~100％)三部分,与其对应的影响因素分别为 A,B,C 三类。A 类为主要因素,应进行重点管理;B 类为次要因素,应作次重点管理;C 类为一般因素,应作常规或适当加强管理。

【例 8-2】 某建筑工程对房间地坪质量不合格

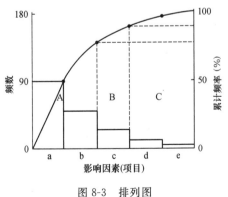

图 8-3　排列图

问题进行了调查,发现有 80 间房间起砂,调查结果统计如表 8-5 所示。

表 8-5

地坪起砂的原因	出现房间数
砂含泥量过大	16
砂粒径过细	45
后期养护不良	5
砂浆配合比不当	7
水泥标号太低	2
砂浆终凝前压光不足	2
其他	3

请画出"地坪起砂原因排列图"。

(1)数据整理和计算。按不合格的频数由大到小顺序排列各项,计算各项的频率和累计频率,如表 8-6 所示。

表 8-6 地坪起砂原因排列表

项 目	频 数	累计频数	累计频率/%
砂粒径过细	45	45	56.2
砂含泥量过大	16	61	76.2
砂浆配合比不当	7	68	85
后期养护不良	5	73	91.3
水泥标号太低	2	75	93.8
砂浆终凝前压光不足	2	77	96.2
其他	3	80	100

(2)排列图绘制。根据整理后的排列表,绘制频数和累计频率的排列图,如图 8-4 所示。

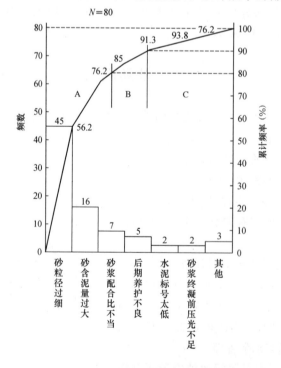

图 8-4 地坪起砂原因的排列图

（3）排列图的观察与分析。观察排列图，可以大致看出各因素的影响程度。利用 ABC 三类因素分析法或者 80/20 分析法，A 类因素为砂粒径过细，砂含泥量过大，砂浆配合比不当，该三项因素是影响地坪起砂的主要原因，是应该重点解决的质量问题。

8.5　因果分析图法

因果分析图法是逐层深入地分析质量问题产生原因的有效工具，也称为特性要因图，因其形状又被称为树枝图、鱼刺图等。

因果分析图由质量特征、要因、主干、支干等组成。因果分析图绘制方法一般为：将要分析的问题放在图形的右侧，用一条带箭头的主杆指向要解决的质量问题，一般从人、设备、材料、方法、环境等 5 个方面进行分析，这就是所谓的大原因，对具体问题来讲，这 5 个方面的原因不一定同时存在，要找到解决问题的办法，还需要对上述 5 个方面进一步分解，这就是中原因、小原因或更小原因，它们之间的关系也用带箭头的箭线表示，如图 8-5 所示。

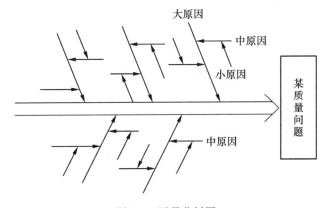

图 8-5　因果分析图

使用因果分析图的注意事项：

（1）一个质量特性或一个质量问题使用一张图分析。

（2）通常采用 QC 小组活动的方式进行，集思广益，共同分析。

（3）必要时可以邀请小组以外的有关人员参与，广泛听取意见。

（4）分析时要充分发表意见，层层深入，列出所有可能的原因。

（5）在充分分析的基础上，从中选择 3～5 项主要原因，主要原因用一定的记号表示。

【例 8-3】　绘制混凝土强度不足的因果分析图。

因果分析图的绘制步骤为：从"质量问题"开始，将原因逐层分解，大原因→中原因→小原因，直至分解的原因是可以采取的具体措施，最后选择出关键的主要原因，标记"□"，以便重点控制。

绘图结果如图 8-6。

8.6　相关图法

相关图法是用来显示两组质量数据之间关系的一个有效工具。通过相关图中点的分布状况，就可以看出两个质量特性之间的相关关系，及其关系的密切程度。相关图法又称散布图法。几种典型的相关图如图 8-7 所示。

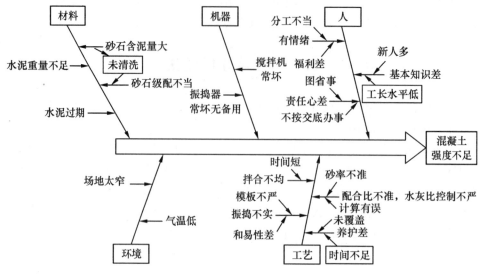

图 8-6　混凝土强度不足因果分析图

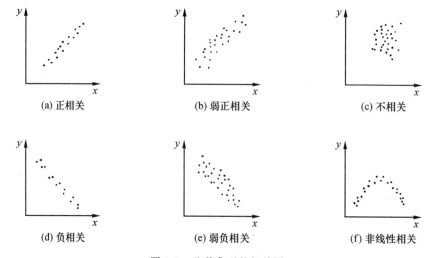

图 8-7　几种典型的相关图

1. 质量数据的相关性分类

（1）正相关。如果随着 x 的增加 y 也增加，这种情况称为正相关。如果随着 x 的增加 y 明显增加，也就是说，x,y 间存在着密切的关系，如图 8-7(a)所示，则说 x,y 间强正相关；如果随着 x 的增加，y 基本上也随之增加，如图 8-7(b)所示，说明 x,y 间关系不密切，这种情况叫弱正相关。

（2）负相关。如果随着 x 的增加 y 反而减小，这种情况称为负相关。如果随着 x 的增加，y 明显地减小，如图 8-7(d)所示，则说 x,y 间为强负相关；如果随着 x 的增加，y 基本上随之减小，即 x,y 间关系不太密切，这种情况，叫做弱负相关，如图 8-7(e)所示。

（3）非线性相关。如果 x,y 间呈曲线关系，如图 8-7(f)所示，则 x,y 间为非线性相关。

（4）不相关。如果看不出 x,y 间有什么特别的关系，则说 x,y 间不相关，如图 8-7(c)所示。

2. 相关图分析时的注意事项

(1) 异常点的处理。当相关图中出现远离的异常点时需查明原因,原因不明时,不可轻易将其去掉。

(2) 分层的必要性。有的相关图就整体而言似乎看不出有相关关系,若分层就可看出其相关性,如图 8-8(a)所示;而有些相关图作为整体看有相关关系,但一分层就又不相关了,如图 8-8(b)所示。

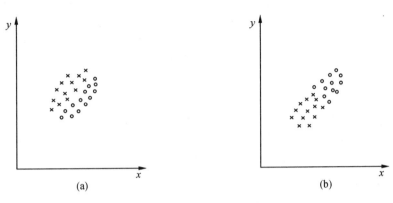

图 8-8　相关图的分层分析

3. 线性相关程度的定量分析

两组数据之间的相关程度可以从相关图中直观地感觉到,但是缺乏量化。通过计算相关系数,就可以定量地判断两组数据之间的线性相关程度。线性相关系数的计算公式为

$$R = \frac{S(xy)}{\sqrt{S(xx)S(yy)}} \tag{8-6}$$

式中

$$S(xx) = \sum (x - \bar{x})^2 = \sum x^2 - \frac{\left(\sum x\right)^2}{n};$$

$$S(yy) = \sum (y - \bar{y})^2 = \sum y^2 - \frac{\left(\sum y\right)^2}{n};$$

$$S(xy) = \sum (x - \bar{x}) \cdot (y - \bar{y}) = \sum xy - \frac{\left(\sum x \cdot \sum y\right)}{n}。$$

相关系数 R 的值在 $[-1, 1]$ 范围内:

(1) $|R|$ 接近 1 时,表示 x, y 间有明显的相关关系;$|R| \leqslant 0.3$ 时,相关关系就很弱了;当 $|R| = 1$ 时,则表示数据的点在一条直线上;

(2) $R > 0$,表示若 x 增加,则 y 也增加,即正相关;$R < 0$,表示若 x 增加,则 y 减小,即负相关。

【例 8-4】　已知混凝土抗压强度与水灰比的统计资料,如表 8-7 所示。试分析混凝土抗压强度与水灰比之间的关系。

表 8-7　　　　　　　　　　　混凝土抗压强度与水灰比统计资料

	序　号	1	2	3	4	5	6	7	8
x	水灰比 $m(W)/m(C)$	0.4	0.45	0.5	0.55	0.6	0.65	0.7	0.75
y	强度/(N/mm^2)	36.3	35.3	28.2	24.0	23.0	20.6	18.4	15.0

绘制相关图。在直角坐标系中,一般 x 轴用来代表原因的量或较易控制的量,本例中表示水灰比;y 轴用来代表结果的量或不易控制的量,本例中表示强度。然后将数据在相应的坐标位置上描点,便得到散布图,如图 8-9 所示。

从图 8-9 中可以看出,本题水灰比与混凝土强度之间呈负相关特性,即在其他条件不变情况下,混凝土强度随水灰比增加而逐渐降低。

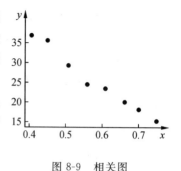

图 8-9　相关图

8.7　直方图法

直方图法是将质量数据(或频率)的分布状态用直方图来表示,根据直方图的分布形状和公差界限来观察、分析质量分布规律,判断生产过程是否正常的有效方法。直方图又称为质量分布图、频数(频率)分布直方图。直方图法还可用于估计工序不合格品率的高低,制订质量标准,确定公差范围,评价施工管理水平等。但直方图法属于静态分析方法,不能反映质量特征的动态变化,且绘制直方图时,需要收集较多的数据(一般应大于 50 个),否则直方图难以正确反映总体的分布特征。

1. 直方图的绘制方法

【例 8-5】　已知某模板尺寸的误差数据 80 份,经整理后的误差如表 8-8 所示,请绘制直方图。

表 8-8　模板边长尺寸误差表　单位:mm

−2	−3	−3	−4	−3	0	−1	−2
−2	−2	−3	−1	+1	−2	−2	−1
−2	−1	0	−1	−2	−3	−1	+2
0	−5	−1	−3	0	+2	0	−2
−1	+3	0	0	−3	−2	−5	+1
0	−2	−4	−3	−4	−1	+1	+1
−2	−4	−6	−1	−2	+1	−1	−2
−3	−1	−4	−1	−3	−1	+2	0
−5	−3	0	−2	−4	0	−3	−1
−2	0	−3	−4	−2	+1	−1	+1

(1)确定组数。确定组数的原则是分组的结果能正确地反映数据的分布规律。组数应根据数据多少来确定。组数过少,会掩盖数据的分布规律;组数过多,使数据过于零乱分散,也不能显示出质量分布状况。一般可参考表 8-9 的经验数值确定。

表 8-9　数据分组参考值

数据总数 n	分组数 k	数据总数 n	分组数 k	数据总数 n	分组数 k	数据总数 n	分组数 k
50 以下	5～7	50～100	6～10	100～250	7～12	250 以上	10～20

本例 $n = 80$,取分组数 $k = 10$。

(2)计算极差。为了将数据的最大值和最小值都包含在直方图内,并防止数据落在组界上,测量单位(即测量精确度)为 δ 时,将最小值减去半个测量单位 $\left(\text{计算最小值 } x'_{\min} = x_{\min} - \dfrac{\delta}{2}\right)$,最大值加上半个测量单位 $\left(\text{计算最大值 } x'_{\max} = x_{\max} + \dfrac{\delta}{2}\right)$。

本例:测量单位 $\delta = 1(\text{mm})$

$$x'_{\min} = x_{\min} - \frac{\delta}{2} = -6 - \frac{1}{2} = -6.5(\text{mm})$$

$$x'_{\max} = x_{\max} + \frac{\delta}{2} = 3 + \frac{1}{2} = 3.5(\text{mm})$$

计算极差为:

$$R' = x'_{\max} - x'_{\min} = 3.6 - (-6.5) = 10(\text{mm})$$

(3)确定组距。组距 h 是组与组之间的间隔,即一个组的范围。各组的组距应相等,因此

$$\text{组距 } h = \frac{\text{极差 } R'}{\text{组数 } k} \tag{8-7}$$

所求得的 h 值应为测量单位的整倍数,若不是测量单位的整倍数时可调整为整倍数。其目的是为了使组界值的尾数为测量单位的一半,避免数据落在组界上。

本例:$h = \dfrac{R'}{k} = \dfrac{10}{10} = 1(\text{mm})$

(4)确定各组的上、下界限值。组界的确定应由第一组起。

本例:第一组下界限值 $\quad A_{1下} = x'_{\min} = -6.5(\text{mm})$

第一组上界限值 $\quad A_{1上} = A_{1下} + h = -6.5 + 1 = -5.5(\text{mm})$

第二组下界限值 $\quad A_{2下} = A_{1上} = -5.5(\text{mm})$

第二组上界限值 $\quad A_{2上} = A_{2下} + h = -5.5 + 1 = -4.5(\text{mm})$

其余各组上、下界限值依此类推,本例各组界限值计算结果如表 8-10 所示。

(5)编制频数分布表,并计算各组的频率。按上述分组范围,统计数据落入各组的频数,填入表内,计算各组的频率并填入表内,如表 8-10 所示。

表 8-10 　　　　　　　　　　　　频 数 分 布 表

组　号	分 组 区 间	频　数	频　率
1	−6.5～−5.5	1	0.0125
2	−5.5～−4.5	3	0.0375
3	−4.5～−3.5	7	0.0875
4	−3.5～−2.5	13	0.1625
5	−2.5～−1.5	17	0.2125
6	−1.5～−0.5	17	0.2125
7	−0.5～0.5	12	0.15
8	0.5～1.5	6	0.075
9	1.5～2.5	3	0.0375
10	2.5～3.5	1	0.0125

(6)绘频数(频率)直方图。根据频数分布表中的统计数据或频率,绘出相应的频数直方

图或频率直方图,如图8-10所示。

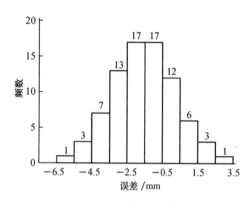

图 8-10　模板尺寸误差的频数直方图

2. 直方图的观察与分析

直方图的分析通常从以下两方面进行。

1) 分布状态的分析

通过对直方图分布状态的分析,可以判断生产过程是否正常,下面就一些常见的直方图形加以分析。

(1) 对称分布(正态分布),如图 8-11(a)。说明生产过程正常,质量稳定。

(2) 偏态分布,如图 8-11(b),(c)。一般情况公差分布是偏态分布,此时,应属于正常生产情况。但是,由于技术上、习惯上的原因所出现的偏态分布,则应属于异常生产情况。

(3) 锯齿分布,如图 8-11(d)。造成这种状态的原因可能是分组的组数不当、组距不是测量单位的整倍数,或测试时所用方法和读数有问题。

(4) 孤岛分布,如图 8-11(e)。造成这种状态的原因往往是短期内不熟练的工人替班所造成的。

(5) 陡壁分布,如图 8-11(f)。往往是剔除不合格品、等外品或超差返修后造成的。

(6) 双峰分布,如图 8-11(g)。它是两种不同的分布混在一起检查的结果,如把两台设备或两个班组的数据混在一起就会出现这种情况。

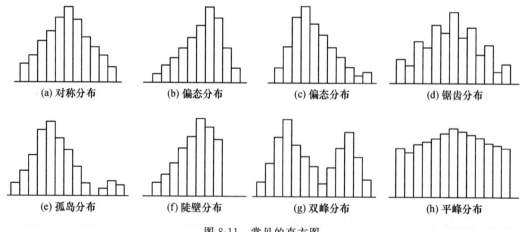

图 8-11　常见的直方图

（7）平峰分布,如图 8-11(h)。生产过程中有缓慢变化的因素起主导作用的结果。

2）同标准规格比较

通过直方图与标准规格(公差)的对比,观察质量特性值是否都落在规定的范围内,是否留有余地,图 8-12 是一些典型直方图同标准比较的情况。图中 T_u 为公差上限,T_L 为公差下限。

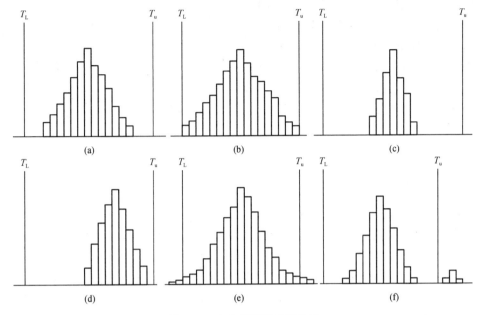

图 8-12 直方图同标准的比较

（1）图 8-12(a)。该直方图呈正态分布,分布范围集中并全部在公差带内,平均值在中间,两侧均留有余地,生产稍有波动也不会超出公差界限,说明生产是正常的、稳定的,是满足质量要求的。

（2）图 8-12(b)。该直方图呈正态分布,分布充满公差带,两侧均没有余地,生产稍有波动就会超出公差带,出现不合格品,应努力减小分散,或在可能的情况下增大公差带。

（3）图 8-12(c)。该直方图呈正态分布,分布非常集中,分布范围距公差带较远,生产即使发生较大波动也不会出现不合格现象,说明生产是正常的、稳定的,但不经济。

（4）图 8-12(d)。该直方图太偏向公差带一侧,稍有不慎就可能在上限超差,出现不合格品,应采取措施使分布移向公差带中心。

（5）图 8-12(e)。该直方图呈正态分布,但分布过于分散,已超出公差范围,出现了不合格品,应设法减小分散程度。

（6）图 8-12(f)。该直方图大部分正常,有小部分超差,可能是不熟练工人临时替班造成的。应查明原因予以消除。

8.8 控制图法

8.8.1 基本概念

1. 定义

控制图又称管理图,是描述生产过程中产品质量波动状态的图形。质量波动的两种情况中,由偶然性原因导致的质量波动是随机的、正常的,由系统性原因引起的质量波动是有规律的、异常的。控制图就是通过观察质量数据波动的特征,查找异常波动,排除异常因素,使生产过程处于正常的受控状态。

2. 控制图的基本形式

控制图的基本形式如图 8-13 所示。横轴为样本序号或抽样时间,纵坐标为被控制对象即质量特性值。控制图上一般有三条线:上控制界限 UCL,下控制界限 LCL,中心线 CL。中心线是质量特性值分布的中心位置,上下控制界限标志着质量特性值允许波动范围。

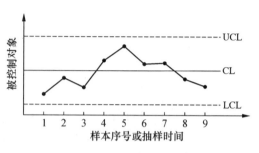

图 8-13　控制图基本形式

3. 控制界限

控制界限是以正态分布为理论基础的,生产若处于稳定状态,对正态分布而言,质量数据落在 $\mu \pm 3\sigma$ 范围内的概率为 99.73%,因此,用 $\mu \pm 3\sigma$ 作为控制界限,质量数据落在控制界限内,即可判断生产的稳定性。

用 $\mu \pm 3\sigma$ 作为控制界限,生产处于稳定状态时,质量数据落在控制界限外的概率为 0.27%,也就是说,1000 次抽检中,就可能有 3 次落在 $\mu \pm 3\sigma$ 范围之外。如果扩大控制界限,如 $\mu \pm 4\sigma$,$\mu \pm 5\sigma$,虽然减小了第一类判断错误的概率,但第二类判断错误的概率增加,相应地第一类判断错误所造成的损失会降低,第二类判断错误所造成的损失会增加,综合损失增加。如果缩小控制界限,如 $\mu \pm 2\sigma$,$\mu \pm \sigma$,相反情况出现,但综合损失仍会增加。控制界限取 $\mu \pm 3\sigma$ 时,综合损失成本最低。

4. 控制图的用途

控制图是用样本数据来分析判断生产过程是否处于稳定状态的有效工具。它的用途主要有两个:

(1) 过程分析,即分析生产过程是否稳定。为此,应随机连续收集数据,绘制控制图,观察数据点分布情况并判定生产过程状态。

(2) 过程控制,即控制生产过程质量状态。为此,要定时抽样取得数据,将其变为点子描在图上,发现并及时消除生产过程中的失调现象,预防不合格品的产生。

前述排列图、直方图法是质量控制的静态分析法,反映的是质量在某一段时间里的静止状态。然而产品都是在动态的生产过程中形成的,因此,在质量控制中单用静态分析法显然是不够的,还必须有动态分析法。只有动态分析法,才能随时了解生产过程中质量的变化情况,及时采取措施,使生产处于稳定状态,起到预防出现废品的作用。控制图就是典型的动态分析法。

8.8.2　控制图的分类

控制图分为计量值控制图和计数值控制图两类,常用的控制图如图 8-14 所示。

(1) X 控制图又称单值控制图,是把一个个计量值的数据直接点入控制图,即每次抽检的样本为 1 的情况,通常用于测量费用高,得到数据间隔较长的场合,或只需测量一个数据就能反映质量特性的场合。由于这种控制图的检出能力较低,使用时需特别注意。

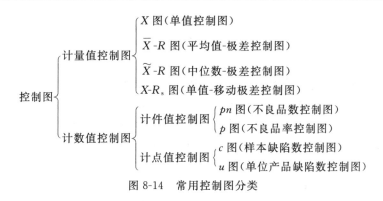

图 8-14　常用控制图分类

（2）$\overline{X}$-R 控制图，即平均值-极差控制图，它是将平均值控制图与极差控制图联合使用，这种控制图可以对生产过程的状况作较全面而准确的分析，提供的信息较多，检出能力高，是被广泛采用的计量值控制图。

（3）$\widetilde{X}$-R 控制图，即中位数-极差控制图，它是将 $\widetilde{X}$ 控制图代替了 X-R 控制图中的 $\overline{X}$ 控制图制成的，这种控制图由于可以不计算样本的平均值，做起来简单，很适用于现场，但 $\widetilde{X}$ 控制图的检出能力比 $\overline{X}$ 控制图稍差。

（4）X-R_s 控制图，即单值-移动极差控制图，它是将单值控制图与移动极差控制图联合使用，单值控制图每次只取一个数据，无法观察数据分散程度的变化，所以和移动极差控制图并用，移动极差就是相邻两个数据 x_i 和 x_{i+1} 之差的绝对值：

$$R_{si} = | x_i - x_{i+1} | \quad (i = 1, 2, \cdots, k-1)$$

（5）pn 图，即不良品数控制图，使用这种控制图时，要求每次抽检的样本大小 n 要相同，这种控制图可以把检验中所得的不合格品数直接点入图中，比较好用。

（6）p 图，即不良品率控制图，除不合格品率以外，凡符合二项分布的计数值，如出勤率、合格品率等，也可使用这种控制图。在运用上 p 图必须经过运算求出 p 后才能点入图中，因此，使用上较 pn 图麻烦，但当 n 在检验中取值不同时，必须用 p 图。

（7）c 图，即样本缺陷数控制图，例如门窗安装的缺陷、混凝土地面的缺陷等都可采用这种控制图。

（8）u 图，即单位产品缺陷数控制图，如墙面每平方米的缺陷数、同型号的每台电梯安装的缺陷数等均可采用这种控制图。

计量值控制图一般服从正态分布，控制界限为 $\mu \pm 3\sigma$。计件值控制图一般服从二项分布，当样本中的不合格品数 $pn > 3 \sim 5$ 时，二项分布近似于正态分布，可按正态分布处理，但标准偏差按二项分布计算。计点值控制图一般服从泊松分布，当样本缺陷数 $c > 3 \sim 5$ 时，泊松分布近似于正态分布，可按正态分布处理，但标准偏差按泊松分布计算。

8.8.3　控制图的观察与分析

通过对控制图上点子的分布情况进行观察与分析，可以判断生产过程是否处于稳定状态。因为控制图上点子是随机抽样的子样，因此可以反映出生产过程（总体）的质量分布状态。

根据使用目的,控制图可以分为管理用控制图和分析用控制图。

1. 管理用控制图

主要用来控制生产过程,使之经常保持在稳定状态下。当根据分析用控制图判明生产处于稳定状态时,一般都是把分析用控制图的控制界限延长作为管理用控制图的控制界限,并按一定的时间间隔取样、计算、打点,根据点子分布情况,判断生产过程是否有异常原因影响。

2. 分析用控制图

主要是用来调查分析生产过程是否处于控制状态。绘制分析用控制图时,一般需连续抽取 20～25 组样本数据,计算控制界限。

观察和分析控制图时,目的不同则分析条件不同,判断标准也不同。

3. 管理用控制图的观察与分析

管理用控制图上的点出现下列情况之一时,生产过程判为异常:

点子落在控制界限外或界限上;

控制界限内的点子的排列出现下列现象:

(1) 链,即点子连续出现在中心线一侧的现象。异常的链为:

连续 7 点或更多点成链,如图 8-15(a)所示。

(2) 多次同侧,即点子在中心线一侧多次出现,表现为偏离现象。异常的多次同侧为:

① 连续 11 点中有 10 点在同侧(图 8-15(b));

② 连续 14 点中有 12 点在同侧;

③ 连续 17 点中有 14 点在同侧;

④ 连续 20 点中有 16 点在同侧。

(3) 趋势,即点子连续上升或连续下降的现象。异常的趋势为:

连续 7 点或 7 点以上呈现上升或下降趋势,如图 8-15(c)所示。

(4) 周期性变动,即点子的排列表现出明显的周期性变化的现象。即使所有点子都在控

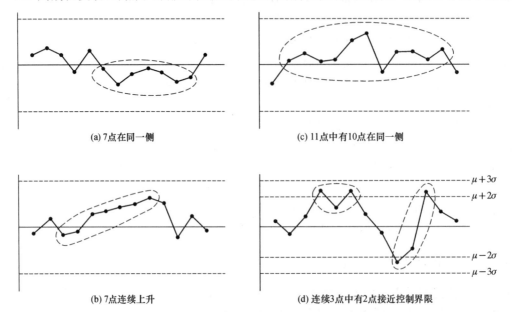

(a) 7点在同一侧　　　　　　　　　　　(c) 11点中有10点在同一侧

(b) 7点连续上升　　　　　　　　　　　(d) 连续3点中有2点接近控制界限

图 8-15　几种异常的控制图

制界限内,该生产过程仍被断定为异常。

（5）集中于控制界限附近,即点子主要分布在 $\mu\pm2\sigma$ 与 $\mu\pm3\sigma$ 之间,而不是平均值 μ 附近。判断异常的具体标准为:

① 连续 3 点中有 2 点落在控制界限附近,如图 8-15(d)所示;

② 连续 7 点中有 3 点落在控制界限附近。

4. 分析用控制图的观察与分析

分析用控制图用于判断生产过程是否正常,如果生产过程处于稳定状态,则可将分析用控制图转为管理用控制图。

分析用控制图上的点子同时满足下列条件时,则判定生产过程处于稳定的受控制状态:

（1）点子几乎全部落在控制界线内,即同时符合下列 3 个要求:

① 连续 25 点以上处于控制界限内;

② 连续 35 点中仅有 1 点超出控制界限;

③ 连续 100 点中不多于 2 点超出控制界限。

（2）点子排列呈现随机性,没有缺陷,没有出现异常现象,即点子没有出现"链"、"多次同侧"、"趋势"、"周期性变动"、"集中于控制界限附近"等现象。

【例 8-6】 若采用 $\bar{X}$-R 控制图对拉模生产多孔板的生产过程进行控制,用系统抽样法收集了 25 组数据,如表 8-11 所示。

表 8-11　　　　　　　　　　　　　拉模生产多孔板长度偏差

组　号	测定值/mm					$\bar{X}_i$	R_i
	X_1	X_2	X_3	X_4	X_5		
1	−5	−6	−5	−4	−5	−5	2
2	−3	−3	−5	−5	−5	−4.2	2
3	−7	−4	−3	−5	−4	−4.6	4
4	−3	−6	−5	−4	−5	−4.6	3
5	−5	−5	−4	−6	−5	−5	2
6	−6	−7	−5	−4	−4	−5.2	3
7	−5	−3	−5	−5	−6	−4.8	3
8	−3	−6	−7	−4	−4	−4.8	4
9	−3	−4	−3	−6	−5	−4.2	3
10	−5	−4	−6	−4	−5	−4.8	2
11	−3	−5	−7	−5	−6	−5.2	4
12	−6	−4	−5	−3	−5	−4.6	3
13	−5	−4	−6	−5	−6	−5.2	2
14	−3	−5	−3	−7	−5	−4.6	4
15	−5	−5	−5	−6	−5	−5.2	1
16	−4	−6	−4	−6	−7	−5.4	3
17	−6	−4	−7	−5	−5	−5.4	3
18	−6	−4	−5	−7	−7	−5.8	3
19	−5	−7	−5	−6	−5	−5.6	2
20	−7	−6	−7	−6	−5	−6.2	2
21	−6	−7	−7	−7	−6	−6.6	1
22	−4	−3	−5	−6	−4	−4.4	3
23	−3	−4	−5	−6	−5	−4.6	3
24	−3	−7	−5	−4	−5	−4.8	4
25	−7	−5	−7	−4	−6	−5.8	3
合计						−126.6	69

解 1)计算控制界限

(1)根据表 8-12 和表 8-13 所列控制界限计算公式,分别计算 $\bar{X}_i, R_i$ 和 $\bar{Z}, \bar{X}_i, \bar{Z}R_i$。

表 8-12 控制界限公式表

分类	分布	图名	中心线	上下控制界限	说明	管理特征
计量值控制图	正态分布	X	$\bar{X}$	$\bar{X} \pm E_2 \bar{R}$	$\bar{X} = \dfrac{\sum X}{K}$	观察分析单个产品质量特征的变化
		$\bar{X}$	$\bar{\bar{X}}$	$\bar{\bar{X}} \pm A_2 \bar{R}$	$\bar{\bar{X}} = \dfrac{\sum \bar{X}}{K}$	用于观察分析平均值的变化
		R	$\bar{R}$	$D_4 \bar{R}$ (UCL) $D_3 \bar{R}$ (LCL)	$\bar{R} = \dfrac{\sum R}{K}$	用于观察分析分布的宽度和分散变化的情况
		$\tilde{X}$	$\bar{\tilde{X}}$	$\bar{\tilde{X}} \pm M_3 A_2 \bar{R}$	$\bar{\tilde{X}} = \dfrac{\sum \tilde{X}}{K}$	用$\bar{X}$代$\tilde{X}$图,可以不计算平均值
		R_s	$\bar{R}_s$	$D_4 \bar{R}_s$ (UCL)	$\bar{R}_s = \dfrac{1}{K-1}\sum\limits_{i=1}^{K-1} R_{si}$	同R图,适用不能同时取得若干数据的工序
计数值控制图	计件值 计数控制图	二项分布	p	$\bar{p}$	$\bar{p} \pm 3\sqrt{\dfrac{\bar{p}(1-\bar{p})}{n}}$	$\bar{p} = \dfrac{\sum r}{\sum n} = \dfrac{\sum pn}{K}$	用不良品率来管理工序
			pn	$\bar{p}n$	$\bar{p}n \pm 3\sqrt{\bar{p}n(1-\bar{p})}$	$\bar{p}n = \dfrac{\sum pn}{K}$	用不良品数来管理工序
	计点值 计数控制图	泊松分布	c	$\bar{c}$	$\bar{c} \pm 3\sqrt{\bar{c}}$	$\bar{c} = \dfrac{\sum c}{K}$	对一个样本的缺陷进行管理
			u	$\bar{u}$	$\bar{u} \pm 3\sqrt{\dfrac{\bar{u}}{n}}$	$\bar{u} = \dfrac{\sum c}{\sum n}$	对每一给定单位产品中的缺陷数进行控制

表 8-13 控制图系数表

n	A_2	$m_3 A_2$	D_2	D_4	E_2	d_3
2	1.880	1.880	—	3.267	2.660	0.853
3	1.023	1.187	—	2.575	1.772	0.888
4	0.729	0.796	—	2.282	1.457	0.880
5	0.577	0.691	—	2.115	1.290	0.864
6	0.483	0.549	—	2.004	1.184	0.848
7	0.419	0.509	0.076	1.924	1.109	0.833
8	0.373	0.432	0.136	1.864	1.054	0.820
9	0.337	0.412	0.184	1.816	1.010	0.808
10	0.308	0.363	0.223	1.727	0.975	0.797

本例: $\sum \bar{X}_i = -126.6$(mm), $\sum R_i = 69$(mm)

(2)计算总平均值 $\bar{\bar{X}}$

本例: $\bar{\bar{X}} = \dfrac{1}{K}\sum \bar{X}_i = \dfrac{1}{25} \times (-126.6) = -5.06$(mm)

(3)计算极差平均值 $\bar{R}$

本例：$\bar{R} = \dfrac{1}{K}\sum R_i = \dfrac{1}{25} \times 69 = 2.76(\text{mm})$

（4）计算控制界限

$\bar{X}$ 图的控制界限：

中心线 $CL = \bar{\bar{X}} = -5.06(\text{mm})$

上控制界限 $UCL = \bar{\bar{X}} + A_2\bar{R} = -5.06 + 0.577 \times 2.76 = -3.47(\text{mm})$

下控制界限 $LCL = \bar{\bar{X}} - A_2\bar{R} = -5.06 - 0.577 \times 2.76 = -6.66(\text{mm})$

R 图的控制界限：

中心线 $CL = \bar{R} = 2.76(\text{mm})$

上控制界限 $UCL = D_4\bar{R} = 2.115 \times 2.76 = 5.8$

下控制界限 $LCL = D_3\bar{R} = 0$

计算中的 A_2，D_4，D_3 由表 8-13 中查得。

2）绘 $\bar{X}$-R 控制图并描点

$\bar{X}$ 图在上，R 图在下，纵坐标分别为 $\bar{X}$ 和 R，横坐标为抽样时间或样本序号，将计算结果绘出中心线和上下控制界限，并将计算控制界限所用的数据 $\bar{X}_i$ 和 R_i 描在控制图上，结果见图 8-16。

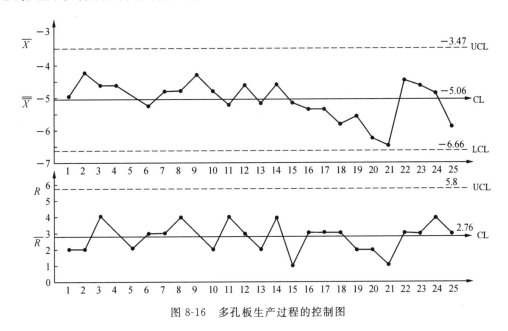

图 8-16　多孔板生产过程的控制图

复习思考题

1. 质量数据与统计推断之间存在什么关系？

2. 质量数据收集方法有哪些？

3. 描述质量数据离散程度的特征值有哪些？

4. 为什么质量数据一定呈现波动性？

5. 什么是质量数据波动的规律性？

6. 什么是 ABC 因素分析法？

7. 如何划分质量数据之间的相关性？

8. 使用直方图描述质量数据分布规律的依据是什么？

9. 常见的正常和非正常直方图有哪些？

10. 如何有效确定控制图的控制界限？

11. 控制图有哪些用途？

12. 计件值控制图一般服从什么分布规律？

13. 如何判断控制图点子分布是否正常？

第9章 工程质量管理相关的法律法规

9.1 工程质量管理的法律法规体系

为了加强工程质量管理工作,我国制定了一系列法律法规来规范建筑市场,保障工程质量,维护广大人民群众的利益。工程质量管理的相关法律法规,可以分为三个层次,如图9-1所示。

第一个层面是《中华人民共和国建筑法》(以下简称《建筑法》),《建筑法》于1998年3月1日起施行,它是工程质量管理最基本的法律依据。建筑法的制定,对于我国加强建筑活动的监督管理、维护建筑市场秩序、保证建筑工程的质量和安全,促进建筑业健康发展起到了很大作用。凡是在中华人民共和国境内从事各类房屋建筑及其附属设施的建造和与其配套的线路、管道和设备安装等建筑活动以及实施对建筑活动的监督

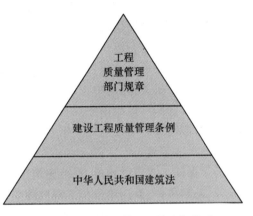

图9-1 工程质量管理法律法规体系

管理,必须以《建筑法》为依据。《建筑法》要求建筑活动应当确保建设工程质量与安全,从事建筑活动应当遵守法律和法规,不得损害社会公共利益和他人的合法权益。建筑法是其他法规和部门规章编制的依据。

第二个层面是《建设工程质量管理条例》,它是工程质量管理的法规文件,也是国务院根据《建筑法》制定的一部专门用于建设工程质量管理的法规。凡是在中华人民共和国境内从事建设工程的新建、扩建、改建等有关活动及实施对建设工程质量监督管理必须以建设工程质量管理条例为依据。建设工程质量管理条例的施行明确了建设单位、勘察单位、设计单位、施工单位、工程监理单位等工程参与各方的质量责任和义务。

第三个层面是建设部以及其他部门颁布的各项工程建设质量管理的相关规章、管理办法和规定。这些规定广泛涉及工程项目的设计、施工和验收过程,并适用于工业、民用等不同类型的建设项目,成为建设工程质量管理的操作性文件。

9.2 《中华人民共和国建筑法》的规定

9.2.1 施工许可与市场准入

根据《建筑法》的要求,建筑工程开工前,建设单位应当按照国家有关规定向工程所在地县级以上人民政府建设行政主管部门申请领取施工许可证。但是,国务院建设行政主管部门确定的限额以下的小型工程除外。申请领取施工许可证,应当具备下列条件:

（1）已经办理该建筑工程用地批准手续。

（2）在城市规划区的建筑工程，已经取得规划许可证。

（3）需要拆迁的，其拆迁进度符合施工要求。

（4）已经确定建筑施工企业。

（5）有满足施工需要的施工图纸及技术资料。

（6）有保证工程质量和安全的具体措施。

（7）建设资金已经落实。

（8）法律、行政法规规定的其他条件。

建设单位应当自领取施工许可证之日起 3 个月内开工。因故不能按期开工的，应当向发证机关申请延期；延期以两次为限，每次不超过 3 个月。既不开工又不申请延期或超过延期时限的，施工许可证自行废止。在建的建筑工程因故中止施工的，建设单位应当自中止施工之日起 1 个月内，向发证机关报告，并按照规定做好建筑工程的维护管理工作。建筑工程恢复施工时，应当向发证机关报告；中止施工满 1 年的工程恢复施工前，建设单位应当报发证机关核验施工许可证。另外，按照国务院有关规定批准开工报告的建筑工程，因故不能按期开工或者中止施工的，应当及时向批准机关报告情况。因故不能按期开工超过 6 个月的，应当重新办理开工报告的批准手续。

为了保证工程建设质量，规范建筑市场行为，《建筑法》规定，对于从事建筑活动的建筑施工企业、勘察单位、设计单位和工程监理单位，应当具备下列条件：

（1）有符合国家规定的注册资本。

（2）有与其从事的建筑活动相适应的具有法定执业资格的专业技术人员。

（3）有从事相关建筑活动所应有的技术装备。

（4）法律、行政法规规定的其他条件。

从事建筑活动的建筑施工企业、勘察单位、设计单位和工程监理单位，按照其拥有的注册资本、专业技术人员、技术装备和已完成的建筑工程业绩等资质条件，划分为不同的资质等级，经资质审查合格，取得相应等级的资质证书后，方可在其资质等级许可的范围内从事建筑活动。从事建筑活动的专业技术人员，应当依法取得相应的执业资格证书，并在执业资格证书许可的范围内从事建筑活动。

9.2.2　建筑工程发包与承包

《建筑法》规定，建筑工程的发包单位与承包单位应当依法订立书面合同，明确双方的权利和义务。发包单位和承包单位应当全面履行合同约定的义务。不按照合同约定履行义务的，依法承担违约责任。建筑工程发包与承包的招标投标活动，应当遵循公开、公正、平等竞争的原则，择优选择承包单位。建筑工程造价应当按照国家有关规定，由发包单位与承包单位在合同中约定。公开招标发包的，其造价的约定，须遵守招标投标法律的规定。发包单位应当按照合同的约定，及时拨付工程款项。

对于建筑工程的发包，建筑工程实行公开招标的，发包单位应当依照法定程序和方式，发布招标公告，提供载有招标工程的主要技术要求、主要的合同条款、评标的标准和方法以及开标、评标、定标的程序等内容的招标文件。开标应当在招标文件规定的时间、地点公开进行。开标后应当按照招标文件规定的评标标准和程序对标书进行评价、比较，在具备相应资质条件的投标者中,择优选定中标者。建筑工程招标的开标、评标、定标由建设单位依法组织实施,并接受有关行政主管部门的监督。建筑工程实行招标发包的,发包单位应当将建筑工程发包给依法中标的承包单位。建筑工程实行直接发包的,发包单位应当将建筑工程发包给具有相应资质条件的承包单位。政府及其所属部门不得滥用行政权力,限定发包单位将招标发包的建筑工程发包给指定的承包单位。《建筑法》中还规定,提倡对建筑工程实行总承包,禁止将建筑工程肢解发包。建筑工程的发包单位可以将建筑工程的勘察、设计、施工、设备采购一并发包给一个工程总承包单位,也可以将建筑工程勘察、设计、施工、设备采购的一项或者多项发包给一个工程总承包单位;但是,不得将应当由一个承包单位完成的建筑工程肢解成若干部分发包给几个承包单位。另外,按照合同约定,建筑材料、建筑构配件和设备由工程承包单位采购的,发包单位不得指定承包单位购入用于工程的建筑材料、建筑构配件和设备或者指定生产厂、供应商。

对于建筑工程的承包,要求承包建筑工程的单位应当持有依法取得的资质证书,并在其资质等级许可的业务范围内承揽工程。禁止建筑施工企业超越本企业资质等级许可的业务范围或者以任何形式用其他建筑施工企业的名义承揽工程。禁止建筑施工企业以任何形式允许其他单位或者个人使用本企业的资质证书、营业执照,以本企业的名义承揽工程。大型建筑工程或者结构复杂的建筑工程,可以由两个以上的承包单位联合共同承包。共同承包的各方对承包合同的履行承担连带责任。两个以上不同资质等级的单位实行联合共同承包的,应当按照资质等级低的单位的业务许可范围承揽工程。禁止承包单位将其承包的全部建筑工程转包给他人,禁止承包单位将其承包的全部建筑工程肢解以后以分包的名义分别转包给他人。建筑工程总承包单位可以将承包工程中的部分工程发包给具有相应资质条件的分包单位;但是,除总承包合同中约定的分包外,必须经建设单位认可。施工总承包的,建筑工程主体结构的施工必须由总承包单位自行完成。建筑工程总承包单位按照总承包合同的约定对建设单位负责;分包单位按照分包合同的约定对总承包单位负责。总承包单位和分包单位就分包工程对建设单位承担连带责任。禁止总承包单位将工程分包给不具备相应资质条件的单位。禁止分包单位将其承包的工程再分包。

9.2.3 建筑工程监理

建筑工程监理是我国为确保工程质量,提高工程建设水平,充分发挥投资效益而实施的一项管理制度。《建筑法》明确规定,国家推行建筑工程监理制度,国务院可以规定实行强制监理的建筑工程的范围。实行监理的建筑工程,由建设单位委托具有相应资质条件的工程监理单位监理。建设单位与其委托的工程监理单位应当订立书面委托监理合同。工程监理单位应当在其资质等级许可的监理范围内,承担工程监理业务。工程监理单位应当根据建设单位的委托,客观、公正地执行监理任务。

实施建筑工程监理前,建设单位应当将委托的工程监理单位、监理的内容及监理权限,书面通知被监理的建筑施工企业。建筑工程监理应当依照法律、行政法规及有关的技术标准、设计文件和建筑工程承包合同,对承包单位在施工质量、建设工期和建设资金使用等方面,代表建设单位实施监督。工程监理人员认为工程施工不符合工程设计要求、施工技术标准和合同约定的,有权要求建筑施工企业改正。工程监理人员发现工程设计不符合建筑工程质量标准或者合同约定的质量要求的,应当报告建设单位要求设计单位改正。

《建筑法》还规定,工程监理单位与被监理工程的承包单位以及建筑材料、建筑构配件和设备供应单位不得有隶属关系或者其他利害关系。工程监理单位不得转让工程监理业务。工程监理单位不按照委托监理合同的约定履行监理义务,对应当监督检查的项目不检查或者不按照规定检查,给建设单位造成损失的,应当承担相应的赔偿责任。工程监理单位与承包单位串通,为承包单位谋取非法利益,给建设单位造成损失的,应当与承包单位承担连带赔偿责任。

9.2.4　建筑工程安全生产管理

为了保证建筑工程实施过程的安全,建筑工程安全生产管理必须坚持安全第一、预防为主的方针,建立健全安全生产的责任制度和群防群治制度。

建筑工程设计应当符合按照国家规定制定的建筑安全规程和技术规范,保证工程的安全性能。建筑施工企业在编制施工组织设计时,应当根据建筑工程的特点制定相应的安全技术措施;对专业性较强的工程项目,应当编制专项安全施工组织设计,并采取安全技术措施。建筑施工企业应当在施工现场采取维护安全、防范危险、预防火灾等措施;有条件的,应当对施工现场实行封闭管理。施工现场对毗邻的建筑物、构筑物和特殊作业环境可能造成损害的,建筑施工企业应当采取安全防护措施。建筑施工企业应当遵守有关环境保护和安全生产的法律、法规的规定,采取控制和处理施工现场的各种粉尘、废气、废水、固体废物以及噪声、振动对环境的污染和危害的措施。建筑施工企业必须依法加强对建筑安全生产的管理,执行安全生产责任制度,采取有效措施,防止伤亡和其他安全生产事故的发生。建筑施工企业的法定代表人对本企业的安全生产负责。

施工现场安全由建筑施工企业负责。实行施工总承包的,由总承包单位负责。分包单位向总承包单位负责,服从总承包单位对施工现场的安全生产管理。建筑施工企业应当建立、健全劳动安全生产教育培训制度,加强对职工安全生产的教育培训;未经安全生产教育培训的人员,不得上岗作业。建筑施工企业和作业人员在施工过程中,应当遵守有关安全生产的法律、法规和建筑行业安全规章、规程,不得违章指挥或者违章作业。作业人员有权对影响人身健康的作业程序和作业条件提出改进意见,有权获得安全生产所需的防护用品。作业人员对危及生命安全和人身健康的行为有权提出批评、检举和控告。建筑施工企业应当依法为职工参加工伤保险并缴纳工伤保险费。鼓励企业为从事危险作业的职工办理意外伤害保险,支付保险费。施工中发生事故时,建筑施工企业应当采取紧急措施减少人员伤亡和事故损失,并按照国家有关规定及时向有关部门报告。

另外,建设单位应当向建筑施工企业提供与施工现场相关的地下管线资料,建筑施工企业应当采取措施加以保护。有下列情形之一的,建设单位应当按照国家有关规定办理申请批准手续:

(1) 需要临时占用规划批准范围以外场地的。

(2) 可能损坏道路、管线、电力、邮电通讯等公共设施的。

(3) 需要临时停水、停电、中断道路交通的。

(4) 需要进行爆破作业的。

(5) 法律、法规规定需要办理报批手续的其他情形。

涉及建筑主体和承重结构变动的装修工程,建设单位应当在施工前委托原设计单位或者具有相应资质条件的设计单位提出设计方案;没有设计方案的,不得施工。房屋拆除应当由具备保证安全条件的建筑施工单位承包,由建筑施工单位负责人对安全负责。

9.2.5 建筑工程质量管理

《建筑法》规定,建筑工程勘察、设计、施工的质量必须符合国家有关建筑工程安全标准的要求,具体管理办法由国务院规定。有关建筑工程安全的国家标准不能适应确保建筑安全的要求时,应当及时修订。国家对从事建筑活动的单位推行质量体系认证制度。从事建筑活动的单位根据自愿原则可以向国务院产品质量监督管理部门或者国务院产品质量监督管理部门授权的部门认可的认证机构申请质量体系认证。经认证合格的,由认证机构颁发质量体系认证证书。

建设单位不得以任何理由,要求建筑设计单位或者建筑施工企业在工程设计或者施工作业中,违反法律、行政法规和建筑工程质量、安全标准,降低工程质量。建筑设计单位和建筑施工企业对建设单位违反前款规定提出的降低工程质量的要求,应当予以拒绝。

建筑工程实行总承包的,工程质量由工程总承包单位负责,总承包单位将建筑工程分包给其他单位的,应当对分包工程的质量与分包单位承担连带责任。分包单位应当接受总承包单位的质量管理。

建筑工程的勘察、设计单位必须对其勘察、设计的质量负责。勘察、设计文件应当符合有关法律、行政法规的规定和建筑工程质量、安全标准、建筑工程勘察、设计技术规范以及合同的约定。设计文件选用的建筑材料、建筑构配件和设备,应当注明其规格、型号、性能等技术指标,其质量要求必须符合国家规定的标准。

建筑设计单位对设计文件选用的建筑材料、建筑构配件和设备,不得指定生产厂、供应商。建筑施工企业对工程的施工质量负责。建筑施工企业必须按照工程设计图纸和施工技术标准施工,不得偷工减料。工程设计的修改由原设计单位负责,建筑施工企业不得擅自修改工程设计。建筑施工企业必须按照工程设计要求、施工技术标准和合同的约定,对建筑材料、建筑构配件和设备进行检验,不合格的不得使用。

建筑物在合理使用寿命内,必须确保地基基础工程和主体结构的质量。建筑工程竣工时,屋顶、墙面不得留有渗漏、开裂等质量缺陷,对已发现的质量缺陷,建筑施工企业应当修复。交付竣工验收的建筑工程,必须符合规定的建筑工程质量标准,有完整的工程技术经济资料和经签署的工程保修书,并具备国家规定的其他竣工条件。建筑工程竣工经验收合格后方可交付使用;未经验收或者验收不合格的,不得交付使用。

《建筑法》对工程的保修问题也作出了具体的规定:建筑工程实行质量保修制度。建筑工程的保修范围应当包括地基基础工程、主体结构工程、屋面防水工程和其他土建工程,以及电气管线、上下水管线的安装工程,供热、供冷系统工程等项目;保修的期限应当按照保证建筑物合理寿命年限内正常使用,维护使用者合法权益的原则确定。具体的保修范围和最低保修期限由国务院规定。

9.3 《建设工程质量管理条例》的规定

为了加强对建设工程质量的管理,保证建设工程质量,保护人民生命和财产安全,我国还制定了《建设工程质量管理条例》,明确了工程参与各方的质量责任和义务。

9.3.1　建设单位的质量责任和义务

在工程发包过程中,建设单位应当将工程发包给具有相应资质等级的单位。建设单位不得将建设工程肢解发包。建设单位应当依法对工程建设项目的勘察、设计、施工、监理以及与建设有关的重要设备、材料等的采购进行招标。建设单位必须向有关勘察、设计、施工、工程监理等单位提供与建设工程有关的原始资料。建设工程发包单位不得迫使承包方以低于成本的价格竞标,不得任意压缩合理工期。建设单位不得明示或者暗示设计单位或者施工单位违反工程建设强制性标准,降低建设工程质量。建设单位应当将施工图设计文件报县级以上人民政府建设行政主管部门或者其他有关部门审查。施工图设计文件审查的具体办法,由国务院建设行政主管部门会同国务院其他有关部门制定。施工图设计文件未经审查批准的,不得使用。

实行监理的建设工程,建设单位应当委托具有相应资质等级的工程监理单位进行监理,也可以委托具有工程监理相应资质等级并与被监理工程的施工承包单位没有隶属关系或其他利害关系的该工程的设计单位进行监理。

1. 必须实施监理的建设工程项目

(1) 国家重点建设工程。

(2) 大中型公用事业工程。

(3) 成片开发建设的住宅小区工程。

(4) 利用外国政府或者国际组织贷款、援助资金的工程。

(5) 国家规定必须实施监理的其他工程。

建设单位在领取施工许可证或者开工报告前,应当按照国家有关规定办理工程质量监督手续。按照合同约定,由建设单位采购建筑材料、建筑构配件和设备的,建设单位应当保证建筑材料、建筑构配件和设备符合设计文件和合同要求。建设单位不得明示或者暗示施工单位使用不合格的建筑材料、建筑构配件和设备。涉及建筑主体和承重结构变动的装修工程,建设单位应当在施工前委托原设计单位或者具有相应资质等级的设计单位提出设计方案;没有设计方案的,不得施工。房屋建筑使用者在装修过程中,不得擅自变动房屋建筑主体和承重结构。

建设单位收到建设工程竣工报告后,应当组织设计、施工、工程监理等有关单位进行竣工验收。

2. 建设工程竣工验收应当具备的条件

(1) 完成建设工程设计和合同约定的各项内容。

(2) 有完整的技术档案和施工管理资料。

(3) 有工程使用的主要建筑材料、建筑构配件和设备的进场试验报告。

(4) 有勘察、设计、施工、工程监理等单位分别签署的质量合格文件。

(5) 有施工单位签署的工程保修书。

建设工程经验收合格的,方可交付使用。建设单位应当严格按照国家有关档案管理的规定,及时收集、整理建设项目各环节的文件资料,建立、健全建设项目档案,并在建设工程竣工验收后,及时向建设行政主管部门或者其他有关部门移交建设项目档案。

9.3.2 勘察、设计单位的质量责任和义务

从事建设工程勘察、设计的单位应当依法取得相应等级的资质证书,并在其资质等级许可的范围内承揽工程。禁止勘察、设计单位超越其资质等级许可的范围或者以其他勘察、设计单位的名义承揽工程。禁止勘察、设计单位允许其他单位或个人以本单位的名义承揽工程。勘察、设计单位不得转包或者违法分包承揽工程。勘察设计单位必须按照工程建设强制性标准进行勘察、设计,并对其勘察、设计的质量负责。注册建筑师、注册结构工程师等注册人员应当在设计文件上签字,对设计文件负责。

勘察单位提供的地质、测量、水文等勘察成果必须真实、准确。设计单位应当根据勘察成果文件进行建设工程设计。设计文件应当符合国家规定的设计深度要求,注明工程合理使用年限。设计单位在设计文件中选用的建筑材料、建筑构配件和设备,应当注明规格、型号、性能等技术指标,其质量要求必须符合国家规定的标准。除有特殊要求的建筑材料、专用设备、工艺生产线等外,设计单位不得指定生产厂、供应商。设计单位应当就审查合格的施工图设计文件向施工单位作出详细说明。

设计单位应当参与建设工程质量事故分析,并对因设计造成的质量事故,提出相应的技术处理方案。

9.3.3 施工单位的质量责任和义务

施工单位应当依法取得相应等级的资质证书,并在其资质等级许可的范围内承揽工程。禁止施工单位超越本单位资质等级许可的业务范围或者以其他施工单位的名义承揽工程。禁止施工单位允许其他单位或者个人以本单位的名义承揽工程。施工单位不得转包或者违法分包工程。

施工单位对建设工程的施工质量负责。施工单位应当建立质量责任制,确定工程项目的项目经理、技术负责人和施工管理负责人。建设工程实行总承包的,总承包单位应当对全部建设工程质量负责;建设工程勘察、设计、施工、设备采购的一项或者多项实行总承包的,总承包单位应当对其承包的建设工程或者采购设备的质量负责。总承包单位依法将建设工程分包给其他单位的,分包单位应当按照分包合同的约定对其分包工程的质量向总承包单位负责,总承包单位与分包单位对分包工程的质量承担连带责任。

施工单位必须按照工程设计图纸和施工技术标准施工,不得擅自修改工程设计,不得偷工减料。施工单位在施工过程中发现设计文件和图纸有差错的,应当及时提出意见和建议,施工单位必须按照工程设计要求、施工技术标准和合同约定,对建筑材料、建筑构配件、设备和商品混凝土进行检验,检验应当具有书面记录和专人签字;未经检验或者检验不合格的,不得使用。

施工单位必须建立、健全施工质量的检验制度,严格工序管理,作好隐蔽工程的质量检查和记录,隐蔽工程在隐蔽前,施工单位应当通知建设单位和建设工程质量监督机构。施工人员对涉及结构安全的试块、试件及有关材料,应当在建设单位或者工程监理单位监督下现场取样,并送具有相应资质等级的质量检测单位进行检测。施工单位对施工中出现质量问题的建设工程或者竣工验收不合格的建设工程,应当负责返修。

施工单位应当建立、健全教育培训制度,加强对职工的教育培训;未经教育培训或者考核不合格的人员,不得上岗作业。

9.3.4　工程监理单位的质量责任和义务

工程监理单位应当依法取得相应等级的资质证书,并在其资质等级许可的范围内承揽工程监理业务。禁止工程监理单位超越本单位资质等级许可的范围或者以其他工程监理单位的名义承担工程监理业务。禁止工程监理单位允许其他单位或者个人以本单位的名义承担工程监理业务。工程监理单位不得转让工程监理业务。

工程监理单位与被监理工程的施工承包单位以及建筑材料、建筑构配件和设备供应单位有隶属关系和其他利害关系的,不得承担该项工程的监理业务。

工程监理单位应当依照法律、法规以及有关技术标准、设计文件和建设工程承包合同,代表建设单位对施工质量实施监理,并对施工质量承担监理责任。

工程监理单位应当选派具备相应资格的总监理工程师和监理工程师进驻施工现场。未经监理工程师签字,建筑材料、建筑构配件和设备不得在工程上使用或者安装,施工单位不得进行下一道工序的施工。未经总监理工程师签字,建设单位不拨付工程款,不进行竣工验收。

9.3.5　建设工程质量保修

建设工程实施质量保修制度。建设工程承包单位在向建设单位提交工程竣工验收报告时,应当向建设单位出具质量保修书。质量保修书中应当明确建设工程的保修范围、保修期限和保修责任等。在正常使用条件下,建设工程的最低保修期限为:

（1）基础设备工程、房屋建筑的地基基础工程和主体结构工程,为设计文件规定的该工程的合理使用年限。

（2）屋面防水工程、有防水要求的卫生间、房间和外墙的防渗漏为 5 年。

（3）供热与供冷系统,为 2 个采暖期、供冷期。

（4）电气管线、给排水管道、设备安装和装修工程为 2 年。

其他项目的保修期限由发包方与承包方约定。建设工程的保修期,自竣工验收合格之日起计算。

建设工程在保修范围和保修期限内发生质量问题的,施工单位应当履行保修义务,并对造成的损失承担赔偿责任。建设工程在超过合理使用年限后需要继续使用的,产权所有人应当委托具有相应资质等级的勘察、设计单位鉴定,并根据鉴定结果采取加固、维修等措施,重新界定使用期。

9.3.6　监督管理

国家实行建设工程质量监督管理制度。国务院建设行政主管部门对全国的建设工程质量实施统一监督管理。国务院铁路、交通、水利等有关部门按照国务院规定的职责分工,负责全国的有关专业建设工程质量的监督管理。县级以上地方人民政府建设行政主管部门对本行政区域的建设工程质量实施监督管理。县级以上地方人民政府交通、水利等有关部门在各自的职责范围内,负责本行政区域内的专业建设工程质量的监督管理。国务院建设行政主管部门和国务院铁路、交通、水利等有关部门应当加强对有关建设工程质量的法律、法规和强制性标准执行情况进行监督检查。国务院发展计划部门按照国务院规定的职责,组织稽察特派员,对国家出资的重大建设项目实施监督检查。建设工程质量监督管理,可以由建设行政主管部门或者其他有关部门委托的建设工程质量监督机构具体实施。从事房屋建筑工程和市政基础设施工程质量监督的机构,必须按照国家有关规定经国务院建设行政主管部门或者省、自治区、直辖市人民政府建设行政主管部门考核;从事专业建设工程质量监督的机构,必须按照国家有关规定经国务院有关部门或者省、自治区、直辖市人民政府有关部门考核。经考核合格后,方可实施质量监督。县级以上人民政府建设行政主管部门和其他有关部门应当加强对有关建设工程质量的法律、法规和强制性标准执行情况的监督检查。县级以上人民政府建设行政主管部门和其他有关部门履行监督检查职责时,有权采取下列措施:

(1) 要求被检查的单位提供有关工程质量的文件和资料。

(2) 进入被检查单位的施工现场进行检查。

(3) 发现有影响工程质量的问题时,责令改正。

建设单位应当自建设工程竣工验收合格之日起 15 天内,将建设工程竣工验收报告和规划、公安消防和环保等部门出具的认可文件或者准许使用文件报建设行政主管部门或者其他有关部门备案。建设行政主管部门或者其他有关部门发现建设单位在竣工验收过程中有违反国家有关建设工程质量管理规定行为的,责令停止使用,重新组织竣工验收。有关单位和个人对县级以上人民政府建设行政主管部门和其他有关部门进行的监督检查应当支持与配合,不得拒绝或者阻碍建设工程质量监督检查人员依法执行职务。供水、供电、供气、公安消防等部门或者单位不得明示或者暗示建设单位、施工单位购买其指定的生产供应单位的建筑材料、建筑构配件和设备。建设工程发生质量事故,有关单位应当在 24h 内向当地建设行政主管部门和其他有关部门报告。对重大质量事故,事故发生地的建设行政主管部门和其他有关部门应当按照事故类别和等级向当地人民政府和上级建设行政主管部门和其他有关部门报告。任何单位和个人对建设工程的质量事故、质量缺陷都有权检举、控告、投诉。

9.3.7 罚则

违反《建设工程质量管理条例》规定,建设单位将建设工程发包给不具有相应资质等级的勘察、设计、施工单位或者委托给不具有相应资质等级的工程监理单位的,责令改正。处 50 万元以上 100 万元以下的罚款。违反本条例规定,建设单位将建设工程肢解发包的,责令改正,处工程合同价款 0.5% 以上 1% 以下的罚款;对全部或者部分使用国有资金的项目,并可以暂停项目执行或者暂停资金拨付。违反本条例规定,建设单位有下列行为之一的,责令改正,处 20 万元以上 50 万元以下的罚款:

(1) 迫使承包方以低于成本的价格竞标的。

(2) 任意压缩合理工期的。

(3) 明示或者暗示设计单位或者施工单位违反工程建设强制性标准,降低工程质量的。

(4) 施工图设计文件未经审查或者审查不合格,擅自施工的。

(5) 建设项目必须实行工程监理而未实行工程监理的。

(6) 未按照国家规定办理工程质量监督手续的。

(7) 明示或者暗示施工单位使用不合格的建筑材料、建筑构配件和设备的。

(8) 未按照国家规定将竣工验收报告、有关认可文件,或者准许使用文件报送备案的。

违反本条例规定,建设单位未取得施工许可证或者开工报告未经批准,擅自施工的,责令停止施工,限期改正,处工程合同价款 1% 以上、2% 以下的罚款。建设单位有下列行为之一

的,责令改正,处合同价款 2%以上、4%以下的罚款;造成损失的,依法承担赔偿责任:

(1) 未组织竣工验收,擅自交付使用的。

(2) 验收不合格,擅自交付使用的。

(3) 对不合格的建设工程按照合格工程验收的。违反本条例规定,建设工程竣工验收后,建设单位未向建设行政主管部门或者其他有关部门移交建设项目档案的,责令改正,处1万元以上 10 万元以下的罚款。勘察、设计、施工、工程监理单位超越本单位资质等级承揽工程的,责令停止违法行为,对勘察、设计单位和工程监理单位处以勘察、设计费或者监理酬金 1 倍以上、2 倍以下的罚款;对施工单位处工程合同价款 2%以上、4%以下的罚款,可以责令停业整顿,降低资质等级;情节严重的,吊销资质证书;有违法所得的,予以没收。未取得资质证书承揽工程的,予以取缔,依照前款规定处以罚款;有违法所得的,予以没收。以欺骗手段取得资质证书承揽工程的,吊销资质证书,处以罚款;有违法所得的,予以没收。勘察、设计、施工、工程监理单位允许其他单位或者个人以本单位名义承揽工程的,责令改正,没收违法所得,对勘察、设计单位和工程监理单位处合同约定的勘察费、设计费和监理酬金 1 倍以上、2 倍以下的罚款;对施工单位处工程价款 2%以上、4%以下的罚款;可以责令停业整顿,降低资质等级;情节严重的,吊销资质证书。承包单位将承包的工程转包或者违法分包的,责令改正,没收违法所得,对勘察、设计单位处合同约定的勘察费、设计费 25%以上、50%以下的罚款;对施工单位处工程合同价款 0.5%以上、1%以下的罚款;可以责令停业整顿,降低资质等级;情节严重的,吊销资质证书。工程监理单位转让工程监理业务的,责令改正,没收违法所得,处合同约定的监理酬金 25%以上 50%以下的罚款;可以责令停业整顿,降低资质等级;情节严重的,吊销资质证书。

违反本条例规定,有下列行为之一的,责令改正,处 10 万元以上 30 万元以下的罚款:

(1) 勘察单位未按照工程建设强制性标准进行勘察的。

(2) 设计单位未根据勘察成果文件进行工程设计的。

(3) 设计单位指定建筑材料、建筑构配件的生产厂、供应商的。

(4) 设计单位未按照工程建设强制性标准进行设计的。

有前款所列行为,造成工程质量事故的,责令停业整顿,降低资质等级;情节严重的,吊销资质证书;造成损失的,依法承担赔偿责任。

施工单位在施工中偷工减料,使用不合格的建筑材料、建筑构配件和设备的,或者有不按照工程设计图纸或者施工技术标准施工的其他行为的,责令改正,处工程合同价款 2%以上、4%以下的罚款;造成建设工程质量不符合规定的质量标准,负责返工、修理,并赔偿因此造成的损失;情节严重的,责令停业整顿,降低资质等级或者吊销资质证书。施工单位未对建筑材料、建筑构配件、设备和商品混凝土进行检验,或者未对涉及结构安全的试块、试件以及有关材料取样检测的,责令改正,处 10 万元以上、20 万元以下的罚款;情节严重的,责令停业整顿、降低资质等级或者吊销资质证书;造成损失的,依法承担赔偿责任。施工单位不履行保修义务或者拖延履行保修义务的,责令改正,处 10 万元以上、20 万元以下的罚款,并对在保障期内因质量缺陷造成的损失承担赔偿责任。

工程监理单位有下列行为之一的,责令改正,处 50 万元以上、100 万元以下的罚款,降低资质等级或者吊销资质证书,有违法所得的,予以没收;造成损失的,承担连带赔偿责任:

(1) 与建设单位或者施工单位串通,弄虚作假、降低工程质量的。

（2）将不合格的建设工程、建筑材料、建筑构配件和设备按照合格签字的。

违反本条例规定，工程监理单位与被监理工程的施工承包单位以及建筑材料、建筑构配件和设备供应单位有隶属关系或者其他利害关系承担该项建设工程的监理业务的，责令改正，处5万元以上、10万元以下的罚款，降低资质等级或者吊销资质证书；有违法所得的，予以没收。涉及建筑主体或者承重结构变动的装修工程，没有设计方案擅自施工的，责令改正，处50万元以上、100万元以下的罚款；房屋建筑使用者在装修过程中擅自变动房屋建筑主体和承重结构的，责令改正，处5万元以上、10万元以下的罚款。造成损失的，依法承担赔偿责任。发生重大工程质量事故隐瞒不报、谎报或者拖延报告期限的，对直接负责的主管人和其他责任人员依法给予行政处分。供水、供电、供气、公安消防等部门或者单位明示或者暗示建设单位或者施工单位购买其指定的生产供应单位的建筑材料、建筑构配件和设备的，责令改正。注册建筑师、注册结构工程师、监理工程师等注册执业人员因过错造成质量事故的，责令停止执业1年；造成重大质量事故的，吊销执业资格证书，5年以内不予注册，情节特别恶劣的，终身不予注册。依照本条例规定，给予单位罚款处罚的，对单位直接负责的主管人员和其他直接责任人员处单位罚款数额5%以上10%以下的罚款。

建设单位、设计单位、施工单位、工程监理单位违反国家规定的，降低工程质量标准，造成重大安全事故构成犯罪的，对直接责任人员贪污追究刑事责任。《建设工程质量管理条例》规定的责令停业整顿、降低资质等级和吊销资质证书的行政处罚，由颁发资质证书的机关决定；其他行政处罚，由建设行政主管部门或者其他有关部门依照法定职权决定。依照《建设工程质量管理条例》规定被吊销资质证书的，由工商行政管理部门吊销其营业执照。国家机关工作人员在建设工程质量监督管理工作中玩忽职守、滥用职权、徇私舞弊，构成犯罪的，依法追究刑事责任；尚不构成犯罪的，依法给予行政处分。建设、勘察、设计、施工、工程监理单位的工作人员因调动工作、退休等原因离开该单位后，被发现在该单位工作期间违反国家有关建设工程质量管理规定，造成重大工程质量事故的，仍应当依法追究法律责任。

9.4　建筑工程质量管理的部门规章

为了贯彻《中华人民共和国建筑法》以及《建设工程质量管理条例》的实施，加强建筑市场的有效管理，建设部还出台了一系列工程质量管理的具体规章，包括用于建筑工程勘察质量管理的《建筑工程勘察质量管理办法》、用于建筑工程保修的《房屋建筑工程质量保修办法》、用于建筑工程施工许可的《建筑工程施工许可管理办法》等。这些规章通过明确建设工程质量管理的具体制度，对建设工程质量管理起到了很好的作用。

复习思考题

1. 简述工程质量管理的法律法规体系的组成。
2.《建筑法》对工程质量管理方面的规定有哪些？
3.《工程质量管理条例》对工程质量管理方面的规定由几部分组成？
4. 建设部针对工程项目质量管理颁布了哪些规章？

第10章 质量认证

10.1 质量认证制度的由来

质量认证制度是由可以充分信任的第三方证实某一经鉴定的产品或服务符合特定标准或规范性文件的制度。质量认证是指当第一方(供方)生产的产品第二方(需方)无法判定其质量时,由第三方站在中立的立场上,通过客观公正的方式来判定质量。

1903 年,在英国使用的第一个认证标志——风筝标志的出现标志着现代第三方产品认证制度的开始。从 20 世纪 20 年代开始,质量认证制度得到了快速的发展。到 50 年代已经在工业发达国家普及。随着国际贸易的发展,为了协调各国质量认证制度,国际标准化组织(ISO)和国际电工委员会(IEC)在 1970 年还专门成立了认证委员会,其主要任务就是在各国质量认证制度的基础上,建立一个质量认证的国际标准并在此基础上建立一套国际上通用的质量认证制度。

与工业发达国家相比,我国的质量认证制度起步较晚,但是发展速度很快。1999 年经国务院授权国家质量技术监督局专门成立了中国合格评定国家认可中心,全面负责各种认证的管理和监督工作。为了加强认证工作的监督管理,国务院还专门组建了中国国家认证认可监督管理委员会,该委员会是国务院授权的监督和综合协调全国认证认可工作的主管机构。我国还在《产品质量法》中明确规定,国家参照国际先进的质量标准和技术要求,推行产品认证制度。1984 年 1 月,我国成立了中国电子元器件质量认证委员会,1983 年 4 月被 IEC 的电子元器件质量评定体系的管理委员会接受为成员国。1991 年 9 月,我国成立了中国标志认证委员会。到目前为止已经相继成立了卫星地球站设备、水泥、汽车用安全玻璃、消防产品、环境标志、节能产品和信息安全等一系列国家级的产品质量认证机构。随着国际标准化组织推出 ISO9000 系列质量体系认证制度,我国也将其等同转化为国家标准 GB/T19000 系列标准,使我国的质量认证制度逐步实现了与国际接轨。

随着各国质量认证工作的发展,到 1995 年初,已经有 70 多个国家建立了 300 多个质量体系认证机构。随着国际贸易的发展,为了避免各国认证制度差异造成认证工作的负面影响,1998 年 1 月在广州召开的第 11 届国际认可论坛(IAF)全体会议上签署了质量体系认证机构互认的国际多边互认协议(IAF/MLA),签约国家包括中国、美国、日本、法国、英国、德国、加拿大、澳大利亚、挪威、芬兰、爱尔兰、捷克、比利时、巴西、南非、新加坡、马来西亚、韩国等,从而实现了质量认证工作的国际交流与合作。

10.2 质量认证的类型

质量认证的形成和发展是以市场需求为导向的,根据市场需求的不同,质量认证派生出不同的类型。概括而言,根据认证对象的不同、认证范围的不同以及认证方式的不同可以将质量认证分成若干种不同的类型。

10.2.1　按照认证对象的不同划分

按照认证对象的不同,质量认证可以分为两大类,产品质量认证和质量体系认证。产品的质量认证是依据产品的标准和技术要求,经认证机构确认并通过颁发认证证书和认证标志来证明某一产品是否符合相应标准和技术要求;质量体系认证是依据质量管理体系认证标准,由认证机构确认并通过颁发认证证书来证明某一产品在设计、生产以及服务等过程是否存在有效的质量保证体系。这两种质量认证虽然认证对象不同,但都能够起到为顾客提供质量信度的作用,并且两种认证可以结合在一起应用。

10.2.2　按照认证范围的不同划分

按照认证范围的不同,可以将质量认证分为国家认证、区域认证和国际认证。国家认证是以某一国家颁布的标准为依据进行认证;区域认证则是以某一地区的成员国共同制定的标准为依据进行认证,如欧盟地区有相应的本地区的认证标准;国际认证则是以国际通行的标准进行认证,如 ISO,IEC 等颁布的质量认证标准。

10.2.3　按照认证方式的不同划分

按照认证方式的不同,质量认证可以分为八种类型。包括型式试验、型式试验加市场抽样检验、型式试验加工厂抽样检验、型式试验加认证后监督、型式试验加质量体系评定加认证后监督、质量体系评定、批检、百分之百检验等。

1. 型式试验

型式试验是指按照规定的方法对产品的样品进行试验来检测产品的样品是否符合要求。这是一种最简单的产品独立认证方式。这种认证方式只能证明样品是否符合要求,不能证明现有的所有产品以及后续生产的产品是否符合要求。因此,通过型式试验认证的产品通常只能得到合格证书,并不能获取认证标志。这种认证方式也称为型式认可。

2. 型式试验加市场抽样检验

型式试验加市场抽样检验认证方式通常是从市场中随机抽取产品进行试验检测,从而确定产品的质量是否符合相应的技术标准和要求。和型式试验相比,这种认证所提供的质量信度相对较高。

3. 型式试验加工厂抽样检验

型式试验加工厂抽样检验认证方式通常是从供货商发货前的产品中随机抽样进行检测,从而确定产品的质量是否符合相应的技术标准和要求,这种方式与第二种方式有一定的相似性。提供的质量信度与第一种方式相比也相对较高。

4. 型式试验加认证后监督(市场和工厂抽样检验)

这种认证方式是将第二和第三种认证方式结合起来,即从市场和工厂中随机抽取产品的样品进行检测,来确定产品的质量是否符合相应的技术标准和要求。

5. 型式试验加质量体系评定加认证后监督

这种认证方式,是在形式试验的基础上,增加对产品生产企业的质量体系进行检查评定。并且,在认证后的监督中对批准认证后的企业质量体系进行复查。这种质量认证方式可以为顾客方提供更高的质量信度,相对而言,是一种较完善的产品质量认证方式,也是各国普遍采用的一种适用范围最广的认证方式。

6．质量体系评定

质量体系评定是对产品生产企业的质量保证体系进行认证，来确定企业是否具有生产符合相应技术标准和要求的产品的能力。其实质是企业质量保证能力的认证。

7．批检

批检是指对某一批产品进行抽样检验并据此判定该批产品是否符合标准或技术规范要求。这种方式的认证通常是对认证合格的一批产品颁发认证证书，而不授予认证标志。

8．百分之百检验

百分之百检验，顾名思义是对每一件产品进行检测来判定每一件产品的质量是否符合技术标准和要求。由于对每一件产品都进行检测，因此经检测的产品所提供的产品质量信度是非常高的。但是由于其认证费用比较高，因此除非有专门规定，一般不采用这种认证方式。

10.3　ISO9000 质量管理体系

10.3.1　ISO9000 族标准的产生和发展

随着各国经济的发展，世界各国都在制定各国的质量体系认证标准。以英国为代表的欧洲国家尤其重视质量认证体系标准的建立和推广工作。到 20 世纪 70 年代末到 80 年代初，出现的比较有代表性的质量管理和质量认证标准有英国的 BS5750 标准以及法国的 NF 系列标准等。英国的质量认证体系标准的核心主要由以下 3 个标准组成，这 3 个标准后来就成为了制定国际标准化质量认证体系标准的基础。

(1) BS5750：Part 1-1979《质量体系——设计制造和安装规范》。

(2) BS5750：Part 2-1979《质量体系——制造和安装规范》。

(3) BS5750：Part 3-1979《质量体系——最终检验和试验规范》。

为了统一世界各国质量体系认证标准，国际标准化组织（International Standard Organization，简称 ISO）专门成立了质量管理和质量保证技术委员会（ISO/TC176），并于 1994 年发布了 94 版的质量管理体系标准。其主要内容为：

1) ISO8402 术语

2) ISO9001~9003 质量保证要求

(1) ISO9001《质量体系——设计、开发、生产、安装和服务的质量保证模式》。

(2) ISO9002《质量体系——生产、安装和服务的质量保证模式》。

(3) ISO9003《质量体系——最终检验和试验的质量保证模式》。

3) ISO9004 质量管理指南

1994 版的 ISO9000 系列标准的核心是将质量体系认证分为 3 种，ISO9001 是针对设计、开发、生产、安装和服务的质量保证模式，ISO9002 是针对生产、安装和服务的质量保证模式，ISO9003 则是针对最终检验和试验的质量保证模式。在 1994 版的使用过程中，发现具有一定的局限性，过于强调符合性，缺乏对企业整体业绩提高的指导性。为此，经过修订，ISO 在 2000 年专门推出了 2000 版的系列标准，其核心标准如下：

(1) ISO9000：2000《质量管理体系——基础和术语》。

(2) ISO9001：2000《质量管理体系——要求》。

（3）ISO9004:2000《质量管理体系——业绩改进指南》。

（4）ISO19011《质量和环境管理体系——审核》。

与1994版的ISO9000系列标准相比，2000版的ISO9000系列标准的适用性更强，适用于所有产品类别、所有行业和所有规模的组织。新版的标准更便于使用，语言宜于理解，并且明显减少了所要求文件的数量。新版的标准将质量体系和组织过程有机结合起来，提出了质量管理的八项原则，强调组织业绩的持续改进，并明确了持续改进和顾客满意是质量管理体系的动力。另外新版的标准与其他标准之间如ISO14000环境管理体系认证之间有着良好的兼容性。

ISO9000系列标准一直在不断完善中。在2000版ISO 9001的基础上，经过8年的实践，国际标准化组织于2008年又推出了2008版的ISO9001。与ISO9001:2000相比，ISO9001:2008并没有引入新的要求，而是根据世界各国推行ISO9001:2000认证工作的实际情况，在维持ISO9001:2000标准的基础上，更加清晰地阐述了ISO9001:2000的要求，并且力求与环境管理体系以及职业健康安全管理体系具有更好的相容性。2015年，国际标准化组织推出了2015版的ISO9001。与ISO9001:2008相比较，2015版的ISO9001是按照ISO/IEC导则第1部分（ISO/IEC Directives, Part1-Consolidated ISO Supplement-Procedures specific to ISO, Sixth edition, 2015）附件SL中的结构起草的，以提高与其他管理体系标准的一致性。

10.3.2　质量管理八项原则

质量管理八项原则，是将质量管理工作的经验总结和提炼而成，这八项原则成为了组织业绩改进的框架，也是企业质量管理必须遵循的准则，对于提高企业的质量管理水平有着很强的指导意义。质量管理的八项原则包括：

（1）以顾客为关注焦点。

（2）领导作用。

（3）全员参与。

（4）过程方法。

（5）管理的系统方法。

（6）持续改进。

（7）基于事实的决策方法。

（8）与供方互利的关系。

10.3.3　ISO9001 标准

ISO9001质量体系标准是目前国际上普遍采用的质量管理体系标准。我国根据ISO9001标准等同转化为GB/T 19001质量管理体系标准。该标准主要由范围、规范性引用文件、术语和定义以及组织环境、领导作用、策划、支持、运行、绩效评价、持续改进等部分组成。下面将从第4部分——"组织环境"开始加以介绍。

4　组织环境

4.1　理解组织及其环境

组织应确定与其目标和战略方向相关并影响其实现质量管理体系预期结果的各种外部和内部因素。

组织应对这些内部和外部因素的相关信息进行监视和评审。

注 1：这些因素可以包括需要考虑的正面和负面要素或条件。

注 2：考虑国际、国内、地区和当地的各种法律法规、技术、竞争、市场、文化、社会和经济因素，有助于理解外部环境。

注 3：考虑组织的价值观、文化、知识和绩效等相关因素，有助于理解内部环境。

4.2　理解相关方的需求和期望

由于相关方对组织持续提供符合顾客要求和适用法律法规要求的产品和服务的能力产生影响或潜在影响，因此，组织应确定：

a）与质量管理体系有关的相关方；

b）这些相关方的要求。

组织应对这些相关方及其要求的相关信息进行监视和评审。

4.3　确定质量管理体系的范围

组织应明确质量管理体系的边界和适用性，以确定其范围。

在确定范围时，组织应考虑：

a）各种内部和外部因素，见 4.1；

b）相关方的要求，见 4.2；

c）组织的产品和服务。

对于本标准中适用于组织确定的质量管理体系范围的全部要求，组织应予以实施。

组织的质量管理体系范围应作为形成文件的信息加以保持。该范围应描述所覆盖的产品和服务类型，若组织认为其质量管理体系的应用范围不适用本标准的某些要求，应说明理由。

那些不适用组织的质量管理体系的要求，不能影响组织确保产品和服务合格以及增强顾客满意的能力或责任，否则不能声称符合本标准。

4.4　质量管理体系及其过程

4.1.1　组织应按照本标准的要求，建立、实施、保持和持续改进质量管理体系，包括所需过程及其相互作用。

组织应确定质量管理体系所需的过程及其在整个组织内的应用，且应：

a）确定这些过程所需的输入和期望的输出；

b）确定这些过程的顺序和相互作用；

c）确定和应用所需的准则和方法（包括监视、测量和相关绩效指标），以确保这些过程的运行和有效控制；

d）确定并确保获得这些过程所需的资源；

e）规定与这些过程相关的责任和权限；

f）应对按照 6.1 的要求所确定的风险和机遇；

g）评价这些过程，实施所需的变更，以确保实现这些过程的预期结果；

h）改进过程和质量管理体系。

续表

4.4.2 在必要的程度上,组织应: a) 保持形成文件的信息以支持过程运行; b) 保留确认其过程按策划进行的形成文件的信息。

5 领导作用

5.1 领导作用和承诺

5.1.1 总则

最高管理者应证实其对质量管理体系的领导作用和承诺,通过:

a) 对质量管理体系的有效性承担责任;

b) 确保制定质量管理体系的质量方针和质量目标,并与组织环境和战略方向相一致;

c) 确保质量管理体系要求融入与组织的业务过程;

d) 促进使用过程方法和基于风险的思维;

e) 确保获得质量管理体系所需的资源;

f) 沟通有效的质量管理和符合质量管理体系要求的重要性;

g) 确保实现质量管理体系的预期结果;

h) 促使、指导和支持员工努力提高质量管理体系的有效性;

i) 推动改进;

j) 支持其他管理者履行其相关领域的职责。

注:本标准使用的"业务"一词可大致理解为涉及组织存在目的的核心活动,无论是公营、私营、营利或非营利组织。

5.1.2 以顾客为关注焦点

最高管理者应证实其以顾客为关注焦点的领导作用和承诺,通过:

a) 确定、理解并持续满足顾客要求以及适用的法律法规要求;

b) 确定和应对能够影响产品、服务符合性以及增强顾客满意能力的风险和机遇;

c) 始终致力于增强顾客满意。

5.2 方针

5.2.1 制定质量方针

最高管理者应制定、实施和保持质量方针,质量方针应:

a) 适应组织的宗旨和环境并支持其战略方向;

b) 为制定质量目标提供框架;

c) 包括满足适用要求的承诺;

d) 包括持续改进质量管理体系的承诺。

5.2.2 沟通质量方针

质量方针应:

a) 作为形成文件的信息,可获得并保持;

b) 在组织内得到沟通、理解和应用;

c) 适宜时,可向有关相关方提供。

5.3 组织的岗位、职责和权限

最高管理者应确保整个组织内相关岗位的职责、权限得到分派、沟通和理解。

最高管理者应分派职责和权限,以:

续表

a) 确保质量管理体系符合本标准的要求;   b) 确保各过程获得其预期输出;   c) 报告质量管理体系的绩效及其改进机会(见 10.1),特别向最高管理者报告;   d) 确保在整个组织推动以顾客为关注焦点;   e) 确保在策划和实施质量管理体系变更时保持其完整性。

6　策划

6.1　应对风险和机遇的措施

6.1.1　策划质量管理体系,组织应考虑到 4.1 所描述的因素和 4.2 所提及的要求,确定需要应对的风险和机遇,以便:

a) 确保质量管理体系能够实现其预期结果;

b) 增强有利影响;

c) 避免或减少不利影响;

d) 实现改进。

6.1.2　组织应策划:

a) 应对这些风险和机遇的措施;

b) 如何:

1) 在质量管理体系过程中整合并实施这些措施(见 4.4);

2) 评价这些措施的有效性。

应对风险和机遇的措施应与其对于产品和服务符合性的潜在影响相适应。

注1:应对风险可包括规避风险,为寻求机遇承担风险,消除风险源,改变风险的可能性和后果,分担风险,或通过明智决策延缓风险。

注2:机遇可能导致采用新实践,推出新产品,开辟新市场,赢得新客户,建立合作伙伴关系,利用新技术以及能够解决组织或其顾客需求的其他有利可能性。

6.2　质量目标及其实现的策划

6.2.1　组织应对质量管理体系所需的相关职能、层次和过程设定质量目标。

质量目标应:

a) 与质量方针保持一致;

b) 可测量;

c) 考虑到适用的要求;

d) 与提供合格产品和服务以及增强顾客满意相关;

e) 予以监视;

f) 予以沟通;

g) 适时更新。

组织应保留有关质量目标的形成文件的信息。

6.2.2　策划如何实现质量目标时,组织应确定:

a) 采取的措施;

b) 需要的资源;

c) 由谁负责;

d) 何时完成;

e) 如何评价结果。

续表

6.3 变更的策划
当组织确定需要对质量管理体系进行变更时,此种变更应经策划并系统地实施(见4.4)。 组织应考虑到: a)变更目的及其潜在后果; b)质量管理体系的完整性; c)资源的可获得性; d)责任和权限的分配或再分配。

7 支持

7.1 资源
7.1.1 总则 组织应确定并提供为建立、实施、保持和持续改进质量管理体系所需的资源。 组织应考虑: a)现有内部资源的能力和约束; b)需要从外部供方获得的资源。 **7.1.2 人员** 组织应确定并提供所需要的人员,以有效实施质量管理体系并运行和控制其过程。 **7.1.3 基础设施** 组织应确定、提供和维护过程运行所需的基础设施,以获得合格产品和服务。 注:基础设施可包括: a)建筑物和相关设施; b)设备,包括硬件和软件; c)运输资源; d)信息和通迅技术。 **7.1.4 过程运行环境** 组织应确定、提供并维护过程运行所需要的环境,以获得合格产品和服务。 注:适当的过程运行环境可能是人文因素与物理因素的结合,例如: a)社会因素(如无歧视、和谐稳定、无对抗); b)心理因素(如舒缓心理压力、预防过度疲劳、保护个人情感); c)物理因素(如温度、热量、湿度、照明、空气流通、卫生、噪声等)。 由于所提供的产品和服务不同,这些因素可能存在显著差异。 **7.1.5 监视和测量资源** **7.1.5.1 总则** 当利用监视或测量活动来验证产品和服务符合要求时,组织应确定并提供确保结果有效和可靠所需的资源。 组织应确保所提供的资源: a)适合特定类型的监视和测量活动; b)得到适当的维护,以确保持续适合其用途。 组织应保留作为监视和测量资源适合其用途的证据的形成文件的信息。

续表

7.1.5.2　测量溯源 当要求测量溯源时,或组织认为测量溯源是信任测量结果有效的前提时,则测量设备应: 　　a) 对照能溯源到国际或国家标准的测量标准,按照规定的时间间隔或在使用前进行校准和(或)检定(验证),当不存在上述标准时,应保留作为校准或检定(验证)依据的形成文件的信息; 　　b) 予以标识,以确定其状态; 　　c) 予以保护,防止可能使校准状态和随后的测量结果失效的调整、损坏或劣化。 当发现测量设备不符合预期用途时,组织应确定以往测量结果的有效性是否受到不利影响,必要时采取适当的措施。 **7.1.6　组织的知识** 组织应确定运行过程所需的知识,以获得合格产品和服务。 这些知识应予以保持,并在需要范围内可得到。 为应对不断变化的需求和发展趋势,组织应考虑现有的知识,确定如何获取更多必要的知识,并进行更新。 注 1:组织的知识是从其经验中获得的特定知识,是实现组织目标所使用的共享信息。 注 2:组织的知识可以基于: 　　a) 内部来源(例如知识产权;从经历获得的知识;从失败和成功项目得到的经验教训;得到和分享未形成文件的知识和经验,过程、产品和服务的改进结果); 　　b) 外部来源(例如标准;学术交流;专业会议,从顾客或外部供方收集的知识)。
7.2　能力 组织应: 　　a) 确定其控制范围内的人员所需具备的能力,这些人员从事的工作影响质量管理体系绩效和有效性; 　　b) 基于适当的教育、培训或经历,确保这些人员具备所需能力; 　　c) 适用时,采取措施获得所需的能力,并评价措施的有效性; 　　d) 保留适当的形成文件的信息,作为人员能力的证据。 注:采取的适当措施可包括对在职人员进行培训、辅导或重新分配工作,或者招聘具备能力的人员等。
7.3　意识 组织应确保其控制范围内的相关工作人员知晓: 　　a) 质量方针; 　　b) 相关的质量目标; 　　c) 他们对质量管理体系有效性的贡献,包括改进质量绩效的益处; 　　d) 不符合质量管理体系要求的后果。
7.4　沟通 组织应确定与质量管理体系相关的内部和外部沟通,包括: 　　a) 沟通什么; 　　b) 何时沟通; 　　c) 与谁沟通; 　　d) 如何沟通; 　　e) 由谁负责。

续表

7.5　形成文件的信息

7.5.1　总则

组织的质量管理体系应包括：

a）本标准要求的形成文件的信息；

b）组织确定的为确保质量管理体系有效性所需的形成文件的信息；

注：对于不同组织，质量管理体系形成文件的信息的多少与详略程度可以不同，取决于：

——组织的规模，以及活动、过程、产品和服务的类型；

——过程的复杂程度及其相互作用；

——人员的能力。

7.5.2　创建和更新

在创建和更新形成文件的信息时，组织应确保适当的：

a）标识和说明（如：标题、日期、作者、索引编号等）；

b）格式（如：语言、软件版本、图示）和媒介（如：纸质、电子格式）；

c）评审和批准，以确保适宜性和充分性。

7.5.3　形成文件的信息的控制

7.5.3.1　应控制质量管理体系和本标准所要求的形成文件的信息，以确保：

a）无论何时何处需要这些信息，均可获得并适用；

b）予以妥善保护（如：防止失密、不当使用或不完整）。

7.5.3.2　为控制形成文件的信息，适用时，组织应关注下列活动：

a）分发、访问、检索和使用；

b）存储和防护，包括保持可读性；

c）变更控制（比如版本控制）；

d）保留和处置。

对确定策划和运行质量管理体系所必需的来自外部的原始的形成文件的信息，组织应进行适当识别和控制。

应对所保存的作为符合性证据的形成文件的信息予以保护，防止非预期的更改。

注：形成文件的信息的"访问"可能意味着仅允许查阅，或者意味着允许查阅并授权修改。

8　运行

8.1　运行策划和控制

组织应通过采取下列措施，策划、实施和控制满足产品和服务要求所需的过程（见4.4），并实施第6章所确定的措施：

a）确定产品和服务的要求。

b）建立下列内容的准则：

过程；

产品和服务的接收。

c）确定符合产品和服务要求所需的资源。

d）按照准则实施过程控制。

e）在需要的范围和程度上，确定并保持、保留形成文件的信息：

证实过程已经按策划进行；

续表

证明产品和服务符合要求。

策划的输出应适合组织的运行需要。

组织应控制策划的更改,评审非预期变更的后果,必要时,采取措施消除不利影响。

组织应确保外包过程受控(见 8.4)。

8.2　产品和服务的要求

8.2.1　顾客沟通

与顾客沟通的内容应包括:

a) 提供有关产品和服务的信息;

b) 处理问询、合同或订单,包括变更;

c) 获取有关产品和服务的顾客反馈,包括顾客抱怨;

d) 处置或控制顾客财产;

e) 关系重大时,制定有关应急措施的特定要求。

8.2.2　与产品和服务有关的要求的确定

在确定向顾客提供的产品和服务的要求时,组织应确保:

a) 产品和服务的要求得到规定,包括:

适用的法律法规要求;

组织认为的必要要求。

b) 对其所提供的产品和服务,能够满足组织声称的要求。

8.2.3　与产品和服务有关的要求的评审

8.2.3.1　组织应确保有能力满足向顾客提供的产品和服务的要求。在承诺向顾客提供产品和服务之前,组织应对如下各项要求进行评审:

a) 顾客规定的要求,包括对交付及交付后活动的要求;

b) 顾客虽然没有明示,但规定的用途或已知的预期用途所必需的要求;

c) 组织规定的要求;

d) 适用于产品和服务的法律法规要求;

e) 与先前表述存在差异的合同或订单要求。

若与先前合同或订单的要求存在差异,组织应确保有关事项已得到解决。

若顾客没有提供形成文件的要求,组织在接受顾客要求前应对顾客要求进行确认。

注:在某些情况下,如网上销售,对每一个订单进行正式的评审可能是不实际的,作为替代方法,可对有关的产品信息,如产品目录、产品广告内容进行评审。

8.2.3.2　适用时,组织应保留下列形成文件的信息:

a) 评审结果;

b) 针对产品和服务的新要求。

8.2.4　产品和服务要求的更改

若产品和服务要求发生更改,组织应确保相关的形成文件的信息得到修改,并确保相关人员知道已更改的要求。

8.3　产品和服务的设计和开发

8.3.1　总则

组织应建立、实施和保持设计和开发过程,以便确保后续的产品和服务的提供。

续表

8.3.2 设计和开发策划

在确定设计和开发的各个阶段及其控制时,组织应考虑:

a) 设计和开发活动的性质、持续时间和复杂程度;

b) 所要求的过程阶段,包括适用的设计和开发评审;

c) 所要求的设计和开发验证和确认活动;

d) 设计和开发过程涉及的职责和权限;

e) 产品和服务的设计和开发所需的内部和外部资源;

f) 设计和开发过程参与人员之间接口的控制需求;

g) 顾客和使用者参与设计和开发过程的需求;

h) 后续产品和服务提供的要求;

i) 顾客和其他相关方期望的设计和开发过程的控制水平;

j) 证实已经满足设计和开发要求所需的形成文件的信息。

8.3.3 设计和开发输入

组织应针对具体类型的产品和服务,确定设计和开发的基本要求。组织应考虑:

a) 功能和性能要求;

b) 来源于以前类似设计和开发活动的信息;

c) 法律法规要求;

d) 组织承诺实施的标准和行业规范;

e) 由产品和服务性质所决定的、失效的潜在后果。

设计和开发输入应完整、清楚,满足设计和开发的目的。

应解决相互冲突的设计和开发输入。

组织应保留有关设计和开发输入的形成文件的信息。

8.3.4 设计和开发控制

组织应对设计和开发过程进行控制,以确保:

a) 规定拟获得的结果;

b) 实施评审活动,以评价设计和开发的结果满足要求的能力;

c) 实施验证活动,以确保设计和开发输出满足输入的要求;

d) 实施确认活动,以确保产品和服务能够满足规定的使用要求或预期用途要求;

e) 针对评审、验证和确认过程中确定的问题采取必要措施;

f) 保留这些活动的形成文件的信息。

注:设计和开发的评审、验证和确认具有不同目的。根据组织的产品和服务的具体情况,可以单独或以任意组合进行。

8.3.5 设计和开发输出

组织应确保设计和开发输出:

a) 满足输入的要求;

b) 对于产品和服务提供的后续过程是充分的;

c) 包括或引用监视和测量的要求,适当时,包括接收准则;

d) 规定对于实现预期目的、保证安全和正确提供(使用)所必须的产品和服务特性。

组织应保留有关设计和开发输出的形成文件的信息。

8.3.6 设计和开发更改

组织应识别、评审和控制产品和服务设计和开发期间以及后续所做的更改,以便避免不利影响,确保符合要求。

续表

组织应保留下列形成文件的信息： a）设计和开发变更； b）评审的结果； c）变更的授权； d）为防止不利影响而采取的措施。

8.4　外部提供过程、产品和服务的控制

8.4.1　总则

组织应确保外部提供的过程、产品和服务符合要求。

在下列情况下，组织应确定对外部提供的过程、产品和服务实施的控制：

a）外部供方的过程、产品和服务构成组织自身的产品和服务的一部分；

b）外部供方替组织直接将产品和服务提供给顾客；GB/T 19001—2015 10

c）组织决定由外部供方提供过程或部分过程。

组织应基于外部供方提供所要求的过程、产品或服务的能力，确定外部供方的评价、选择、绩效监视以及再评价的准则，并加以实施。对于这些活动和由评价引发的任何必要的措施，组织应保留所需的形成文件的信息。

8.4.2　控制类型和程度

组织应确保外部提供的过程、产品和服务不会对组织稳定地向顾客交付合格产品和服务的能力产生不利影响。

组织应：

a）确保外部提供的过程保持在其质量管理体系的控制之中；

b）规定对外部供方的控制及其输出结果的控制；

c）考虑：

外部提供的过程、产品和服务对组织稳定地提供满足顾客要求和适用的法律法规要求的能力的潜在影响；

外部供方自身控制的有效性；

d）确定必要的验证或其他活动，以确保外部提供的过程、产品和服务满足要求。

8.4.3　外部供方的信息

组织应确保在与外部供方沟通之前所确定的要求是充分的。

组织应与外部供方沟通以下要求：

a）所提供的过程、产品和服务；

b）对下列内容的批准：

产品和服务；

方法、过程和设备；

产品和服务的放行；

c）能力，包括所要求的人员资质；

d）外部供方与组织的接口；

e）组织对外部供方绩效的控制和监视；

f）组织或其顾客拟在外部供方现场实施的验证或确认活动。

续表

8.5　生产和服务提供

8.5.1　生产和服务提供的控制

组织应在受控条件下进行生产和服务提供。适用时,受控条件应包括:

a) 可获得形成文件的信息,以规定以下内容:

所生产的产品、提供的服务或进行的活动的特征;

拟获得的结果。

b) 可获得和使用适宜的监视和测量资源;

c) 在适当阶段实施监视和测量活动,以验证是否符合过程或输出的控制准则以及产品和服务的接收准则;

d) 为过程的运行提供适宜的基础设施和环境;

e) 配备具备能力的人员,包括所要求的资格;

f) 若输出结果不能由后续的监视或测量加以验证,应对生产和服务提供过程实现策划结果的能力进行确认和定期再确认;

g) 采取措施防止人为错误;

h) 实施放行、交付和交付后活动。

8.5.2　标识和可追溯性

需要时,组织应采用适当的方法识别输出,以确保产品和服务合格。

组织应在生产和服务提供的整个过程中按照监视和测量要求识别输出状态。

若要求可追溯,组织应控制输出的唯一性标识,且应保留实现可追溯性所需的形成文件的信息。

8.5.3　顾客或外部供方的财产

组织在控制或使用顾客或外部供方的财产期间,应对其进行妥善管理。

对组织使用的或构成产品和服务一部分的顾客和外部供方财产,组织应予以识别、验证、保护和维护。

若顾客或外部供方的财产发生丢失、损坏或发现不适用情况,组织应向顾客或外部供方报告,并保留相关形成文件的信息。

注:顾客或外部供方的财产可能包括材料、零部件、工具和设备,顾客的场所,知识产权和个人信息。

8.5.4　防护

组织应在生产和服务提供期间对输出进行必要防护,以确保符合要求。

注:防护可包括标识、处置、污染控制、包装、储存、传送或运输以及保护。

8.5.5　交付后的活动

组织应满足与产品和服务相关的交付后活动的要求。

在确定交付后活动的覆盖范围和程度时,组织应考虑:

a) 法律法规要求;

b) 与产品和服务相关的潜在不期望的后果;

c) 其产品和服务的性质、用途和预期寿命;

d) 顾客要求;

e) 顾客反馈。

注:交付后活动可能包括担保条款所规定的相关活动,诸如合同规定的维护服务,以及回收或最终报废处置等附加服务等。

8.5.6　更改控制

组织应对生产和服务提供的更改进行必要的评审和控制,以确保稳定地符合要求。

组织应保留形成文件的信息,包括有关更改评审结果、授权进行更改的人员以及根据评审所采取的必要措施。

续表

8.6　产品和服务的放行
组织应在适当阶段实施策划的安排,以验证产品和服务的要求已被满足。GB/T 19001—2015 12 　　除非得到有关授权人员的批准,适用时得到顾客的批准,否则在策划的安排已圆满完成之前,不应向顾客放行产品和交付服务。 　　组织应保留有关产品和服务放行的形成文件的信息。形成文件的信息应包括: 　　a) 符合接收准则的证据; 　　b) 授权放行人员的可追溯信息。
8.7　不合格输出的控制
8.7.1　组织应确保对不符合要求的输出进行识别和控制,以防止非预期的使用或交付。 　　组织应根据不合格的性质及其对产品和服务的影响采取适当措施。这也适用于在产品交付之后发现的不合格产品,以及在服务提供期间或之后发现的不合格服务。 　　组织应通过下列一种或几种途径处置不合格输出: 　　a) 纠正; 　　b) 对提供产品和服务进行隔离、限制、退货或暂停; 　　c) 告知顾客; 　　d) 获得让步接收的授权。 　　对不合格输出进行纠正之后应验证其是否符合要求。 　　**8.7.2**　组织应保留下列形成文件的信息: 　　a) 有关不合格的描述; 　　b) 所采取措施的描述; 　　c) 获得让步的描述; 　　d) 处置不合格的授权标识。
9　绩效评价
9.1　监视、测量、分析和评价
9.1.1　总则 　　组织应确定: 　　a) 需要监视和测量的对象; 　　b) 确保有效结果所需要的监视、测量、分析和评价方法; 　　c) 实施监视和测量的时机; 　　d) 分析和评价监视和测量结果的时机。 　　组织应评价质量管理体系的绩效和有效性。组织应保留适当的形成文件的信息,作为结果的证据。 　　**9.1.2　顾客满意** 　　组织应监视顾客对其需求和期望获得满足的程度的感受。组织应确定这些信息的获取、监视和评审方法。 　　注:监视顾客感受的例子可包括顾客调查、顾客对交付产品或服务的反馈、顾客会晤、市场占有率分析、赞扬、担保索赔和经销商报告。 　　**9.1.3　分析与评价** 　　组织应分析和评价通过监视和测量获得的适宜数据和信息。

续表

应利用分析结果评价:GB/T 19001—2015 13 a）产品和服务的符合性； b）顾客满意程度； c）质量管理体系的绩效和有效性； d）策划是否得到有效实施； e）针对风险和机遇所采取措施的有效性； f）外部供方的绩效； g）质量管理体系改进的需求。 注:数据分析方法可包括统计技术。

9.2 内部审核

组织应按照策划的时间间隔进行内部审核,以提供有关质量管理体系的下列信息:

a）是否符合:

组织自身的质量管理体系要求;

本标准的要求。

b）是否得到有效的实施和保持。

9.2.2 组织应:

a）依据有关过程的重要性、对组织产生影响的变化和以往的审核结果,策划、制定、实施和保持审核方案,审核方案包括频次、方法、职责、策划要求和报告;

b）规定每次审核的审核准则和范围;

c）选择可确保审核过程客观公正的审核员实施审核;

d）确保相关管理部门获得审核结果报告;

e）及时采取适当的纠正和纠正措施;

f）保留作为实施审核方案以及审核结果的证据的形成文件的信息。

注:相关指南参见 GB/T 19011。

9.3 管理评审

9.3.1 总则

最高管理者应按照策划的时间间隔对组织的质量管理体系进行评审,以确保其持续的保持适宜性、充分性和有效性,并与组织的战略方向一致。

9.3.2 管理评审输入

策划和实施管理评审时应考虑下列内容:

a）以往管理评审所采取措施的实施情况。

b）与质量管理体系相关的内外部因素的变化。

c）有关质量管理体系绩效和有效性的信息,包括下列趋势性信息:

顾客满意和相关方的反馈;

质量目标的实现程度;

过程绩效以及产品和服务的符合性;

不合格以及纠正措施;

监视和测量结果(GB/T 19001—2015 14);

审核结果;

续表

外部供方的绩效。

d) 资源的充分性。

e) 应对风险和机遇所采取措施的有效性(见 6.1)。

f) 改进的机会。

9.3.3　管理评审输出

管理评审的输出应包括与下列事项相关的决定和措施:

a) 改进的机会;

b) 质量管理体系所需的变更;

c) 资源需求。

组织应保留作为管理评审结果证据的形成文件的信息。

10　持续改进

10.1　总则

组织应确定并选择改进机会,采取必要措施,满足顾客要求和增强顾客满意。

这应包括:

a) 改进产品和服务以满足要求并关注未来的需求和期望;

b) 纠正、预防或减少不利影响;

c) 改进质量管理体系的绩效和有效性。

注:改进的例子可包括纠正、纠正措施、持续改进、突变、创新和重组。

10.2　不合格和纠正措施

10.2.1　若出现不合格,包括投诉所引起的不合格,组织应:

a) 对不合格做出应对,适用时:

采取措施予以控制和纠正;

处置产生的后果。

b) 通过下列活动,评价是否需要采取措施,以消除产生不合格的原因,避免其再次发生或者在其他场合发生:

评审和分析不合格;

确定不合格的原因;

确定是否存在或可能发生类似的不合格。

c) 实施所需的措施。

d) 评审所采取的纠正措施的有效性。

e) 需要时,更新策划期间确定的风险和机遇。

f) 需要时,变更质量管理体系。

纠正措施应与所产生的不合格的影响相适应。

10.2.2　组织应保留形成文件的信息,作为下列事项的证据:

a) 不合格的性质以及随后所采取的措施;GB/T 19001—2015 15

b) 纠正措施的结果。

10.3　持续改进

组织应持续改进质量管理体系的适宜性、充分性和有效性。

组织应考虑管理评审的分析、评价结果,以及管理评审的输出,确定是否存在持续改进的需求或机会。

复习思考题

1. 什么是质量认证制度？

2. 质量认证制度有哪些类型？

3. ISO 9000 质量管理体系系列的核心标准有哪些？

4. 与 1994 版相比,2000 版的 ISO9000 系列标准进行了哪些改进？

5. 简述 GB/T19001:2015 的构成。

6. 在建立和实施质量管理体系过程中,应如何处理不合格品？

7. 在建立和实施质量管理体系过程中,资源管理包括哪些内容？

8. 在建立和实施质量管理体系过程中,管理者代表是指什么？

9. 简述可追溯性的概念。

第 11 章　工程职业健康与安全管理

11.1　职业健康与安全管理概念

11.1.1　建设工程职业健康与安全管理概述

建设工程职业健康与安全管理是指在建筑工程生产活动中控制影响工作人员和其他相关人员健康和安全的条件和因素,保护生产者的健康和安全,并考虑和避免因使用不当或其他原因给使用者造成的健康和安全危害。建筑工程职业健康和安全管理是建筑工程项目管理工作的重要内容之一,也是建设工程项目管理最重要的任务。

由于市场竞争的日益加剧,使得劳动疾病有增无减。在建设生产过程中为了追求利润的最大化,承包商往往以牺牲劳动者的劳动环境和健康条件为代价降低管理成本,使得建筑工程生产过程中安全事故频发,给劳动者的健康和安全造成了极大伤害。近年来,随着人们职业健康安全意识的不断加强,对职业安全管理的理解也日趋深刻。建筑工程职业健康安全管理受到越来越多的关注。

11.1.2　建设工程职业健康与安全管理的特点

1. 复杂性

建筑产品在生产过程中,由于露天作业多,因此作业条件不仅会受到自然环境、气候条件、地质条件等的影响,还会受到资源条件、地域情况的限制。另外由于建筑产品的固定性和生产过程的流动性,造成工人必须在同一工地不同建筑、同一建筑不同部位之间流水作业,造成工作环境十分复杂,影响因素很多,任何外界条件的变化都可能带来潜在的安全隐患。

2. 社会性

建筑产品的生产过程具有很强的社会性。社会需求、社会环境会影响建筑产品的职业健康和安全管理,同时建筑产品的安全问题也会给社会造成很大的影响。因此,建筑工程职业健康与安全管理不能仅定位于一个建筑工地内部的管理,也不能仅定位于某一个建设项目的管理,必须要在社会的大系统中进行统一策划和实施。另外,社会的体制环境、法制环境也直接影响到建设工程的职业健康与安全管理问题。

3. 针对性

建筑产品的单一性决定了任何两个建设项目不可能按照同一组设计文件、同一施工计划和部署以及同一生产设备和生产方案下完成规模化的生产。这就要求建设工程职业健康安全管理必须针对不同的建设项目制定专门的管理方案,另外由于工程建设项目的日益复杂,很多新技术新工艺的应用也给职业健康和安全问题提出了更多的要求。因此,任何工程项目的职业健康和安全管理都应该具有针对性,不可盲目套用其他项目的管理方案。

4. 持续性

尽管施工阶段是建筑产品实体的形成阶段,但是建筑产品的职业健康和安全管理不能局限于施工阶段的职业健康和安全管理。在建设项目的前期策划、设计、实施阶段都必须持续不断地做好职业健康和安全管理。也就是说,建设项目的职业健康和安全管理不仅是施工单位的责任,建设单位、设计单位、施工单位、材料设备供货单位都在建设项目职业健康和安全管理过程中扮演着重要的角色。只有通过在建设项目的策划、决策和实施、运营阶段持续不断地做好职业健康与安全管理,才能切实保障建筑产品生产者和使用者的健康和安全。

5. 协调性

建筑产品的生产过程分工明确,决定了建筑产品的职业健康和安全管理必须做好协调工作。尤其在工序的交接管理方面,更要重视健康和安全问题。如果上一道工序出现了问题,往往会给下一道工序带来潜在的安全隐患。如果两道工序交接不清楚,上一道工序没有把安全问题对下一道工序做好健康和安全问题的交底,很可能会造成生产事故。另外,在建筑生产过程中,由于多道工序同时展开,工作面与工作面的交接处容易造成安全事故,因此,在建筑产品的生产过程中,必须做好职业健康和安全管理的协调工作。

6. 严谨性

与建设项目的投资、进度、质量管理相比,职业健康和安全管理更为重要,因为职业健康和安全管理是直接关系到人的生命安全和身体健康的问题。职业健康和安全问题带来的损失是无法用金钱来衡量的。另外,由于安全事故具有一触即发的特点,发生事故时再后悔往往为时已晚,因此,职业健康和安全管理工作必须十分严谨,不能存在任何侥幸心理。否则将造成无法挽回的损失。

11.2 职业健康与安全管理体系

11.2.1 职业健康安全管理体系简介

为了加强职业健康和安全管理,英国标准化协会、爱尔兰国家标准局、南非标准局、挪威船级社等13个组织联合分别在1999年和2000年发布了OHSAS18001:1999《职业健康安全管理体系——规范》和OHSAS18002:2000《职业健康安全管理体系——指南》。2011年我国以OHSAS18001:2007《职业健康安全管理体系——要求》的内容为基础,参考国际上相关的职业健康安全管理体系制定了《职业健康安全管理体系——要求》GB/T 28001—2011。该体系成为我国职业健康和安全管理的依据。

11.2.2 职业健康安全管理体系框架

职业健康安全管理体系由范围、引用标准、术语和定义、职业健康安全管理体系要素四部分组成。其基本框架如表11-1所示。

职业健康和安全管理体系要素由总要求、职业健康安全方针、策划、实施和运行、检查、管理评审组成。其中,策划包括三个方面的内容,分别为危险源辨识、风险评价和控制措施的确定,法律法规和其他要求,目标和方案。实施和运行包括资源、作用、职责、责任和权限,能力、培训和意识,沟通、参与和协商,文件,文件控制,运行控制,应急准备和响应。检查包括绩效测量和监视,合规性评价,事件调查、不符合、纠正措施和预防措施,记录控制,内部审核。从职业健康安全管理体系的要素可以看出,职业健康安全管理体系与质量管理体系有着很多的共同点,例如,体系基本框架的构成都遵循 PDCA 循环的基本原理,从策划、实施、检查和评审等几方面展开。管理要素的设置也基本相同。

表 11-1　　　　　　　　　　　　　　**职业健康安全管理体系**

《职业健康安全管理体系——要求》GB/T 28001—2011	
1　范围	
2　规范性引用文件	
3　术语和定义	
4　职业健康安全管理体系要素	
一级要素	二级要素
(一)职业健康安全管理方针	1.职业健康安全方针
(二)策划	2.危险源辨识、风险评价和控制措施的确定;3.法律法规和其他要求;4.目标和方案
(三)实施和运行	5.资源、作用、职责、责任和权限;6.能力、培训和意识;7.沟通、参与和协商;8.文件;9.文件控制;10.运行控制;11.应急准备和响应
(四)检查	12.绩效测量和监视;13.合规性评价;14.事件调查、不符合、纠正措施和预防措施;15.记录控制;16.内部审核
(五)管理评审	17.管理评审

11.2.3　职业健康安全管理体系的建立和运行

职业健康与安全管理体系建立的步骤如图 11-1 所示,首先应该做好领导决策,然后成立

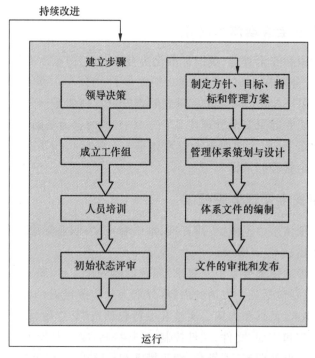

图 11-1　职业健康与安全管理体系的建立和运行

工作组,工作组的基本工作是建立企业用于实施职业健康安全管理体系的组织架构和基本的工作流程。同时建立一支稳定负责的职业健康与安全体系管理队伍,相关的人员必须经过培训。在体系建立过程中,应通过初始状态评审发现自己的问题,然后有针对性地制定职业健康与安全管理体系的方针、目标、指标和管理方案,继而通过管理体系策划和设计、体系文件的编制、审批和发布,系统地建立企业的职业健康与安全管理体系。在体系建立之后,应以体系的方针和目标为依据,通过培训意识和能力;信息交流;文件管理;执行控制程序文件的规定;监测;不符合纠正和预防措施;记录等方面的基本要素来实施和运行企业的职业健康和安全管理体系,并进行持续改进。

11.3 施工安全管理

11.3.1 施工安全管理概述

1. 施工安全生产的特点

1)露天作业多,环境影响大

在建筑工程领域,无论是房屋建筑,还是道路、桥梁等工程,大部分施工工作是在露天环境下完成。因此,建筑施工受环境变化影响是比较大的。尤其在严寒、高温、大风天气施工都会给安全管理造成极大的困难。这就要求建筑施工生产过程中必须针对恶劣的气候环境制定相应的安全生产管理措施,防患于未然。

2)生产周期长,劳动强度大

大型工程建设项目都具有建设周期长的特点。短则几个月,长则几年,十几年才能完成所有建设任务并交付使用。在漫长的建设过程中,必须坚持不懈地做好施工安全管理工作。任何时候稍有松懈就会造成严重的伤亡事故。由于安全伤亡事故往往具有触发性,有时由于一个很小的失误就会造成无法挽回的严重后果。因此,施工安全管理必须非常严谨,不能存在丝毫的侥幸心理。另外,建筑施工的生产过程劳动强度相当大,高空作业多、施工难度大,加上恶劣的气候环境,会造成施工人员体力消耗大,对于安全风险防范会产生麻痹现象,往往会带来严重的安全隐患。

3)没有固定的生产线

建设项目生产的一次性特征也为施工安全管理造成了一定的困难。没有固定的生产线决定了一项建设工程项目不可能围绕一条固定不变的生产线来制定安全控制措施和程序,因此,施工安全生产必须根据项目生产的一次性特点来制定相应的安全生产管理措施。另外,建筑施工生产由很多道工序组成,并且每道工序的施工方法也有很大的差别,尽管有的生产过程有一定的规律性,但是每道施工生产工艺又具有很强的多变性,并且受施工要求、施工时间、施工场地等多种因素的影响,给施工安全生产带来很大的困难。

4)生产人员流动性大

建筑施工的从业人员虽然具有相对固定性,但是其流动性还是相当大的。施工人员从一个工地流动到另一个工地,从一个项目流动到另一个项目是普遍的。根据工程建设的需要,施工企业要不断地调整、更换施工现场作业人员,给施工安全生产管理造成了很大的麻烦。同时,有相当一部分建筑工人文化水平较低,整体素质较差,安全意识和自我保护能力较弱,又由于很多建筑工人背井离乡施工,情绪波动比较大,这些都是建筑施工伤亡事故频发的原因之一。

2. 施工安全生产的方针

"安全第一、预防为主"是我国安全生产的最基本的指导方针。"安全第一"是指所有参与工程建设的人员,包括管理者和操作人员以及对工程建设活动进行监督管理的人员都必须树立安全的观念,在保证安全的前提下从事生产活动,不能为了经济的发展而牺牲安全。"安全第一"的指导方针肯定了安全在建设工程生产活动中的重要地位,也体现了"以人为本"的理念。在施工生产过程中,必须将安全第一作为最重要的指导思想。也就是说,施工生产的首要工作就是要做好安全生产工作。安全生产工作是衡量建设工程项目管理好坏的一项重要内容,在对项目完成情况的各项指标考核、评优时,必须首先考虑安全指标的完成情况。如果安全指标没有实现,其他指标即使得以完成,也不能算是成功的项目。

"预防为主"是实现安全第一的手段。在工程建设活动中,需要根据工程建设的特点,对不同的安全隐患制定相应的防范措施,有效地控制不安全因素的发展和扩大,把可能发生的事故控制和消灭在萌芽状态,从而保证生产人员的安全与健康。在实施预防为主的过程中,应该根据国家的法律、法规、有关的标准和规范制定企业的施工安全管理措施和计划。

3. 施工单位的安全责任

施工单位在安全生产过程中处于重要地位,肩负着重大的安全责任。《中华人民共和国建筑法》第四十五条明确规定了建筑施工企业负责施工现场安全,实行施工总承包的,由工程总承包单位负责。《建设工程安全生产管理条例》中关于施工单位的安全责任的规定做出了更加明确的规定:

1) 建筑施工企业资质的规定

施工单位从事建设工程的新建、扩建、改建和拆除等活动,应当具备国家规定的注册资本、专业技术人员、技术装备和安全生产等条件,依法取得相应等级的资质证书,并在其资质等级许可的范围内承揽工程。施工单位主要负责人依法对本单位的安全生产工作全面负责。施工单位应当建立健全安全生产责任制度和安全生产教育培训制度,制定安全生产规章制度和操作规程,保证本单位安全生产条件所需资金的投入,对所承担的建设工程进行定期和专项安全检查,并做好安全检查记录。

2) 关于施工安全管理和操作人员的规定

施工单位的项目负责人应当由取得相应执业资格的人员担任,对建设工程项目的安全施工负责,落实安全生产责任制度、安全生产规章制度和操作规程,确保安全生产费用的有效使用,并根据工程的特点组织制定安全施工措施,消除安全事故隐患,及时、如实报告生产安全事故。施工单位应当设立安全生产管理机构,配备专职安全生产管理人员。专职安全生产管理人员负责对安全生产进行现场监督检查。发现安全事故隐患,应当及时向项目负责人和安全生产管理机构报告,对于违章指挥、违章操作的,应当立即制止。专职安全生产管理人员的配备办法由国务院建设行政主管部门会同国务院其他有关部门制定。垂直运输机械作业人员、安装拆卸工、爆破作业人员、起重信号工、登高架设作业人员等特种作业人员,必须按照国家有关规定经过专门的安全作业培训,并取得特种作业操作资格证书后,方可上岗作业。

3) 关于施工安全管理措施的规定

施工单位对列入建设工程概算的安全作业环境及安全施工措施所需费用,应当用于施工安全防护用具及设施的采购和更新、安全施工措施的落实、安全生产条件的改善,不得挪作他用。施工单位应当在施工组织设计中编制安全技术措施和施工现场临时用电方案,对下列达到一定规模的危险性较大的分部分项工程编制专项施工方案,并附具安全验算结果,经施工单位技术负责人、总监理工程师签字后实施,由专职安全生产管理人员进行现场监督:

(1)基坑支护与降水工程。

(2)土方开挖工程。

(3)模板工程。

(4)起重吊装工程。

(5)脚手架工程。

(6)拆除、爆破工程。

(7)国务院建设行政主管部门或者其他有关部门规定的其他危险性较大的工程。

对涉及深基坑、地下暗挖工程、高大模板工程的专项施工方案,施工单位还应当组织专家进行论证、审查。

施工单位应当在施工现场入口处、施工起重机械、临时用电设施、脚手架、出入通道口、楼梯口、电梯井口、孔洞口、桥梁口、隧道口与基坑边沿、爆破物及有害危险气体和液体存放处等危险部位,设置明显的安全警示标志。安全警示标志必须符合国家标准。

施工单位应当根据不同施工阶段和周围环境及季节、气候的变化,在施工现场采取相应的安全施工措施。施工现场暂时停止施工的,施工单位应当做好现场防护,所需费用由责任方承担,或者按照合同约定执行。

施工单位应当将施工现场的办公、生活区与作业区分开设置,并保持安全距离;办公、生活区的选址应当符合安全性要求。职工的膳食、饮水、休息场所等应当符合卫生标准。施工单位不得在尚未竣工的建筑物内设置员工集体宿舍。施工现场临时搭建的建筑物应当符合安全使用要求。施工现场使用的装配式活动房屋应当具有产品合格证。

施工单位对因建设工程施工可能造成损害的毗邻建筑物、构筑物和地下管线等,应当采取专项防护措施。施工单位应当遵守有关环境保护法律、法规的规定,在施工现场采取措施,防止或者减少粉尘、废气、废水、固体废物、噪声、振动和施工照明对人和环境的危害和污染。在城市市区内的建设工程,施工单位应当对施工现场实行封闭围挡。

施工单位应当在施工现场建立消防安全责任制度,确定消防安全责任人,制定用火、用电、使用易燃易爆材料等各项消防安全管理制度和操作规程,设置消防通道、消防水源,配备消防设施和灭火器材,并在施工现场入口处设置明显标志。

施工单位在使用施工起重机械和整体提升脚手架、模板等自升式架设设施前,应当组织有关单位进行验收,也可以委托具有相应资质的检验检测机构进行验收;使用承租的机械设备和施工机具及配件的,由施工总承包单位、分包单位、出租单位和安装单位共同进行验收。验收合格的方可使用。《特种设备安全监察条例》规定的施工起重机械,在验收前应当经有相应资质的检验检测机构监督检验合格。施工单位应当自施工起重机械和整体提升脚手架、模板等自升式架设设施验收合格之日起30日内,向建设行政主管部门或者其他有关部门登记。登记标志应当置于或者附着于该设备的显著位置。

4)关于施工安全生产组织的规定

建设工程实行施工总承包的,由总承包单位对施工现场的安全生产负总责。总承包单位应当自行完成建设工程主体结构的施工。总承包单位依法将建设工程分包给其他单位的,分包合同中应当明确各自的安全生产方面的权利、义务,总承包单位和分包单位对分包工程的安全生产承担连带责任。分包单位应当服从总承包单位的安全生产管理,分包单位不服从管理导致生产安全事故的,由分包单位承担主要责任。建设工程施工前,施工单位负责项目管理的技术人员应当对有关安全施工的技术要求向施工作业班组、作业人员作出详细说明,并由双方签字确认。

5) 关于保护施工生产人员的规定

施工单位应当向作业人员提供安全防护用具和安全防护服装,并书面告知危险岗位的操作规程和违章操作的危害。作业人员有权对施工现场的作业条件、作业程序和作业方式中存在的安全问题提出批评、检举和控告,有权拒绝违章指挥和强令冒险作业。在施工中发生危及人身安全的紧急情况时,作业人员有权立即停止作业或者在采取必要的应急措施后撤离危险区域。作业人员应当遵守安全施工的强制性标准、规章制度和操作规程,正确使用安全防护用具、机械设备等。施工单位采购、租赁的安全防护用具、机械设备、施工机具及配件,应当具有生产(制造)许可证、产品合格证,并在进入施工现场前进行查验。施工现场的安全防护用具、机械设备、施工机具及配件必须由专人管理,定期进行检查、维修和保养,建立相应的资料档案,并按照国家有关规定及时报废。

6) 关于施工安全教育与考核的规定

施工单位的主要负责人、项目负责人、专职安全生产管理人员应当经建设行政主管部门或者其他有关部门考核合格后方可任职。施工单位应当对管理人员和作业人员每年至少进行一次安全生产教育培训,其教育培训情况记入个人工作档案。安全生产教育培训考核不合格的人员,不得上岗。作业人员进入新的岗位或者新的施工现场前,应当接受安全生产教育培训。未经教育培训或者教育培训考核不合格的人员,不得上岗作业。施工单位在采用新技术、新工艺、新设备、新材料时,应当对作业人员进行相应的安全生产教育培训。

7) 关于施工人员人身保险的规定

施工单位应当为施工现场从事危险作业的人员办理意外伤害保险。意外伤害保险费由施工单位支付。实行施工总承包的,由总承包单位支付意外伤害保险费。意外伤害保险期限自建设工程开工之日起至竣工验收合格止。

4. 施工安全管理制度

施工单位应建立、健全建设工程安全管理制度,安全制度包括很多种,包括安全生产责任制度、安全教育培训制度、安全技术交底制度、安全事故处理制度、安全检查和验收制度等。

安全生产责任制度是指企业中各级领导、各个部门、各类人员所规定的在他们各自职责范围内对安全生产应负责任的制度。安全生产责任制度的核心是要覆盖多个部门、落实到所有人。也就是说,安全生产责任制就是要遵循"安全生产,人人有责"的原则,明确各级领导、各职能部门和各类人员在施工生产活动中应负的安全责任。

安全生产教育培训制度是以企业的施工管理人员和现场操作人员为对象,就安全生产思想、安全知识、安全技能、安全规程标准、安全法规、劳动保护、环境保护和典型事例分析等进行教育和培训,使其了解所承担施工任务的特点,学习施工安全基本知识、安全生产制度及相关工种的安全技术操作规程;了解劳动保护和环境保护知识;学习机械设备和电器使用、高处作业等安全基本知识;学习防火、防毒、防爆、防洪、防尘、防雷击、防触电、防高空坠落、防物体打击、防拥塌、防机械伤害等知识及紧急安全救护知识;了解安全防护用品发放标准,防护用具、用品使用基本知识。同时,还可以通过班组安全教育使班组成员了解本班组作业特点,了解劳动保护知识,学习安全操作规程、安全生产制度及纪律;学习正确使用安全防护装置(设施)及个人劳动防护用品知识,以及针对不安全因素的防范对策。在安全教育过程中,特别要做好新工人的三级安全教育工作。即进企业、进项目部和进班组的安全教育。三级安全教育是企业必须坚持的安全生产基本教育制度。对新招收的合同工、临时工、农民工、实习和代培人员等都需要进行安全教育,不合格者不能施工操作。三级安全教育情况要建立档案。安全生产教育培训制度是通过教育和培训制度化、规范化来提高全体人员的安全意识和安全生产的管理水平,减少、防止生产安全事故的发生,是安全管理制度的重要组成内容之一。在安全教育过程中,应建立对三类人员的教育和考核任职制度。三类人员是指施工单位的主要负责人、项目负责人和安全生产管理人员。施工单位的主要负责人对本单位的安全生产工作全面负责,项目负责人对所承包的项目安全生产工作全面负责,安全生产管理人员直接、具体承担本单位日常的安全生产管理工作。这三类人员必须经建设行政主管部门对其安全知识和管理能力考核合格后方可任职。

安全技术交底制度是落实工程项目安全技术方案的基本制度。安全技术交底要具体、明确、针对性强并且实行逐层分级交底制度。单位工程开工前,项目经理部的技术负责人必须将工程概况、施工方法、施工工艺、施工程序、安全技术措施,向承担施工的责任工长、作业队长、班组长和相关人员进行交底。结构复杂的分部分项工程施工前,项目经理部技术负责人应有针对性地进行全面、详细的安全技术交底。项目经理部应保存双方签字确认的安全技术交底记录。安全技术交底的基本要求包括:

(1)项目经理部必须实行逐级安全技术交底制度,纵向延伸到班组全体作业人员。

(2)技术交底必须具体、明确、针对性强。

(3)技术交底的内容应针对分部分项工程施工中给作业人员带来的潜在隐含危险因素和存在问题。

(4)应优先采用新的安全技术措施。

(5)应将工程概况、施工方法、施工程序、安全技术措施等向工长、班组长、作业人员进行详细交底。

(6)定期向由两个以上作业队伍和多工种进行交叉施工的作业队伍进行书面交底。

(7)保持书面安全技术交底等签字记录。

安全技术交底的主要内容为本工程项目的施工作业特点和危险点;针对危险点的具体预防措施;应注意的安全事项;相应的安全操作规程和标准;发生事故后应及时采取的避难和急救措施等。

安全检查和验收制度是指企业安全生产管理部门或项目经理部对本项目贯彻国家安全生产法律法规的情况、安全生产情况、劳动条件、事故隐患等所进行检查的制度。项目经理应组织项目经理部定期对安全生产保证计划的执行情况进行检查考核和评价。对施工中存在的不安全行为和隐患,项目经理部应分析原因并制定相应整改防范措施。安全检查内容包括安全生产责任制、安全生产保证计划、安全组织机构、安全保证措施、安全技术交底、安全教育、安全持证上岗、安全设施、安全标识、操作行为、违规管理、安全记录等。安全检查的方法可采取随机抽样、现场观察、实地检测相结合,并记录检测结果。对现场管理人员的违章指挥和操作人员的违章作业行为应进行纠正。为确保安全方案和安全技术措施的实施和落实,建设工程项目应建立安全生产验收制度。安全验收工作包括安全技术方案实施情况的验收以及设施和设备安全状态验收。安全技术方案实施情况的验收包括工程项目的安全技术方案由项目经理部技术负责人牵头组织验收;交叉作业施工的安全技术措施由区域责任工程师组织验收;分部分项工程安全技术措施由专业责任工程师组织验收;一次验收严重不合格的安全技术措施应重新组织验收;项目专职安全管理员要参与以上验收活动,并提出自己的具体意见或见解,对需重新组织验收的项目要督促有关人员尽快整改。设施与设备安全状态的验收一般包括防护设施和中小型机械设备由项目经理部专业责任工程师会同分包有关责任人共同验收。

11.3.2 施工安全风险分析

1. 施工安全风险辨识

1) 危险源的概念

危险源是指可能导致人身伤害或疾病、财产损失、环境破坏以及这些情况组合的危险因素和有害因素。根据危险源对事故发生和发展过程中所起的作用,可以将危险源分成两类。第一类危险源是指意外释放的能量的载体或危险物质。第二类危险源是指导致约束、限制能量措施失效或破坏的各种不安全因素。包括人的不安全行为、物的不安全状态以及不良环境条件以及管理制度的缺陷等。事故的发生往往是两类危险源共同作用的结果,第一类危险源是事故发生的前提,决定了事故发生后果的严重程度;第二类危险源的出现是第一类危险源导致事故的必要条件。第二类危险源决定了事故发生的可能性大小。

2) 危险源的辨识

危险源的辨识方法可以采用专家调查、安全风险清单、事件树分析、故障树分析等。经验在危险源的辨识过程中起着很大的作用,因此在危险源的辨识过程中必须集思广益,有必要时可采用头脑风暴法和德尔斐法相结合的方式进行。专家调查法是指由项目经理部组织有丰富知识,特别是有系统安全工程知识的专家、熟悉本项目施工生产工艺的技术和管理人员组成风险辨识专家工作小组,通过专家的经验和判断能力,找出潜在的尤其是重大的危险源。另外,企业还应该根据自身的需要,逐步建立安全风险清单,统一和记录自己企业在以往的工程中所遇到的安全风险事件,为今后的工程提供经验和借鉴。危险源的辨识应该针对两类危险源分别进行,对于有经验的承包商而言,第一类危险源是比较容易发现的,而第二类危险源由于受到多种因素的影响,是危险源辨识难点。

2. 施工安全风险评价

施工安全风险评价是指在对施工过程中危险源辨识的基础上,评价风险的大小。安全风险的大小受两个因素影响,一是风险事件的发生概率,另一个是潜在损失的严重性。计算公式为

$$R = P \times F \tag{11-1}$$

式中　R——风险的大小;

　　　　P——风险事件的发生概率;

　　　　F——事件后果的严重性。

根据式(11-1)的计算结果,可以将风险事件划分为不同的等级,如图 11-2 所示。

根据风险发生的概率和潜在损失的严重性将风险分为 5 个等级,分别为可忽略风险、可容许风险、中度风险、重大风险以及不容许风险。公式(11-1)是风险分析的经典公式,不仅适用于安全风险分析和评价,同时也适用于其他方面如投资风险分析。

风险评价的另一个计算方法是将风险用发生事故的可能性大小、人员暴露与危险环境下的频繁程度和发生事故后造成后果的严重程度来表示,具体计算如式(11-2)所示。

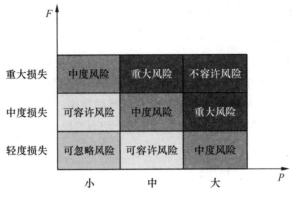

图 11-2 风险评价等级表

$$R = L \times E \times C \tag{11-2}$$

式中 R——代表风险的大小；

　　　L——发生事故的可能性大小；

　　　E——人体暴露于危险环境的频繁程度；

　　　C——发生事故可能造成的后果。

表 11-2 是 L，E，C 取值的经验数据表。

表 11-2　　　　　　　　　　　　　L，E，C 取值经验数据表

参　数	情　况	经验分值
事故发生的可能性 L	必然发生	10
	相当可能	6
	可能但不经常	3
	可能性极小、完全意外	1
	可以设想但基本不可能	0.5
	极不可能	0.2
	实际不可能	0.1
暴露于危险环境的频繁程度 E	连续暴露	10
	每天工作时间暴露	6
	每周一次暴露	3
	每月一次	2
	每年几次	1
	非常罕见的暴露	0.5
发生事故后果的严重程度 C	大灾难,许多人死亡	100
	灾难,多人死亡	40
	非常严重,一人死亡	15
	严重,重伤	7
	较严重,受伤较重	3
	轻伤,引人关注	1

　　根据 LEC 经验数值取值结果,也可以将施工安全风险的大小分成 5 个等级,R 值在 20 分以下的为可忽略风险,R 值在 20~70 的为可容许风险,R 值在 70~160 的为中度风险,R 值在 160~320 的为重大风险,R 值大于 320 的为不容许风险。

11.3.3　施工安全管理的策划与实施

1. 施工安全管理策划

在施工安全管理过程中,首先要进行安全管理的策划,安全管理策划过程包括明确安全管理的方针、目标,并建立安全管理的组织,然后对安全风险进行分析,并制定相应的安全管理措施。安全管理策划过程应纳入到职业健康和安全管理体系中。安全管理策划必须以安全生产的方针"安全第一,预防为主"为指导,遵循系统控制、动态控制、持续改进的基本原理。

安全管理的策划包括:

(1) 明确安全管理的方针和目标。

(2) 建立安全管理的组织。

(3) 制定安全管理的措施和行动方案。

安全管理策划的第一步就是要明确安全管理的方针和目标,在制定安全目标的过程中,应该将防范重大和特大伤亡事故作为最重要目标。将防止一般事故的发生、创建文明和标准化工地作为必须实现的目标。不应盲目地制定安全管理的目标。安全目标的制定应符合企业的整体方针和目标,并且要遵循国家法律法规、标准规范的要求,而且还要考虑企业的实际情况,主动控制和被动控制相结合,才能真正起到良好的作用。明确了企业的安全管理目标,下一步就要建立安全管理的组织。

2. 施工安全管理的组织

安全的薄弱环节往往不是技术问题,而是管理问题,而安全管理的首要问题是必须建立强有力的负责人的安全管理组织。施工现场应建立以工程总包单位为核心的施工安全管理组织,分包单位应该服从总包单位的统一领导。为了加强施工安全管理,应建立以项目经理为首的施工管理组织,并落实施工安全生产责任制,使安全管理覆盖施工生产的各个部门,落实到所有人。只有做到每个部门、每个工作人员都落实到位,明确各自在安全管理中的工作任务、管理职能、所应负的责任,才能很好地贯彻安全管理方针实现安全管理目标。

3. 安全技术措施的编制与实施

首先应该编制安全技术措施计划,安全技术措施计划应该在施工前编制,体现安全第一、预防为主的思想。在图纸会审时,就应该考虑将安全作为所考虑的重要问题。在编制施工组织设计文件的过程中,应该制定详细的安全技术措施,以保证施工安全生产的顺利进行。安全措施计划的制定必须有针对性,不能流于形式。安全措施计划的制定包括一般工程安全技术措施和特殊工程施工安全技术措施。一般工程安全技术措施包括:

(1) 基坑开挖的安全措施。

(2) 高空作业的安全防护措施。

(3) 安全网的架设及安全措施。

(4) 脚手架、吊篮等选用及设计方案的安全性措施。

(5) 垂直运输设备的安全措施。

(6) 洞口的安全防护设施措施。

(7) 交叉作业区的隔离措施。

(8) 场内道路的安全措施。

(9) 用电安全措施。

（10）防火安全措施。

（11）防毒安全措施。

（12）防爆安全措施。

（13）防雷安全措施。

（14）防辐射安全措施。

（15）施工场地周边居民安全隔离措施。

对于结构复杂、施工难度大、专业性较强的工程项目,除制定项目总体安全保证计划外,还必须制定单位工程或分部分项工程的安全技术措施。另外,对于高处作业、井下作业等专业性强的作业和特殊工种作业,应制定单项安全技术规程。

11.3.4 施工安全的检查和监督

制定安全检查表法(safety check list)是安全检查的重要措施,通过安全检查表的设计,施工人员可以系统地将安全检查工作按部就班地完成。根据建设部 2011 年 12 月颁发的《建筑施工安全检查标准》JGJ 59—2011,通常安全检查的内容包括以下几项:

（1）安全管理体制。

（2）文明施工。

（3）脚手架。

（4）基坑工程。

（5）模板支架。

（6）高处作业。

（7）施工用电。

（8）物料提升机与施工升降机。

（9）塔式起重机与起重吊装。

（10）施工机具。

建筑施工安全分项检查表如表 11-3 至表 11-21 所示。

表 11-3　　　　　　　　　　　　　安全管理检查表

序号	检查项目		检查内容	检查情况	是否符合要求
1	保证项目	安全生产责任制	1. 建立安全生产责任制情况; 2. 安全生产责任制是否经责任人签字确认; 3. 是否制定各工种安全技术操作规程; 4. 是否按规定配备专职安全员; 5. 工程项目部承包合同中是否明确安全生产考核指标; 6. 是否制定安全资金保障制度; 7. 是否编制安全资金使用计划及实施; 8. 是否制定安全生产管理目标(伤亡控制、安全达标、文明施工); 9. 是否进行安全责任目标分解; 10. 是否建立安全生产责任制、责任目标考核制度; 11. 是否按考核制度对管理人员定期考核。		

续表

序号	检查项目		检查内容	检查情况	是否符合要求
2	保证项目	施工组织设计	1. 施工组织设计中是否制定安全措施； 2. 危险性较大的分部分项工程是否编制安全专项施工方案； 3. 是否按规定对专项方案进行专家论证； 4. 施工组织设计、专项方案是否经审批； 5. 安全措施、专项方案是否无针对性或缺少设计计算； 6. 是否按方案组织实施。		
3		安全技术交底	1. 是否采取书面安全技术交底； 2. 交底是否做到分部分项； 3. 交底内容是否有针对性； 4. 交底内容是否不全面； 5. 交底是否履行签字手续。		
4		安全检查	1. 是否建立安全检查(定期、季节性)制度； 2. 是否留有定期、季节性安全检查记录； 3. 事故隐患的整改是否做到定人、定时间、定措施； 4. 对重大事故隐患改通知书所列项目是否按期整改和复查。		
5		安全教育	1. 是否建立安全培训、教育制度； 2. 新入场工人是否进行三级安全教育和考核； 3. 是否明确具体安全教育内容； 4. 变换工种时是否进行安全教育； 5. 施工管理人员、专职安全员是否按规定进行年度培训考核。		
6		应急预案	1. 是否制定安全生产应急预案； 2. 是否建立应急救援组织、配备救援人员； 3. 是否配置应急救援器材； 4. 是否进行应急救援演练。		
7	一般项目	分包单位安全管理	1. 分包单位资质、资格、分包手续是否齐全或失效； 2. 是否签定安全生产协议书； 3. 分包合同、安全协议书，签字盖章手续是否齐全； 4. 分包单位是否按规定建立安全组织、配备安全员。		
8		特种作业持证上岗	1. 特殊工种上岗是否经过培训； 2. 特种作业人员资格证书是否在有效期范围内； 3. 特殊工种是否持操作证上岗。		
9		生产安全事故处理	1. 生产安全事故是否按规定报告； 2. 生产安全事故是否按规定进行调查分析处理，制定防范措施； 3. 是否办理工伤保险。		
10		安全标志	1. 主要施工区域、危险部位、设施是否按规定悬挂安全标志； 2. 是否绘制现场安全标志布置总平面图； 3. 按部位和现场设施的改变调整安全标志设置。		
对存在问题处理措施					
监理检查、复查意见					
检查人(签字)				检查日期	

表 11-4   文明施工检查表

序号	检查项目		检查内容	检查情况	是否符合要求
1	保证项目	现场围挡	1. 在市区主要路段的工地周围是否设置高于2.5m的封闭围挡； 2. 一般路段的工地周围是否设置高于1.8m的封闭围挡； 3. 围挡材料是否坚固、稳定、整洁、美观； 4. 围挡是否沿工地四周连续设置。		
2		封闭管理	1. 施工现场出入口是否设置大门； 2. 是否设置门卫室； 3. 是否建立门卫制度； 4. 进入施工现场是否佩戴工作卡； 5. 施工现场出入口是否标有企业名称或标识,且未设置车辆冲洗设施。		
3		施工场地	1. 现场主要道路是否进行硬化处理； 2. 现场道路不畅通、路面是否平整坚实； 3. 现场作业、运输、存放材料等采取的防尘措施不齐全、不合理； 4. 排水设施是否齐全或排水不通畅、有积水； 5. 是否采取防止泥浆、污水、废水外流或堵塞下水道和排水河道措施； 6. 是否设置吸烟处、随意吸烟； 7. 温暖季节是否进行绿化布置；		
4		现场材料	1. 建筑材料、构件、料具是否按总平面布局码放； 2. 材料布局是否合理、堆放不整齐、未标明名称、规格； 3. 建筑物内施工垃圾的清运,是否采用合理器具或随意凌空抛掷； 4. 是否做到工完场地清； 5. 易燃易爆物品是否采取防护措施或未进行分类存放；		
5		现场住宿	1. 在建工程、伙房、库房是否兼做住宿； 2. 施工作业区、材料存放区与办公区、生活区是否能明显划分； 3. 宿舍是否设置可开启式窗户； 4. 是否设置床铺、床铺是否超过2层、使用通铺、是否设置通道或人员超编； 5. 宿舍是否采取保暖和防煤气中毒措施； 6. 宿舍是否采取消暑和防蚊蝇措施； 7. 生活用品摆放是否混乱、环境是否卫生。		
6		现场防火	1. 是否制定消防措施、制度或未配备灭火器材； 2. 现场临时设施的材质和选址是否符合环保、消防要求； 3. 易燃材料随意码放、灭火器材布局、配置是否合理或灭火器材失效； 4. 是否设置消防水源(高层建筑)或不能满足消防要求； 5. 是否办理动火审批手续或无动火监护人员。		
7		治安综合治理	1. 生活区是否给作业人员设置学习和娱乐场所； 2. 是否建立治安保卫制度、责任未分解到人； 3. 治安防范措施是否不利或常发生失盗事件。		

续表

序号	检查项目		检查内容	检查情况	是否符合要求
8	一般项目	施工现场标牌	1. 大门口处设置的"五牌一图"内容是否齐全； 2. 标牌是否规范、整齐； 3. 是否张挂安全标语； 4. 是否设置宣传栏、读报栏、黑板报。		
9		生活设施	1. 食堂与厕所、垃圾站、有毒有害场所距离是否符合要求； 2. 食堂是否办理卫生许可证或和炊事人员健康证； 3. 食堂使用的燃气罐是否单独设置存放间或存放间通风条件是否满足要求； 4. 食堂的卫生环境差、未配备排风、冷藏、隔油池、防鼠等设施是否符合要求； 5. 厕所的数量或布局是否满足现场人员需求； 6. 厕所是否符合卫生要求； 7. 是否能保证现场人员卫生饮水； 8. 是否设置淋浴室或淋浴室是否能满足现场人员需求； 9. 是否建立卫生责任制度、生活垃圾是否装容器或未及时清理。		
10		保健急救	1. 现场是否制定相应的应急预案,或预案实际操作性是否合理； 2. 是否设置经培训的急救人员或急救器材配备满足要求； 3. 是否开展卫生防病宣传教育、或未提供必备防护用品； 4. 是否设置保健医药箱。		
11		社区服务	1. 夜间是否经许可施工； 2. 施工现场是否有焚烧各类废弃物现象； 3. 采取防粉尘、防噪音、防光污染措施； 4. 是否建立施工不扰民措施。		
对存在问题处理措施					
监理检查复查意见					
检查人(签字)				检查日期	

表 11-5 扣件式钢管脚手架检查表

序号	检查项目		检查内容	检查情况	是否符合要求
1	保证项目	施工方案	1. 架体搭设是否编制施工方案或搭设高度超过24m未编制专项施工方案; 2. 架体搭设高度超过24m,是否进行设计计算或未按规定审核、审批; 3. 架体搭设高度超过50m,专项施工方案是否按规定组织专家论证和是否按专家论证意见组织实施; 4. 施工方案是否完整或是否能指导施工作业;		
2		立杆基础	1. 立杆基础是否平、实、是否符合方案设计要求; 2. 立杆底部底座、垫板或垫板的规格是否符合规范要求; 3. 是否按规范要求设置纵、横向扫地杆; 4. 扫地杆的设置和固定是否符合规范要求; 5. 是否设置排水措施。		
3		架体与建筑结构拉结	1. 架体与建筑结构拉结是否符合规范要求; 2. 连墙件距主节点距离是否符合规范要求; 3. 架体底层第一步纵向水平杆处是否按规定设置连墙件或采用其他可靠措施固定; 4. 搭设高度超过24m的双排脚手架,是否采用刚性连墙件与建筑结构可靠连接。		
4		杆件间距与剪刀撑	1. 立杆、纵向水平杆、横向水平杆间距是否超过规范要求; 2. 是否按规定设置纵向剪刀撑或横向斜撑; 3. 剪刀撑是否沿脚手架高度连续设置或角度是否符合要求; 4. 剪刀撑斜杆的接长或剪刀撑斜杆与架体杆件固定是否符合要求;		
5		脚手板与防护栏杆	1. 脚手板是否满铺或铺设、是否牢固、稳定; 2. 脚手板规格或材质是否符合要求; 3. 是否有探头板; 4. 架体外侧是否设置密目式安全网封闭和严密; 5. 作业层是否在高度1.2m和0.6m处设置上、中两道防护栏杆; 6. 作业层是否设置高度不小于180mm的挡脚板。		
6		交底与验收	1. 架体搭设前是否进行交底或交底留有记录; 2. 架体分段搭设分段使用未办理是否做到分段验收; 3. 架体搭设完毕是否办理验收手续; 4. 是否量化的验收。		
7		横向水平杆设置	1. 是否在立杆与纵向水平杆交点处设置横向水平杆; 2. 是否按脚手板铺设的需要增加设置横向水平杆; 3. 是否存在横向水平杆只固定端; 4. 单排脚手架横向水平杆插入墙内是否小于18cm。		
8		杆件搭接	1. 纵向水平杆搭接长度是否小于1m或固定不符合要求; 2. 立杆除顶层顶步外是否采用对接连接。		
9		架体防护	1. 作业层是否用安全平网双层兜底,且以下每隔10m是否用安全平网封闭; 2. 作业层与建筑物之间是否进行封闭。		
10		脚手架材质	1. 钢管直径、壁厚、材质是否符合要求; 2. 钢管弯曲、变形、锈蚀是否存在严重问题; 3. 扣件是否进行复试或技术性能是否符合标准。		
11		通道	1. 是否设置人员上下专用通道; 2. 通道设置是否符合要求。		
对存在问题处理措施					
监理检查意见及复查情况					
检查人(签字)				检查日期	

表 11-6　　　　　　　　　　　　　　悬挑式脚手架检查表

序号	检查项目		检查内容	检查情况	是否符合要求
1	保证项目	施工方案	1. 是否编制专项施工方案或进行设计计算; 2. 专项施工方案是否经审核、审批或架体搭设高度超过 20m 是否按规定组织进行专家论证。		
2		悬挑钢梁	1. 钢梁截面高度是否按设计确定或载面高度是否小于 160mm; 2. 钢梁固定段长度是否小于悬挑段长度的 1.25 倍; 3. 钢梁外端是否设置钢丝绳或钢拉杆与上一层建筑结构拉结; 4. 钢梁与建筑结构锚固措施是否符合规范要求; 5. 钢梁间距是否按悬挑架体立杆纵距设置;		
3		架体稳定	1. 立杆底部与钢梁连接处是否设置可靠固定措施; 2. 承插式立杆接长是否采取螺栓或销钉固定; 3. 是否在架体外侧设置连续式剪刀撑; 4. 是否按规定在架体内侧设置横向斜撑; 5. 架体是否按规定与建筑结构拉结。		
4		脚手板	1. 脚手板规格、材质是否符合要求; 2. 脚手板是否满铺或铺设是否严密、牢固、稳定; 3. 是否有探头板。		
5		荷　载	1. 架体施工荷载是否超过设计规定; 2. 施工荷载堆放是否存在不均匀现象。		
6		交底与验　收	1. 架体搭设前是否进行交底或交底是否留有记录; 2. 架体是否采取分段搭设分段使用和办理分段验收; 3. 架体搭设完毕是否保留验收资料或验收记录是否有量化的验收内容。		
7	一般项目	杆件间距	1. 立杆间距是否超过规范要求,或立杆底部固定是否在钢梁上; 2. 纵向水平杆步距是否超过规范要求; 3. 是否在立杆与纵向水平杆交点处设置横向水平杆。		
8		架体防护	1. 作业层外侧是否在高度 1.2m 和 0.6m 处设置上、中两道防护栏杆; 2. 作业层是否设置高度不小于 180mm 的挡脚板; 3. 架体外侧是否采用密目式安全网封闭或网间是否严密。		
9		层间防护	1. 作业层是否用安全平网双层兜底,且以下每隔 10m 是否用安全平网封闭; 2. 架体底层是否进行封闭或封闭不严。		
10		脚手架材　质	1. 型钢、钢管、构配件规格及材质是否符合规范要求; 2. 型钢、钢管弯曲、变形、锈蚀是否存在严重严重现象。		

对存在问题处理措施	
监理检查及复查意见	

检查人(签字)		检查日期	

表 11-7 门式钢管脚手架检查表

序号	检查项目		检查内容	检查情况	是否符合要求
1	保证项目	施工方案	1. 是否编制专项施工方案和进行设计计算; 2. 专项施工方案是否按规定审核、审批或架体搭设高度超过 50m 是否按规定组织专家论证。		
2		架体基础	1. 架体基础是否存在不平、不实、不符合专项施工方案要求; 2. 架体底部是否设垫板或垫板底部的规格是否符合要求; 3. 架体底部是否按规范要求设置底座; 4. 架体底部是否按规范要求设置扫地杆; 5. 是否设置排水措施。		
3		架体稳定	1. 是否按规定间距与结构拉结; 2. 是否按规范要求设置剪刀撑; 3. 是否按规范要求高度做整体加固; 4. 架体立杆垂直偏差是否超过规定。		
4		杆件锁件	1. 是否按说明书规定组装,或漏装杆件、锁件; 2. 是否按规范要求设置纵向水平加固杆; 3. 架体组装是否存在不牢或紧固不符合要求现象; 4. 使用的扣件与连接的杆件参数是否匹配。		
5		脚手板	1. 脚手板是否满铺或存在铺设不牢、不稳现象; 2. 脚手板规格或材质是否符合要求; 3. 采用钢脚手板时挂钩是否挂扣在水平杆上或挂钩处于锁住状态。		
6		交底与验收	1. 脚手架搭设前是否进行交底或交底留有记录; 2. 脚手架是否采取分段搭设分段使用及分段验收; 3. 脚手架搭设完毕是否办理验收手续; 4. 验收记录是否量化的验收内容。		
7	一般项目	架体防护	1. 作业层脚手架外侧是否在 1.2m 和 0.6m 高度设置上、中两道防护栏杆; 2. 作业层是否设置高度不小于 180mm 的挡脚板; 3. 脚手架外侧是否设置密目式安全网封闭或网间是否严密; 4. 作业层是否用安全平网双层兜底,且以下每隔 10m 是否用安全平网封闭。		
8		材质	1. 杆件是存在变形、锈蚀严重现象; 2. 门架局部是否有开焊现象; 3. 构配件的规格、型号、材质或产品质量是否符合规范要求。		
9		荷载	1. 施工荷载是否超过设计规定; 2. 荷载堆放是否存在不均匀现象。		
10		通道	1. 是否设置人员上下专用通道; 2. 通道设置是否符合要求。		

对存在问题处理措施	
监理检查及复查意见	

检查人(签字)		检查日期	

表 11-8　　　　　　　　　　　　　　碗扣式钢管脚手架检查表

序号	检查项目		检查内容	检查情况	是否符合要求
1		施工方案	1. 是否编制专项施工方案或进行设计计算; 2. 专项施工方案是否按规定审核、审批或架体高度超过 50m 是否按规定组织专家论证。		
2		架体基础	1. 架体基础是否存在不平、不实,不符合专项施工方案要求; 2. 架体底部是否设置垫板或垫板的规格是否符合要求; 3. 架体底部是否按规范要求设置底座; 4. 架体底部是否按规范要求设置扫地杆; 5. 是否设置排水措施。		
3	保证项目	架体稳定	1. 架体与建筑结构是否按规范要求拉结; 2. 架体底层第一步水平杆处是否按规范要求设置连墙件或采用其它可靠措施固定; 3. 连墙件是否采用刚性杆件; 4. 是否按规范要求设置竖向专用斜杆或八字形斜撑; 5. 竖向专用斜杆两端是否固定在纵、横向水平杆与立杆汇交的碗扣结点处; 6. 竖向专用斜杆或八字形斜撑是否沿脚手架高度连续设置及设置角度是否符合要求。		
4		杆件锁件	1. 立杆间距、水平杆步距是否超过规范要求; 2. 是否按专项施工方案设计的步距在立杆连接碗扣结点处设置纵、横向水平杆; 3. 架体搭设高度超过 24m 时,顶部 24m 以下的连墙件层是否按规定设置水平斜杆; 4. 架体组装是否存在不牢或上碗扣紧固不符合要求。		
5		脚手板	1. 脚手板是否满铺或铺设是否牢固、稳定; 2. 脚手板规格或材质是否符合要求; 3. 采用钢脚手板时挂钩是否挂扣在横向水平杆上或挂钩是否处于锁住状态。		
6		交底与验收	1. 架体搭设前是否进行交底或交底是否留有记录; 2. 架体分段搭设是否按照分段使用分段验收; 3. 架体搭设完毕是否办理验收手续; 4. 验收记录是否有量化的验收内容。		
7	一般项目	架体防护	1. 架体外侧是否设置密目式安全网封闭或网间是否严密; 2. 作业层是在外侧立杆的 1.2m 和 0.6m 的碗扣结点设置上、中两道防护栏杆; 3. 作业层外侧是否设置高度不小于 180mm 的挡脚板; 4. 作业层是否用安全平网双层兜底,且以下每隔 10m 用安全平网封闭。		
8		材质	1. 杆件是否存在弯曲、变形、锈蚀严重现象; 2. 钢管、构配件的规格、型号、材质或产品质量是否符合规范要求。		
9		荷载	1. 施工荷载是否超过设计规定; 2. 荷载堆放是否存在不均匀现象。		
10		通道	1. 是否设置人员上下专用通道; 2. 通道设置是否符合要求。		

对存在问题处理措施	
监理检查及复查意见	
检查人(签字)	检查日期

表 11-9   附着式升降脚手架检查表

序号	检查项目		检查内容	检查情况	是否符合要求
1		施工方案	1. 是否编制专项施工方案或未进行设计计算； 2. 专项施工方案是否按规定审核、审批； 3. 脚手架提升高度超过 150m,专项施工方案是否按规定组织专家论证。		
2		安全装置	1. 是否采用机械式的全自动防坠落装置或技术性能是否符合规范要求； 2. 防坠落装置与升降设备是否分别独立固定在建筑结构处； 3. 防坠落装置是否设置在竖向主框架处与建筑结构附着； 4. 是否安装防倾覆装置或防倾覆装置是否符合规范要求； 5. 在升降或使用工况下,最上和最下两个防倾装置之间的最小间距是否符合规范要求； 6. 是否安装同步控制或荷载控制装置； 7. 同步控制或荷载控制误差是否符合规范要求。		
3	保证项目	架体构造	1. 架体高度是否小于 5 倍楼层高； 2. 架体宽度是否小于 1.2m； 3. 直线布置的架体支承跨度是否小于 7m,或折线、曲线布置的架体支撑跨度的架体外侧距离是否小于 5.4m； 4. 架体的水平悬挑长度是否小于 2m 或水平悬挑长度未大于 2m 但大于跨度 1/2； 5. 架体悬臂高度是否大于架体高度 2/5 或悬臂高度是否小于 6m； 6. 架体全高与支撑跨度的乘积是否小于 110m^2。		
4		附着支座	1. 是否按竖向主框架所覆盖的每个楼层设置一道附着支座； 2. 在使用工况时,是否将竖向主框架与附着支座固定； 3. 在升降工况时,是否将防倾、导向的结构装置设置在附着支座处； 4. 附着支座与建筑结构连接固定方式是否符合规范要求。		
5		架体安装	1. 主框架和水平支撑桁架的结点是否采用焊接或螺栓连接或各杆件轴线是否交汇于主节点； 2. 内外两片水平支承桁架的上弦和下弦之间设置的水平支撑杆件是否采用焊接或螺栓连接； 3. 架体立杆底端是否设置在水平支撑桁架上弦各杆件汇交结点处； 4. 与墙面垂直的定型竖向主框架组装高度是否高于架体高度； 5. 架体外立面设置的连续式剪刀撑是否将竖向主框架、水平支撑桁架和架体构架连成一体。		
6		架体升降	1. 两跨以上架体同时整体升降采时不得用手动升降设备； 2. 升降工况时附着支座在建筑结构连接处砼强度应达到设计要求或且不小于 C10； 3. 升降工况时架体上有施工荷载或有人员是否有停留。		
7		检查验收	1. 构配件进场是否办理验收手续； 2. 分段安装、分段使用是否办理分段验收手续； 3. 架体安装完毕是否履行验收程序或验收表是否经责任人签字； 4. 每次提升前是否留有具体检查记录； 5. 每次提升后、使用前是否履行验收手续和资料齐全。		
8	一般项目	脚手板	1. 脚手板是否满铺或铺设是否严实、牢固； 2. 作业层与建筑结构之间空隙封闭是否严实； 3. 脚手板规格、材质是否符合要求。		
9		防护	1. 脚手架外侧是否采用密目式安全网封闭和网间是否严密； 2. 作业层是否在高度 1.2m 和 0.6m 处设置上、中两道防护栏杆； 3. 作业层是否设置高度不小于 180mm 的挡脚板。		
10		操作	1. 操作前是否向有关技术人员和作业人员进行安全技术交底； 2. 作业人员是否经培训或定岗定责； 3. 安装拆除单位资质是否符合要求或特种作业人员是否持证上岗； 4. 安装、升降、拆除时是否采取安全警戒； 5. 荷载是否均匀或超载。		
对存在问题处理措施					
监理检查及复查意见					
检查人(签字)				检查日期	

表 11-10 　　　　　　　　　　承插型盘扣式钢管支架检查表

序号	检查项目		检查内容	检查情况	是否符合要求
1	保证项目	施工方案	1. 是否编制专项施工方案或搭设高度超过 24m 是否另行专门设计和计算； 2. 专项施工方案是否按规定审核、审批。		
2		架体基础	1. 架体基础是否平整、密实及符合方案设计要求； 2. 架体立杆底部是否缺少垫板或垫板的规格是否符合规范要求； 3. 架体立杆底部是否按要求设置底座； 4. 是否按规范要求设置纵、横向扫地杆； 5. 是否设置排水措施。		
3		架体稳定	1. 架体与建筑结构是否按规范要求拉结； 2. 架体底层第一步水平杆处是否按规范要求设置连墙件或采用其它可靠措施固定； 3. 连墙件是否采用刚性杆件； 4. 是否按规范要求设置竖向斜杆或剪刀撑； 5. 竖向斜杆两端是否固定在纵、横向水平杆与立杆汇交的盘扣结点处； 6. 斜杆或剪刀撑是否沿脚手架高度连续设置或角度是否符合要求。		
4		杆件	1. 架体立杆间距、水平杆步距是否超过规范要求； 2. 是否按专项施工方案设计的步距在立杆连接盘处设置纵、横向水平杆； 3. 双排脚手架的每步水平杆层，当无挂扣钢脚手板时是否按规范要求设置水平斜杆。		
5		脚手板	1. 脚手板是否满铺或铺设存在不牢、不稳现象； 2. 脚手板规格或材质是否符合要求； 3. 采用钢脚手板时挂钩是否挂扣在水平杆上或挂钩是否处于锁住状态。		
6		交底与验收	1. 脚手架搭设前是否进行交底或留有交底记录； 2. 脚手架是否按照分段搭设分段使用和办理分段验收手续； 3. 脚手架搭设完毕是否办理验收手续； 4. 验收记录是否量化验收内容。		
7	一般项目	架体防护	1. 架体外侧是否设置密目式安全网封闭或网间是否严实； 2. 作业层是否在外侧立杆的 1m 和 0.5m 的盘扣节点处设置上、中两道水平防护栏杆； 3. 作业层外侧是否设置高度不小于 180mm 的挡脚板。		
8		杆件接长	1. 立杆竖向接长位置是否符合要求； 2. 搭设悬挑脚手架时，立杆的承插接长部位是否采用螺栓作为立杆连接件固定； 3. 剪刀撑的斜杆接长是否符合要求。		
9		架体内封闭	1. 作业层是否用安全平网双层兜底，且以下每隔 10m 是否用安全平网封闭； 2. 作业层与主体结构间的空隙是否封闭。		
10		材质	1. 钢管、构配件的规格、型号、材质或产品质量是否符合规范要求； 2. 钢管是否存在严重弯曲、变形、锈蚀现象。		
11		通道	1. 是否设置人员上下专用通道； 2. 通道设置是否符合要求。		
对存在问题处理措施					
监理检查及复查意见					
检查人(签字)				检查日期	

表 11-11　　　　　　　　　　　高处作业吊篮检查表

序号	检查项目		检查内容	检查情况	是否符合要求
1	保证项目	施工方案	1. 是否编制专项施工方案和对吊篮支架支撑处结构的承载力进行验算; 2. 专项施工方案是否按规定审核、审批。		
2		安全装置	1. 是否安装安全锁或安全锁灵敏; 2. 安全锁是否超过标定期限使用; 3. 是否设置挂设安全带专用安全绳及安全锁扣,或安全绳是否固定在建筑物可靠位置; 4. 吊篮是否安装上限位装置或限位装置是否灵敏。		
3		悬挂机构	1. 悬挂机构前支架支撑不得设置在建筑物女儿墙上或挑檐边缘; 2. 前梁外伸长度是否符合产品说明书规定; 3. 前支架与支撑面是否垂直和脚轮受力; 4. 前支架调节杆是否固定在上支架与悬挑梁连接的结点处; 5. 有无使用破损的配重件或采用其他替代物; 6. 配重件的重量是否符合设计规定。		
4		钢丝绳	1. 钢丝绳磨损、断丝、变形、锈蚀达到报废标准是否及时更换; 2. 安全绳规格、型号与工作钢丝绳是否存在不相同或未独立悬挂; 3. 安全绳是否不悬垂; 4. 利用吊篮进行电焊作业有无对钢丝绳采取保护措施。		
5		安装	1. 是否有使用未经检测或检测不合格的提升机; 2. 吊篮平台组装长度是否符合规范要求; 3. 吊篮组装的构配件是否是同一生产厂家的产品。		
6		升降操作	1. 操作升降人员是否经培训合格; 2. 吊篮内作业人员数量不应超过 2 人; 3. 吊篮内作业人员是否将安全带使用安全锁扣正确挂置在独立设置的专用安全绳上; 4. 吊篮正常使用,人员应从地面进入篮内。		
7	一般项目	交底与验收	1. 是否履行验收程序或验收表是否经责任人签字; 2. 每天班前、班后是否进行检查; 3. 吊篮安装、使用前是否进行交底。		
8		防护	1. 吊篮平台周边的防护栏杆或挡脚板的设置是符合规范要求; 2. 多层作业是否设置防护顶板。		
9		吊篮稳定	1. 吊篮作业是否采取防摆动措施; 2. 吊篮钢丝绳是否存在不垂直或吊篮距建筑物空隙过大现象。		
10		荷载	1. 施工荷载是否超过设计规定; 2. 荷载堆放是否均匀; 3. 是否利用吊篮作为垂直运输设备现象。		
对存在问题处理措施					
监理检查及复查意见					
检查人(签字)				检查日期	

表 11-12　　　　　　　　　　　　满堂式脚手架检查表

序号	检查项目		检查内容	检查情况	是否符合要求
1	保证项目	施工方案	1. 是否编制专项施工方案和未进行设计计算； 2. 专项施工方案是否按规定审核、审批。		
2		架体基础	1. 架体基础是否平整、坚实,是否符合专项施工方案要求； 2. 架体底部是否设置垫木,以及垫木的规格是否符合要求； 3. 架体底部是否按规范要求设置底座； 4. 架体底部是否按规范要求设置扫地杆； 5. 是否设置排水措施。		
3		架体稳定	1. 架体四周与中间是否按规范要求设置竖向剪刀撑或专用斜杆； 2. 是否按规范要求设置水平剪刀撑或专用水平斜杆； 3. 架体高宽比大于 2 时是否按要求采取与结构刚性连结或扩大架体底脚等措施。		
4		杆件锁件	1. 架体搭设高度是否超过规范或设计要求； 2. 架体立杆间距水平杆步距是否超过规范要求； 3. 杆件接长是否符合要求； 4. 架体搭设的牢固性和杆件结点紧固是否符合要求。		
5		脚手板	1. 脚手板是否满铺或存在铺设不牢、不稳现象； 2. 脚手板规格或材质是否符合要求； 3. 采用钢脚手板时挂钩是否挂扣在水平杆上或挂钩处于锁住状态。		
6		交底与验收	1. 架体搭设前是否进行交底和交底留有记录； 2. 架体是否按照分段搭设分段使用和办理分段验收手续； 3. 架体搭设完毕是否办理验收手续； 4. 验收记录是否量化验收内容。		
7	一般项目	架体防护	1. 作业层脚手架周边,是否在高度 1.2m 和 0.6m 处设置上、中两道防护栏杆； 2. 作业层外侧是否设置 180mm 高挡脚板； 3. 作业层是否用安全平网双层兜底,且以下每隔 10m 用安全平网封闭。		
8		材质	1. 钢管、构配件的规格、型号、材质或产品质量是否符合规范要求； 2. 杆件是否存在严重弯曲、变形、锈蚀现象。		
9		荷载	1. 施工荷载是否超过设计规定； 2. 荷载堆放是否均匀。		
10		通道	1. 是否设置人员上下专用通道； 2. 通道设置是否符合要求。		

对存在问题处理措施	
监理检查及复查意见	

检查人(签字)		检查日期	

表 11-13 基坑支护、土方作业检查表

序号	检查项目		检查内容	检查情况	是否符合要求
1	保证项目	施工方案	1. 深基坑施工是否编制支护方案; 2. 基坑深度超过5m是否编制专项支护设计; 3. 开挖深度3m及以上是否编制专项方案; 4. 开挖深度5m及以上专项方案是否经过专家论证; 5. 支护设计及土方开挖方案是否经审批; 6. 施工方案是否存在针对性差以及不能指导施工现象。		
2		临边防护	1. 深度超过2m的基坑施工临边防护措施是否到位; 2. 临边及其它防护是否符合要求。		
3		基坑支护及支撑拆除	1. 坑槽开挖设置安全边坡是否符合安全要求; 2. 特殊支护的作法是否符合设计方案; 3. 支护设施已产生局部变形是否及时采取措施调整; 4. 砼支护结构是否存在未达到设计强度提前开挖,超挖现象; 5. 支撑拆除是否编制拆除方案; 6. 是否按拆除方案施工; 7. 用专业方法拆除支撑,施工队伍是否有专业资质。		
4		基坑降排水	1. 高水位地区深基坑内是否设置有效降水措施; 2. 深基坑边界周围地面是否设置排水沟; 3. 基坑施工是否设置有效排水措施; 4. 深基础施工采用坑外降水,是否采取防止临近建筑和管线沉降措施。		
5		坑边荷载	1. 积土、料具堆放距槽边距离是否小于设计规定; 2. 机械设备施工与槽边距离是否符合要求且采取措施。		
6		上下通道	1. 人员上下是否设置专用通道; 2. 设置的通道是否符合要求。		
7	一般项目	土方开挖	1. 施工机械进场是否经过验收; 2. 挖土机作业时,是否有人员进入挖土机作业半径内; 3. 挖土机作业位置是否存在不牢、不安全现象; 4. 司机是否持证证作业; 5. 是否按规定程序挖土或存在超挖现象。		
8		基坑支护变形监测	1. 是否按规定进行基坑工程监测; 2. 是否按规定对毗邻建筑物和重要管线和道路进行沉降观测。		
9		作业环境	1. 基坑内作业人员是否缺少安全作业面; 2. 垂直作业上下是否采取隔离防护措施; 3. 光线不足,是否设置足够照明。		
对存在问题处理措施					
监理检查及复查意见					
检查人(签字)				检查日期	

表 11-14　　　　　　　　　　　　　　　模板支架检查表

序号	检查项目		检查内容	检查情况	是否符合要求
1	保证项目	施工方案	1. 是否按规定编制专项施工方案或结构设计未经设计计算； 2. 专项施工方案未经审核、审批； 3. 超过一定规模的模板支架,专项施工方案是否按规定组织专家论证； 4. 专项施工方案是否明确混凝土浇筑。		
2		立杆基础	1. 立杆基础承载力是否符合设计要求； 2. 基础是否设排水设施； 3. 立杆底部是否设置底座、垫板或垫板规格是否符合规范要求。		
3		支架稳定	1. 支架高宽比大于规定值时,是否按规定要求设置连墙杆； 2. 连墙杆设置是否符合规范要求； 3. 是否按规定设置纵、横向及水平剪刀撑； 4. 纵、横向及水平剪刀撑设置是否符合规范要求。		
4		施工荷载	1. 施工均布荷载是否超过规定值； 2. 施工荷载是否均匀,集中荷载是否超过规定值。		
5		交底与验收	1. 支架搭设(拆除)前是否进行交底和有无交底记录； 2. 支架搭设完毕是否办理验收手续； 3. 验收记录有无量化内容。		
6	一般项目	立杆设置	1. 立杆间距是否符合设计要求； 2. 立杆是否采用对接连接； 3. 立杆伸出顶层水平杆中心线至支撑点的长度是否小于规定值。		
7		水平杆设置	1. 是否按规定设置纵、横向扫地杆； 2. 纵、横向水平杆间距是否符合规范要求； 3. 纵、横向水平杆件连接是否符合规范要求。		
8		支架拆除	1. 是否存在混凝土强度未达到规定值,拆除模板支架现象； 2. 是否按规定设置警戒区和设置专人监护。		
9		支架材质	1. 杆件是否存在弯曲、变形、锈蚀超标； 2. 构配件材质是否符合规范要求； 3. 钢管壁厚是否符合要求。		
对存在问题处理措施					
监理检查及复查意见					
检查人(签字)				检查日期	

表 11-15   **高处作业检查表**

序号	检查项目	检查内容	检查情况	是否符合要求
1	安全帽	1. 作业人员是否戴安全帽； 2. 作业人员是否按规定佩戴安全帽； 3. 安全帽是否符合标准。		
2	安全网	1. 在建工程外侧是否采用密目式安全网封闭； 2. 安全网规格、材质是否符合要求。		
3	安全带	1. 作业人员是否系挂安全带； 2. 作业人员是否按规定系挂安全带； 3. 安全带是否符合标准。		
4	临边防护	1. 工作面临边有无防护； 2. 临边防护是否存在不严或不符合规范要求； 3. 防护设施是否形成定型化、工具化。		
5	洞口防护	1. 在建工程的预留洞口、楼梯口、电梯井口，是否采取防护措施； 2. 防护措施、设施是否符合要求或存在不严现象； 3. 防护设施是否形成定型化、工具化； 4. 电梯井内每隔两层(不大于10m)是否按设置安全平网。		
6	通道口防护	1. 是否搭设防护棚或防护不严、不牢固可靠； 2. 防护棚两侧是否进行防护； 3. 防护棚宽度是否不小于通道口宽度； 4. 防护棚长度是否符合要求； 5. 建筑物高度超过30m,防护棚顶是否采用双层防护； 6. 防护棚的材质是否符合要求。		
7	攀登作业	1. 移动式梯子的梯脚底部是否有垫高使用现象； 2. 折梯使用是否有可靠拉撑装置； 3. 梯子的制作质量或材质是否符合要求。		
8	悬空作业	1. 悬空作业处是否设置防护栏杆或其他可靠的安全设施； 2. 悬空作业所用的索具、吊具、料具等设备,是否经过技术鉴定或验证、验收。		
9	移动式操作平台	1. 操作平台的面积是否存在超过10㎡或高度超过5m现象； 2. 移动式操作平台,轮子与平台的连接是否存在不牢固可靠或立柱底端距离地面超过80 mm现象； 3. 操作平台的组装是否符合要求； 4. 平台台面铺板是否严密； 5. 操作平台四周是否按规定设置防护栏杆或设置登高扶梯； 6. 操作平台的材质是否符合。		
10	物料平台	1. 物料平台是否编制专项施工方案和经设计计算； 2. 物料平台搭设是否符合专项方案要求； 3. 物料平台支撑架是否与工程结构连接或连接是否符合要求； 4. 平台台面铺板是否严实或台面层下方是否按要求设置安全平网； 5. 材质是否符合要求； 6. 物料平台是否在明显处设置限定荷载标牌。		
11	悬挑式钢平台	1. 悬挑式钢平台是否编制专项施工方案或经设计计算； 2. 悬挑式钢平台的搁支点与上部拉结点,是否设置在建筑物结构上； 3. 斜拉杆或钢丝绳,是否按要求在平台两边各设置两道； 4. 钢平台是否按要求设置固定的防护栏杆和挡脚板或栏板； 5. 钢平台台面铺板和钢平台与建筑结构之间的铺板是否严密； 6. 平台上是否在明显处设置限定荷载标牌。		
对存在问题处理措施				
监理检查及复查意见				
检查人(签字)			检查日期	

表 11-16　　　　　　　　　　　　　施工用电检查表

序号	检查项目		检查内容	检查情况	是否符合要求
1	保证项目	外电防护	1. 外电线路与在建工程(含脚手架)、高大施工设备、场内机动车道之间小于安全距离且是否采取防护措施； 2. 防护设施和绝缘隔离措施是否符合规范； 3. 是否存在在外电架空线路正下方施工、建造临时设施或堆放材料物品现象。		
2		接地与接零保护系统	1. 施工现场专用变压器配电系统是否采用 TN-S 接零保护方式； 2. 配电系统是否采用同一保护方式； 3. 保护零线引出位置是否符合规范； 4. 是否存在保护零线装设开关、熔断器或与工作零线混接； 5. 保护零线材质、规格及颜色标记是否符合规范要求； 6. 电气设备是否进行接保护零线； 7. 工作接地与重复接地的设置和安装是否符合规范要求； 8. 工作接地电阻是否小于 4Ω，重复接地电阻是否小于 10Ω； 9. 施工现场防雷措施是否符合规范。		
3		配电线路	1. 线路老化破损，接头处理是否符合要求； 2. 线路是否设短路、过载保护装置； 3. 线路截面是否满足负荷电流； 4. 线路架设或埋设是否符合规范要求； 5. 是否存在电缆沿地面明敷现象； 6. 是否存在使用四芯电缆外加一根线替代五芯电缆现象； 7. 电杆、横担、支架是否符合要求。		
4		配电箱与开关箱	1. 配电系统是否按"三级配电、二级漏电保护"设置； 2. 用电设备是否有违反"一机、一闸、一漏、一箱"现象； 3. 配电箱与开关箱结构设计、电器设置是否符合规范要求； 4. 总配电箱与开关箱是否安装漏电保护器； 5. 漏电保护器参数是否匹配或灵敏； 6. 配电箱与开关箱内有无闸具损坏现象； 7. 配电箱与开关箱进线和出线是否混乱； 8. 配电箱与开关箱内是否绘制系统接线图和分路标记； 9. 配电箱与开关箱是否设门锁、是否采取防雨措施； 10. 配电箱与开关箱安装位置是否得当、周围有无杂物等不便操作现象； 11. 分配电箱与开关箱的距离、开关箱与用电设备的距离是否符合规范要求。		
5		配电室与配电装置	1. 配电室建筑耐火等级不应低于 3 级； 2. 配电室是否配备合格的消防器材； 3. 配电室、配电装置布设是否符合规范； 4. 配电装置中的仪表、电器元件设置是否符合规范要求及有无损坏、失效现象； 5. 备用发电机组是否与外电线路进行连锁； 6. 配电室是否采取防雨雪和小动物侵入的措施； 7. 配电室是否设警示标志、工地供电平面图和系统图。		
6	一般项目	现场照明	1. 照明用电与动力用电有无混用现象； 2. 特殊场所是否使用 36V 及以下安全电压； 3. 手持照明灯是否使用 36V 以下电源供电； 4. 照明变压器是否使用双绕组安全隔离变压器； 5. 照明专用回路是否安装漏电保护器； 6. 灯具金属外壳是否接保护零线； 7. 灯具与地面、易燃物之间的安全距离是否满足要求； 8. 是否存在照明线路接线混乱和安全电压线路接头处未使用绝缘布包扎现象。		
7		用电档案	1. 是否制定专项用电施工组织设计或设计是否具有针对性； 2. 专项用电施工组织设计是否履行审批程序，实施后是否组织验收； 3. 接地电阻、绝缘电阻和漏电保护器检测记录是否填写； 4. 安全技术交底、设备设施验收记录是否填写； 5. 定期巡视检查、隐患整改记录是否填写； 6. 档案资料是否齐全、并设专人管理。		
对存在问题处理措施					
监理检查及复查意见					
检查人(签字)				检查日期	

表 11-17　　　　　　　　　　　　　　　　　　物料提升机检查表

序号	检查项目		检查内容	检查情况	是否符合要求
1	保证项目	安全装置	1. 是否安装起重量限制器、防坠安全器； 2. 起重量限制器、防坠安全器是否灵敏； 3. 安全停层装置是否符合规范要求，是否达到定型化； 4. 是否安装上限位开关； 5. 上限位开关是否灵敏、安全越程是否符合规范要求； 6. 物料提升机安装高度超过 30m，是否安装渐进式防坠安全器、自动停层、语音及影像信号装置。		
2		防护设施	1. 设置防护围栏设置是否符合规范要求； 2. 是否设置进料口防护棚或设置是否符合规范要求； 3. 停层平台两侧是否设置防护栏杆、挡脚板； 4. 停层平台脚手板铺设是否严实； 5. 是否安装平台门或平台门是否起作用；以及平台门安装是否符合规范要求、是否达到定型化； 6. 吊笼门是否符合规范要求。		
3		附墙架与缆风绳	1. 附墙架结构、材质、间距是否符合规范要求； 2. 附墙架是否与建筑结构连接或附墙架与脚手架连接； 3. 缆风绳设置数量、位置是否符合规范； 4. 缆风绳是否使用钢丝绳或与地锚连接； 5. 钢丝绳直径不应小于 8mm，角度应符合 45°～60° 要求； 6. 安装高度 30m 的物料提升不应使用缆风绳； 7. 地锚设置是否符合规范要求。		
4		钢丝绳	1. 钢丝绳是否使用磨损、变形、锈蚀达到报废标准现象； 2. 钢丝绳夹设置是否符合规范要求； 3. 吊笼处于最低位置，卷筒上钢丝绳不得少于 3 圈； 4. 是否设置钢丝绳过路保护和钢丝绳拖地保护措施。		
5		安装与验收	1. 安装单位是否取得相应资质，以及特种作业人员是否持证上岗； 2. 是否制定安装(拆卸)安全专项方案，内容是否符合规范要求； 3. 是否履行验收程序或验收表是否经责任人签字； 4. 验收表填写是否符合规范要求。		
6	一般项目	导轨架	1. 基础设置是否符合规范； 2. 导轨架垂直度偏差是否小于 0.15‰； 3. 导轨结合面阶差不应大于 1.5mm； 4. 井架停层平台通道处是否进行结构加强。		
7		动力与传动	1. 卷扬机、曳引机安装是否牢固； 2. 卷筒与导轨架底部导向轮的距离不应小于 20 倍卷筒宽度，以及应设置排绳器； 3. 钢丝绳在卷筒上排列是否整齐； 4. 滑轮与导轨架、吊笼是否采用刚性连接； 5. 滑轮与钢丝绳是否匹配； 6. 卷筒、滑轮是否设置防止钢丝绳脱出装置； 7. 曳引钢丝绳为 2 根及以上时，是否设置曳引力平衡装置。		
8		通信装置	1. 是否按规范要求设置通信装置； 2. 通信装置是否设置语音和影像显示。		
9		卷扬机操作棚	1. 卷扬机是否设置操作棚； 2. 操作棚是否符合规范要求。		
10		避雷装置	1. 防雷保护范围以外是否设置避雷装置； 2. 避雷装置是否符合规范要求。		
对存在问题处理措施					
监理检查及复查意见					
检查人(签字)				检查日期	

表 11-18　　　　　　　　　　　　　施工升降机检查表

序号	检查项目		检查内容	检查情况	是否符合要求
1	保证项目	安全装置	1. 是否安装起重量限制器,且是否处于灵敏状态; 2. 是否安装渐进式防坠安全器,且是否处于灵敏状态; 3. 防坠安全器是否超过有效标定期限; 4. 对重钢丝绳是否安装防松绳装置,且是否处于灵敏状态; 5. 是否安装急停开,急停开关是否符合规范要求; 6. 是否安装吊笼和对重用的缓冲器; 7. 是否安装安全钩。		
2		限位装置	1. 是否安装极限开关以及极限开关是否灵敏; 2. 是否安装上限位开关或上限位开关,且是否灵敏; 3. 是否安装下限位开关或下限位开关,且是否灵敏; 4. 极限开关与上限位开关安全越程是否符合规范要求; 5. 极限限位器与上、下限位开关是否存在共用一个触发元件; 6. 是否安装吊笼门机电连锁装置,且是否灵敏; 7. 是否安装吊笼顶窗电气安全开关,且是否灵敏。		
3		防护设施	1. 是否设置防护围栏,以及设置是否符合规范要求; 2. 是否安装防护围栏门连锁保护装置,以及连锁保护装置是否灵敏; 3. 是否设置出入口防护棚,以及设置是否符合规范要求; 4. 停层平台搭设是否符合规范要求; 5. 是否安装平台门,以及平台门是否起作用,平台门是否符合规范要求,以及是否达到定型化。		
4		附着	1. 附墙架是否采用配套标准产品; 2. 附墙架与建筑结构连接方式、角度是否符合说明书要求; 3. 附墙架间距、最高附着点以上导轨架的自由高度是否超过说明书要求。		
5		钢丝绳、滑轮与对重	1. 对重钢丝绳绳数不少于 2 根,且应相对独立; 2. 钢丝绳磨损、变形、锈蚀达到报废标准时,是否及时更换; 3. 钢丝绳的规格、固定、缠绕是否符合说明书及规范要求; 4. 滑轮是否安装钢丝绳防脱装置,以及是否符合规范要求; 5. 对重重量、固定、导轨是否符合说明书及规范要求; 6. 对重是否安装防脱轨保护装置。		
6		安装、拆卸与验收	1. 安装、拆卸单位是否有相应资质; 2. 是否制定安装、拆卸专项方案,方案是否审批,内容是否符合规范要求; 3. 是否履行验收程序,验收表是否经责任人签字; 4. 验收表填写是否符合规范要求; 5. 特种作业人员是否持证上岗。		
7	一般项目	导轨架	1. 导轨架垂直度是否符合规范要求; 2. 标准节腐蚀、磨损、开焊、变形有无超过说明书及规范要求; 3. 标准节结合面偏差是否符合规范要求; 4. 齿条结合面偏差是否符合规范要求;		
8		基础	1. 基础制作、验收是否符合说明书及规范要求; 2. 特殊基础是否编制制作方案及验收; 3. 基础是否设置排水设施。		
9		电气安全	1. 施工升降机与架空线路小于安全距离时,防护措施是否到位; 2. 防护措施是否符合要求; 3. 电缆使用是否符合规范要求; 4. 电缆导向架是否按规定设置; 5. 防雷保护范围以外是否设置避雷装置; 6. 避雷装置是否符合规范要求。		
10		通信装置	1. 是否安装楼层联络信号; 2. 楼层联络信号是否灵敏。		
对存在问题处理措施					
监理检查及复查意见					
检查人(签字)				检查日期	

表 11-19   塔式起重机检查表

序号	检查项目		检查内容	检查情况	是否符合要求
1	保证项目	载荷限制装置	1. 是否安装起重量限制器,且处于或灵敏状态; 2. 是否安装力矩限制器,且处于灵敏状态。		
2		行程限位装置	1. 是否安装起升高度限位器,且处于灵敏状态; 2. 是否安装幅度限位器,且处于灵敏状态; 3. 回转不设集电器的塔式起重机是否安装回转限位器,且处于灵敏状态; 4. 行走式塔式起重机是否安装行走限位器,且处于灵敏状态。		
3		保护装置	1. 小车变幅的塔式起重机是否安装断绳保护及断轴保护装置,及是否符合规范要求; 2. 行走及小车变幅的轨道行程末端是否安装缓冲器及止挡装置,及是否符合规范要求; 3. 起重臂根部绞点高度大于50m的塔式起重机是否安装风速仪,且处于灵敏状态; 4. 塔式起重机顶部高度大于30m且高于周围建筑物是否安装障碍指示灯。		
4		吊钩、滑轮、卷筒与钢丝绳	1. 吊钩是否安装钢丝绳防脱勾装置,且是否符合规范要求; 2. 吊钩磨损、变形、疲劳裂纹达到报废标准时是否及时更换; 3. 滑轮、卷筒是否安装钢丝绳防脱装置,及是否符合规范要求; 4. 滑轮及卷筒的裂纹、磨损达到报废标准时,是否及时更换; 5. 钢丝绳磨损、变形、锈蚀达到报废标准时,是否及时更换; 6. 钢丝绳的规格、固定、缠绕是否符合说明书及规范要求;		
5		多塔作业	1. 多塔作业是否制定专项施工方案;;施工方案是否经审批,方案是否具有针对性; 2. 任意两台塔式起重机之间的最小架设距离是否符合规范要求。		
6		安装、拆卸与验收	1. 安装、拆卸单位是否取得相应资质; 2. 是否制定安装、拆卸专项方案,方案是否经审批,内容是否符合规范要求; 3. 是否履行验收程序及验收表是否经责任人签字; 4. 验收表填写是否符合规范要求; 5. 特种作业人员是否持证上岗; 6. 是否采取有效联络信号。		
7	一般项目	附着	1. 塔式起重机高度超过规定是否安装附着装置; 2. 附着装置水平距离或间距是否满足说明书要求; 3. 安装内爬式塔式起重机的建筑承载结构是否进行受力计算; 4. 附着装置安装是否符合说明书及规范要求; 5. 附着后塔身垂直度是否符合规范要求。		
8		基础与轨道	1. 基础是否按说明书及有关规定设计、检测、验收; 2. 基础是否设置排水措施; 3. 路基箱或枕木铺设是否符合说明书及规范要求; 4. 轨道铺设是否符合说明书及规范要求。		
9		结构设施	1. 主要结构件的变形、开焊、裂纹、锈蚀现象是否超过规范要求; 2. 平台、走道、梯子、栏杆等是否符合规范要求; 3. 主要受力构件高强螺栓使用是否符合规范要求; 4. 销轴联接是否符合规范要求。		
10		电气安全	1. 是否采用 TN-S 接零保护系统供电; 2. 塔式起重机与架空线路小于安全距离时,防护措施是否落实; 3. 防护措施是否符合要求; 4. 防雷保护范围以外是否设置避雷装置; 5. 避雷装置是否符合规范要求; 6. 电缆使用是否符合规范要求。		
对存在问题处理措施					
监理检查及复查意见					
检查人(签字)				检查日期	

表 11-20　　　　　　　　　　　　　**起重吊装检查表**

序号	检查项目			检查内容	检查情况	是否符合要求
1	保证项目	施工方案		1. 是否编制专项施工方案或专项施工方案是否经审核； 2. 采用起重拔杆或起吊重量超过 100KN 及以上专项方案是否按规定组织专家论证。		
2		起重机械	起重机	1. 是否安装荷载限制装置,且处于灵敏状态； 2. 是否安装行程限位装置,且处于灵敏状态； 3. 吊钩是否设置钢丝绳防脱钩装置,且是否符合规范要求。		
			起重拔杆	1. 是否按规定安装荷载、行程限制装置； 2. 起重拔杆组装是否符合设计要求； 3. 起重拔杆组装后是否履行验收程序或验收表是否经责任人签字。		
3		钢丝绳与地锚		1. 钢丝绳磨损、断丝、变形、锈蚀达到报废标准时,是否及时更换； 2. 钢丝绳索具安全系数不应小于规定值； 3. 卷筒、滑轮磨损、裂纹达到报废标准时,是否及时更换； 4. 卷筒、滑轮是否安装钢丝绳防脱装置； 5. 地锚设置是否符合设计要求。		
4		作业环境		1. 起重机作业处地面承载能力是否符合规定或； 2. 起重机与架空线路安全距离是符合规范要求。		
5		作业人员		1. 起重吊装作业单位是否取得相应资质,以及特种作业人员是否持证上岗； 2. 是否按规定进行技术交底,技术交底是否留有记录。		
6		高处作业		1. 是否按规定设置高处作业平台； 2. 高处作业平台设置是否符合规范要求； 3. 是否按规定设置爬梯或爬梯的强度、构造是否符合规定； 4. 是否按规定设置安全带悬挂点。		
7		构件码放		1. 构件码放是否超过作业面承载能力； 2. 构件堆放高度是否超过规定要求； 3. 大型构件码放是否采取稳定措施。		
8		信号指挥		1. 是否设置信号指挥人员； 2. 信号传递是否清晰、准确。		
9		警戒监护		1. 是否按规定设置作业警戒区； 2. 警戒区是否设专人监护。		
对存在问题处理措施						
监理检查及复查意见						
检查人(签字)					检查日期	

表 11-21　　　　　　　　　　施工机具检查表

序号	检查项目	检查内容	检查情况	是否符合要求
1	平刨	1. 平刨安装后是否进行验收合格手续； 2. 是否设置护手安全装置； 3. 传动部位是否设置防护罩； 4. 是否做保护接零、是否设置漏电保护器； 5. 是否设置安全防护棚； 6. 无人操作时是否切断电源； 7. 有无使用平刨和圆盘锯合用一台电机的多功能木工机具现象。		
2	圆盘锯	1. 电锯安装后是否留有验收合格手续； 2. 是否设置锯盘护罩、分料器、防护挡板安全装置和传动部位是否进行防护； 3. 是否做保护接零、是否设置漏电保护器； 4. 是否设置安全防护棚； 5. 无人操作时是否切断电源。		
3	手持电动工具	1. Ⅰ类手持电动工具是否采取保护接零或漏电保护器； 2. 使用Ⅰ类手持电动工具时是否按规定穿戴绝缘用品； 3. 使用手持电动工具时，是否存在随意接长电源线或更换插头现象。		
4	钢筋机械	1. 机械安装后是否留有验收合格手续； 2. 是否做保护接零、是否设置漏电保护器； 3. 钢筋加工区防护棚是否设置，钢筋对焊作业区是否采取防止火花飞溅措施，冷拉作业区是否设置防护栏； 4. 传动部位是否设置防护罩或限位器是否灵敏。		
5	电焊机	1. 电焊机安装后是否留有验收合格手续； 2. 是否做保护接零、是否设置漏电保护器； 3. 是否设置二次空载降压保护器或二次侧漏电保护器； 4. 一次线长度是否超过规定或未做穿管保护； 5. 二次线长度是否超过规定，以及是否采用防水橡皮护套铜芯软电缆； 6. 电源是否使用自动开关； 7. 二次线接头是否超过3处，是否存在绝缘层老化； 8. 电焊机是否未设置防雨罩，接线柱是否设置防护罩。		
6	搅拌机	1. 搅拌机安装后是否留有验收合格手续； 2. 是否做保护接零、未设置漏电保护器； 3. 离合器、制动器、钢丝绳达不到要求时，是否及时更换； 4. 操作手柄是否设置保险装置； 5. 是否设置安全防护棚和作业台是否安全；。 6. 上料斗是否设置安全挂钩； 7. 传动部位是否设置防护罩； 8. 限位器是否灵敏； 9. 作业平台是否平稳。		
7	气瓶	1. 氧气瓶是否安装减压器； 2. 各种气瓶是否标明标准色标； 3. 气瓶间距小于5米、距明火小于10米时，是否采取隔离措施； 4. 乙炔瓶使用或存放时有平放现象； 5. 气瓶存放是否符合要求； 6. 气瓶是否设置防震圈和防护帽。		
8	翻斗车	1. 翻斗车制动装置是否灵敏； 2. 司机是否持证上岗； 3. 有无行车载人或违章行车现象。		
9	潜水泵	1. 是否做保护接零、是否设置漏电保护器； 2. 漏电动作电流应小于15mA，负荷线是否使用专用防水橡皮电缆。		

续表

序号	检查项目	检查内容	检查情况	是否符合要求
10	振捣器具	1. 是否使用移动式配电箱； 2. 电缆长度不应超过 30 米； 3. 操作人员是否穿戴好绝缘防护用品。		
11	桩工机械	1. 机械安装后是否留有验收合格手续； 2. 桩工机械是否设置安全保护装置； 3. 机械行走路线地耐力是否符合说明书要求； 4. 施工作业是否编制方案； 5. 桩工机械作业有无违反操作规程现象。		
12	泵送机械	1. 机械安装后是否留有验收合格手续； 2. 是否做保护接零、是否设置漏电保护器； 3. 固定式砼输送泵是否设有制作良好的设备基础； 4. 移动式砼输送泵车是否安装在平坦坚实的地坪上； 5. 机械周围排水不是否通畅； 6. 机械产生的噪声是否超过《建筑施工场界噪声限值》； 7. 是否存在整机不清洁、漏油、漏水现象。		
对存在问题处理措施				
监理检查及复查意见				
检查人(签字)			检查日期	

11.3.5　施工伤亡事故的分类与处理

1. 伤亡事故的分类

1) 按照伤亡事故原因分类

根据我国的企业伤害事故分类，职业伤害事故可以分成 20 类，包括物体打击、车辆伤害、机械伤害、起重伤害、触电、淹溺、灼烫、火灾、高处坠落、坍塌、冒顶片帮、透水、放炮、火药爆炸、瓦斯爆炸、锅炉爆炸、容器爆炸、其他爆炸、中毒和窒息，以及其他伤害等。其中，其他爆炸是指化学爆炸、炉膛、钢水包爆炸等。其他伤害是指扭伤、跌伤、冻伤、野兽咬伤等。

2) 按照伤亡严重程度分类

按照伤亡的严重程度分类可以将伤亡事故分为轻伤、重伤、死亡、重大伤亡和特大伤亡事故。其中，轻伤是指造成职工肢体或某些器官功能性或器质性轻度损伤，表现为劳动能力轻度或暂时丧失的伤害，一般每个受伤人员休息 1 个工作日以上 105 个工作日以下；重伤事故是指受伤人员肢体残缺或视觉、听觉等器官受到严重损伤，能引起人体长期存在功能障碍或劳动能力有重大损失的伤害，或者造成每个受伤人员损失 105 个工作日以上的失能伤害；死亡事故是指一次事故死亡职工 1～2 人的事故；重大伤亡事故是指一次事故死亡 3 人以上(含 3 人)的事故；特大伤亡事故是指一次死亡 10 人以上(含 10 人)的事故。

2. 安全事故的处理

施工安全事故的处理应该遵循四不放过原则：即事故原因未查清不放过、事故有关人员未受到教育不放过、事故责任人未处理不放过以及整改措施未落实不放过。安全事故的处理应该遵循一定的程序，包括：

(1) 报告安全事故。

(2) 抢救伤员、保护现场。

（3）调查安全事故。

（4）处理事故责任人。

（5）撰写事故调查报告并上报。

伤亡事故应该及时处理，处理时间一般不超过 90 个工作日，特殊情况不超过 180 日。并应该公开宣布事故处理结果。

复习思考题

1. 简述职业健康安全与环境管理的概念。

2. 职业健康与安全管理体系包括哪些内容？

3. 建设工程职业健康安全管理有哪些特点？

4. 建筑工程安全技术措施包括哪些内容？

5. 施工安全检查的主要内容有哪些？

6. 伤亡事故有哪些种类？

7. 简述安全事故的处理程序。

第 12 章　工程环境管理

12.1　环境管理概述

12.1.1　环境管理的概念

建设工程环境管理旨在通过有效的策划和控制在建设工程项目的建造、运营乃至拆除的过程中最大限度地保护生态环境,控制工程建设和运营产生的各种粉尘、废水、废气、固体废弃物以及噪声和振动对环境的污染和危害。考虑建设工程生命周期范围内的能源节约和避免资源浪费。

环境管理是建设工程管理领域中日渐重要的内容之一。传统的项目管理领域所提到的三控制、三管理、一协调中,包括投资控制、进度控制、质量控制、安全管理、合同管理、信息管理和组织协调。其中并没有提及环境管理的问题。实际上,在国际建筑界已经将环境管理作为建设工程管理十分重要的研究课题。目前,落实科学的发展观、实现可持续发展,环境问题是我国亟待解决的问题。因此,必须通过有效的建设工程环境管理才能实现建筑业的可持续发展。

12.1.2　环境管理体系

国际标准化组织 ISO 在 1993 年 6 月正式成立了环境管理技术委员会(ISO/TC207)专门致力于制订和实施一套环境管理的国际标准。经过 3 年的努力,在 1996 年颁布了 ISO14000 环境管理体系系列标准。我国等同采用该标准制定了 GB/T 24000 环境管理体系系列标准。

如今广泛采用的 ISO14001:2015《环境管理体系——要求及使用指南》的总体结构如表 12-1 所示。

表 12-1　　　　　　　　　　　　环境管理体系——要求及使用指南

ISO14001:2015《环境管理体系——要求及使用指南》	
1. 范围	
2. 规范性引用文件	
3. 术语和定义	
4. 组织环境	(1)理解组织及其环境;(2)理解相关方的需求和期望;(3)确定环境管理体系范围;(4)环境管理体系
5. 领导作用	(1)领导作用与承诺;(2)环境方针;(3)组织的作用、职责和权限
6. 策划	(1)针对风险和机会的应对措施;(2)环境目标并策划实现环境目标
7. 支持	(1)资源;(2)能力;(3)意识;(4)沟通;(5)文件化信息
8. 运行	(1)运行策划和控制;(2)应急准备和响应
9. 绩效评估	(1)监视、测量、分析和评估;(2)内部审核;(3)管理评审
10. 改进	(1)不符合与纠正措施;(2)持续改进

环境管理体系规范和使用指南的总体内容由 10 部分组成,通过有效地贯彻和实施环境管理体系所要求的各项内容,企业可以建立一套行之有效的环境管理制度和流程。

12.2　绿色建筑与可持续发展

12.2.1　国际绿色建筑评价体系

目前,可持续发展已经成为我国的一项基本国策。大力发展绿色建筑是实现我国建筑业可持续发展的重要措施。发展绿色建筑的首要任务是做好建设项目的绿色规划和设计工作。建设项目的绿色规划与设计是建设项目环境管理的重要环节之一,也是保护生态环境,实现建筑业可持续发展的重要工作之一。从某种意义上讲,建设项目的绿色规划与设计是建设项目质量策划的一部分,从建设项目质量的属性来说通常包括安全可靠、经济适用和环境适宜性。绿色规划和设计的目的即是通过有效的规划和设计方案最大限度地节约资源和保护生态环境。发展绿色建筑的第二个重要环节是做好绿色施工,在施工过程中避免产生环境污染,节约能源。另外,在绿色建筑的运营过程中也应体现节能和环保的要求,并且能够给用户提供健康舒适的工作和生活环境。

在1994年召开的第一届绿色建筑国际会议上,提出了绿色建筑的根本思想,即在建筑物的设计、建造、运营与维护、更新改造、拆除等整个生命周期中,用可持续发展的思想来指导工程项目的建设和使用,力求最大限度地实现不可再生资源的有效利用、减少污染物的排放、降低对人类健康的影响,从而营造一个有利于人类生存和发展的绿色环境。

国际建筑界对于绿色建筑评价的研究已经取得了一定的成果。最初对绿色建筑的评价主要是从某一专业领域着手,如建筑物是否节能,或者在使用过程中是否会造成环境污染等,其反映的仅仅是绿色建筑的一个方面。最早对绿色建筑评价进行全面而系统分析的标准有英国研制的 BREEAM 标准(*Building Research Establishment Environment Assessment Method*)。该标准对于绿色建筑评价起到了很大促进作用。此后,各种基于绿色建筑评价的准则和工具应运而生。其中,有代表性的有加拿大的 Cole 等于1993年提出的 BEPAC 标准(*Building Environment Performance Assessment Criteria*)。后来,美国于1996年提出了 LEED(*Leadership in Energy and Environment Design*)绿色建筑评价体系。该评价体系的构成如图12-1(a)所示,LEED 从能源利用和避免大气污染、室内环境品质、工程现场状况、材料的重复利用、水资源的有效利用以及设计过程创新性等6个方面进行绿色建筑评价。

在这些标准的基础上,世界各国研究者逐步加强合作研究并制定世界范围内的绿色建筑评价标准。目前主流的绿色建筑评价工具还有由加拿大、瑞典、挪威、奥地利等国家共同研制的 SBTool(Sustainable Building Assessment Tool)评价系统(2002年以前被称为 GBTool)。如图12-1(b)所示,其评价指标体系包括7个方面:①基地再生与发展,城市设计和基础设施;②能源和资源消耗;③环境负荷;④室内环境品质;⑤服务品质;⑥社会,文化和感知层面;⑦成本和经济层面。该系统可以广泛应用于办公建筑、学校、居住建筑等的评定。GBTool 的构成涵盖了项目的建设、运营及拆除和再利用整个生命周期的绿色评价,其评价体系中包括的内容是十分全面的,但是,由于它是世界各国的建筑与环境研究者共同制定的,各国在对房屋进行绿色评价时由于国情不同,绿色评价的指标也不应完全相同,因此造成了其应用的难度。

近年来,由美国研制的 WELL 建筑标准提出了绿色建筑评价标准的新思路。WELL 标准将设计和施工中的最佳实践与注重实据的医学和科学研究相结合,为建筑在促进住户健康方面提供了绩效基准和强大工具。WELL 通过考察与住户健康相关的七个因素来衡量影响住户健康的建筑属性:空气、水、营养、光线、健身、舒适性和精神。我国根据国际上的绿色建筑评价体系,结合我国的国情,于 2006 年建立了我国的绿色建筑评价标准。

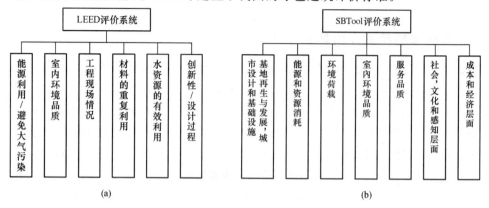

图 12-1　LEED/GBTool 绿色建筑评价体系示意图

12.2.2　我国绿色建筑评价标准

根据我国 2014 年出版的《绿色建筑评价标准》,绿色居住建筑应该从下列几个方面加以考虑:节地与室外环境、节能与能源利用、节水与水资源利用、节材与材料资源利用、室内环境质量、施工管理、运营管理等。

设计评价时,不对施工管理和运营管理 2 类指标进行评价,但可预评相关条文。运行评价应包括 7 类指标。

控制项的评定结果为满足或不满足;评分项和加分项的评定结果为分值。

绿色建筑评价应按总得分确定等级。

评价指标体系 7 类指标的总分均为 100 分。7 类指标各自的评分项得分 Q_1,Q_2,Q_3,Q_4,Q_5,Q_6,Q_7 按参评建筑该类指标的评分项实际得分值除以适用于该建筑的评分项总分值再乘有 100 分计算。

加分项的附加得分 Q_8 按《绿色建筑评价标准》第 11 章的有关规定确定。

绿色建筑评价的总得分按下式进行计算,其中评价指标体系 7 类指标评分项的权重 $w_1 \sim w_7$ 按表 12-2 取值。

$$\sum Q = w_1 Q_1 + w_2 Q_2 + w_3 Q_3 + w_4 Q_4 + w_5 Q_5 + w_6 Q_6 + w_7 Q_7 + Q_8$$

表 12-2　　　　　　　　　　　绿色建筑各类评价指标的权重

		节地与室外环境 w_1	节能与能源利用 w_2	节水与水资源利用 w_3	节材与材料资源利用 w_4	室内环境质量 w_5	施工管理 w_6	运营管理 w_7
设计评价	居住建筑	0.21	0.24	0.20	0.17	0.18	—	—
	公共建筑	0.16	0.28	0.18	0.19	0.19	—	—
运行评价	居住建筑	0.17	0.19	0.16	0.14	0.14	0.10	0.10
	公共建筑	0.13	0.23	0.14	0.15	0.15	0.10	0.10

注:1. 表中"—"表示施工管理和运营管理两类指标不参与设计评价。

2. 对于同时具有居住和公共功能的单体建筑,各类评价指标权重取为居住建筑和公共建筑所对应权重的平均值。

绿色建筑分为一星级、二星级、三星级 3 个等级。3 个等级的绿色建筑均应满足本标准所有控制项的要求,且每类指标的评分项得分不应小于 40 分。当绿色建筑总得分分别达到 50 分、60 分、80 分时,绿色建筑等级分别为一星级、二星级、三星级。

具体内容如表 12-3 所示。

表 12-3 绿色居住建筑评价标准

大类指标	子项	标准				
		条文编号	条文	条文内容	条文细文	分数
节地与室外环境	控制项	4.1.1	项目选址符合所在地城乡规划,且符合各类保护区、文物古迹保护的建设控制要求	—	—	—
		4.1.2	场地应无洪涝、滑坡、泥石流等自然灾害的威胁,无危险化学品等污染源、易燃易爆危险源的威胁,无电磁辐射、含氡土壤等有害有毒物质的危害	—	—	—
		4.1.3	场地内应无超标污染物排放	—	—	—
		4.1.4	建筑规划布局满足日照标准,且不得降低周边建筑的日照标准	—	—	—
	土地利用	4.2.1	节约集约利用土地(19 分)	居住建筑人均居住用地指标 $A(m^2)$	3 层及以下 $35<A\leqslant41$	15
					3 层及以下 $A\leqslant35$	19
					4～6 层 $23<A\leqslant26$	15
					4～6 层 $A\leqslant23$	19
					7～12 层 $22<A\leqslant24$	15
					7～12 层 $A\leqslant22$	19
					13～18 层 $20<A\leqslant22$	15
					13～18 层 $A\leqslant20$	19
					19 层以上 $11<A\leqslant13$	15
					19 层以上 $A\leqslant11$	19
		4.2.2	场地内合理设置绿化用地(9 分)	住区绿地率	新区建设达到 30%	2
					旧区改建达到 25%	2
				住区人均公共绿地面积	新区建设 $1.0m^2\leqslant Ag<1.3m^2$	3
					新区建设 $1.3m^2\leqslant Ag<1.5m^2$	5
					新区建设 $Ag\geqslant1.5m^2$	7
					旧区改建 $0.7m^2\leqslant Ag<0.9m^2$	3
					旧区改建 $0.9m^2\leqslant Ag<1.0m^2$	5
					旧区改建 $Ag\geqslant1.0m^2$	7

续表

大类指标	子项	条文编号	条文	条文内容	条文细文		分数
节地与室外环境	土地利用	4.2.3	合理开发利用地下空间（6分）	居住建筑	地下建筑面积与地上建筑面积的比率 Rr	$5\%\leqslant Rr<15\%$	2
						$15\%\leqslant Rr<25\%$	4
						$Rr\geqslant25\%$	6
	室外环境	4.2.4	建筑及照明设计避免产生光污染（4分）	玻璃幕墙可见光反射比不大于0.2	—		2
				室外照明设计满足现行行业标准《城市夜景照明设计规范》JGJ/T 16312 关于光污染控制的相关要求，并避免夜间室内照明产生溢光	—		2
		4.2.5	场地内环境噪声符合现行国家标准《声环境质量标准》GB 3096 的规定（4分）	—	—		4
		4.2.6	场地内风环境有利于冬季室外行走舒适及过渡季、夏季的自然通风（6分）	冬季典型风速和风向条件下，建筑物周围人行风速低于 5m/s，且室外风速放大系数小于2	—		1.5
				除迎风第一排建筑外，建筑迎风面与背风面表面风压差不超过5Pa	—		1.5
				过渡季、夏季典型风速和风向条件下，场地内人活动区不出现涡旋或无风区；或50%以上建筑的可开启外窗表面的风压差大于0.5Pa	—		3
		4.2.7	缓解城市热岛效应（4分）	红线范围内户外活动场地有乔木、构筑物等遮阴措施的面积	达到10%		1
					达到20%		2
				超过70%的道路路面、建筑屋面的太阳辐射反射系数不小于0.4	—		2

续表

大类指标	标准					
	子项	条文编号	条文	条文内容	条文细文	分数
节地与室外环境	交通设施与公共服务	4.2.8	场地与公共交通设施具有便捷的联系（9分）	场地出入口到达公共汽车站的步行距离不大于500m，或到达轨道交通站的步行距离不大于800m	—	3
				场地出入口800m范围内设有2条及以上线路的公共交通站点（含公共汽车站和轨道交通站）	—	3
				有便捷的人行通道联系公共交通站点	—	3
		4.2.9	场地内人行通道均采用无障碍设计，且与建筑场地外人行通道无障碍连通（3分）	—	—	3
		4.2.10	合理设置停车场所（6分）	自行车停车设施位置合理、方便出入，且有遮阳防雨和安全防盗措施	—	3
				合理设置机动车停车设施，并采取下列措施中至少2项	采用机械式停车库、地下停车库或停车楼等方式节约集约用地	采取措施中至少2项，得3分
					采用错时停车方式向社会开放，提高停车场(库)使用效率	
					合理设计地面停车位，停车不挤占行人活动空间	
		4.2.11	提供便利的公共服务（6分）	居住建筑满足下列要求	场地出入口到达幼儿园的步行距离不超过300m	至少3项，得3分；满足4项及以上，得6分
					场地出入口到达小学的步行距离不超过500m	
					场地出入口到达商业服务设施的步行距离不超过500m	
					相关设施集中设置并向周边居民开放	
					场地1000m范围内设有5种以上的公共服务设施	
	场地设计与场地生态	4.2.12	结合现状地形地貌进行场地设计与建筑布局，保护场地内原有的自然水域、湿地和植被，采取生态恢复措施，充分利用表层土(3分)	—	—	3

续表

大类指标	子项	条文编号	条文	条文内容	条文细文	分数
					标准	
节地与室外环境	场地设计与场地生态	4.2.13	充分利用场地空间合理设置绿色雨水基础设施，对大于 10hm² 的场地进行雨水专项规划设计(9 分)	下凹式绿地、雨水花园等有调蓄雨水功能的绿地和水体的面积之和占绿地面积的比例达到 30%	—	3
				合理衔接和引导屋面雨水、道路雨水进入地面生态设施，并采取相应的径流污染控制措施	—	3
				硬质铺装地面中透水铺装面积的比例达到 50%	—	3
		4.2.14	合理规划地表与屋面雨水径流，对场地雨水实施外排总量控制(6 分)	场地年径流总量控制率不低于 55% 但低于 70%	—	3
				场地年径流总量控制率不低于 70% 但低于 85%	—	6
		4.2.15	合理选择绿化方式，科学配置绿化植物(6 分)	种植适应当地气候和土壤条件的植物，并采用乔、灌、草结合的复层绿化，且种植区域覆土深度和排水能力满足植物生长需求	—	3
				居住建筑绿地配植乔木不少于 3 株/100m²	—	3
			节地总分			
节能与能源利用	控制项	5.1.1	建筑设计符合国家和地方有关建筑节能设计标准中强制性条文的规定	—	—	—
		5.1.2	不应采用电直接加热设备作为空调和供暖系统的供暖热源和空气加湿热源	—	—	—
		5.1.3	冷热源、输配系统和照明等各部分能耗应进行独立分项计量	—	—	—
		5.1.4	各房间或场所的照明功率密度值不应高于现行国家标准《建筑照明设计标准》GB 50034 规定的现行值	—	—	—
	建筑与围护结构	5.2.1	结合场地自然条件，对建筑的体形、朝向、楼距等进行优化设计(6 分)	—	—	6
		5.2.2	外窗、玻璃幕墙的可开启部分能使建筑获得良好的通风(6 分)	设玻璃幕墙且不设外窗的建筑，其玻璃幕墙透明部分可开启面积比例	达到 5%	4
					达到 10%	6
				设外窗且不设玻璃幕墙的建筑，外窗可开启面积比例	达到 30%	4
					达到 35%	6
				设玻璃幕墙和外窗的建筑，对其玻璃幕墙透明部分和外窗分别按本条第 1 款和第 2 款进行评价，得分取两项得分的平均值		6

续表

大类指标	子项	条文编号	条文	条文内容	条文细文	分数
节能与能源利用	建筑与围护结构	5.2.3	围护结构热工性能指标优于国家现行相关建筑节能设计标准的规定(10分)	围护结构热工性能指标比国家现行相关建筑节能设计标准规定值的提高幅度	达到5%	5
					达到10%	10
				供暖空调全年计算负荷降低幅度	达到5%	5
					达到10%	10
	暖通、通风与空调	5.2.4	供暖空调系统的冷、热源机组能效均优于现行国家标准《公共建筑节能设计标准》GB50189的规定以及现行有关国家标准能效限定值的要求(6分)	电机驱动的蒸气压缩循环冷水(热泵)机组 制冷性能系数(COP)	提高6%	6
				溴化锂吸收式冷(温)水机组 直燃型 制冷、供热性能系数(COP)	提高6%	6
				溴化锂吸收式冷(温)水机组 蒸汽型 单位制冷量蒸汽耗量	降低6%	6
				单元式空气调节机、风管送风式和屋顶式空调机组 能效比(EER)	提高6%	6
				多联式空调(热泵)机组 制冷综合性能系数(IPLV(C))	提高8%	6
				锅炉 燃煤 热效率	提高3个百分点	6
				锅炉 燃油燃气 热效率	提高2个百分点	6
				对房间空气调节器和家用燃气热水炉,其能效等级满足现行有关国家标准的节能评价值要求	—	6
		5.2.5	集中供暖系统热水循环泵的耗电输热比和通风空调系统风机的单位风量耗功率符合现行国家标准《公共建筑节能设计标准》GB 50189 等的有关规定,且空调冷热水系统循环水泵的耗电输冷(热)比比现行国家标准《民用建筑供暖、通风与空气调节设计规范》GB 50736 规定值低20%(6分)	—	—	6
		5.2.6	合理选择和优化供暖、通风与空调系统(10分)	暖通空调系统能耗降低幅度不小于5%,但小于10%	—	3
				暖通空调系统能耗降低幅度不小于10%,但小于15%	—	7
				暖通空调系统能耗降低幅度不小于15%	—	10
		5.2.7	采取措施降低过渡季节供暖、通风与空调系统能耗(6分)	—	—	6

续表

大类指标	子项	条文编号	条文	条文内容	条文细文	分数
节能与能源利用	暖通、通风与空调	5.2.8	采取措施降低部分负荷、部分空间使用下的供暖、通风与空调系统能耗（9分）	区分房间的朝向，细分供暖、空调区域，对系统进行分区控制	—	3
				合理选配空调冷、热源机组台数与容量，制定实施根据负荷变化调节制冷（热）量的控制策略，且空调冷源机组的部分负荷性能符合现行国家标准《公共建筑节能设计标准》GB 50189 的规定	—	3
				水系统、风系统采用变频技术，且采取相应的水力平衡措施	—	3
	照明与电气	5.2.9	走廊、楼梯间、门厅、大堂、大空间、地下停车场等场所的照明系统采取分区、定时、感应等节能控制措施（5分）	—	—	5
		5.2.10	照明功率密度值达到现行国家标准《建筑照明设计标准》GB 50034 中规定等的目标值（8分）	主要功能房间满足要求	—	4
				所有区域均满足要求	—	8
		5.2.11	合理选用电梯和自动扶梯，并采取电梯群控、扶梯自动启停等节能控制措施（3分）	—	—	3
		5.2.12	合理选用节能型电气设备（5分）	三相配电变压器满足现行国家标准《三相配电变压器能效限定值及节能评价值》GB 20052 的节能评价值要求	—	3
				水泵、风机等设备，及其他电气装置满足相关现行国家标准的节能评价值要求	—	2
	能源综合利用	5.2.13	排风能量回收系统设计合理并运行可靠（3分）	—	—	3
		5.2.14	合理采用蓄冷蓄热系统（3分）	—	—	3
		5.2.15	合理利用余热废热解决建筑的蒸汽、供暖或生活热水需求（4分）	—	—	4

续表

大类指标	子项	条文编号	条文	条文内容	条文细文	分数
节能与能源利用	能源综合利用	5.2.16	根据当地气候和自然资源条件,合理利用可再生能源(10分)	由可再生能源提供的生活用热水比例 Rhw	$20\% \leqslant Rhw < 30\%$	4
					$30\% \leqslant Rhw < 40\%$	5
					$40\% \leqslant Rhw < 50\%$	6
					$50\% \leqslant Rhw < 60\%$	7
					$60\% \leqslant Rhw < 70\%$	8
					$70\% \leqslant Rhw < 80\%$	9
					$Rhw \geqslant 80\%$	10
				由可再生能源提供的空调用冷量和热量的比例 Rch	$20\% \leqslant Rch < 30\%$	4
					$30\% \leqslant Rch < 40\%$	5
					$40\% \leqslant Rch < 50\%$	6
					$50\% \leqslant Rch < 60\%$	7
					$60\% \leqslant Rch < 70\%$	8
					$70\% \leqslant Rch < 80\%$	9
					$Rch \geqslant 80\%$	10
				由可再生能源提供的电量比例 Re	$1.0\% \leqslant Re < 1.5\%$	4
					$1.5\% \leqslant Re < 2.0\%$	5
					$2.0\% \leqslant Re < 2.5\%$	6
					$2.5\% \leqslant Re < 3.0\%$	7
					$3.0\% \leqslant Re < 3.5\%$	8
					$3.5\% \leqslant Re < 4.0\%$	9
					$Re \geqslant 4.0\%$	10
				节能总分		
节水与水资源利用	控制项	6.1.1	制定水资源利用方案,统筹利用各种水资源	—	—	—
		6.1.2	给排水系统设置合理、完善、安全	—	—	—
		6.1.3	采用节水器具	—	—	—
	节水系统	6.2.1	建筑平均日用水量满足现行国家标准《民用建筑节水设计标准》GB 50555中的节水用水定额的要求(10分)	达到节水用水定额的上限值的要求	—	4
				达到上限值与下限值的平均要求	—	7
				达到下限值的要求	—	10
		6.2.2	采取有效措施避免管网漏损(7分)	选用密闭性能好的阀门、设备,使用耐腐蚀、耐久性能好的管材、管件	—	1
				室外埋地管道采取有效措施避免管网漏损	—	1
				设计阶段根据水平衡测试的要求安装分级计量水表;运行阶段,提供用水量计量情况和管网漏损检测、整改的报告	—	5
		6.2.3	给水系统无超压出流现象(8分)	用水点供水压力不大于0.30MPa	—	3
				用水点供水压力不大于0.20MPa,且不小于用水器具要求的最低工作压力	—	8

续表

大类指标	子项	条文编号	条文	条文内容	条文细文	分数
					标准	
节水与水资源利用	节水系统	6.2.4	设置用水计量装置(6分)	按照使用用途,对厨卫、卫生间、空调系统、游泳池、绿化、景观等用水分别设置用水计量装置,统计用水量	—	2
				按照付费或管理单元,对不同用户的用水分别设置用水计量装置,统计用水量	—	4
		6.2.5	公共浴室采取节水措施(4分)	采用带恒温控制与温度显示功能的冷热水混合淋浴器	—	2
				设置用者付费的设施	—	2
	用水器具与设备	6.2.6	使用较高用水效率等级的卫生器具(10分)	用水效率等级达到三级	—	5
				用水效率等级达到二级	—	10
		6.2.7	绿化灌溉采用节水灌溉方式(10分)	采用高效节水灌溉系统	—	7
				在采用高效节水灌溉系统的基础上,设置土壤湿度感应器、雨天关闭装置等节水控制措施	—	10
				种植无需永久灌溉植物	—	10
		6.2.8	空调设备或系统采用节水冷却技术(10分)	开式循环冷却水系统设置水处理措施,采取加大集水盘、设置平衡管或平衡水箱的方式,避免冷却水泵停泵时冷却水溢出	—	6
				运行时,开式冷却塔的蒸发耗水量占冷却水补水量的比例不低于80%	—	10
				采用无蒸发耗水量的冷却技术	—	10
		6.2.9	除卫生器具、绿化灌溉和冷却塔以外的其他用水设备采用了节水技术或措施(5分)	其他用水中采用节水技术或措施的比例	达到50%	3
					达到80%	5
	非传统水源利用	6.2.10	合理使用非传统水源(15分)	住宅、旅馆、办公、商场类建筑	室外绿化采用非传统水源或4%非传统水域利用率	5
					室外绿化、道路浇洒、洗车用水采用非传统水源或8%非传统水域利用率	7
					室外绿化、道路浇洒、洗车、室内冲厕用水采用非传统水源或30%非传统水域利用率	15
				其他类型建筑	绿化灌溉、道路冲洗、洗车用水采用非传统水源的用水量占其用水量的比例不低于80%	7
					冲厕采用非传统水源的用水量占其用水量的比例不低于50%	8

续表

大类指标	子项	条文编号	条文	条文内容	条文细文	分数
				标准		
节水与水资源利用	非传统水源利用	6.2.11	冷却水补水使用非传统水源(8分)	冷却水补水使用非传统水源的量占其总用水量的比例 Rnt	$10\% \leqslant Rnt < 30\%$	4
					$30\% \leqslant Rnt < 50\%$	6
					$Rnt \geqslant 50\%$	8
		6.2.12	结合雨水利用设施进行景观水体设计,景观水体利用雨水的补水量大于其水体蒸发量的60%,且采用生态水处理技术保障水体水质(7分)	对进入景观水体的雨水采取控制面源污染的措施	—	4
				利用水生动、植物进行水体净化		3
				节水总分		
节材与材料资源利用	控制项	7.1.1	不得采用国家和地方禁止和限制使用的建筑材料及制品	—	—	—
		7.1.2	混凝土结构中梁、柱纵向受力普通钢筋采用不低于400MPa级的热轧带肋钢筋	—	—	—
		7.1.3	建筑造型要素简约,无大量装饰性构件	—	—	—
	节材设计	7.2.1	择优选用规则的建筑形体,结构传力合理(9分)	建筑形体不规则	—	3
				建筑形体规则	—	9
		7.2.2	对地基基础、结构体系、结构构件进行优化设计,达到节材效果(5分)		—	5
		7.2.3	土建工程与装修工程一体化设计(10分)	住宅建筑	住宅建筑土建与装修一体化设计的户数比例达到30%	6
					住宅建筑土建与装修一体化设计的户数比例达到100%	10
		7.2.4	公共建筑中可变换功能的室内空间采用可重复使用的隔断(墙)(5分)	可重复使用隔墙和隔断比例不小于30%但小于50%	—	3
				不小于50%但小于80%	—	4
				不小于80%	—	5
		7.2.5	采用工厂化生产的预制结构构件(5分)	预制构件用量比例 Rpc	$10\% \leqslant Rpc < 30\%$	3
					$30\% \leqslant Rpc < 50\%$	4
					$Rpc \geqslant 50\%$	5
		7.2.6	采用整体化定型设计的厨房、卫浴间(6分)	采用整体化定型设计的厨房	—	3
				采用整体化定型设计的卫浴间	—	3
		7.2.7	选用本地生产的建筑材料(10分)	施工现场500km以内生产的建筑材料重量占建筑材料总重量的比例	$60\% \leqslant Rlm < 70\%$	6
					$70\% \leqslant Rlm < 90\%$	8
					$Rlm \geqslant 90\%$	10
		7.2.8	现浇混凝土采用预拌混凝土(10分)	—	—	10
		7.2.9	建筑砂浆采用预拌砂浆(5分)	建筑砂浆采用预拌砂浆的比例	达到50%	3
					达到100%	5

续表

大类指标	子项	条文编号	条文	条文内容	条文细文		分数
节材与材料资源利用	节材设计	7.2.10	合理采用高强建筑结构材料(10分)	混凝土结构	根据400MPa级及以上受力普通钢筋的比例Rsb	30%≤Rsb<50%	4
						50%≤Rsb<70%	6
						70%≤Rsb<85%	8
						Rsb≥85%	10
					混凝土竖向承重结构采用强度等级不小于C50混凝土用量占竖向承重结构中混凝土总量的比例达到50%,		10
				钢结构	Q345及以上高强钢材用量占钢材总量的比例达到50%		8
					Q345及以上高强钢材用量占钢材总量的比例达到70%		10
				混合结构	对其混凝土结构部分		按本条第1款进行评价
					对其钢结构部分		按本条第2款进行评价
					得分取前两项得分的平均值		得分取前两项得分的平均值
		7.2.11	合理采用高耐久性建筑结构材料,提高使用年限(5分)	混凝土结构	高耐久性的高性能混凝土用量占混凝土总量的比例达到50%		5
				钢结构	采用耐候结构钢或耐候型防腐涂料		5
		7.2.12	采用可再利用和可再循环建筑材料(10分)	住宅建筑中的可再利用材料和可再循环材料用量比例	达到6%		8
					达到10%		10
				公共建筑中的可再利用材料和可再循环材料用量比例	达到10%		8
					达到15%		10
		7.2.13	使用废弃物为原料生产的建筑材料(5分)	采用一种以废弃物为原料生产的建筑材料,其占同类建材的用量比例	达到30%		3
					达到50%		5
				采用两种及以上以废弃物为原料生产的建筑材料,每一种用量比例均达到30%	—		5
		7.2.14	合理采用耐久性好、易维护的装饰装修建筑材料(5分)	合理采用清水混凝土	—		2
				采用耐久性好、易维护的外立面材料	—		2
				采用耐久性好、易维护的室内装饰装修材料	—		1
节材总分							

续表

大类指标	子项	条文编号	条文	标准			
				条文内容	条文细文	分数
室内环境质量	控制项	8.1.1	主要功能房间的室内噪声级满足现行国家标准《民用建筑隔声设计规范》GB 50118 中的低限要求	—	—	—
		8.1.2	主要功能房间的外墙、隔墙、楼板和门窗的隔声性能满足现行国家标准《民用建筑隔声设计规范》GB 50118 中的低限要求	—	—	—
		8.1.3	建筑照明数量和质量应符合符合现行国家标准《建筑照明设计标准》GB 50034 的规定	—	—	—
		8.1.4	采用集中供暖空调系统的建筑,房间内的温度、湿度、新风量等设计参数符合现行国家标准《民用建筑供暖通风与空气调节设计规范》GB 50736 的规定	—	—	—
		8.1.5	在室内设计温、湿度条件下,建筑围护结构内表面不得结露	—	—	—
		8.1.6	屋顶和东、西外墙隔热性能应满足现行国家标准《民用建筑热工设计规范》GB 50176 的要求	—	—	—
		8.1.7	室内空气中的甲醛、苯、氨、总挥发性有机物、氡等污染物浓度应符合现行国家标准《室内空气质量标准》GB/T 18883 的有关规定	—	—	—
	室内声环境	8.2.1	主要功能房间室内噪声级(6分)	噪声级达到现行国家标准《民用建筑隔声设计规范》GB 50118 中的低限标准限值和高要求标准的平均值	—	3
				达到高要求标准限值	—	6
		8.2.2	主要功能房间的隔声性能良好(9分)	构件及相邻房间之间的空气声隔声性能	达到现行的国家标准《民用建筑隔声设计规范》GB 50118 中的低限标准限值和高要求标准的平均值	3
					达到高要求标准限值	5
				楼板的撞击声隔声性能	达到现行的国家标准《民用建筑隔声设计规范》GB 50118 中的低限标准限值和高要求标准的平均值	3
					达到高要求标准限值	4
		8.2.3	采取减少噪声干扰的措施(4分)	建筑平面、空间布局合理,没有明显的噪声干扰	—	2
				采用同层排水或其他降低排水噪声的有效措施,使用率不小于50%	—	2

续表

大类指标			标准			
	子项	条文编号	条文	条文内容	条文细文	分数
室内环境质量	室内声环境	8.2.4	公共建筑中的多功能厅、接待大厅、大型会议室和其他有声学要求的重要房间进行专项声学设计,满足相应功能要求(3分)	—	—	3
	室内湿热环境	8.2.5	建筑主要功能房间具有良好的户外视野(3分)	居住建筑	其与相邻建筑的直接间接超过18m	3
		8.2.6	主要功能房间的采光系数满足现行国家标准《建筑采光设计标准》GB50033 的要求(8分)	居住建筑	卧室、起居室的窗地面积比达到1/6	6
					卧室、起居室的窗地面积比达到1/5	8
		8.2.7	改善建筑室内天然采光效果(分别评分并累计)(14分)	主要功能房间有合理的控制的措施	—	6
				内区采光系数满足采光要求的面积比例达到60%	—	4
				根据地下空间平均采光系数不小于 0.5%的面积与首层地下室面积的比例 R_A	$5\% \leqslant R_A < 10\%$	1
					$10\% \leqslant R_A < 15\%$	2
					$15\% \leqslant R_A < 20\%$	3
					$R_A \geqslant 20\%$	4
		8.2.8	采取可调节遮阳措施,降低夏季太阳辐射得热(12分)	外窗和幕墙透明部分中,有可控遮阳调节措施的面积比例达到25%	—	6
				外窗和幕墙透明部分中,有可控遮阳调节措施的面积比例达到50%	—	12
		8.2.9	供暖空调系统末端可独立调节方便(8分)	空调末端装置可独立启停的主要功能房间数量比例达到70%	—	4
				空调末端装置可独立启停的主要功能房间数量比例达到90%	—	8
	室内空气环境	8.2.10	优化建筑空间、平面布局和构造设计,改善自然通风效果(13分)	居住建筑(分别评分并累计)	通风开口面积与房间地板面积的比例在夏热冬暖地区达到 10%,在夏热冬冷地区达到8%,在其他地区达到5%	10
					设有明卫	3
		8.2.11	气流组织合理(7分)	重要功能区域供暖、通风与空调工况下的气流组织满足热环境参数要求	—	4
				避免卫生间、餐厅、地下车库等区域的空气和污染物串通到室内其他空间或室外主要活动场所	—	3
		8.2.12	主要功能房间中人员密度较高且随时间变化大的区域设置室内空气质量监控系统(分别评分并累计)(8分)	对室内的二氧化碳浓度进行数据采集、分析,并与通风系统联动	—	5
				实现对室内污染物浓度超标实时报警,并与通风系统联动	—	3
		8.2.13	地下空间设置与排风设备联动的一氧化碳浓度监测装置(5分)	—	—	5
			室内环境总分			

续表

大类指标	子项	条文编号	条文	条文内容	条文细文	分数
施工管理	控制项	9.1.1	应建立绿色建筑项目施工管理体系和组织机构,并落实各级责任人	—	—	—
		9.1.2	施工项目部应制定施工全过程的环境保护计划,并组织实施	—	—	—
		9.1.3	施工项目部制定施工人员职业健康安全管理计划,并组织实施	—	—	—
		9.1.4	施工前应进行设计文件中绿色建筑重点内容的专业会审	—	—	—
	环境保护	9.2.1	采取洒水、覆盖、遮挡等降尘措施(6分)	—	—	6
		9.2.2	采取有效的降噪措施。在施工场界测量并记录噪声,满足国家标准《建筑施工场界环境噪声排放标准》GB 12523—2011的规定(6分)	—	—	6
		9.2.3	制定并实施施工废弃物减量化、资源化计划(分别评分并累计)(10分)	制定施工废弃物减量化、资源化计划	—	3
				可回收施工废弃物的回收率不小于80%	—	3
				每10000m²建筑面积施工固体废弃物排放量	不大于400t但大于350t	1
					不大于350t但大于300t	3
					不大于300t	4
	资源节约	9.2.4	制定并实施施工节能和用能方案,监测并记录施工能耗(8分)	制定并实施施工节能和用能方案	—	1
				监测并记录施工区、生活区的能耗	—	3
				监测并记录主要建筑材料、设备从供货商提供的货源地到施工现场运输的能耗	—	3
				监测并记录建筑施工废弃物从施工现场到废弃物处理/回收中心运输的能耗	—	1
		9.2.5	制定并实施施工节水和用水方案,监测并记录施工水耗(8分)	制定并实施施工节水和用水方案	—	3
				监测并记录施工区、生活区的水耗数据	—	3
				监测并记录基坑降水的抽取量、排放量和利用量数据	—	2
		9.2.6	减少预拌混凝土的损耗(6分)	损耗率降低至1.5%	—	3
				损耗率降低至1.0%	—	6
		9.2.7	采取措施降低钢筋损耗(8分)	80%以上的钢筋采用专业化生产的成型钢筋	—	8
				根据现场加工钢筋损耗率	不大于4.0%但大于3.0%	4
					不大于3.0%但大于1.5%	6
					不大于1.5%	8
		9.2.8	使用工具式定型模板,增加模板周转次数(10分)	工具式定型模板使用面积占模板工程总面积的比例不小于50%但小于70%	—	6
				不小于70%但小于85%	—	8
				不小于85%	—	10

续表

大类指标				标准		
	子项	条文编号	条文	条文内容	条文细文	分数
施工管理	过程管理	9.2.9	实施设计文件中绿色建筑重点内容(4分)	进行绿色建筑重点内容的专项交底	—	2
				施工过程中以施工日志记录绿色建筑重点内容的实施情况	—	2
		9.2.10	严格控制设计文件变更,避免出现降低建筑绿色性能的重大变更(4分)		—	4
		9.2.11	施工过程中对建筑结构耐久性能(8分)	对保证建筑结构耐久性技术措施进行相应检测并记录	—	3
				对有节能、环保要求的设备进行相应检测并记录	—	3
				对有节能、环保要求的装修装饰材料进行相应检测并记录	—	2
		9.2.12	实现土建装修一体化施工(14分)	工程竣工时主要功能空间的使用功能完备,装修到位	—	3
				提供装修材料检测报告、机电设备检测报告、性能复试报告		4
				提供建筑竣工验收说明、建筑质量保修书、使用说明书		4
				提供业主反馈意见书		3
		9.2.13	工程竣工验收前,由建设单位组织有关责任单位,进行机电系统的综合调试和联合试运转,结果符合设计要求(8分)	—	—	8
			总分			
运营管理	控制项	10.1.1	应制定并实施节能、节水、节材、绿化管理制度	—	—	—
		10.1.2	应制定垃圾管理制度,合理规划垃圾物流,对生活废弃物进行分类收集,垃圾容器设置规范	—	—	—
		10.1.3	运行过程中产生的废气、污水等污染物应达标排放	—	—	—
		10.1.4	节能、节水设施工作正常,且符合设计要求	—	—	—
		10.1.5	供暖、通风、空调、照明等设备的自动监控系统应工作正常,且运行记录完整	—	—	—

续表

大类指标		标准				
	子项	条文编号	条文	条文内容	条文细文	分数
运营管理	管理制度	10.2.1	物业管理部门获得有关管理体系认证（分别评分并累计）(10分)	具有 ISO 14001 环境管理体系认证	—	4
				具有 ISO 9001 质量管理体系认证	—	4
				具有 GB/T 23331 能源管理体系认证	—	2
		10.2.2	节能、节水、节材与绿化的操作规程、应急预案完善，且有效实施（分别评分并累计）(8分)	相关设施的操作规程在现场明示，值班人员严格遵守规定	—	6
				节能、节水设施运行具有完善的应急预案	—	2
		10.2.3	实施能源资源管理激励机制，管理业绩与节约能源资源、提高经济效益挂钩（分别评分并累计）(6分)	物业管理机构的工作考核体系中包含能源资源管理激励机制	—	3
				与租用者的合同中包含节能条款	—	1
				采用合同能源管理模式	—	2
		10.2.4	建立绿色教育宣传机制，编制绿色设施使用手册，形成良好的绿色氛围（分别评分并累计）(6分)	有绿色教育宣传工作记录	—	2
				向使用者提供绿色设施使用手册	—	2
				相关绿色行为与成效获得公共媒体报道	—	2
	技术管理	10.2.5	定期检查、调试公共设施设备，并根据运行检测数据进行设备系统的运行优化（分别评分并累计）(10分)	具有设施设备的检查调试、运行、标定记录，且记录完整	—	7
				制定并实施设备能效改进方案	—	3
		10.2.6	对空调通风系统进行定期检查和清洗（分别评分并累计）(6分)	制定空调通风设备和风管的检查和清洗计划	—	2
				实施第 1 款中的检查和清洗计划，且记录保存完整	—	4
		10.2.7	非传统水源的水质和用水量记录完整、准确（分别评分并累计）(4分)	定期进行水质检测，记录完整、准确	—	2
				用水量记录完整	—	2
		10.2.8	智能化系统的运行效果满足建筑运行与管理的需要（分别评分并累计）(12分)	居住建筑的智能化系统满足现行行业标准《居住区智能化系统配置与技术要求》CJ/T 174 的基本配置要求，公共建筑的智能化系统满足现行国家标准《智能建筑设计标准》GB 50314 的基础配置要求	—	6
				智能化系统工作正常，符合设计要求	—	6
		10.2.9	应用信息化手段进行物业管理，建筑工程、设施、设备、部品、能耗等档案及记录齐全（分别评分并累计）(10分)	设置物业信息管理系统	—	5
				物业管理信息系统功能完备	—	2
				记录数据完整	—	3

续表

大类指标	子项	条文编号	条文	条文内容	条文细文		分数
运营管理	环境管理	10.2.10	采用无公害病虫害防治技术,规范杀虫剂、除草剂、化肥、农药等化学药品的使用,有效避免对土壤和地下水环境的损害(分别评分并累计)(6分)	建立和实施化学药品管理责任制	—		2
				病虫害防治用品使用记录完整	—		2
				采用生物制剂、仿生制剂等无公害防治技术	—		2
		10.2.11	栽种和移植的树木一次成活率大于90%,植物生长状态良好(分别评分并累计)(6分)	工作记录完整	—		4
				现场观感良好	—		2
		10.2.12	垃圾收集站(点)及垃圾间不污染环境,不散发臭味(分别评分并累计)(6分)	垃圾站(间)定期冲洗	—		2
				垃圾及时清运、处置	—		2
				周边无恶臭,用户反映良好	—		2
		10.2.13	实行垃圾分类收集和处理(分别评分并累计)(10分)	垃圾分类收集率达到90%	—		4
				可回收垃圾的回收比例达到90%	—		2
				对可生物降解垃圾进行单独收集和合理处置	—		2
				对有害垃圾进行单独收集和合理处置	—		2
施工管理总分							
提高与创新	基本要求	11.1.1	绿色建筑评价时,应按本章规定对绿色建筑加分项进行评价,并确定附加得分	—	—		—
		11.1.2	加分项的附加得分为各项得分之和。当附加得分大于10分时,应取10分	—	—		10
	加分项	11.2.1	围护结构热工性能比国家现行相关建筑节能设计标准的规定高20%,或者供暖空调全年计算负荷降低幅度达到15%	—	—		2
		11.2.2	供暖空调系统的冷、热源机组能效均优于现行国家标准《公共建筑节能设计标准》GB50189 的规定以及现行有关国家标准能效限定值的要求	电机驱动的蒸气压缩循环冷水(热泵)机组	制冷性能系数(COP)	提高12%	1
				溴化锂吸收式冷(温)水机组 直燃型	制冷、供热性能系数(COP)	提高12%	1
				溴化锂吸收式冷(温)水机组 蒸汽型	单位制冷量蒸汽耗量	降低12%	1
				单元式空气调节机、风管送风式和屋顶式空调机组	能效比(EER)	提高12%	1

续表

大类指标	标准					
	子项	条文编号	条文	条文内容	条文细文	分数
提高与创新	加分项	11.2.2	供暖空调系统的冷、热源机组能效均优于现行国家标准《公共建筑节能设计标准》GB50189的规定以及现行有关国家标准能效限定值的要求	多联式空调(热泵)机组	制冷综合性能系数(IPLV(C))提高16%	1
				锅炉 燃煤 热效率	提高6个百分点	1
				燃油燃气 热效率	提高4个百分点	1
				对房间空气调节器和家用燃气热水炉,其能效等级满足现行有关国家标准规定的1级要求	—	1
		11.2.3	采用分布式热电冷联技术,系统全年能源综合利用率不低于70%	—	—	1
		11.2.4	卫生器具的用水效率均为国家现行有关卫生器具用水等级标准规定的1级	—	—	1
		11.2.5	采用资源消耗少和环境影响小的建筑结构体系	—	—	1
		11.2.6	对主要功能房间采取有效的空气处理措施	—	—	1
		11.2.7	室内空气中的甲醛、苯、氨、总挥发性有机物、氡、可吸入颗粒物等污染物浓度不高于现行国家标准《民用建筑工程室内环境污染控制规范》GB 50325规定值的70%	—	—	1
	创新	11.2.8	建筑方案充分考虑当地资源、气候条件、场地特征和使用功能,进行经济技术分析,显著提高能源资源利用效率和建筑性能	—	—	2
		11.2.9	合理选用废弃场地进行建设,或充分利用尚可使用的旧建筑	—	—	1
		11.2.10	应用建筑信息模型(BIM)技术	在建筑的规划设计、施工建造和运行维护阶段中的一个阶段应用	—	1
				在两个或两个以上阶段应用	—	2
		11.2.11	对建筑进行碳排放计算分析,采取措施降低单位建筑面积碳排放强度	—	—	1
		11.2.12	采取节约能源资源、保护生态环境、保障安全健康的其他创新,并有明显效益	采取一项	—	1
				采取两项及以上	—	2

12.3　文明施工与环境保护

12.3.1　文明施工

1. 文明施工的意义

文明施工是在工程项目施工现场保持良好的作业环境、卫生环境和工作秩序。具体内容包括遵守施工现场文明施工的规定和要求，保证职工的安全和身体健康，同时，规范施工现场的场容，保持作业环境的整洁卫生，通过科学组织施工，使生产有序进行，并努力减少施工对周围居民和环境的影响。

文明施工是建设工程施工阶段职业健康安全与环境管理的重要内容之一。它不仅能促进安全生产，减少安全事故的发生，而且对于企业提高职工队伍的文化、技术和思想素质有着积极的作用。

2. 文明施工的组织与实施

在工程项目的施工现场，应成立以项目经理为第一责任人的文明施工管理组织。文明施工的组织管理不能和其他施工现场的管理制度分割开来，在实施文明施工的过程中，应根据施工现场安全管理、质量管理的需要而采取相应的措施。在贯彻实施文明施工过程中，应该在管理层和作业层分别贯彻文明施工教育，一方面应要求专业管理人员必须熟悉掌握文明施工的规定，另一方面还要注意对操作层的教育，尤其是要注意对临时工的岗前教育。另外还需要采取多种形式相互配合，有利地贯彻执行文明施工的各项规定。

3. 施工现场文明施工的主要内容

文明施工的主要检查内容如表 12-4 所示。

表 12-4　　　　　　　　　　　　　　文明施工检查表

检查项目		标　　准	检查情况	检查人
保证项目	现场围挡	在市区主要路段的工地周围应设置高于 2.5m 的围挡 一般路段的工地周围应设置高于 1.8m 的围挡 围挡材料坚固、稳定、整洁、美观 围挡应沿工地四周连续设置		
	封闭管理	施工现场进出口设置大门 设置门卫和设置门卫制度 进入施工现场佩戴工作卡 门头设置企业标志		
	施工场地	工地地面做硬化处理 道路畅通 排水通畅 防止泥浆、污水、废水外流或堵塞下水道和排水河道 措施符合规定 工地无积水 工地设置吸烟处，不随意吸烟 温暖季节有绿化布置		

续表

检查项目		标准	检查情况	检查人
保证项目	材料堆放	建筑材料、构件、料具应按总平面布局堆放 料堆应挂名称、品种、规格等标牌 堆放整齐 做到工完场地清 建筑垃圾堆放整齐、并标出名称、品种 易燃易爆物品要分类存放		
	现场住宿	在建工程不能作住宿地 施工作业区与办公、生活区要能明显划分 宿舍保暖和防煤气中毒措施符合要求 宿舍消暑和防蚊虫叮咬措施健全 床铺、生活用品放置整齐 宿舍周围环境卫生、安全		
	现场防火	消防措施、制度和灭火器材符合要求 灭火器材配置合理 消防水源(高层建筑)能满足消防要求 有动火审批手续和动火监护		
一般项目	治安综合治理	生活区提供工人学习和娱乐场所 建立治安保卫制度、责任分解到人 治安防范措施有力,杜绝发生失盗事件		
	施工现场标牌	大门口处挂五牌一图,内容齐全 标牌规范、整齐 有安全标语 设置宣传栏、读报栏、黑板报等		
	生活设施	厕所符合卫生要求 不随地大小便 食堂符合卫生要求 有卫生责任制 有保证供应卫生饮水 有淋浴室,淋浴室符合要求 生活垃圾及时清理,及时装入容器并专人管理		
	保健急救	具有保健医药箱 具有急救措施和急救器材 具有经培训的急救人员 开展卫生防病宣传教育		
	社区服务	有防粉尘、防噪声措施 夜间未经许可不能施工 现场不能焚烧有毒、有害物质 建立施工不扰民措施		

12.3.2　施工环境保护

1. 环境保护的意义

目前,为了实现人类社会的可持续发展,保护自然环境已经成为我们日常生产生活中不可缺少的一部分内容。建筑业的生产过程和特点决定了建筑施工过程中存在着很多环境污染的潜在隐患。如果处理不好,会造成严重的环境污染。近些年来,随着人们的法制观念和自我保护意识的增强,施工扰民问题反映突出,因此,采取必要的措施防止噪声污染,也是施工生产顺利进行的基本条件。因此可以看出,环境保护不仅可以保护企业职工的健康、防止自然环境免受污染,而且对企业的生存和发展也是十分重要的。

2. 施工环境保护的要求

施工环境保护的主要目的是防止在施工生产过程中造成的环境污染,识别和控制各种潜在的污染源,并尽量保证在生产过程中有效节约能源和避免资源的浪费。施工过程中的污染源包括粉尘、废水、废气、固体废弃物、噪声和振动以及放射性物质等。

(1)施工过程中大气污染的防治

施工过程中大气污染物的来源主要有烧煤产生的烟尘,建材破碎、筛分等过程产生的粉尘以及施工动力机械尾气排放等。根据其大气污染物的特点,可以分为两类,一类为气体状态污染物,另一类为粒子状态污染物。粒子状态污染物包括降尘和飘尘(粒径小于 $10\mu m$ 为飘尘)。飘尘易随呼吸进入人体肺脏,危害人体健康,严重的会造成尘肺等职业病。

在施工过程中为了有效地防止大气污染,应该通过采取清扫、洒水、遮盖、密封等措施,严格控制施工现场和施工运输过程中的降尘和飘尘对周围大气的污染,另外,应严格禁止在工地现场随意焚烧导致产生有毒有害气体的各种物质,同时还需要考虑尽量不使用有毒有害的化学涂料等。

(2)施工过程中水污染的防治

施工过程中水污染的来源主要有包括施工现场产生的各种废水以及固体废弃物随水流流入水体的部分,包括各种泥浆、水泥、油漆、混凝土外加剂等。造成水污染的有毒物质一般包括有机物质和无机物质。

施工过程中水污染的防治主要从两方面加以考虑,一方面要尽量采取合理的施工方案,尽量避免和减少污水的产生,控制污水的排放量,第二方面应通过各种措施尽可能使废水能够循环利用。

(3)施工过程中固体废弃物的处理

建筑施工过程中产生的固体废弃物包括建设工程施工生产和生活中产生的固态、半固态废弃物质。通常,施工工地上常见的固体废弃物包括施工生产中产生的建筑渣土、废弃建筑施工材料和包装材料以及施工人员在生活中产生的生活垃圾以及粪便等。对于建筑施工中固体废弃物的处理,其基本思想是资源化、减量化和无害化。具体地说,可以通过压实浓缩、破碎、分选、脱水干燥等物理方法进行减量化、无害化处理,也可以通过氧化还原、中和、化学浸出等化学方法进行处理,还可以考虑采用好氧和厌氧处理等生物处理方法。另外,对于可以回收利用的固体废弃物应该尽量回收利用,并将经无害化、减量化处理的固体废弃物运到专门的填埋场进行集中处置。对于不宜处理的固体废弃物可以采用焚烧等热处理方法进行处理。

(4)施工过程中噪声的防治

施工现场的噪声污染的主要来源包括施工机械产生的噪声、运输工具产生的噪声,以及人们生产和生活过程中产生的噪声等。施工噪声是危害施工现场生产人员健康和周边居民生活的主要原因。长期工作在 90dB 以上的噪声环境中,会最终发展为不可治愈的噪声聋。如果长期生活在高达 140dB 以上噪声的强烈刺激就可能造成耳聋。施工现场噪声的控制措施可以从声源、传播途径、接收者防护等方面来考虑。施工现场的噪声污染应根据我国的国家标准 GB12523—90《建筑施工场界噪声限值》的要求加以限制,具体如表 12-5 所示。

表 12-5 建筑施工场界噪声限值

施工阶段	主要噪声源	噪声限值/dB(A)	
		夜间	昼间
土石方	推土机	55	75
打桩	各种打桩机械	禁止	85
结构	混凝土搅拌机 振动棒 电锯	55	70
装修	吊车、升降机	55	65

12.3.3 绿色施工

1. 绿色施工的定义与原则

绿色施工是指工程建设中,在保证质量、安全等基本要求的前提下,通过科学管理和技术进步,最大限度地节约资源与减少对环境负面影响的施工活动,实现四节一环保(节能、节地、节水、节材和环境保护)。

绿色施工是建筑全寿命周期中的一个重要阶段。实施绿色施工,应进行总体方案优化。在规划、设计阶段,应充分考虑绿色施工的总体要求,为绿色施工提供基础条件。实施绿色施工,应对施工策划、材料采购、现场施工、工程验收等各阶段进行控制,加强对整个施工过程的管理和监督。

2. 绿色施工总体框架

绿色施工总体框架由施工管理、环境保护、节材与材料资源利用、节水与水资源利用、节能与能源利用、节地与施工用地保护六个方面组成(图 12-2)。这六个方面涵盖了绿色施工的基本指标,同时包含了施工策划、材料采购、现场施工、工程验收等各阶段的指标的子集。

3. 绿色施工要点

1) 绿色施工管理

(1) 组织管理

① 建立绿色施工管理体系,并制定相应的管理制度与目标。

② 项目经理为绿色施工第一责任人,负责绿色施工的组织实施及目标实现,并指定绿色施工管理人员和监督人员。

(2) 规划管理

① 编制绿色施工方案。该方案应在施工组织设计中独立成章,并按有关规定进行审批。

② 绿色施工方案应包括以下内容:

环境保护措施,制定环境管理计划及应急救援预案,采取有效措施,降低环境负荷,保护地

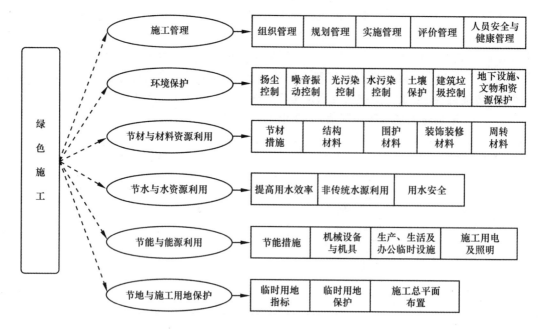

图 12-2　绿色施工总体框架

下设施和文物等资源。

节材措施,在保证工程安全与质量的前提下,制定节材措施。如进行施工方案的节材优化,建筑垃圾减量化,尽量利用可循环材料等。

节水措施,根据工程所在地的水资源状况,制定节水措施。

节能措施,进行施工节能策划,确定目标,制定节能措施。

节地与施工用地保护措施,制定临时用地指标、施工总平面布置规划及临时用地节地措施等。

（3）实施管理

① 绿色施工应对整个施工过程实施动态管理,加强对施工策划、施工准备、材料采购、现场施工、工程验收等各阶段的管理和监督。

② 应结合工程项目的特点,有针对性地对绿色施工作相应的宣传,通过宣传营造绿色施工的氛围。

③ 定期对职工进行绿色施工知识培训,增强职工绿色施工意识。

（4）评价管理

① 对照本导则的指标体系,结合工程特点,对绿色施工的效果及采用的新技术、新设备、新材料与新工艺,进行自评估。

② 成立专家评估小组,对绿色施工方案、实施过程至项目竣工,进行综合评估。

（5）人员安全与健康管理

① 制订施工防尘、防毒、防辐射等职业危害的措施,保障施工人员的长期职业健康。

② 合理布置施工场地,保护生活及办公区不受施工活动的有害影响。施工现场建立卫生急救、保健防疫制度,在安全事故和疾病疫情出现时提供及时救助。

③ 提供卫生、健康的工作与生活环境,加强对施工人员的住宿、膳食、饮用水等生活与环

境卫生等管理,明显改善施工人员的生活条件。

2)环境保护技术要点

(1)扬尘控制

① 运送土方、垃圾、设备及建筑材料等,不污损场外道路。运输容易散落、飞扬、流漏的物料的车辆,必须采取措施封闭严密,保证车辆清洁。施工现场出口应设置洗车槽。

② 土方作业阶段,采取洒水、覆盖等措施,达到作业区目测扬尘高度小于1.5m,不扩散到场区外。

③ 结构施工、安装装饰装修阶段,作业区目测扬尘高度小于0.5m。对易产生扬尘的堆放材料应采取覆盖措施;对粉末状材料应封闭存放;场区内可能引起扬尘的材料及建筑垃圾搬运应有降尘措施,如覆盖、洒水等;浇筑混凝土前清理灰尘和垃圾时尽量使用吸尘器,避免使用吹风器等易产生扬尘的设备;机械剔凿作业时可用局部遮挡、掩盖、水淋等防护措施;高层或多层建筑清理垃圾应搭设封闭性临时专用道或采用容器吊运。

④ 施工现场非作业区达到目测无扬尘的要求。对现场易飞扬物质采取有效措施,如洒水、地面硬化、围挡、密网覆盖、封闭等,防止扬尘产生。

⑤ 构筑物机械拆除前,做好扬尘控制计划。可采取清理积尘、拆除体洒水、设置隔档等措施。

⑥ 构筑物爆破拆除前,做好扬尘控制计划。可采用清理积尘、淋湿地面、预湿墙体、屋面敷水袋、楼面蓄水、建筑外设高压喷雾状水系统、搭设防尘排栅和直升机投水弹等综合降尘。选择风力小的天气进行爆破作业。

⑦ 在场界四周隔档高度位置测得的大气总悬浮颗粒物(TSP)月平均浓度与城市背景值的差值不大于0.08mg/m³。

(2)噪音与振动控制

① 现场噪音排放不得超过国家标准《建筑施工场界噪声限值》GB 12523—90 的规定。

② 在施工场界对噪音进行实时监测与控制。监测方法执行国家标准《建筑施工场界噪声测量方法》GB12524—90。

③ 使用低噪音、低振动的机具,采取隔音与隔振措施,避免或减少施工噪音和振动。

(3)光污染控制

① 尽量避免或减少施工过程中的光污染。夜间室外照明灯加设灯罩,透光方向集中在施工范围。

② 电焊作业采取遮挡措施,避免电焊弧光外泄。

(4)水污染控制

① 施工现场污水排放应达到国家标准《污水综合排放标准》GB 8978—1996 的要求。

② 在施工现场应针对不同的污水,设置相应的处理设施,如沉淀池、隔油池、化粪池等。

③ 污水排放应委托有资质的单位进行废水水质检测,提供相应的污水检测报告。

④ 保护地下水环境。采用隔水性能好的边坡支护技术。在缺水地区或地下水位持续下降的地区,基坑降水尽可能少地抽取地下水;当基坑开挖抽水量大于50万 m³时,应进行地下水回灌,并避免地下水被污染。

⑤ 对于化学品等有毒材料、油料的储存地,应有严格的隔水层设计,做好渗漏液收集和处理。

（5）土壤保护

① 保护地表环境,防止土壤侵蚀、流失。因施工造成的裸土,及时覆盖砂石或种植速生草种,以减少土壤侵蚀;因施工造成容易发生地表径流土壤流失的情况,应采取设置地表排水系统、稳定斜坡、植被覆盖等措施,减少土壤流失。

② 沉淀池、隔油池、化粪池等不发生堵塞、渗漏、溢出等现象。及时清掏各类池内沉淀物,并委托有资质的单位清运。

③ 对于有毒有害废弃物如电池、墨盒、油漆、涂料等应回收后交有资质的单位处理,不能作为建筑垃圾外运,避免污染土壤和地下水。

④ 施工后应恢复施工活动破坏的植被(一般指临时占地内)。与当地园林、环保部门或当地植物研究机构进行合作,在先前开发地区种植当地或其他合适的植物,以恢复剩余空地地貌或科学绿化,补救施工活动中人为破坏植被和地貌造成的土壤侵蚀。

（6）建筑垃圾控制

① 制定建筑垃圾减量化计划,如住宅建筑,每万平方米的建筑垃圾不宜超过 400t。

② 加强建筑垃圾的回收再利用,力争建筑垃圾的再利用和回收率达到 30%,建筑物拆除产生的废弃物的再利用和回收率大于 40%。对于碎石类、土石方类建筑垃圾,可采用地基填埋、铺路等方式提高再利用率,力争再利用率大于 50%。

③ 施工现场生活区设置封闭式垃圾容器,施工场地生活垃圾实行袋装化,及时清运。对建筑垃圾进行分类,并收集到现场封闭式垃圾站,集中运出。

（7）地下设施、文物和资源保护

① 施工前应调查清楚地下各种设施,做好保护计划,保证施工场地周边的各类管道、管线、建筑物、构筑物的安全运行。

② 施工过程中一旦发现文物,立即停止施工,保护现场并通报文物部门并协助做好工作。

③ 避让、保护施工场区及周边的古树名木。

④ 逐步开展统计分析施工项目的 CO_2 排放量,以及各种不同植被和树种的 CO_2 固定量的工作。

3）节材与材料资源利用技术要点

（1）节材措施

① 图纸会审时,应审核节材与材料资源利用的相关内容,达到材料损耗率比定额损耗率降低 30%。

② 根据施工进度、库存情况等合理安排材料的采购、进场时间和批次,减少库存。

③ 现场材料堆放有序。储存环境适宜,措施得当。保管制度健全,责任落实。

④ 材料运输工具适宜,装卸方法得当,防止损坏和遗洒。根据现场平面布置情况就近卸载,避免和减少二次搬运。

⑤ 采取技术和管理措施提高模板、脚手架等的周转次数。

⑥ 优化安装工程的预留、预埋、管线路径等方案。

⑦ 应就地取材,施工现场 500km 以内生产的建筑材料用量占建筑材料总重量的 70%以上。

（2）结构材料

① 推广使用预拌混凝土和商品砂浆。准确计算采购数量、供应频率、施工速度等,在施工

过程中动态控制。结构工程使用散装水泥。

② 推广使用高强钢筋和高性能混凝土,减少资源消耗。

③ 推广钢筋专业化加工和配送。

④ 优化钢筋配料和钢构件下料方案。钢筋及钢结构制作前应对下料单及样品进行复核,无误后方可批量下料。

⑤ 优化钢结构制作和安装方法。大型钢结构宜采用工厂制作,现场拼装;宜采用分段吊装、整体提升、滑移、顶升等安装方法,减少方案的措施用材量。

⑥ 采取数字化技术,对大体积混凝土、大跨度结构等专项施工方案进行优化。

(3)围护材料

① 门窗、屋面、外墙等围护结构选用耐候性及耐久性良好的材料,施工确保密封性、防水性和保温隔热性。

② 门窗采用密封性、保温隔热性能、隔音性能良好的型材和玻璃等材料。

③ 屋面材料、外墙材料具有良好的防水性能和保温隔热性能。

④ 当屋面或墙体等部位采用基层加设保温隔热系统的方式施工时,应选择高效节能、耐久性好的保温隔热材料,以减小保温隔热层的厚度及材料用量。

⑤ 屋面或墙体等部位的保温隔热系统采用专用的配套材料,以加强各层次之间的粘结或连接强度,确保系统的安全性和耐久性。

⑥ 根据建筑物的实际特点,优选屋面或外墙的保温隔热材料系统和施工方式,例如保温板粘贴、保温板干挂、聚氨酯硬泡喷涂、保温浆料涂抹等,以保证保温隔热效果,并减少材料浪费。

⑦ 加强保温隔热系统与围护结构的节点处理,尽量降低热桥效应。针对建筑物的不同部位保温隔热特点,选用不同的保温隔热材料及系统,以做到经济适用。

(4)装饰装修材料

① 贴面类材料在施工前,应进行总体排版策划,减少非整块材的数量。

② 采用非木质的新材料或人造板材代替木质板材。

③ 防水卷材、壁纸、油漆及各类涂料基层必须符合要求,避免起皮、脱落。各类油漆及粘结剂应随用随开启,不用时及时封闭。

④ 幕墙及各类预留预埋应与结构施工同步。

⑤ 木制品及木装饰用料、玻璃等各类板材等宜在工厂采购或定制。

⑥ 采用自粘类片材,减少现场液态粘结剂的使用量。

(5)周转材料

① 应选用耐用、维护与拆卸方便的周转材料和机具。

② 优先选用制作、安装、拆除一体化的专业队伍进行模板工程施工。

③ 模板应以节约自然资源为原则,推广使用定型钢模、钢框竹模、竹胶板。

④ 施工前应对模板工程的方案进行优化。多层、高层建筑使用可重复利用的模板体系,模板支撑宜采用工具式支撑。

⑤ 优化高层建筑的外脚手架方案,采用整体提升、分段悬挑等方案。

⑥ 推广采用外墙保温板替代混凝土施工模板的技术。

⑦ 现场办公和生活用房采用周转式活动房。现场围挡应最大限度地利用已有围墙,或采

用装配式可重复使用围挡封闭。力争工地临房、临时围挡材料的可重复使用率达到 70％。

4）节水与水资源利用的技术要点

（1）提高用水效率

① 施工中采用先进的节水施工工艺。

② 施工现场喷洒路面、绿化浇灌不宜使用市政自来水。现场搅拌用水、养护用水应采取有效的节水措施，严禁无措施浇水养护混凝土。

③ 施工现场供水管网应根据用水量设计布置，管径合理、管路简捷，采取有效措施减少管网和用水器具的漏损。

④ 现场机具、设备、车辆冲洗用水必须设立循环用水装置。施工现场办公区、生活区的生活用水采用节水系统和节水器具，提高节水器具配置比率。项目临时用水应使用节水型产品，安装计量装置，采取针对性的节水措施。

⑤ 施工现场建立可再利用水的收集处理系统，使水资源得到梯级循环利用。

⑥ 施工现场分别对生活用水与工程用水确定用水定额指标，并分别计量管理。

⑦ 大型工程的不同单项工程、不同标段、不同分包生活区，凡具备条件的应分别计量用水量。在签订不同标段分包或劳务合同时，将节水定额指标纳入合同条款，进行计量考核。

⑧ 对混凝土搅拌站点等用水集中的区域和工艺点进行专项计量考核。施工现场建立雨水、中水或可再利用水的搜集利用系统。

（2）非传统水源利用

① 优先采用中水搅拌、中水养护，有条件的地区和工程应收集雨水养护。

② 处于基坑降水阶段的工地，宜优先采用地下水作为混凝土搅拌用水、养护用水、冲洗用水和部分生活用水。

③ 现场机具、设备、车辆冲洗、喷洒路面、绿化浇灌等用水，优先采用非传统水源，尽量不使用市政自来水。

④ 大型施工现场，尤其是雨量充沛地区的大型施工现场建立雨水收集利用系统，充分收集自然降水用于施工和生活中适宜的部位。

⑤ 力争施工中非传统水源和循环水的再利用量大于 30％。

（3）用水安全

在非传统水源和现场循环再利用水的使用过程中，应制定有效的水质检测与卫生保障措施，确保避免对人体健康、工程质量以及周围环境产生不良影响。

5）节能与能源利用的技术要点

（1）节能措施

① 制订合理施工能耗指标，提高施工能源利用率。

② 优先使用国家、行业推荐的节能、高效、环保的施工设备和机具，如选用变频技术的节能施工设备等。

③ 施工现场分别设定生产、生活、办公和施工设备的用电控制指标，定期进行计量、核算、对比分析，并有预防与纠正措施。

④ 在施工组织设计中，合理安排施工顺序、工作面，以减少作业区域的机具数量，相邻作业区充分利用共有的机具资源。安排施工工艺时，应优先考虑耗用电能的或其它能耗较少的施工工艺。避免设备额定功率远大于使用功率或超负荷使用设备的现象。

⑤ 根据当地气候和自然资源条件,充分利用太阳能、地热等可再生能源。

(2) 机械设备与机具

① 建立施工机械设备管理制度,开展用电、用油计量,完善设备档案,及时做好维修保养工作,使机械设备保持低耗、高效的状态。

② 选择功率与负载相匹配的施工机械设备,避免大功率施工机械设备低负载长时间运行。机电安装可采用节电型机械设备,如逆变式电焊机和能耗低、效率高的手持电动工具等,以利节电。机械设备宜使用节能型油料添加剂,在可能的情况下,考虑回收利用,节约油量。

③ 合理安排工序,提高各种机械的使用率和满载率,降低各种设备的单位耗能。

(3) 生产、生活及办公临时设施

① 利用场地自然条件,合理设计生产、生活及办公临时设施的体形、朝向、间距和窗墙面积比,使其获得良好的日照、通风和采光。南方地区可根据需要在其外墙窗设遮阳设施。

② 临时设施宜采用节能材料,墙体、屋面使用隔热性能好的的材料,减少夏天空调、冬天取暖设备的使用时间及耗能量。

③ 合理配置采暖、空调、风扇数量,规定使用时间,实行分段分时使用,节约用电。

(4) 施工用电及照明

① 临时用电优先选用节能电线和节能灯具,临电线路合理设计、布置,临电设备宜采用自动控制装置。采用声控、光控等节能照明灯具。

② 照明设计以满足最低照度为原则,照度不应超过最低照度的20%。

6) 节地与施工用地保护的技术要点

(1) 临时用地指标

① 根据施工规模及现场条件等因素合理确定临时设施,如临时加工厂、现场作业棚及材料堆场、办公生活设施等的占地指标。临时设施的占地面积应按用地指标所需的最低面积设计。

② 要求平面布置合理、紧凑,在满足环境、职业健康与安全及文明施工要求的前提下尽可能减少废弃地和死角,临时设施占地面积有效利用率大于90%。

(2) 临时用地保护

① 应对深基坑施工方案进行优化,减少土方开挖和回填量,最大限度地减少对土地的扰动,保护周边自然生态环境。

② 红线外临时占地应尽量使用荒地、废地,少占用农田和耕地。工程完工后,及时对红线外占地恢复原地形、地貌,使施工活动对周边环境的影响降至最低。

③ 利用和保护施工用地范围内原有绿色植被。对于施工周期较长的现场,可按建筑永久绿化的要求,安排场地新建绿化。

(3) 施工总平面布置

① 施工总平面布置应做到科学、合理,充分利用原有建筑物、构筑物、道路、管线为施工服务。

② 施工现场搅拌站、仓库、加工厂、作业棚、材料堆场等布置应尽量靠近已有交通线路或即将修建的正式或临时交通线路,缩短运输距离。

③ 临时办公和生活用房应采用经济、美观、占地面积小、对周边地貌环境影响较小,且适合于施工平面布置动态调整的多层轻钢活动板房、钢骨架水泥活动板房等标准化装配式结构。

生活区与生产区应分开布置,并设置标准的分隔设施。

④ 施工现场围墙可采用连续封闭的轻钢结构预制装配式活动围挡,减少建筑垃圾,保护土地。

⑤ 施工现场道路按照永久道路和临时道路相结合的原则布置。施工现场内形成环形通路,减少道路占用土地。

⑥ 临时设施布置应注意远近结合(本期工程与下期工程),努力减少和避免大量临时建筑拆迁和场地搬迁。

复习思考题

1. 简述环境管理的概念。
2. 简述环境管理体系的构成。
3. 绿色住宅建筑应该从哪些方面进行评价?
4. 文明施工的主要内容有哪些?
5. 施工中会造成哪些环境污染?
6. 施工中如何避免大气污染?
7. 施工中如何避免水污染?
8. 施工中固体废弃物的处理方法有哪些?
9. 施工中对噪声污染有哪些规定?
10. 应从哪些方面来考虑施工中噪声的控制措施?
11. 绿色施工的基本要点有哪些?

附录　建筑工程施工质量验收统一标准

目　录

1　总　则

1.0.1　为了加强建筑工程质量管理,统一建筑工程施工质量的验收,保证工程质量,制定本标准。

1.0.2　本标准适用于建筑工程施工质量的验收,并作为建筑工程各专业验收规范编制的统一准则。

1.0.3　建筑工程施工质量验收,除应符合本标准要求外,尚应符合国家现行有关标准的规定。

2　术　语

2.0.1　建筑工程　building engineering

通过对各类房屋建筑及其附属设施的建造和与其配套线路、管道、设备等的安装所形成的工程实体。

2.0.2　检验　inspection

对被检验项目的特征、性能进行量测、检查、试验等,并将结果与标准规定的要求进行比较,以确定项目每项性能是否合格的活动。

2.0.3　进场检验　site inspection

对进入施工现场的建筑材料、构配件、设备及器具,按相关标准的要求进行检验,并对其质量、规格及型号等是否符合要求做出确认的活动。

2.0.4　见证检验　evidential testing

施工单位在工程监理单位或建设单位的见证下,按照有关规定从施工现场随机抽取试样,送至具备相应资质的检测机构进行检验的活动。

2.0.5　复验　repeat testing

建筑材料、设备等进入施工现场后,在外观质量检查和质量证明文件核查符合要求的基础上,按照有关规定从施工现场抽取试样送至试验室进行检验的活动。

2.0.6　检验批　inspection lot

按相同的生产条件或按规定的方式汇总起来供抽样检验用的,由一定数量样本组成的检验体。

2.0.7　验收　acceptance

建筑工程质量在施工单位自行检查合格的基础上,由工程质量验收责任方组织,工程建设相关单位参加,对检验批、分项、分部、单位工程及其隐蔽工程的质量进行抽样检验,对技术文件进行审核,并根据设计文件和相关标准以书面形式对工程质量是否达到合格做出确认。

2.0.8　主控项目　dominant item

建筑工程中对安全、节能、环境保护和主要使用功能起决定性作用的检验项目。

2.0.9　一般项目　general item

除主控项目以外的检验项目。

2.0.10　抽样方案　sampling scheme

根据检验项目的特性所确定的抽样数量和方法。

2.0.11 计数检验 inspection by attributes

通过确定抽样样本中不合格的个体数量,对样本总体质量做出判定的检验方法。

2.0.12 计量检验 inspection by variables

以抽样样本的检测数据计算总体均值、特征值或推定值,并以此判断或评估总体质量的检验方法。

2.0.13 错判概率 probability of commission

合格批被判为不合格批的概率,即合格批被拒收的概率,用 α 表示。

2.0.14 漏判概率 probability of omission

不合格批被判为合格批的概率,即不合格批被误收的概率,用 β 表示。

2.0.15 观感质量 quality of appearance

通过观察和必要的测试所反映的工程外在质量和功能状态。

2.0.16 返修 repair

对施工质量不符合规定的部位采取的整修等措施。

2.0.17 返工 rework

对施工质量不符合规定的部位采取的更换、重新制作、重新施工等措施。

3 基 本 规 定

3.0.1 施工现场应具有健全的质量管理体系、相应的施工技术标准、施工质量检验制度和综合施工质量水平评定考核制度。施工现场质量管理可按本标准附录 A 的要求进行检查记录。

3.0.2 未实行监理的建筑工程,建设单位相关人员应履行本标准涉及的监理职责。

3.0.3 建筑工程的施工质量控制应符合下列规定:

1 建筑工程采用的主要材料、半成品、成品、建筑构配件、器具和设备应进行进场检验。凡涉及安全、节能、环境保护和主要使用功能的重要材料、产品,应按各专业工程施工规范、验收规范和设计文件等规定进行复验,并应经监理工程师检查认可。

2 各施工工序应按施工技术标准进行质量控制,每道施工工序完成后,经施工单位自检符合规定后,才能进行下道工序施工。各专业工种之间的相关工序应进行交接检验,并应记录。

3 对于监理单位提出检查要求的重要工序,应经监理工程师检查认可,才能进行下道工序施工。

3.0.4 符合下列条件之一时,可按相关专业验收规范的规定适当调整抽样复验、试验数量,调整后的抽样复验、试验方案应由施工单位编制,并报监理单位审核确认。

1 同一项目中由相同施工单位施工的多个单位工程,使用同一生产厂家的同品种、同规格、同批次的材料、构配件、设备。

2 同一施工单位在现场加工的成品、半成品、构配件用于同一项目中的多个单位工程。

3 在同一项目中,针对同一抽样对象已有检验成果可以重复利用。

3.0.5 当专业验收规范对工程中的验收项目未做出相应规定时,应由建设单位组织监理、设计、施工等相关单位制定专项验收要求。涉及安全、节能、环境保护等项目的专项验收要求应由建设单位组织专家论证。

3.0.6 建筑工程施工质量应按下列要求进行验收：

　1 工程质量验收均应在施工单位自检合格的基础上进行。

　2 参加工程施工质量验收的各方人员应具备相应的资格。

　3 检验批的质量应按主控项目和一般项目验收。

　4 对涉及结构安全、节能、环境保护和主要使用功能的试块、试件及材料，应在进场时或施工中按规定进行见证检验。

　5 隐蔽工程在隐蔽前应由施工单位通知监理单位进行验收，并应形成验收文件，验收合格后方可继续施工。

　6 对涉及结构安全、节能、环境保护和使用功能的重要分部工程应在验收前按规定进行抽样检验。

　7 工程的观感质量应由验收人员现场检查，并应共同确认。

3.0.7 建筑工程施工质量验收合格应符合下列规定：

　1 符合工程勘察、设计文件的要求。

　2 符合本标准和相关专业验收规范的规定。

3.0.8 检验批的质量检验，可根据检验项目的特点在下列抽样方案中选取：

　1 计量、计数或计量-计数的抽样方案。

　2 一次、二次或多次抽样方案。

　3 对重要的检验项目，当有简易快速的检验方法时，选用全数检验方案。

　4 根据生产连续性和生产控制稳定性情况，采用调整型抽样方案。

　5 经实践证明有效的抽样方案。

3.0.9 检验批抽样样本应随机抽取，满足分布均匀、具有代表性的要求，抽样数量应符合有关专业验收规范的规定。当采用计数抽样时，最小抽样数量尚应符合表3.0.9的要求。

　明显不合格的个体可不纳入检验批，但应进行处理，使其满足有关专业验收规范的规定，对处理的情况应予以记录并重新验收。

表3.0.9　　　　　　　　　　　检验批最小抽样数量

检验批的容量	最小抽样数量	检验批的容量	最小抽样数量
2～15	2	151～280	13
16～25	3	281～500	20
26～90	5	501～1200	32
91～150	8	1201～3200	50

3.0.10 计量抽样的错判概率α和漏判概率β可按下列规定采取：

　1 主控项目：对应于合格质量水平的α和β均不宜超过5%。

　2 一般项目：对应于合格质量水平的α不宜超过5%，β不宜超过10%。

4　建筑工程质量验收的划分

4.0.1 建筑工程施工质量验收应划分为单位工程、分部工程、分项工程和检验批。

4.0.2 单位工程应按下列原则划分：

1 具备独立施工条件并能形成独立使用功能的建筑物或构筑物为一个单位工程。

2 对于规模较大的单位工程,可将其能形成独立使用功能的部分划分为一个子单位工程。

4.0.3 分部工程应按下列原则划分:

1 可按专业性质、工程部位确定。

2 当分部工程较大或较复杂时,可按材料种类、施工特点、施工程序、专业系统及类别将分部工程划分为若干子分部工程。

4.0.4 分项工程可按主要工种、材料、施工工艺、设备类别进行划分。

4.0.5 检验批可根据施工、质量控制和专业验收的需要,按工程量、楼层、施工段、变形缝进行划分。

4.0.6 建筑工程的分部、分项工程划分宜按本标准附录B采用。

4.0.7 施工前,应由施工单位制定分项工程和检验批的划分方案,并由监理单位审核。对于附录B及相关专业验收规范未涵盖的分项工程和检验批,可由建设单位组织监理、施工等单位协商确定。

4.0.8 室外工程可根据专业类别和工程规模按本标准附录C的规定划分子单位工程、分部工程、分项工程。

5 建筑工程质量验收

5.0.1 检验批质量验收合格应符合下列规定:

1 主控项目的质量经抽样检验均应合格。

2 一般项目的质量经抽样检验合格。当采用计数抽样时,合格点率应符合有关专业验收规范的规定,且不得存在严重缺陷。对于计数抽样的一般项目,正常检验一次、二次抽样可按本标准附录D判定。

3 具有完整的施工操作依据、质量验收记录。

5.0.2 分项工程质量验收合格应符合下列规定:

1 所含检验批的质量均应验收合格。

2 所含检验批的质量验收记录应完整。

5.0.3 分部工程质量验收合格应符合下列规定:

1 所含分项工程的质量均应验收合格。

2 质量控制资料应完整。

3 有关安全、节能、环境保护和主要使用功能的抽样检验结果应符合相应规定。

4 观感质量应符合要求。

5.0.4 单位工程质量验收合格应符合下列规定:

1 所含分部工程的质量均应验收合格。

2 质量控制资料应完整。

3 所含分部工程中有关安全、节能、环境保护和主要使用功能的检验资料应完整。

4 主要使用功能的抽查结果应符合相关专业验收规范的规定。

5 观感质量应符合要求。

5.0.5　建筑工程施工质量验收记录可按下列规定填写：

　　1　检验批质量验收记录可根据现场检查原始记录按本标准附录 E 填写，现场检查原始记录应在单位工程竣工验收前保留，并可追溯。

　　2　分项工程质量验收记录可按本标准附录 F 填写。

　　3　分部工程质量验收记录可按本标准附录 G 填写。

　　4　单位工程质量竣工验收记录、质量控制资料核查记录、安全和功能检验资料核查及主要功能抽查记录、观感质量检查记录应按本标准附录 H 填写。

5.0.6　当建筑工程施工质量不符合要求时，应按下列规定进行处理：

　　1　经返工或返修的检验批，应重新进行验收。

　　2　经有资质的检测机构检测鉴定能够达到设计要求的检验批，应予以验收。

　　3　经有资质的检测机构检测鉴定达不到设计要求、但经原设计单位核算认可能够满足安全和使用功能的检验批，可予以验收。

　　4　经返修或加固处理的分项、分部工程，满足安全及使用功能要求时，可按技术处理方案和协商文件的要求予以验收。

5.0.7　工程质量控制资料应齐全完整，当部分资料缺失时，应委托有资质的检测机构按有关标准进行相应的实体检验或抽样试验。

5.0.8　经返修或加固处理仍不能满足安全或重要使用功能的分部工程及单位工程，严禁验收。

6　建筑工程质量验收的程序和组织

6.0.1　检验批应由专业监理工程师组织施工单位项目专业质量检查员、专业工长等进行验收。

6.0.2　分项工程应由专业监理工程师组织施工单位项目专业技术负责人等进行验收。

6.0.3　分部工程应由总监理工程师组织施工单位项目负责人和项目技术负责人等进行验收。

　　勘察、设计单位项目负责人和施工单位技术、质量部门负责人应参加地基与基础分部工程的验收。

　　设计单位项目负责人和施工单位技术、质量部门负责人应参加主体结构、节能分部工程的验收。

6.0.4　单位工程中的分包工程完工后，分包单位应对所承包的工程项目进行自检，并应按本标准规定的程序进行验收。验收时，总包单位应派人参加。分包单位应将所分包工程的质量控制资料整理完整，并移交给总包单位。

6.0.5　单位工程完工后，施工单位应组织有关人员进行自检。总监理工程师应组织各专业监理工程师对工程质量进行竣工预验收。存在施工质量问题时，应由施工单位整改。整改完毕后，由施工单位向建设单位提交工程竣工报告，申请工程竣工验收。

6.0.6　建设单位收到工程竣工报告后，应由建设单位项目负责人组织监理、施工、设计、勘察等单位项目负责人进行单位工程验收。

附录 A 施工现场质量管理检查记录

表 A	施工现场质量管理检查记录	开工日期：

工程名称		施工许可证号	
建设单位		项目负责人	
设计单位		项目负责人	
监理单位		总监理工程师	

施工单位		项目负责人		项目技术负责人	

序号	项　目	主　要　内　容
1	项目部质量管理体系	
2	现场质量责任制	
3	主要专业工种操作岗位证书	
4	分包单位管理制度	
5	图纸会审记录	
6	地质勘察资料	
7	施工技术标准	
8	施工组织设计、施工方案编制及审批	
9	物资采购管理制度	
10	施工设施和机械设备管理制度	
11	计量设备配备	
12	检测试验管理制度	
13	工程质量检查验收制度	
14		

自检结果：

检查结论：

施工单位项目负责人：　　　年　月　日

总监理工程师：　　　年　月　日

附录 B　建筑工程的分部工程、分项工程划分

表 B　　　　　　　　　　　建筑工程的分部工程、分项工程划分

序号	分部工程	子分部工程	分项工程
1	地基与基础	土方	土方开挖,土方回填,场地平整
		基坑支护	灌注桩排桩围护墙,重力式挡土墙,板桩围护墙,型钢水泥土搅拌墙,土钉墙与复合土钉墙,地下连续墙,咬合桩围护墙,沉井与沉箱,钢或混凝土支撑,锚杆(索),与主体结构相结合的基坑支护,降水与排水
		地基处理	素土、灰土地基,砂和砂石地基,土工合成材料地基,粉煤灰地基,强夯地基,注浆加固地基,预压地基,振冲地基,高压喷射注浆地基,水泥土搅拌桩地基,土和灰土挤密桩地基,水泥粉煤灰碎石桩地基,夯实水泥土桩地基,砂桩地基
		桩基础	先张法预应力管桩,钢筋混凝土预制桩,钢桩,泥浆护壁混凝土灌注桩,长螺旋钻孔压灌桩,沉管灌注桩,干作业成孔灌注桩,锚杆静压桩
		混凝土基础	模板,钢筋,混凝土,预应力,现浇结构,装配式结构
		砌体基础	砖砌体,混凝土小型空心砌块砌体,石砌体,配筋砌体
		钢结构基础	钢结构焊接,紧固件连接,钢结构制作,钢结构安装,防腐涂料涂装
		钢管混凝土结构基础	构件进场验收,构件现场拼装,柱脚锚固,构件安装,柱与混凝土梁连接,钢管内钢筋骨架,钢管内混凝土浇筑
		型钢混凝土结构基础	型钢焊接,紧固件连接,型钢与钢筋连接,型钢构件组装及预拼装,型钢安装,模板,混凝土
		地下防水	主体结构防水,细部构造防水,特殊施工法结构防水,排水,注浆
2	主体结构	混凝土结构	模板,钢筋,混凝土,预应力,现浇结构,装配式结构
		砌体结构	砖砌体,混凝土小型空心砌块砌体,石砌体,配筋砌体,填充墙砌体
		钢结构	钢结构焊接,紧固件连接,钢零部件加工,钢构件组装及预拼装,单层钢结构安装,多层及高层钢结构安装,钢管结构安装,预应力钢索和膜结构,压型金属板,防腐涂料涂装,防火涂料涂装
		钢管混凝土结构	构件现场拼装,构件安装,柱与混凝土梁连接,钢管内钢筋骨架,钢管内混凝土浇筑
		型钢混凝土结构	型钢焊接,紧固件连接,型钢与钢筋连接,型钢构件组装及预拼装,型钢安装,模板,混凝土
		铝合金结构	铝合金焊接,紧固件连接,铝合金零部件加工,铝合金构件组装,铝合金构件预拼装,铝合金框架结构安装,铝合金空间网格结构安装,铝合金面板,铝合金幕墙结构安装,防腐处理
		木结构	方木和原木结构,胶合木结构,轻型木结构,木结构防护

续表

序号	分部工程	子分部工程	分项工程
3	建筑装饰装修	建筑地面	基层铺设,整体面层铺设,板块面层铺设,木、竹面层铺设
		抹灰	一般抹灰,保温层薄抹灰,装饰抹灰,清水砌体勾缝
		外墙防水	外墙砂浆防水,涂膜防水,透气膜防水
		门窗	木门窗安装,金属门窗安装,塑料门窗安装,特种门安装,门窗玻璃安装
		吊顶	整体面层吊顶,板块面层吊顶,格栅吊顶
		轻质隔墙	板材隔墙,骨架隔墙,活动隔墙,玻璃隔墙
		饰面板	石板安装,陶瓷板安装,木板安装,金属板安装,塑料板安装
		饰面砖	外墙饰面砖粘贴,内墙饰面砖粘贴
		幕墙	玻璃幕墙安装,金属幕墙安装,石材幕墙安装,陶板幕墙安装
		涂饰	水性涂料涂饰,溶剂型涂料涂饰,美术涂饰
		裱糊与软包	裱糊,软包
		细部	橱柜制作与安装,窗帘盒和窗台板制作与安装,门窗套制作与安装,护栏和扶手制作与安装,花饰制作与安装
4	屋面	基层与保护	找坡层和找平层,隔汽层,隔离层,保护层
		保温与隔热	板状材料保温层,纤维材料保温层,喷涂硬泡聚氨酯保温层,现浇泡沫混凝土保温层,种植隔热层,架空隔热层,蓄水隔热层
		防水与密封	卷材防水层,涂膜防水层,复合防水层,接缝密封防水
		瓦面与板面	烧结瓦和混凝土瓦铺装,沥青瓦铺装,金属板铺装,玻璃采光顶铺装
		细部构造	檐口,檐沟和天沟,女儿墙和山墙,水落口,变形缝,伸出屋面管道,屋面出入口,反梁过水孔,设施基座,屋脊,屋顶窗
5	建筑给水排水及供暖	室内给水系统	给水管道及配件安装,给水设备安装,室内消火栓系统安装,消防喷淋系统安装,防腐,绝热,管道冲洗、消毒,试验与调试
		室内排水系统	排水管道及配件安装,雨水管道及配件安装,防腐,试验与调试
		室内热水系统	管道及配件安装,辅助设备安装,防腐,绝热,试验与调试
		卫生器具	卫生器具安装,卫生器具给水配件安装,卫生器具排水管道安装,试验与调试
		室内供暖系统	管道及配件安装,辅助设备安装,散热器安装,低温热水地板辐射供暖系统安装,电加热供暖系统安装,燃气红外辐射供暖系统安装,热风供暖系统安装,热计量及调控装置安装,试验与调试,防腐,绝热
		室外给水管网	给水管道安装,室外消火栓系统安装,试验与调试
		室外排水管网	排水管道安装,排水管沟与井池,试验与调试
		室外供热管网	管道及配件安装,系统水压试验,系统调试,防腐,绝热,试验与调试
		室外二次供热管网	管道及配管安装,土建结构,防腐,绝热,试验与调试
		建筑饮用水供应系统	管道及配件安装,水处理设备及控制设施安装,防腐,绝热,试验与调试
		建筑中水系统及雨水利用系统	建筑中水系统、雨水利用系统管道及配件安装,水处理设备及控制设施安装,防腐,绝热,试验与调试

续表

序号	分部工程	子分部工程	分项工程
5	建筑给水排水及供暖	游泳池及公共浴池水系统	管道及配件系统安装,水处理设备及控制设施安装,防腐,绝热,试验与调试
		水景喷泉系统	管道系统及配件安装,防腐,绝热,试验与调试
		热源及辅助设备	锅炉安装,辅助设备及管道安装,安全附件安装,换热站安装,防腐,绝热,试验与调试
		监测与控制仪表	检测仪器及仪表安装,试验与调试
6	通风与空调	送风系统	风管与配件制作,部件制作,风管系统安装,风机与空气处理设备安装,风管与设备防腐,系统调试,旋流风口、岗位送风口、织物(布)风管安装
		排风系统	风管与配件制作,部件制作,风管系统安装,风机与空气处理设备安装,风管与设备防腐,系统调试,吸风罩及其他空气处理设备安装,厨房、卫生间排系统安装
		防排烟系统	风管与配件制作,部件制作,风管系统安装,风机与空气处理设备安装,风管与设备防腐,系统调试,排烟风阀(口)、常闭正压风口、防火风管安装
		除尘系统	风管与配件制作,部件制作,风管系统安装,风机与空气处理设备安装,风管与设备防腐,系统调试,除尘器与排污设备安装,吸尘罩安装,高温风管绝热
		舒适性空调系统	风管与配件制作,部件制作,风管系统安装,风机与空气处理设备安装,风管与设备防腐,系统调试,组合式空调机组安装,消声器、静电除尘器、换热器、紫外线灭菌器等设备安装,风机盘管、VAV 与 UFAD 地板送风装置、射流喷口等末端设备安装,风管与设备绝热
		恒温恒湿空调系统	风管与配件制作,部件制作,风管系统安装,风机与空气处理设备安装,风管与设备防腐,系统调试,组合式空调机组安装,电加热器、加湿器等设备安装,精密空调机组安装,风管与设备绝热
		净化空调系统	风管与配件制作,部件制作,风管系统安装,风机与空气处理设备安装,风管与设备防腐,系统调试,净化空调机组安装,消声器、静电除尘器、换热器、紫外线灭菌器等设备安装,中、高效过滤器及风机过滤器单元(FFU)等末端设备清洗与安装,洁净度测试,风管与设备绝热
		地下人防通风系统	风管与配件制作,部件制作,风管系统安装,风机与空气处理设备安装,风管与设备防腐,系统调试,风机与空气处理设备安装,过滤吸收器、防爆波活门、防爆超压排气活门等专用设备安装
		真空吸尘系统	风管与配件制作,部件制作,风管系统安装,风机与空气处理设备安装,风管与设备防腐,管道安装,快速接口安装,风机与滤尘设备安装,系统压力试验及调试
		冷凝水系统	管道系统及部件安装,水泵及附属设备安装,管道、设备防腐与绝热,管道冲洗与管内防腐,系统灌水渗漏及排放试验
		空调(冷、热)水系统	管道系统及部件安装,水泵及附属设备安装,管道、设备防腐与绝热,管道冲洗与管内防腐,系统压力试验及调试,板式热交换器、辐射板及辐射供热、供冷地埋管,热泵机组设备安装

续表

序号	分部工程	子分部工程	分项工程
6	通风与空调	冷却水系统	管道系统及部件安装,水泵及附属设备安装,管道、设备防腐与绝热,管道冲洗与管内防腐,系统压力试验及调试,冷却塔与水处理设备安装,防冻伴热设备安装
		土壤源热泵换热系统	管道系统及部件安装,水泵及附属设备安装,管道、设备防腐与绝热,管道冲洗与管内防腐,系统压力试验及调试,埋地换热系统与管网安装
		水源热泵换热系统	管道系统及部件安装,水泵及附属设备安装,管道、设备防腐与绝热,管道冲洗与管内防腐,系统压力试验及调试,地表水源换热管及管网安装,除垢设备安装
		蓄能系统	管道系统及部件安装,水泵及附属设备安装,管道、设备防腐与绝热,管道冲洗与管内防腐,系统压力试验及调试,蓄水罐与蓄冰槽、罐安装
		压缩式制冷(热)设备系统	制冷机组及附属设备安装,管道、设备防腐与绝热,系统压力试验及调试,制冷剂管道及部件安装,制冷剂灌注
		吸收式制冷设备系统	制冷机组及附属设备安装,管道、设备防腐与绝热,试验及调试,系统真空试验,溴化锂溶液加灌,蒸汽管道系统安装,燃气或燃油设备安装
		多联机(热泵)空调系统	室外机组安装,室内机组安装,制冷剂管路连接及控制开关安装,风管安装,冷凝水管道安装,制冷剂灌注,系统压力试验及调试
		太阳能供暖空调系统	太阳能集热器安装,其他辅助能源、换热设备安装,蓄能水箱、管道及配件安装,系统压力试验及调试,防腐,绝热,低温热水地板辐射采暖系统安装
		设备自控系统	温度、压力与流量传感器安装,执行机构安装调试,防排烟系统功能测试,自动控制及系统智能控制软件调试
7	建筑电气	室外电气	变压器、箱式变电所安装,成套配电柜、控制柜(屏、台)和动力、照明配电箱(盘)及控制柜安装,梯架、托盘和槽盒安装,导管敷设,电缆敷设,管内穿线和槽盒内敷线,电缆头制作,导线连接,线路绝缘测试,普通灯具安装,专用灯具安装,建筑照明通电试运行,接地装置安装
		变配电室	变压器、箱式变电所安装,成套配电柜、控制柜(屏、台)和动力、照明配电箱(盘)安装,母线槽安装,梯架、托盘和槽盒安装,电缆敷设,电缆头制作,导线连接,线路电气试验,接地装置安装,接地干线敷设
		供电干线	电气设备试验和试运行,母线槽安装,梯架、托盘和槽盒安装,导管敷设,电缆敷设,管内穿线和槽盒内敷线,电缆头制作,导线连接,线路绝缘测试,接地干线敷设
		电气动力	成套配电柜、控制柜(屏、台)和动力、照明配电箱(盘)安装,电动机、电加热器及电动执行机构检查接线,电气设备试验和试运行,梯架、托盘和槽盒安装,导管敷设,电缆敷设,管内穿线和槽盒内敷线,电缆头制作,导线连接,线路绝缘测试,开关、插座、风扇安装
		电气照明	成套配电柜、控制柜(屏、台)和动力、照明配电箱(盘)安装,梯架、托盘和槽盒安装,导管敷设,管内穿线和槽盒内敷线,塑料护套线直敷布线,钢索配线,电缆头制作,导线连接,线路绝缘测试,普通灯具安装,专用灯具安装,开关、插座、风扇安装,建筑照明通电试运行

续表

序号	分部工程	子分部工程	分项工程
7	建筑电气	备用和不间断电源	成套配电柜、控制柜(屏、台)和动力、照明配电箱(盘)安装,柴油发电机组安装,不间断电源装置(UPS)及应急电源装置(EPS)安装,母线槽安装,导管敷设,电缆敷设,管内穿线和槽盒内敷线,电缆头制作,导线连接,线路绝缘测试,接地装置安装
		防雷及接地	接地装置安装,避雷引下线及接闪器安装,建筑物等电位连接
8	智能建筑	智能化集成系统	设备安装,软件安装,接口及系统调试,试运行
		信息接入系统	安装场地检查
		用户电话交换系统	线缆敷设,设备安装,软件安装,接口及系统调试,试运行
		信息网络系统	计算机网络设备安装,计算机网络软件安装,网络安全设备安装,网络安全软件安装,系统调试,试运行
		综合布线系统	梯架、托盘、槽盒和导管安装,线缆敷设,机柜、机架、配线架安装,信息插座安装,链路或信道测试,软件安装,系统调试,试运行
		移动通信室内信号覆盖系统	安装场地检查
		卫星通信系统	安装场地检查
		有线电视及卫星电视接收系统	梯架、托盘、槽盒和导管安装,线缆敷设,设备安装,软件安装,系统调试,试运行
		公共广播系统	梯架、托盘、槽盒和导管安装,线缆敷设,设备安装,软件安装,系统调试,试运行
		会议系统	梯架、托盘、槽盒和导管安装,线缆敷设,设备安装,软件安装,系统调试,试运行
		信息导引及发布系统	梯架、托盘、槽盒和导管安装,线缆敷设,显示设备安装,机房设备安装,软件安装,系统调试,试运行
		时钟系统	梯架、托盘、槽盒和导管安装,线缆敷设,设备安装,软件安装,系统调试,试运行
		信息化应用系统	梯架、托盘、槽盒和导管安装,线缆敷设,设备安装,软件安装,系统调试,试运行
		建筑设备监控系统	梯架、托盘、槽盒和导管安装,线缆敷设,传感器安装,执行器安装,控制器、箱安装,中央管理工作站和操作分站设备安装,软件安装,系统调试,试运行
		火灾自动报警系统	梯架、托盘、槽盒和导管安装,线缆敷设,探测器类设备安装,控制器类设备安装,其他设备安装,软件安装,系统调试,试运行
		安全技术防范系统	梯架、托盘、槽盒和导管安装,线缆敷设,设备安装,软件安装,系统调试,试运行
		应急响应系统	设备安装,软件安装,系统调试,试运行
		机房	供配电系统,防雷与接地系统,空气调节系统,给水排水系统,综合布线系统,监控与安全防范系统,消防系统,室内装饰装修,电磁屏蔽,系统调试,试运行
		防雷与接地	接地装置,接地线,等电位联接,屏蔽设施,电涌保护器,线缆敷设,系统调试,试运行

续表

序号	分部工程	子分部工程	分项工程
9	建筑节能	围护系统节能	墙体节能,幕墙节能,门窗节能,屋面节能,地面节能
		供暖空调设备及管网节能	供暖节能,通风与空调设备节能,空调与供暖系统冷热源节能,空调与供暖系统管网节能
		电气动力节能	配电节能,照明节能
		监控系统节能	监测系统节能,控制系统节能
		可再生能源	地源热泵系统节能,太阳能光热系统节能,太阳能光伏节能
10	电梯	电力驱动的曳引式或强制式电梯	设备进场验收,土建交接检验,驱动主机,导轨,门系统,轿厢,对重,安全部件,悬挂装置,随行电缆,补偿装置,电气装置,整机安装
		液压电梯	设备进场验收,土建交接检验,液压系统,导轨,门系统,轿厢,对重,安全部件,悬挂装置,随行电缆,电气装置,整机安装
		自动扶梯、自动人行道	设备进场验收,土建交接检验,整机安装

附录 C 室外工程的划分

表 C 室外工程的划分

子单位工程	分部工程	分项工程
室外设施	道路	路基,基层,面层,广场与停车场,人行道,人行地道,挡土墙,附属构筑物
	边坡	土石方,挡土墙,支护
附属建筑及室外环境	附属建筑	车棚,围墙,大门,挡土墙
	室外环境	建筑小品,亭台,水景,连廊,花坛,场坪绿化,景观桥

附录 D 一般项目正常检验一次、二次抽样判定

D.0.1 对于计数抽样的一般项目,正常检验一次抽样可按表 D.0.1-1 判定,正常检验二次抽样可按表 D.0.1-2 判定。抽样方案应在抽样前确定。

D.0.2 样本容量在表 D.0.1-1 或表 D.0.1-2 给出的数值之间时,合格判定数可通过插值并四舍五入取整确定。

表 D.0.1-1　　　　　　　　一般项目正常检验一次抽样判定

样本容量	合格判定数	不合格判定数	样本容量	合格判定数	不合格判定数
5	1	2	32	7	8
8	2	3	50	10	11
13	3	4	80	14	15
20	5	6	125	21	22

表 D.0.1-2　　　　　　　　一般项目正常检验二次抽样判定

抽样次数	样本容量	合格判定数	不合格判定数	抽样次数	样本容量	合格判定数	不合格判定数
(1)	3	0	2	(1)	20	3	6
(2)	6	1	2	(2)	40	9	10
(1)	5	0	3	(1)	32	5	9
(2)	10	3	4	(2)	64	12	13
(1)	8	1	3	(1)	50	7	11
(2)	16	4	5	(2)	100	18	19
(1)	13	2	5	(1)	80	11	16
(2)	26	6	7	(2)	160	26	27

注:(1)和(2)表示抽样次数,(2)对应的样本容量为二次抽样的累计数量。

附录 E 检验批质量验收记录

表 E _____检验批质量验收记录 编号：

单位(子单位)工程名称		分部(子分部)工程名称		分项工程名称	
施工单位		项目负责人		检验批容量	
分包单位		分包单位项目负责人		检验批部位	
施工依据			验收依据		

	验收项目	设计要求及规范规定	最小/实际抽样数量	检查记录	检查结果
主控项目	1				
	2				
	3				
	4				
	5				
	6				
	7				
	8				
	9				
	10				
一般项目	1				
	2				
	3				
	4				
	5				

施工单位检查结果	专业工长： 项目专业质量检查员： 年 月 日
监理单位验收结论	专业监理工程师： 年 月 日

附录 F 分项工程质量验收记录

表 E　　　　　　　　　　分项工程质量验收记录　　　　编号：

单位（子单位）工程名称			分部（子分部）工程名称			
分项工程数量			检验批数量			
施工单位			项目负责人		项目技术负责人	
分包单位			分包单位项目负责人		分包内容	

序号	检验批名称	检验批容量	部位/区段	施工单位检查结果	监理单位验收结论
1					
2					
3					
4					
5					
6					
7					
8					
9					
10					
11					
12					
13					
14					
15					

说明

施工单位检查结果	项目专业技术负责人： 年　月　日
监理单位验收结论	专业监理工程师： 年　月　日

附录 G　分部工程质量验收记录

表 G　　　　　　　**分部工程质量验收记录**　　　　**编号：**

单位(子单位)工程名称			子分部工程数量		分项工程数量	
施工单位			项目负责人		技术(质量)负责人	
分包单位			分包单位负责人		分包内容	

序号	子分部工程名称	分项工程名称	检验批数量	施工单位检查结果	监理单位验收结论
1					
2					
3					
4					
5					
6					
	质量控制资料				
	安全和功能检验结果				
	观感质量检验结果				

综合验收结论	

施工单位 项目负责人： 年　月　日	勘察单位 项目负责人： 年　月　日	设计单位 项目负责人： 年　月　日	监理单位 总监理工程师： 年　月　日

注：1. 地基与基础分部工程的验收应由施工、勘察、设计单位项目负责人和总监理工程师参加并签字。

　　2. 主体结构、节能分部工程的验收应由施工、设计单位项目负责人和总监理工程师参加并签字。

附录 H 单位工程质量竣工验收记录

H.0.1 单位工程质量竣工验收应按表 H.0.1-1 记录,单位工程质量控制资料核查应按表 H.0.1-2 记录,单位工程安全和功能检验资料核查及主要功能抽查应按表 H.0.1-3 记录,单位工程观感质量检查应按表 H.0.1-4 记录。

H.0.2 表 H.0.1-1 中的验收记录由施工单位填写,验收结论由监理单位填写。综合验收结论经参加验收各方共同商定,由建设单位填写,应对工程质量是否符合设计文件和相关标准的规定及总体质量水平做出评价。

表 H.0.1-1　　　　　　　　　单位工程质量竣工验收记录

工程名称		结构类型		层数/ 建筑面积	
施工单位		技术负责人		开工日期	
项目负责人		项目技术 负责人		完工日期	

序号	项目	验 收 记 录	验 收 结 论
1	分部工程验收	共　　分部,经查符合设计及标准规定　　分部	
2	质量控制资料核查	共　　项,经核查符合规定　　项	
3	安全和使用功能核查及抽查结果	共核查　　项,符合规定　　项, 共抽查　　项,符合规定　　项, 经返工处理符合规定　　　　项	
4	观感质量验收	共抽查　　项,达到"好"和"一般"的　　项,经返修处理符合要求的　　项	

综合验收结论	

参 加 验 收 单 位	建设单位	监理单位	施工单位	设计单位	勘察单位
	(公章) 项目负责人: 　年 月 日	(公章) 总监理工程师: 　年 月 日	(公章) 项目负责人: 　年 月 日	(公章) 项目负责人: 　年 月 日	(公章) 项目负责人: 　年 月 日

注:单位工程验收时,验收签字人员应由相应单位的法人代表书面授权。

表 H.0.1-2 　　　　　　　　　　单位工程质量控制资料核查记录

工程名称				施工单位				
序号	项目	资　料　名　称	份数	施工单位		监理单位		
				核查意见	核查人	核查意见	核查人	
1	建筑与结构	图纸会审记录、设计变更通知单、工程洽商记录						
2		工程定位测量、放线记录						
3		原材料出厂合格证书及进场检验、试验报告						
4		施工试验报告及见证检测报告						
5		隐蔽工程验收记录						
6		施工记录						
7		地基、基础、主体结构检验及抽样检测资料						
8		分项、分部工程质量验收记录						
9		工程质量事故调查处理资料						
10		新技术论证、备案及施工记录						
11								
1	给水排水与供暖	图纸会审记录、设计变更通知单、工程洽商记录						
2		原材料出厂合格证书及进场检验、试验报告						
3		管道、设备强度试验、严密性试验记录						
4		隐蔽工程验收记录						
5		系统清洗、灌水、通水、通球试验记录						
6		施工记录						
7		分项、分部工程质量验收记录						
8		新技术论证、备案及施工记录						
9								
1	通风与空调	图纸会审记录、设计变更通知单、工程洽商记录						
2		原材料出厂合格证书及进场检验、试验报告						
3		制冷、空调、水管道强度试验、严密性试验记录						
4		隐蔽工程验收记录						
5		制冷设备运行调试记录						
6		通风、空调系统调试记录						
7		施工记录						
8		分项、分部工程质量验收记录						
9		新技术论证、备案及施工记录						
10								
1	建筑电气	图纸会审记录、设计变更通知单、工程洽商记录						
2		原材料出厂合格证书及进场检验、试验报告						
3		设备调试记录						
4		接地、绝缘电阻测试记录						

续表 H.0.1-2

工程名称					施工单位				
序号	项目	资　料　名　称			份数	施工单位		监理单位	
						核查意见	核查人	核查意见	核查人
5	建筑电气	隐蔽工程验收记录							
6		施工记录							
7		分项、分部工程质量验收记录							
8		新技术论证、备案及施工记录							
9									
1	建筑智能化	图纸会审记录、设计变更通知单、工程洽商记录							
2		原材料出厂合格证书及进场检验、试验报告							
3		隐蔽工程验收记录							
4		施工记录							
5		系统功能测定及设备调试记录							
6		系统技术、操作和维护手册							
7		系统管理、操作人员培训记录							
8		系统检测报告							
9		分项、分部工程质量验收记录							
10		新技术论证、备案及施工记录							
11									
1	建筑节能	图纸会审记录、设计变更通知单、工程洽商记录							
2		原材料出厂合格证书及进场检验、试验报告							
3		隐蔽工程验收记录							
4		施工记录							
5		外墙、外窗节能检验报告							
6		设备系统节能检测报告							
7		分项、分部工程质量验收记录							
8									
9									
1	电梯	图纸会审记录、设计变更通知单、工程洽商记录							
2		设备出厂合格证书及开箱检验记录							
3		隐蔽工程验收记录							
4		施工记录							
5		接地、绝缘电阻试验记录							
6		负荷试验、安全装置检查记录							
7		分项、分部工程质量验收记录							
8		新技术论证、备案及施工记录							
9									

结论：

施工单位项目负责人：　　　　　　　　　　总监理工程师：

年　月　日　　　　　　　　　　　　　年　月　日

表 H.0.1-3   **单位工程安全和功能检验资料核查及主要功能抽查记录**

工程名称				施工单位			
序号	项目	安全和功能检查项目		份数	核查意见	抽查结果	核查(抽查)人
1	建筑与结构	地基承载力检验报告					
2		桩基承载力检验报告					
3		混凝土强度试验报告					
4		砂浆强度试验报告					
5		主体结构尺寸、位置抽查记录					
6		建筑物垂直度、标高、全高测量记录					
7		屋面淋水或蓄水试验记录					
8		地下室渗漏水检测记录					
9		有防水要求的地面蓄水试验记录					
10		抽气(风)道检查记录					
11		外窗气密性、水密性、耐风压检测报告					
12		幕墙气密性、水密性、耐风压检测报告					
13		建筑物沉降观测测量记录					
14		节能、保温测试记录					
15		室内环境检测报告					
16		土壤氡气浓度检测报告					
17							
1	给排水与供暖	给水管道通水试验记录					
2		暖气管道、散热器压力试验记录					
3		卫生器具满水试验记录					
4		消防管道、燃气管道压力试验记录					
5		排水干管通球试验记录					
6							

续表 H.0.1-3

工程名称					施工单位			
序号	项目	安全和功能检查项目			份数	核查意见	抽查结果	核查(抽查)人
1	通风与空调	通风、空调系统试运行记录						
2		风量、温度测试记录						
3		空气能量回收装置测试记录						
4		洁净室洁净度测试记录						
5		制冷机组试运行调试记录						
6								
1	电气	照明全负荷试验记录						
2		大型灯具牢固性试验记录						
3		避雷接地电阻测试记录						
4		线路、插座、开关接地检验记录						
5								
1	智能建筑	系统试运行记录						
2		系统电源及接地检测报告						
3								
1	建筑节能	外墙节能构造检查记录或热工性能检验报告						
2		设备系统节能性能检查记录						
3								
1	电梯	运行记录						
2		安全装置检测报告						
3								

结论:

施工单位项目负责人:　　　　　　　　总监理工程师:

　　　　　　　　年　月　日　　　　　　　　　　年　月　日

注:抽查项目由验收组协商确定。

表 H.0.1-4　　　　　　　　　　　单位工程观感质量检查记录

工程名称			施工单位	
序号		项目	抽查质量状况	质量评价
1	建筑与结构	主体结构外观	共检查　点,好　点,一般　点,差　点	
2		室外墙面	共检查　点,好　点,一般　点,差　点	
3		变形缝、雨水管	共检查　点,好　点,一般　点,差　点	
4		屋面	共检查　点,好　点,一般　点,差　点	
5		室内墙面	共检查　点,好　点,一般　点,差　点	
6		室内顶棚	共检查　点,好　点,一般　点,差　点	
7		室内地面	共检查　点,好　点,一般　点,差　点	
8		楼梯、踏步、护栏	共检查　点,好　点,一般　点,差　点	
9		门窗	共检查　点,好　点,一般　点,差　点	
10		雨罩、台阶、坡道、散水	共检查　点,好　点,一般　点,差　点	
1	给排水与供暖	管道接口、坡度、支架	共检查　点,好　点,一般　点,差　点	
2		卫生器具、支架、阀门	共检查　点,好　点,一般　点,差　点	
3		检查口、扫除口、地漏	共检查　点,好　点,一般　点,差　点	
4		散热器、支架	共检查　点,好　点,一般　点,差　点	
5				
1	通风与空调	风管、支架	共检查　点,好　点,一般　点,差　点	
2		风口、风阀	共检查　点,好　点,一般　点,差　点	
3		风机、空调设备	共检查　点,好　点,一般　点,差　点	
4		阀门、支架	共检查　点,好　点,一般　点,差　点	
5		水泵、冷却塔	共检查　点,好　点,一般　点,差　点	
6		绝热	共检查　点,好　点,一般　点,差　点	
1	建筑电气	配电箱、盘、板、接线盒	共检查　点,好　点,一般　点,差　点	
2		设备器具、开关、插座	共检查　点,好　点,一般　点,差　点	
3		防雷、接地、防火	共检查　点,好　点,一般　点,差　点	
1	智能建筑	机房设备安装及布局	共检查　点,好　点,一般　点,差　点	
2		现场设备安装	共检查　点,好　点,一般　点,差　点	
1	电梯	运行、平层、开关门	共检查　点,好　点,一般　点,差　点	
2		层门、信号系统	共检查　点,好　点,一般　点,差　点	
3		机房	共检查　点,好　点,一般　点,差　点	
	观感质量综合评价			

结论:

施工单位项目负责人:　　　　　　　　　总监理工程师:

年　月　日　　　　　　　　　　　　年　月　日

注:1　对质量评价为差的项目应进行返修;

　　2　观感质量现场检查原始记录应作为本表附件。

本标准用词说明

1 为了便于在执行本标准条文时区别对待,对要求严格程度不同的用词说明如下:

   1) 表示很严格,非这样做不可的用词:

      正面词采用"必须",反面词采用"严禁";

   2) 表示严格,在正常情况下均应这样做的用词:

      正面词采用"应",反面词采用"不应"或"不得";

   3) 表示允许稍有选择,在条件许可时首先应这样做的用词:

      正面词采用"宜",反面词采用"不宜";

   4) 表示有选择,在一定条件下可以这样做的用词,采用"可"。

2 条文中指明应按其他有关标准、规范执行的写法为:"应符合……规定"或"应按……执行"。

参考文献

[1] 全国监理工程师培训教材委员会.工程建设质量控制[M].北京:中国建筑工业出版社,1997.

[2] 尤建新,张建同,杜学美.质量管理学[M].北京:科学出版社,2003.

[3] 胡铭.质量管理学[M].武汉:武汉大学出版社,2004.

[4] 全国建筑业企业项目经理培训教材编写委员会.施工项目质量与安全管理[M].北京:中国建筑工业出版社,2002.

[5] 中华人民共和国建设部.GB/T 50378—2014,绿色建筑评价标准[S].北京:中国建筑工业出版社,2014.

[6] 中华人民共和国建设部.JGJ 59-2011,建筑施工安全检查标准[S].北京:中国建筑工业出版社,2011.

[7] 全国二级建造师执业资格考试用书编写委员会.建设工程施工管理[M].北京:中国建筑工业出版社,2009.

[8] 全国一级建造师执业资格考试用书编写委员会.建设工程项目管理[M].北京:中国建筑工业出版社,2010.

[9] 中国建筑装饰协会培训中心.建筑装饰装修工程质量与安全管理[M].北京:中国建筑工业出版社,2003.

[10] 泛华建设集团.建筑工程项目管理服务指南[M].北京:中国建筑工业出版社,2006.

[11] 顾慰慈.工程监理质量控制[M].北京:中国建材工业出版社,2001.

[12] 全国监理工程师培训教材编写委员会.工程建设质量控制[M].北京:中国建筑工业出版社,1997.

[13] 上海市建设工程招标投标管理办公室.工程项目建设基本知识[M].上海:同济大学出版社,2005.

[14] 李世蓉,蓝定筠,罗刚.建设工程施工安全控制[M].北京:中国建筑工业出版社,2004.

[15] 全国质量管理和质量保证标准化技术委员会.2008版质量管理体系国家标准理解与实施[M].北京:中国标准出版社,2009.